"十四五"职业教育国家规划教材

路由和交换技术（第三版）

新世纪高职高专教材编审委员会　组　编

王明昊　主　编

杨文艳　邓少华　副主编

LUYOU HE JIAOHUAN JISHU

大连理工大学出版社

图书在版编目(CIP)数据

路由和交换技术 / 王明昊主编. -- 3 版. -- 大连 : 大连理工大学出版社, 2024.3(2024.12 重印)
新世纪高职高专计算机网络技术专业系列规划教材
ISBN 978-7-5685-3667-7

Ⅰ. ①路… Ⅱ. ①王… Ⅲ. ①计算机网络－路由选择－高等职业教育－教材②计算机网络－信息交换机－高等职业教育－教材 Ⅳ. ①TN915.05

中国版本图书馆 CIP 数据核字(2022)第 021559 号

大连理工大学出版社出版

地址:大连市软件园路 80 号　邮政编码:116023
发行:0411-84708842　邮购:0411-84708943　传真:0411-84701466
E-mail:dutp@dutp.cn　URL:https://www.dutp.cn
辽宁星海彩色印刷有限公司印刷　大连理工大学出版社发行

幅面尺寸:185mm×260mm　印张:18.75　字数:477 千字
2016 年 6 月第 1 版　2024 年 3 月第 3 版
2024 年 12 月第 2 次印刷

责任编辑:马　双　责任校对:李　红
封面设计:对岸书影

ISBN 978-7-5685-3667-7　定　价:59.80 元

前言 Preface

《路由和交换技术》(第三版)是"十四五"职业教育国家规划教材、"十三五"职业教育国家规划教材,也是新世纪高职高专教材编审委员会组编的计算机网络技术专业系列规划教材之一。

党的二十大报告中指出,必须坚持科技是第一生产力、人才是第一资源、创新是第一动力。大国工匠和高技能人才作为人才强国战略的重要组成部分,在现代化国家建设中起着重要的作用。网络强国是国家的发展战略。要做到网络强国,不但要在网络技术上领先和创新,而且要确保网络不受国内外敌对势力的攻击,保障重大应用系统正常运营。因此,网络技能型人才的培养显得尤为重要。

本教材立足于高职高专计算机网络技术专业的人才培养目标,适应网络技术的发展需要,突出实用性和工程性。教材具有非常鲜明的工学结合、教学做一体化的职业教育特点。在应用领域上,与计算机网络技术专业教学标准中网络构建工程师、网络管理工程师、网络技术工程师等职业岗位对接。结合思科网络技术学院、华为网络技术学院等国内外一流网络企业教育资源建设,我们编写了这本高质量的实践指导教材。

本教材是院校教师与企业工程师合作编写的项目化教材,本着深入浅出的原则,以平实的语言将路由和交换的原理穿插到各个项目案例中,轻理论,重实际应用。教材通过大量的项目案例,力求将抽象的理论具体化、形象化,减轻学习网络技术课程的枯燥感。通过本教材的学习,读者可以掌握路由器、交换机的配置与管理,掌握在工程项目中的网络设备配置、实施流程等工作内容,提高学生网络综合技术运用能力,实现教学做一体化。

本教材突出高职高专职业技能教育的特点,将作者多年实验调试的经验加以汇总,结合了思科网络工程师岗位要求,注重培养学生的实践操作技能,实现工学交替;引入思科 CCNA 认

证项目，实现岗证结合。

本教材基于“项目＋任务”构架内容，分设了两个模块，设计了 21 个项目，主要介绍了路由器基础和交换机的基本配置、静态路由、动态路由、访问控制列表、VLAN、广域网配置等。

在学习本教材之前请先学习网络技术基础、综合布线等先导课程，掌握前序技能后，学习更为有效。本教材适合作为高职高专计算机网络技术、网络工程、信息安全技术、网络通信等专业的专业课教材，同时也可以作为培训教材使用。

本教材由大连职业技术学院王明昊任主编，大连职业技术学院杨文艳、邓少华任副主编。福建中锐网络股份有限公司总经理岳春骁对教材中的项目实验选取、配套资源建设给予了帮助，对教材的编写提出了许多宝贵的意见，参与了部分内容的编写。具体编写分工如下：王明昊编写了第二部分项目 2-1～2-9，杨文艳编写了第一部分项目 1-4～1-11，邓少华编写了第一部分项目 1-1～1-3，岳春骁编写了第二部分项目 2-10。

在编写本教材的过程中，编者参考、引用和改编了国内外出版物中的相关资料以及网络资源，在此表示深深的谢意！相关著作权人看到本教材后，请与我社联系，我社将按照相关法律的规定支付稿酬。

由于编者水平有限和时间仓促，书中难免存在疏漏和不足，希望同行专家和读者给予批评指正。

编　者

2024 年 2 月

所有意见和建议请发往：dutpgz@163.com

欢迎访问职教数字化服务平台：https://www.dutp.cn/sve/

联系电话：0411-84706671　84706104

第一部分　交换网络

项目 1-1　交换网络简介 …… 1

1.1　LAN 设计 …… 1

1.2　交换环境 …… 5

总　结 …… 8

项目 1-2　基本的交换概念和配置 …… 9

2.1　交换机的基本配置 …… 10

2.2　交换机安全的管理和实施 …… 21

总　结 …… 27

综合练习——配置交换机安全功能 …… 27

项目 1-3　VLAN …… 28

3.1　VLAN 的分段 …… 29

3.2　VLAN 的实施情况 …… 33

总　结 …… 44

综合练习——配置 VLAN 及 TRUNK …… 44

项目 1-4　路由 …… 46

4.1　路由器的初始配置 …… 46

4.2　路由器的工作原理 …… 51

总　结 …… 58

项目 1-5　VLAN 间路由 …… 58

5.1　单臂路由配置 …… 59

5.2　三层交换机及其 VLAN 间路由 …… 62

总　结 …… 66

综合练习——配置 VLAN 间路由 …… 67

项目 1-6　静态路由 …… 68

6.1　静态路由的配置 …… 68

6.2　认识 CIDR 和 VLSM …… 76

6.3　总结静态路由和浮动静态路由 …… 84

总　结 …… 88

综合练习——配置静态路由 …… 89

项目 1-7 动态路由 …… 90
7.1 了解路由协议 …… 91
7.2 RIP 和 RIPng 路由 …… 97
总 结 …… 101
项目 1-8 单区域 OSPF …… 102
8.1 OSPF 的概述 …… 102
8.2 单区域 OSPF 的配置 …… 108
总 结 …… 114
综合练习——配置 OSPF 路由 …… 115
项目 1-9 DHCP …… 117
9.1 动态主机配置协议 v4 …… 117
9.2 动态主机配置协议 v6 …… 125
总 结 …… 127
综合练习——配置 DHCP …… 127
项目 1-10 访问控制列表 …… 129
10.1 IP ACL 的工作原理 …… 130
10.2 标准 IPv4 ACL …… 133
10.3 扩展 IPv4 ACL …… 141
10.4 IPv6 ACL …… 146
总 结 …… 147
综合练习——配置 ACL …… 147
项目 1-11 网络地址转换 …… 149
11.1 NAT 的工作原理 …… 149
11.2 配置 NAT …… 153
11.3 IPv6 NAT …… 159
总 结 …… 160
综合练习——配置 NAT …… 160

第二部分 扩展网络

项目 2-1 扩展网络简介 …… 164
1.1 实施网络设计 …… 165
1.2 选择网络设备 …… 168
总 结 …… 171
项目 2-2 生成树协议 …… 171
2.1 生成树的概念 …… 172
2.2 生成树协议的变体 …… 176
2.3 生成树的配置 …… 178

总　结 …… 183
综合实验——配置快速 PVST＋ …… 183
项目 2-3　链路聚合 …… 184
3.1　链路聚合的概念 …… 185
3.2　链路聚合的配置 …… 186
总　结 …… 188
综合实验——配置 EtherChannel …… 188
项目 2-4　调整单区域 OSPF 并对其进行故障排除 …… 189
4.1　高级单区域 OSPF 的配置 …… 190
4.2　单区域 OSPF 故障的排除 …… 196
总　结 …… 199
综合实验——OSPFv2 的高级配置 …… 200
项目 2-5　多区域 OSPF …… 201
5.1　多区域 OSPF 的工作原理 …… 202
5.2　多区域 OSPF 的配置 …… 204
总　结 …… 208
综合实验——配置多区域 OSPFv2 …… 209
项目 2-6　连接到广域网 …… 210
6.1　WAN 技术的概述 …… 211
6.2　WAN 技术的选择 …… 215
总　结 …… 226
项目 2-7　点对点连接 …… 226
7.1　串行点对点的概述 …… 227
7.2　PPP 的运行 …… 229
7.3　PPP 的配置 …… 231
总　结 …… 237
综合实验——配置 PAP 和 CHAP 身份验证 …… 237
项目 2-8　帧中继 …… 239
8.1　帧中继简介 …… 240
8.2　帧中继的配置 …… 246
总　结 …… 250
综合实验 1——配置静态帧中继映射 …… 250
综合实验 2——配置点对点子接口 …… 252
项目 2-9　VPN …… 253
9.1　VPN 简介 …… 254

9.2 Site-to-Site GRE 隧道 …… 256
综合实验 1——配置 GRE …… 258
9.3 IPSec 简介 …… 259
9.4 远程访问 VPN …… 261
总 结 …… 263
综合实验 2——配置 VPN …… 264
项目 2-10 故障排除 …… 266
10.1 使用系统化的方法进行故障排除 …… 267
10.2 网络故障的排除 …… 273
总 结 …… 284
综合实验——排除企业网络故障 …… 285
电子活页 华三、锐捷配置案例 …… 287

微课资源索引

序号	微课名称	页码
1	交换的基本原理	5
2	交换机的组件	10
3	交换机和 PC 的连接	10
4	交换机基本配置	17
5	交换机基本安全配置	21
6	VLAN 的用途和划分方法	29
7	TRUNK 的工作原理和两种封装方法	31
8	配置 VLAN	33
9	路由器的组件和构成	46
10	路由器的功能	46
11	路由器和 PC 的硬件连接	47
12	路由器的基本配置	47
13	路由器工作模式和特征	51
14	路由器转发数据包的基本原理	52
15	单臂路由工作原理	60
16	路由器子接口配置	61
17	单臂路由的配置	62
18	静态默认路由特征	68
19	配置静态路由	70
20	配置默认路由	74

（续表）

序号	微课名称	页码
21	RIP 协议概述	94
22	RIPv2 的配置	97
23	OSPF 概述和工作原理	104
24	OSPF 网络类型和 DR 选举	104
25	单区域 OSPF	108
26	OSPF 调整	110
27	ACL 的工作原理	130
28	NAT 的工作原理	149
29	STP 的工作过程	173
30	STP 的配置	178
31	链路聚合简介	185
32	EtherChannel 运行	186
33	配置 EtherChannel	188
34	OSPF 调整	189
35	OSPF 网络类型和 DR 选举	190
36	多区域 OSPF	202
37	路由汇总	205
38	串行通信	227
39	PPP 的封装	228
40	PPP 的配置	231
41	PAP 和 CHAP 身份验证	233

第一部分　交换网络

项目 1-1　交换网络简介

本项目介绍现代网络中的通信流，将检验一些现有网络设计模型，以及 LAN 交换机构建转发表和使用 MAC 地址信息在主机之间高效交换数据时所用的方式。

学习目标

- 理解交换网络中数据、语音和视频的融合。
- 理解中小型企业中的交换网络。
- 掌握交换网络中的帧转发过程。
- 掌握冲突域与广播域。

引领世界的 5G

华为作为全球最先进的 5G 设备生产商和供应商之一，俨然是世界 5G 标准制定的领导者。三十余年间，中国移动通信产业实现从 1G 空白到 5G 引领的历史性跨越，给全球 5G 标准烙上“中国印”。

我国连上 1G 网络晚了世界 8 年，2G 和 3G 也是在欧美国家占据大量市场份额后我国才发展起来的，受制于国外的专利封锁，技术研发力量薄弱。2G 以传输数据和语音为主，短信在 2G 时代成为年轻人最时尚的沟通方式。3G 可以同时传送声音和数据信息，数据传输速率提高。在 4G 时代，我国建成优质 4G 网络，培育了全球最大的移动互联网应用市场。到了 5G 时代，我国 5G 核心技术研发和标准制定取得突破，引领了世界潮流。

（来源：央视频网站）

1.1　LAN 设计

1.1.1　融合网络

我们的数字世界正在发生变革，访问互联网和企业网络的能力不再受限于实体办公室、地理位置或时区。在当今全球化的工作场所中，员工可以从世界任何地方访问信息资源，而且信息在任何设备上随时可用，现代社会的各种需求推动了构建安全、可靠和高度可用的下一代网络的需求。

这些下一代网络不仅要支持当前的期望功能和设备，而且还要能够整合传统平台。图 1-1-1 显示了通常必须整合到网络设计中的一些常见传统网络组件。图 1-1-2 显示了一些较新的平台(融合网络组件)，这些平台有助于用户随时随地在任一设备上进行网络访问。

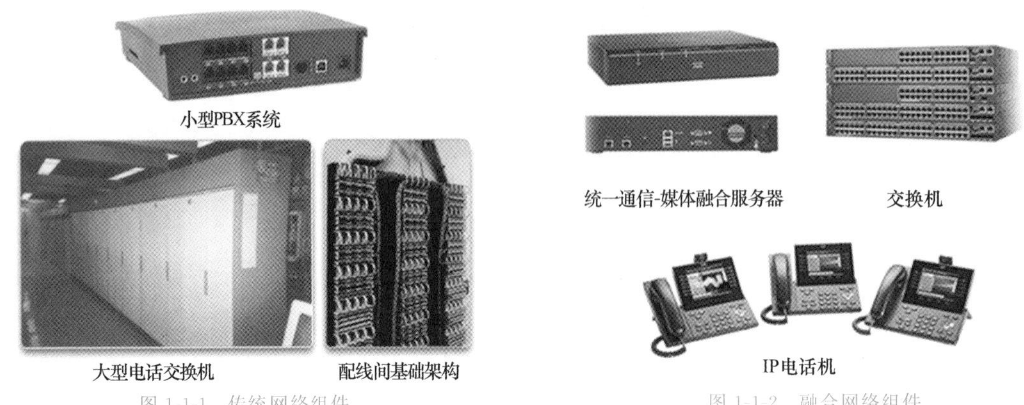

图 1-1-1 传统网络组件

图 1-1-2 融合网络组件

为了支持协作，企业网络采用融合的解决方案，结合使用语音系统、IP 电话、语音网关、视频支持和视频会议等。除了数据服务，提供协作支持的融合网络还可能包含以下功能：

- 呼叫控制——电话呼叫处理、呼叫方 ID、呼叫转接、呼叫保持和会议。
- 语音留言——语音邮件。
- 移动性——无论身在何处都能接收重要电话。
- 自动话务员——通过直接将呼叫路由到正确的部门或个人来为客户提供更快速的服务。

转换为融合网络的一个主要优点就是只需安装和管理一个物理网络，这将大量节省对单个语音、视频和数据网络的安装和管理时间和费用。这种融合网络解决方案将 IT 管理整合在一起，因此任何的移动、添加和更改都可以通过一个直观的管理界面来完成。融合网络解决方案还提供 PC 软件电话应用程序支持以及点对点视频，因此用户能尽情享受私人通信，和语音电话的管理与使用一样轻松。

将服务融合到网络中，已经使网络从传统的数据传输角色演变为支持数据、语音和视频通信的高速公路。必须正确设计和实施这一物理网络，才能使其必须传输的各类信息得到可靠处理。要求使用结构化设计来支持对这种复杂环境的管理。

随着人们对融合网络的需求不断增长，必须使用一种结合智能、简化操作并且可以扩展以满足未来需求的体系化方法来开发网络。如图 1-1-3 所示，思科(Cisco)无边界交换网络架构演示了一项网络设计的最新成果。

以分层方式设计无边界交换网络(通过网络来实现随时随地，通过任何设备，向任务人无缝、可靠、安全地提供服务和应用)，为网络设计师叠加安全性、移动性与统一通信功能奠定了基础。分层设计中的三个关键层是接入层、分布层和核心层。每一层都可视为一个精心设计的结构化模块，在园区网中有特定的作用和功能，如图 1-1-4 所示。

1. 接入层

接入层代表互联网边缘，流量将从这里进出园区网。传统的接入层交换机的主要功能是为用户提供网络访问。接入层交换机与分布层交换机连接，分布层交换机实施网络基础技术(如路由、服务质量和安全)。

为了满足网络应用程序和最终用户的需求，下一代交换平台在互联网边缘向各种类型的端点提供更多融合、集成和智能服务。接入层交换机中智能的构建使应用程序能够在网络上更加安全有效地运行。

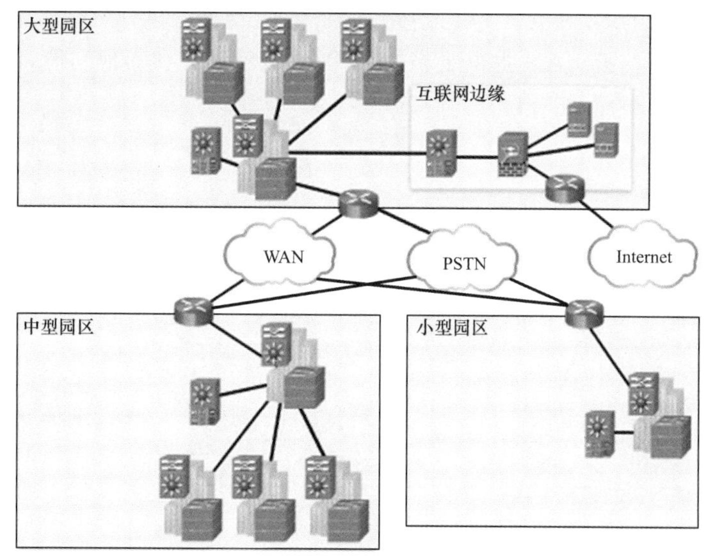

图 1-1-3　无边界交换网络

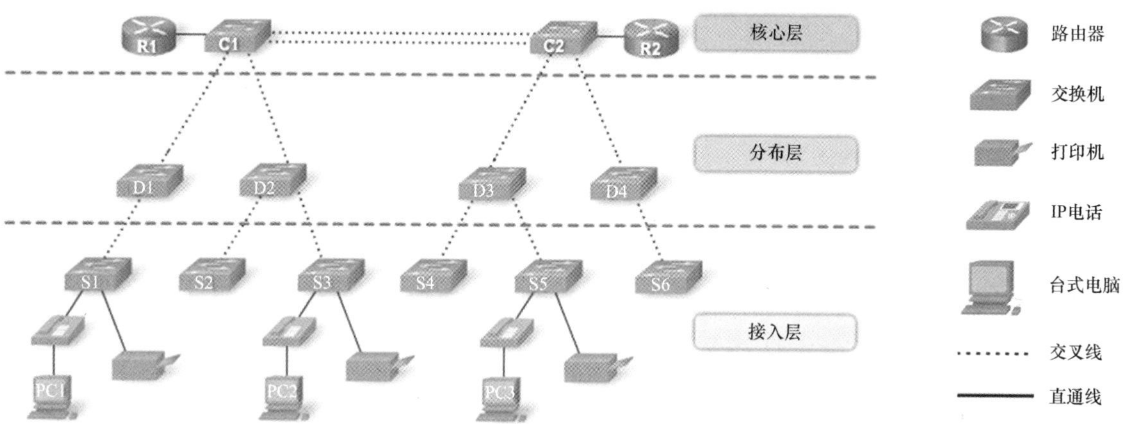

图 1-1-4　接入层、分布层、核心层

2. 分布层

接入层和核心层之间的分布层接口可以提供很多重要功能，包括：

(1)聚合大规模的配线间网络。

(2)聚合第 2 层广播域和第 3 层路由边界。

(3)提供智能交换、路由和网络访问策略功能来访问网络的其余部分。

(4)提供连向最终用户的冗余分布层交换机和通往核心层的等价路径的高可用性。

(5)在网络边缘为各种类别的服务应用程序提供区别服务。

3. 核心层

核心层是网络主干，它连接园区网的多个层。核心层充当其他所有园区分区的整合者，并将园区和网络的其余部分连接起来。核心层的主要用途是提供错误隔离和高速主干连接。

1.1.2　交换网络

现在，交换网络的角色发生了显著变化。平面第 2 层数据网络依靠以太网的基本属性和集线器的广泛使用在组织中传播 LAN 流量。如图 1-1-5 所示，在分层网络中网络已经从根本上转变为交换 LAN。交换 LAN 提供更多的灵活性、流量管理和其他功能，例如：

(1)服务质量(QoS)；

(2)更高的安全性；

(3)支持无线网络连接；

(4)支持新技术，例如 IP 电话和移动服务。

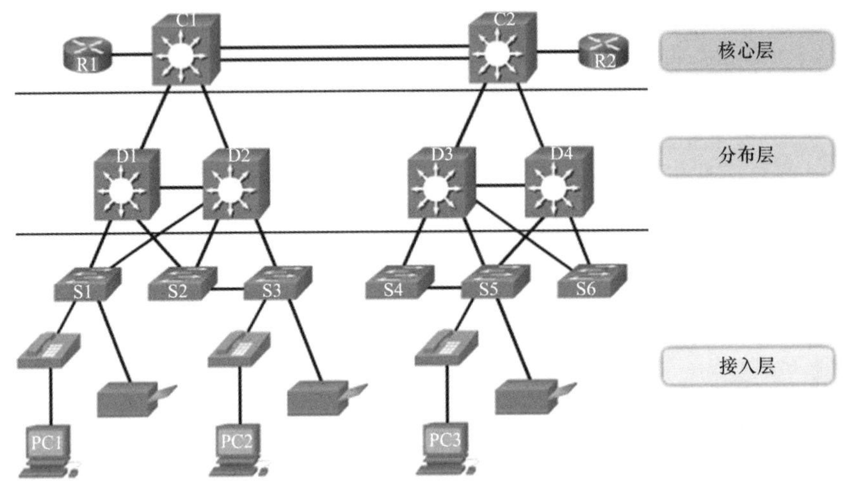

图 1-1-5 分层网络

在企业网络中使用的交换机有多种类型。根据网络需求部署相应类型的交换机非常重要。在选择交换机类型时，网络设计人员必须选择使用固定配置交换机、模块化配置交换机、可堆叠配置交换机或不可堆叠配置交换机，另一个考虑因素是交换机的厚度(以机架单元数表示)。这对于在机架中安装的交换机非常重要。例如，图 1-1-6 中显示的固定配置交换机是全 1 机架单元(1U)。这些因素有时称为交换机的外形因素。

图 1-1-6 固定配置交换机

1. 固定配置交换机

固定配置交换机并不支持除交换机出厂配置以外的功能或选件，如图 1-1-6 所示。交换机的型号决定了可用的功能和选件。例如，24 端口的千兆位固定配置交换机不能支持附加的端口。

2. 模块化配置交换机

模块化配置交换机的配置较灵活。这类交换机通常有不同尺寸的机箱，允许安装不同数目的模块化线路卡，如图 1-1-7 所示，线路卡实际上包含端口。线路卡之于交换机机箱犹如扩展卡之于 PC。图右侧是两个单独的模块，机箱越大，它能支持的模块也就越多。有许多不同的机箱尺寸可供选择。带有 24 端口线路卡的模块化配置交换机支持附加 24 端口线路卡，使端口总数增加到 48 个(交换机 24 端口＋附加 24 端口)。

光口模块

电口模块

图 1-1-7 模块化配置交换机

3. 可堆叠配置交换机

可堆叠配置交换机可以使用专用电缆进行互连,电缆可在交换机之间提供高带宽的吞吐量,如图 1-1-8 所示。Cisco StackWise 技术支持多达九台交换机的互连,可以使用菊花链方式连接交换机的电缆,将一台交换机堆叠到另一台交换机上。堆叠的交换机可以作为一台更大的交换机有效地运行。在容错和带宽可用性至关重要、模块化配置交换机的实施成本又过于高昂时,可堆叠配置交换机是较为理想的选择。

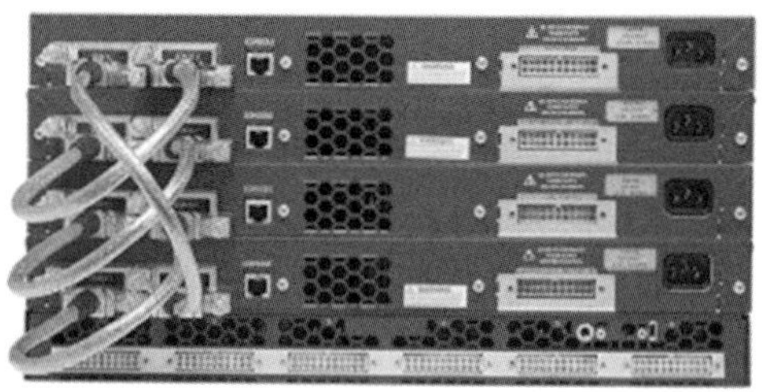

图 1-1-8 可堆叠配置交换机

微课

交换的基本原理

1.2 交换环境

1.2.1 帧转发

1. 作为网络与通信基本概念的交换

交换和转发帧的概念在网络和通信中是通用的。各类交换机将会在 LAN、WAN 和公共交换电话网(PSTN)中使用。交换的基本概念是指设备根据以下两个标准进行决策:入口端口和目的地址。

关于交换机如何转发流量的决策与该流量的传输有关。术语"入口"用于描述帧由何处进入端口上的设备。术语"出口"用于描述帧从特定端口离开设备。

当交换机进行决策时,会以消息的入口端口和目的地址为基础。

LAN 交换机会维护一个表,用它来确定通过交换机转发流量的方式。

LAN 交换机唯一智能化的地方是它能够使用自己的表根据消息的入口端口和目的地址来转发流量。使用 LAN 交换机时,只有一个主交换表用于描述地址和端口之间的严格对应,因此,已给定目的地址的消息无论从哪个入口端口进入,始终都会从同一出口端口退出。思科 LAN 交换机根据帧的目的 MAC 地址转发以太网帧。

2. 动态填充交换机 MAC 地址表

交换机使用 MAC 地址通过指向相应端口的交换机将网络通信转向目的地。交换机为了知道要使用哪个端口来传送帧，必须首先知道每个端口上有哪些设备。当交换机获知端口与设备的关系后，就会构建一个 MAC 地址表。

LAN 交换机将通过维护 MAC 地址表来确定如何处理传入的数据帧。交换机使用 MAC 地址表中的信息将指向特定设备的帧从为此设备分配的端口发送出去。

交换机根据源 MAC 地址填充 MAC 地址表。当交换机收到一个传入的帧，而其目的 MAC 地址在 MAC 地址表中找不到时，交换机会将该帧转发到除作为该帧入口的端口之外的所有端口（泛洪）。当目的设备做出响应时，交换机会将帧的源 MAC 地址和接收该帧的端口添加到 MAC 地址表中。在多台交换机互连的网络中，MAC 地址表将包含与其他交换机连接的每个端口的多个 MAC 地址。

3. 交换机转发方法

LAN 交换机能够将第 2 层转发决策从软件转移到专用集成电路（ASIC）。ASIC 减少了设备中的数据包处理时间，并使设备能够处理更多端口而不会降低性能。这种在第 2 层转发数据帧的方法称为存储转发交换。除此之外，交换机还有一种转发方法是直通交换。

存储转发交换是在收到整个帧并检测完帧中的错误后才做出帧的转发决策。

直通交换在确定了传入帧的目的 MAC 地址和出口端口后就开始转发过程。

（1）存储转发交换

存储转发交换有两个主要特征使其区别于直通交换：错误检查和自动缓冲。

①错误检查

使用存储转发交换的交换机对传入的帧执行错误检查。在入口端口收到整个帧后，交换机将数据报最后一个字段中的帧校验序列（FCS）值与其自身的 FCS 值进行比较。如果帧中没有错误，则交换机会转发帧。否则，该帧将被丢弃。

②自动缓冲

存储转发交换机使用入口端口缓冲进程以灵活支持任意组合的以太网速度。如果入口端口和出口端口的速度不匹配，则交换机会将整个帧存储在缓冲区，计算 FCS 检查，将其转发到出口端口缓冲区，然后将其发送出去。

存储转发交换机将丢弃未通过 FCS 检查的帧，因此并不转发无效帧。相反，直通交换机可能会转发无效帧，因为它并不执行 FCS 检查。

在进行转发决定之前，存储转发交换需要接收整个帧。

（2）直通交换

直通交换的一个优点就是使交换机开始转发帧的时间比存储转发交换早。直通交换有三个主要特征：快速帧转发、无效帧处理和免分片。

①快速帧转发

使用直通交换方法的交换机一旦在其 MAC 地址表中查出帧的目的 MAC 地址，就会做出转发决策。交换机在执行转发决策前不必等待帧的其余部分进入入口端口。

②无效帧处理

如今使用直通交换方法的交换机可以迅速确定是否需要检查帧报头的更多部分以进行另外的过滤。直通交换方法不会丢弃大多数无效帧，有错的帧将被转发到网络的其他网段。如果网络中的错误率（无效帧）很高，则直通交换会对带宽带来负面影响，使损坏和无效的帧阻塞带宽。

③免分片

免分片交换是一种经过改良的直通交换，在这种交换方式中交换机在转发帧之前将等待冲突窗口(64 个字节)通过。这意味着对每个帧的数据字段都会进行检查以确保不出现分段。比起直通,免分片模式能够提供更好的错误检查,而且几乎不会增加延时。

1.2　交换域

1. 冲突域

在基于集线器的以太网网段上,网络设备会竞争介质,因为设备必须依次传输数据。在设备之间共享同一带宽的网段被称为冲突域,因为当该网段中有两个或更多设备尝试同时通信时可能会出现冲突。

但是,我们可以使用在交换机和路由器等设备将网络划分为多个网段以减少竞争带宽的设备数量,每个新网段将形成新的冲突域。网段中有更多的带宽可供设备使用,而且一个冲突域中的冲突不会干扰其他网段,这也就是微分段。

如图 1-1-9 所示,每个交换机端口会连接到单个 PC 或服务器,而且每个交换机端口都代表一个单独的冲突域。

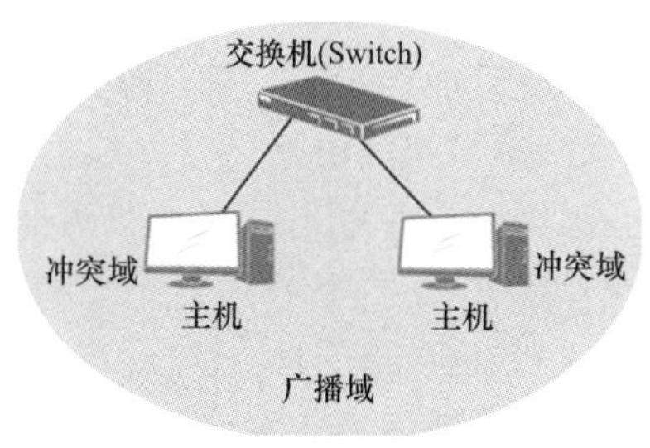

图 1-1-9　冲突域

2. 广播域

虽然交换机基于 MAC 地址过滤大多数帧,但是它们不过滤广播帧。

对于 LAN 上接收广播帧的其他交换机,必须在所有端口泛洪这些帧。相连交换机的集合就构成了一个广播域。

只有网络层设备(如路由器)可以划分第 2 层广播域。路由器用于分割冲突域和广播域。

当交换机收到广播帧时,它将从自己的每一个端口转发该帧(接收该广播帧的入口端口除外)。与交换机连接的每个设备都会收到广播帧的副本并对其进行处理。有时在最初定位其他设备和网络服务时广播是必要的,但是它们也会降低网络效率。网络带宽用于传播广播流量。网络上太多的广播和超量的流量负载可能导致网络拥塞,使网络性能降低。

如图 1-1-10 所示,当两台交换机连接时,广播域将增加。在图中,广播帧将被转发到交换机 S1 上所有的已连接端口,因交换机 S1 与交换机 S2 相连,因此该帧随后会传播到与交换机 S2 相连的所有设备。

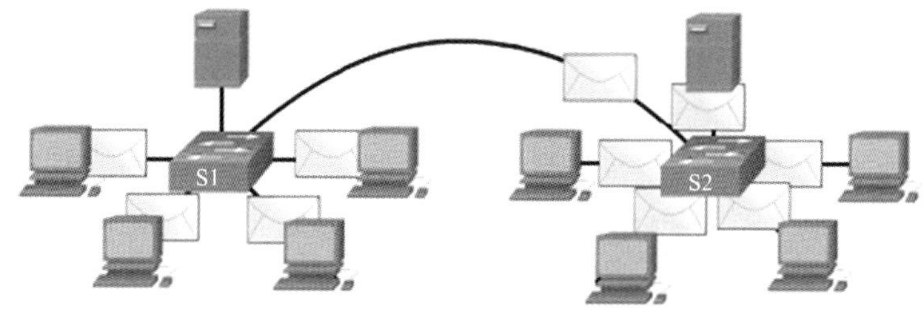

图 1-1-10　广播域

3. 缓解网络拥塞

LAN 交换机具有特殊特征,使其能够有效地缓解网络拥塞。

首先,可以将 LAN 细分为多个单独的冲突域。交换机的每个端口都代表一个单独的冲突域，为该端口连接的设备提供完全的带宽。

其次，提供了设备之间的全双工通信。全双工连接可以同时承载发送和接收的信号。全双工连接显著提高了 LAN 网络性能，这对于 1 Gb/s 或更高的以太网速度是必需的。

交换机互连 LAN 网段（冲突域），使用 MAC 地址表来确定将帧发送到哪个网段，并且可以减少或完全消除冲突。以下是有助于缓解网络拥塞的交换机的一些重要特征：

（1）高端口密度

交换机具有较高的端口密度：24 和 48 端口交换机的高度通常只有一个机架单元（1.75 英寸），而且运行速度为 100 Mb/s、1 Gb/s 和 10 Gb/s。大型企业的交换机可以支持数百个端口。

（2）大型帧缓冲区

在必须开始丢弃收到的帧之前能够存储更多的帧是非常有用的，尤其是在服务器或网络其他部分可能存在拥塞端口时。

（3）端口速度快

根据交换机的成本，交换机可能会支持速度组合。速度为 100 Mb/s 和 1 Gb/s 或 10 Gb/s 的端口很常见。

（4）快速内部交换

具备快速内部转发功能能够提高性能。使用的方法可能是快速内部总线或共享内存，这会影响交换机的整体性能。

（5）较低的端口成本

交换机以较低的成本提供高端口密度。因此，LAN 交换机可以适应每个网段用户较少的网络设计，从而增加每名用户的平均可用带宽。

总　结

网络的发展趋势是融合，融合的网络可以使用一组线路和设备来处理语音、视频和数据传输。此外，企业的运营方式发生了显著改变，员工们不再受限于实际的办公室或地理边界。现在必须实现资源的随时随地无缝使用。思科无边界网络架构使不同网元（从访问交换机到无线接入点）能够协同工作，允许用户随时随地访问资源。

传统的三层分层设计模型将网络分为核心层、分布层和接入层，并且允许网络的每个部分针对特定功能进行优化。分层设计提供了模块化、恢复力和灵活性，为网络设计师叠加安全性、移动性与统一通信功能奠定了基础。在某些网络中，并不要求使用单独的核心层和分布层，在这些网络中，通常将核心层和分布层的功能叠加在一起。

思科 LAN 交换机使用 ASIC，根据目的 MAC 地址来转发帧。在实现此过程之前，它必须先使用传入帧的源 MAC 地址在内容可寻址内存（CAM）中构建 MAC 地址表。如果此表中包含目的 MAC 地址，则只将帧转发到特定目的端口。假如 MAC 地址表中找不到目的 MAC 地址，则将帧泛洪到除接收此帧的端口之外的所有端口。

交换机使用存储转发交换或直通交换。存储转发交换会将整个帧读取到缓冲区，并在转发帧之前进行错误检查。直通交换只读取帧的第一部分，只要读取到目的地址就开始转发帧。虽然这种转发方法速度非常快，但在转发之前没有对帧进行错误检查。

交换机的每个端口形成独立的冲突域，能够实现超高速全双工通信。交换机端口不会阻止广播，并且将交换机连接起来还可以扩展广播域的规模，而广播域规模的增大通常会导致网络性能降低。

项目 1-2 基本的交换概念和配置

交换机用于将同一网络中的多个设备连接起来。在设计合理的网络中,LAN 交换机负责在接入层指引和控制通往网络资源的数据流。

思科交换机是自动配置的,不需要进行额外配置就可以立即使用。但是,思科交换机运行的是 Cisco IOS,可以进行手动配置来更好地满足网络的需求,这包括调整端口速度、带宽和安全要求。

此外,可以在本地或远程管理思科交换机。要远程管理交换机,需要为该交换机配置 IP 地址和默认网关。

交换机在接入层运行,在该层中客户端网络设备直接连接到网络,而且 IT 部门希望为用户提供简单的网络访问。这是网络中最薄弱的区域之一,因为它频繁呈现给用户,因此需要对交换机进行配置,使其在保护用户数据和支持高速连接的同时能够灵活应对各种类型的攻击。端口安全是思科管理型交换机所提供的安全功能之一。

本项目将分析维持安全、可用、交换的 LAN 环境所需的一些基本交换机配置。

学习目标

- 掌握交换机的初始配置。
- 掌握配置交换机端口以满足网络需求。
- 掌握配置管理交换机虚拟接口。
- 了解交换环境中的基本安全攻击。
- 了解交换环境中的最佳安全实践。
- 掌握配置端口安全功能以限制网络访问。

"航天工匠"何小虎:火箭心脏的"钻刻师"

在 2022 年 4 月 28 日召开的庆祝"五一"国际劳动节暨全国五一劳动奖和全国工人先锋号表彰大会上,中国航天科技集团有限公司第六研究院(以下简称"航天六院")西安航天发动机有限公司数控车工、高级技师何小虎被授予全国五一劳动奖章。

何小虎从陕西工业职业技术学院机械制造与自动化专业毕业,以实操第一名的优异成绩从 300 多人中脱颖而出,进入航天六院西安航天发动机有限公司。"踏实、勤奋,又善于思考和总结,陕北孩子的拗劲、韧劲,在他身上体现得淋漓尽致。"

他利用一切零碎时间学习和实践。加工零部件时,他趴在机器上,一个动作重复几百遍;为锻炼反应能力,原本用 200 转/分钟的转速加工的零件,他挑战用 1500 转/分钟加工……"好车工,一把刀。我的职业生涯就是从磨刀开始的。最初没有手感,一把看来精度要求并不高的刀具,我也要磨上三四个小时,有时候返工好几次,手上血泡都磨出来了。"何小虎说,要成为好车工,苦练是唯一出路。

对于未来的计划,何小虎表示,要不断地去学习,掌握最新的技术,从更深层次去理解、总结"航天精神",通过自己的行动去影响周围的青年人。他决心"穷尽一生,磨砺技能,以工匠之心,苦干实干,实现智造梦"。

(来源:学习强国)

2.1 交换机的基本配置

2.1.1 交换机初始配置

交换机的组件

交换机和 PC 的连接

1. 交换机启动顺序

思科交换机开启之后，将经过以下启动顺序：

(1)首先，交换机加载存储在 ROM 中的加电自检(POST)程序。POST 会检查 CPU 子系统，它会测试 CPU、DRAM 以及构成闪存文件系统的闪存设备部分。

(2)接下来，交换机加载启动加载器软件。启动加载器是存储在 ROM 中并在 POST 成功完成后立即运行的小程序。

(3)启动加载器执行低级 CPU 初始化。启动加载器初始化 CPU 寄存器，寄存器控制物理内存的映射位置、内存量以及内存速度。

(4)启动加载器初始化系统主板上的闪存文件系统。

(5)最后，启动加载器查找并将默认 IOS 操作系统软件镜像加载到内存，并将交换机的控制权交给 IOS。

2. 从系统崩溃中恢复

如果由于系统文件丢失或损坏而使操作系统不能使用，则启动加载器将提供对交换机的访问。启动加载器有一个命令行，可以提供对闪存中存储的文件的访问。

可通过控制台按照以下步骤访问启动加载器：

第 1 步 通过控制台电缆将 PC 连接到交换机控制台端口。配置终端仿真软件，使其连接到交换机。

第 2 步 拔下交换机电源线。

第 3 步 将电源线重新连接到交换机，在 15 秒内按住“模式”按钮，此时“系统”LED 仍呈绿色闪烁。

第 4 步 继续按住“模式”按钮，直到“系统”LED 先后呈短暂的琥珀色和稳定的绿色，然后松开“模式”按钮。

第 5 步 执行启动加载器的 switch，提示符会显示在 PC 上的终端仿真软件中。

启动加载器命令行支持用于格式化闪存文件系统、重新安装操作系统软件和恢复已丢失或已忘记密码的命令。

3. 交换机 LED 指示灯

Cisco Catalyst 交换机有几个状态 LED 指示灯，我们可通过它们来快速监控交换机的活动及其性能。不同型号和功能集的交换机将具有不同的 LED，而且它们在交换机前面板上的位置也可能不同。

图 1-2-1 显示了 Cisco Catalyst 2960 交换机 LED 指示灯和“模式”按钮。“模式”按钮用于在端口状态、端口双工、端口速度和端口 LED 的 PoE(如果支持)状态之间进行切换。交换机 LED 指示灯的用途及其颜色的含义具体如下：

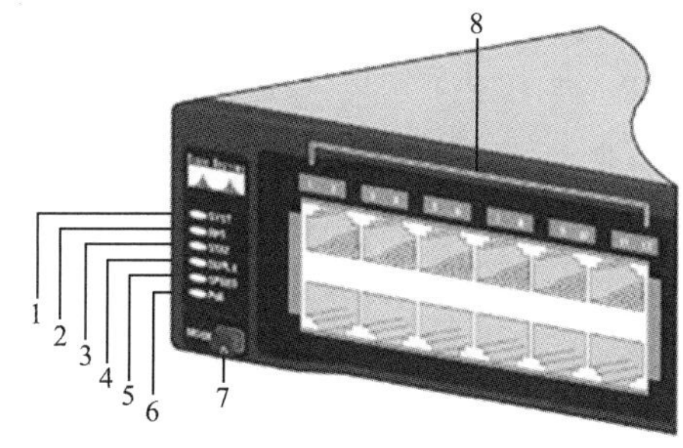

图 1-2-1 交换机 LED 指示灯和“模式”按钮

1—系统 LED；2—RPS LED(如果交换机支持 RPS)；3—端口状态 LED(这是默认模式)；4—端口双工模式 LED；5—端口速度 LED；6—PoE 状态 LED(如果交换机支持 PoE)；7—“模式”按钮；8—端口 LED

(1)系统 LED：显示系统是否通电以及是否正常工作。

如果 LED 不亮，则表示系统未通电。

如果 LED 为绿色，则系统运行正常。

如果 LED 呈琥珀色，则表示系统已通电但无法正常运行。

(2)冗余电源系统(RPS)LED：显示 RPS 状态。

如果 LED 不亮，则 RPS 未启动或未正确连接。

如果 LED 为绿色，则 RPS 已连接并准备好提供备用电源。

如果 LED 为绿色闪烁，则 RPS 已连接但不可用，因为它正在为另一台设备供电。

如果 LED 呈琥珀色，则 RPS 处于备用模式或故障状态。

如果 LED 为琥珀色闪烁，则交换机内部供电发生故障，而 RPS 正在供电。

(3)端口状态 LED：端口状态 LED 将显示不同含义的颜色。

如果 LED 不亮，则表示无链路，或者端口已管理性关闭。

如果 LED 为绿色，表示存在一条链路。

如果 LED 为绿色闪烁，则表示有活动正在进行，而且端口正在发送或接收数据。

如果 LED 交替呈现绿色和琥珀色，则表示出现链路故障。

如果 LED 呈琥珀色，则端口受到阻塞，以确保在转发域中不存在环路而且没有转发数据(通常，端口在被激活后的前 30 秒内保持此状态)。

如果 LED 为琥珀色闪烁，则端口受到阻塞，以防止转发域中可能存在环路。

(4)端口双工模式 LED：当 LED 为绿色时，表示选择了端口双工模式。

如果 LED 不亮，说明端口处于半双工模式。

(5)端口速度 LED：表示选择了端口速度模式。选择后，端口速度 LED 将显示不同含义的颜色。

如果 LED 不亮，则端口运行速度为 10 Mb/s。

如果 LED 为绿色，则端口运行速度为 100 Mb/s。

如果 LED 为绿色闪烁，则端口运行速度为 1 000 Mb/s。

(6)以太网供电(PoE)状态 LED：如果支持 PoE，则存在 PoE 模式 LED。

如果 LED 不亮，则表示没有选择 PoE 模式，而且没有任何端口断电或处于故障状态。

如果 LED 为琥珀色闪烁，则没有选择 PoE，但至少有一个端口断电或存在 PoE 故障。

如果 LED 为绿色，则表示选择了 PoE，而且端口 LED 将显示代表不同含义的颜色。

如果端口 LED 不亮，则 PoE 关闭。如果端口 LED 为绿色，则 PoE 打开。

如果端口 LED 交替呈现绿色和琥珀色，则 PoE 遭到拒绝，因为向用电设备供电将超过交换机的电源容量。

4. 交换机基本配置

配置和管理 Cisco LAN 交换机的方法有多种，包括：

- Cisco IOS 命令行界面(CLI)
- Cisco Network Assistant
- Cisco Device Manager
- Cisco View 管理软件
- SNMP(简单网络管理协议)

在本书中主要介绍使用 Cisco IOS 命令行界面(CLI)来配置交换机。

(1)命令行界面层次关系

①User EXEC(用户模式)

提示符：Switch>

退出：输入 exit 命令

功能：基本测试、显示系统信息

可进入特权模式：输入 enable 命令

②Privileged EXEC(特权模式)

进入：Switch> enable

提示符：Switch#

返回：Switch# disable →Switch>

进入全局配置模式：Switch# configure terminal

功能：验证设置命令的结果

③Global configuration(全局配置模式)

进入：Switch# configure terminal

提示符：Switch(config)#

返回：Switch(config)# exit 命令或 end 命令，或者按 Ctrl+C 组合键返回特权模式

进入接口配置模式：Switch(config)# interface 接口

进入 VLAN 配置模式：Switch(config)# vlan *vlan_id*

功能：配置影响整个交换机的全局参数

④Interface configuration(接口配置模式)

进入：Switch(config)# interface 接口

提示符：Switch(config-if)#

返回：Switch(config-if)# end→Switch#

Switch(config-if)# exit→Switch(config)#

功能：配置交换机的各种接口

⑤Config-vlan(VLAN 配置模式)

进入：Switch(config)＃vlan *vlan_id*

返回：Switch(config-vlan)＃End→Switch＃

Switch(config-vlan)＃exit→Switch(config)＃

功能：配置 VLAN 参数

（2）获得帮助

①help 或？

在命令提示符下输入 help 或？即会显示帮助系统的简短说明：

```
Switch# configure ?
terminal Configure from the terminal
<cr>
Switch# conf?
configure
```

②错误指示符（^符号和%符号）

在输入命令的过程中出错，此时 CLI 便会输出消息，指出该命令无法识别或不完整。%符号代表错误标记消息；有时，我们很难发现所输入命令中的错误，这时，CLI 提供了检测错误的机制，并使用错误指示符（^符号）来提示出错的地方。

```
Switch(config)# interface
% Incomplete command.
Switch(config)# interface ethernet
                  ^
% Invalid input detected at '^' marker.
```

（3）简写命令

如果部分字符足够识别唯一的命令关键字，则只需要输入命令关键字的一部分字符。

例如，configure terminal 命令可以写成：

```
Switch# conf t
```

（4）命令中的 no 选项

no 选项用来禁止某个特性或功能，或者执行与命令本身相反的操作。

例如，接口配置命令：

```
Switch(config-if)# no shutdown          //打开接口
Switch(config-if)# shutdown             //关闭接口
```

（5）使用历史命令

①Ctrl＋P 或上方向键：在历史命令表中浏览前一条命令。

②Ctrl＋N 或下方向键：在使用了 Ctrl＋P 或上方向键操作之后，使用该操作在历史命令表中回到相近的下一条命令。

（6）交换机的管理

对交换机的访问有以下几种方式：

①使用超级终端对交换机进行管理

前面我们已经介绍了如何使用超级终端对交换机进行管理，这里不再赘述。

②通过 Telnet、Web 对交换机进行远程管理

通过 Telnet 对交换机进行远程管理与超级终端方式的连接对比如图 1-2-2 所示。

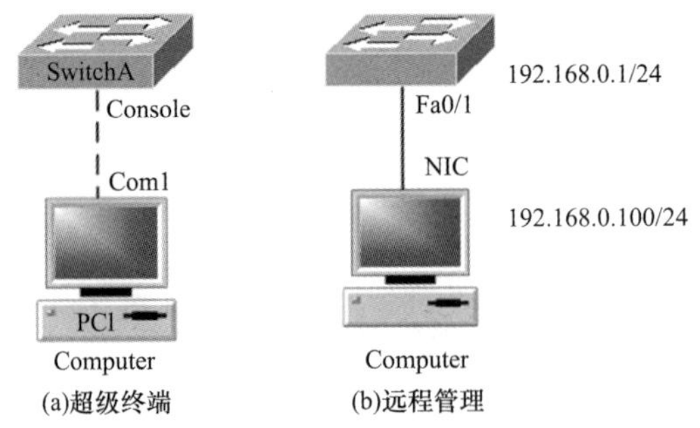

图 1-2-2 远程管理与超级终端方式的连接对比

缺省情况:Telnet Server、Web Server 均处于打开状态,可以通过下面的操作禁止使用 Telnet、Web 对交换机进行访问。

```
Switch#configure terminal
Switch(config)#no enable services telnet-server
Switch(config)#no enable services web-server
Switch(config)#no enable services snmp-agent
Switch(config)#end
Switch#show running-config
Switch#copy running-config startup-config
```

(7)管理系统的日期和时间

```
Switch#clock set hh:mm:ss day month year
```

hh:mm:ss:小时(24 小时制)、分钟和秒。

day:日,范围为 1～31。

month:月,范围为 1～12。

year:年,注意不能使用缩写。

例如,将系统时间设置为 2015 年 10 月 6 日上午 9 点 30 分:

```
Switch#clock set 9:30:00 6 oct 2015
```

(8)配置系统名称

```
Switch#configure terminal
Switch(config)#hostname dlvtc
Switch(config)#end
Switch#show running-config
Switch#copy running-config startup-config
```

(9)配置交换机管理 IP 地址

```
Switch(config)#interface vlan 1
Switch(config-if)#ip address 192.168.0.1 255.255.255.0
Switch(config-if)#no shutdown
```

(10)配置交换机远程登录

```
Switch>en
Switch#configure terminal
Switch(conf)#hostname dlvtc
```

```
dlvtc(conf)#enable password cisco              //以 cisco 为特权模式密码
dlvtc(conf)#interface fastethernet 0/1         // 以 fa0/1 端口为 Telnet 远程登录端口
dlvtc(conf-if)#ip address 192.168.1.1 255.255.255.0
dlvtc(conf-if)#no shutdown
dlvtc(conf-if)#exit
dlvtc(conf)line vty 0 4                        //设置 0～4 个用户可以 Telnet 远程登录
dlvtc(conf-line)# login
dlvtc(conf-line)# password edge                //以 edge 为远程登录的用户密码
```

主机设置：

```
ip 192.168.0.100                  //主机的 IP 必须和交换机端口的地址在同一网段
netmask 255.255.255.0
gate-way 192.168.0.1              //网关地址是交换机端口地址
```

运行：

```
telnet 192.168.0.1
```

进入 Telnet 远程登录界面：

```
password: edge
dlvtc>en
password: cisco
dlvtc #
```

(11)Cisco 2950 的密码恢复

第 1 步　拔下交换机电源线。用手按着交换机的“模式”键，插上电源线。

第 2 步　执行 flash_ini，命令：

```
switch: flash_ini
```

第 3 步　查看 flash 中的文件：

```
switch: dir flash:
```

第 4 步　把“config. text”文件改名为“config. old”：

```
switch: rename flash: config.text flash: config.old
```

第 5 步　执行 boot：

```
switch: boot
```

第 6 步　交换机进入是否进行配置的对话，执行 no。

第 7 步　进入特权模式查看 flash 里的文件：

```
show flash:
```

第 8 步　把“config. old”文件改名为“config. text”：

```
switch: rename flash: config.old flash: config.text
```

第 9 步　把“config. text”拷入系统的“running-configure”：

```
copy flash: config.text system:running-configure
```

第 10 步　把配置模式重新设置密码存盘，密码恢复成功。

5. 交换机备份

根据客户的请求，拿到客户保存的或公司备份的配置文件后，通过反转线将 PC 串口(Com)连接到交换机的控制端口(Console)，通过交叉线或直连线将网卡(NIC)连接到交换机的 FastEthernet0/1 端口，并将 PC 的 IP 地址合理设置，启动 TFTP Server 程序，通过超级终端登录交换机进行恢复操作，连接图如图 1-2-3 所示。

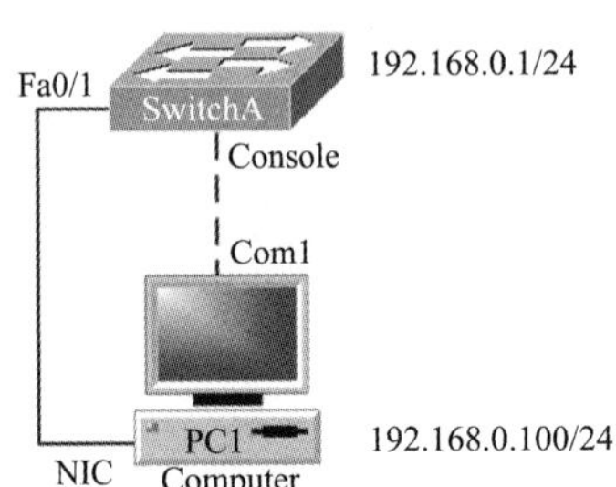

图 1-2-3 TFTP 备份配置文件

第 1 步 在交换机上配置管理 IP 地址。

```
Switch(config)#interface vlan 1                      //进入交换机管理接口配置模式
Switch(config-if)#ip address 192.168.0.1 255.255.255.0
                                                     //进入交换机管理接口 IP 地址
Switch(config-if)#no shutdown                        //开启交换机管理接口
```

验证测试:验证交换机管理 IP 地址是否配置和开启,TFTP 服务器与交换机网络是否连通。

```
Switch#show ip interface            //查看交换机管理接口 IP 地址,管理接口是否开启
Switch#ping 192.168.0.2             //检查交换机与 TFTP 服务器是否连通
```

第 2 步 备份交换机配置。

```
Switch#copy running-config startup-config
Switch#copy startup-config tftp:
Address of remote host []192.168.0.2
Destination filename [config.text]?
!
%Success: Transmission success,file length 271
```

验证测试:验证已保存的配置文件,打开 TFTP 服务器上的配置文件 C:\TFTP\config.text,文件内容如下:

```
!
version 1.0
!
hostname SwitchA
vlan 1
!
enable secret level 1 5 $ 2>H.Y* T3;C,tZ[V4<D+S(\WQ=G1X)sv
enable secret level 15 5 $ 2tj9=G13/7R:>H.41u_;C,tQ8U0<D+S
!
spanning-tree
interface vlan 1
no shutdown
ip address 192.168.0.138 255.255.255.0
!
end
```

注意：在备份交换机的配置文件之前，必须保证交换机与 TFTP 服务器是连通的，同时记住备份配置文件所保存的目录。

第 3 步　从 TFTP 恢复交换机配置。

```
Switch# copy tftp: startup-config
Source filename []? config.text
Address of remote host []192.168.0.2
```

验证测试：验证交换机已经更改为新的配置。

```
SwitchA# show config
```

第 4 步　重启交换机，使新的配置生效。

```
Switch# reload
```

注意：在恢复交换机的配置文件之前，必须保证交换机与 TFTP 服务器是连通的。

6. 利用 TFTP 升级交换机系统配置

利用 TFTP 升级交换机系统配置，首先启动 TFTP 服务器软件并进行相关参数设置，然后在交换机上配置管理接口 IP 地址，再在交换机特权模式下执行 COPY 命令即可，拓扑图见图 1-2-3。

第 1 步　启动 TFTP 服务器软件并进行相关参数设置，这个步骤与交换机备份的步骤是一样的。

第 2 步　在交换机上配置管理接口 IP 地址，同交换机备份步骤。

```
Switch(config)# Interface Vlan 1
Switch(config-if)# ip address 192.168.0.1 255.255.255.0
Switch(config-if)# no shutdown
```

第 3 步　在交换机特权模式下升级操作系统。

(1)将要升级的操作系统软件保存在 D:\TFTP\s2126g. bin 下。

(2)执行 copy 命令：

```
switch# copy tftp: startup-config
```

【课堂实验 1】　配置交换机

交换机基本配置

1. 实验背景

某公司为升级网络新购买的交换机已经全部到货，需要尽快对交换机进行检查，并完成基本配置，使之能够被远程管理，便于在今后的网络建设中应用。

2. 实验拓扑(图 1-2-4)

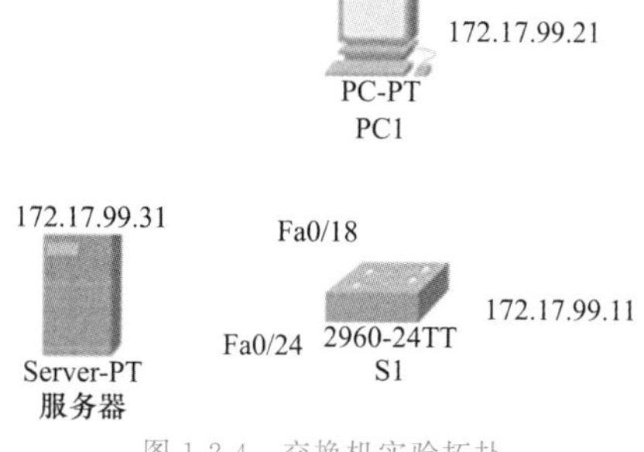

图 1-2-4　交换机实验拓扑

3. 地址分配表(表 1-2-1)

表 1-2-1　　交换机实验地址分配

设备	接口	IP 地址	子网掩码
S1	VLAN 99	172.17.99.11	255.255.255.0
PC1	网卡	172.17.99.21	255.255.255.0
服务器	网卡	172.17.99.31	255.255.255.0

4. 实验内容

任务 1:连接到交换机,连接 S1 与 PC1。

任务 2:浏览各种 CLI 模式。

(1)使用 enable 命令进入特权模式。

(2)将 S1 配置为主机名。

(3)用 IP 地址 172.17.99.11/24 配置 VLAN 99 并激活接口。

(4)将 Fa0/18 的接口配置模式设置为 access。

(5)将 VLAN 99 分配给端口。

(6)进入控制台线路配置模式,并配置口令。

任务 3:使用帮助机制配置时钟。

任务 4:访问并配置历史记录。

(1)查看最近输入的命令。

(2)更改历史记录缓存中存储的命令数量。

任务 5:配置启动顺序。

(1)检查闪存中加载了哪些 Cisco IOS 映象。

(2)配置系统使用不同的 Cisco IOS 映象启动。

任务 6:配置 PC 并将其连接到交换机。

(1)用 IP 地址/子网掩码 172.17.99.21/24 配置 PC1。

(2)将 PC1 连接到交换机上的 Fa0/18。

(3)测试 S1 与 PC1 之间的连通性。

任务 7:配置双工和速率。

(1)使用 Cisco IOS 命令设置 Fa0/18。

(2)测试 S1 与 PC1 之间的连通性。

任务 8:管理 MAC 地址表。

(1)检查服务器的 MAC 地址。

(2)配置 TFTP 服务器的静态 MAC 地址。

(3)检验静态 MAC 地址现已列于 MAC 地址表中。

(4)测试 S1 与 PC1 之间的连通性。

任务 9:管理交换机配置文件,使用直通电缆将服务器上的 FastEthernet 端口与交换机上的 Fa0/24 端口相连。

(1)进入 Fa0/24 的接口配置模式。

(2)将端口模式设置为 access。

(3)将 VLAN 99 分配给端口。

(4)检验 S1 能否 ping 通服务器。

(5)将启动配置备份到服务器。

(6)检验服务器是否有启动配置。

2.1.2 交换机接口问题

1. 自动 MDIX(auto-MDIX)

直到现在，连接设备时仍然要求使用某些类型电缆(直通或交叉)进行连接，交换机到交换机或交换机到路由器的连接仍然要求使用不同的以太网电缆。在接口上使用自动介质相关接口交叉(auto-MDIX)功能可以解决这一问题。当启用 auto-MDIX 时，接口会自动检测所需电缆连接类型(直通或交叉)并配置相应连接。如果连接交换机时不启用 auto-MDIX 功能，则在连接服务器、工作站或路由器等设备时必须使用直通电缆，而在连接其他交换机或中继器时必须使用交叉电缆。

在较新版本的思科路由器和交换机上，mdix auto 接口配置模式命令可以启用此功能。当在接口上使用 auto-MDIX 时，接口速度和双工必须设置为“auto”，这样该功能才能正常运行。

用于启用 auto-MDIX 的命令见表 1-2-2。

表 1-2-2　用于启用 auto-MDIX 的命令

IOS 命令	语法
进入全局配置模式	S1 # configure terminal
进入接口配置模式	S1(config) # interface fastethernet 0/1
将接口配置为与所连接的设备自动协商双工	S1(config-if) # duplex auto
将接口配置为与所连接的设备自动协商速度	S1(config-if) # speed auto
在接口上启用自动 MDIX	S1(config-if) # mdix auto
返回特权 EXEC 模式	S1(config-if) # end
将运行配置保存到启动配置	S1 # copy running-config startup-config

注意：Catalyst 2960 和 Catalyst 3560 交换机会默认启用 auto-MDIX 功能，但在更早版本的 Catalyst 2950 和 Catalyst 3550 交换机上此功能不可用。

要检查某个特定接口的 auto-MDIX 设置，应当使用 show controller sethernet-controller 命令和关键字 phy。要将输出限定为引用 auto-MDIX 的行，请使用 include auto-MDIX 过滤器。

2. 网络接入层问题

show interfaces 命令的输出可用于检测常见介质问题。该输出最重要的部分就是显示线路和数据链路协议的状态。图 1-2-5 和表 1-2-3 表示用于查看接口状态的摘要行。

```
Router#show interfaces fa0/1
FastEthernet0/0 is up, line protocol is up (connected)
Hardware is Lance, address is 0060.7007.8401 (bia 0060.7007.8401)
Internet address is 192.168.1.2/24
MTU 1500 bytes, BW 100000 Kbit, DLY 100 usec,
```

图 1-2-5 查看接口状态的摘要行

表 1-2-3 **接口状态的摘要行**

接口状态	线路协议状态	链路状态
正常	正常	运行
关闭	关闭	接口问题

第一个参数(FastEthernet0/1 为启用状态)代表硬件层,实质上它反映接口是否正在从其他终端接收载波检测信号。第二个参数(线路协议 line protocol)代表数据链路层,它反映是否收到数据链路层协议保持连接命令。

根据 show interfaces 命令的输出,可按如下方法解决可能存在的问题:

如果接口运行正常而线路协议停止运行,那么一定存在问题。可能存在封装类型不匹配问题,而另一端的接口可能处于错误禁用状态,或者可能存在硬件问题。

如果线路协议和接口都存在故障,则电缆未连接或存在某些其他接口问题。例如,在背靠背连接中,连接的其他端可能管理性关闭。

如果接口管理性关闭,则其已在活动配置中被手动禁用(已发出 shutdown 命令)。

图 1-2-6 显示了 show interfaces 命令输出的示例。示例显示了 FastEthernet0/1 接口的计数和统计信息。

```
S1#show interfaces FastEthernet0/1
FastEthernet0/1 is up,line protocol is upHardware is FastEthernet,address is 0022.91c4.0e01(bia 0022.91c4.0e01)MTU 1500 bytes,BW 100000 Kbit,DLY 100 usec,
<省略部分输出>
2295197 packets input,305539992 bytes,0 no buffer
Received 1925500 broadcasts ,0 runts,0 giants,0
Throttles
3 input errors,3 CRC, 0 frame,0 overrun, 0 ignored
0 watchdog,68 multicast,0 pause input
0 input packets with dribble condition detected
3594664 packets output,436549843 bytes, 0 underruns
8 output errors,1790 collisions,10 interface resets
0 unknown protocol drops
0 babbles,235 late collision,0 deferred
<省略部分输出>
```

图 1-2-6 显示接口状态和统计信息

有些介质错误不太严重,不至于引起电路故障,但会导致网络性能问题。通过 show interfaces 命令可以检测常见错误。"输入错误"是正在接受检查的接口上收到的数据包中所有错误总和,已报告的 show interfaces 命令输入错误包括以下各项:

残帧:小于最小允许长度 64 个字节的以太网帧称为残帧。NIC 功能紊乱是造成残帧过多的主要原因,但冲突过多同样也会引起残帧。

超长帧:大于最大允许长度的以太网帧称为超长帧。引起超长帧的原因和引起残帧的原因相同。

CRC 错误:在以太网和串行接口上,CRC 错误通常表示存在介质或电缆错误。常见的原因包括电气干扰、连接松动或损毁或者所用的电缆类型不正确。如果看到许多 CRC 错误,且链路上噪声过多,应该检查电缆是否损坏和长度是否适当。如果可能,还应搜索并消除噪声源。

“输出错误”是阻碍从正在接受检查的接口最终传输数据包的所有错误总和。已报告的 show interfaces 命令输出错误包括以下各项：

冲突：在半双工操作中发生冲突是非常正常的，只要我们对半双工操作满意，就不必担心。但是，我们绝不会在正确设计和配置的全双工通信网络中看到冲突，因此强烈建议使用全双工，除非旧型或传统设备要求使用半双工。

延迟冲突：延迟冲突是指在传输了 512 位的帧之后发生冲突。电缆过长是造成延迟冲突最常见的原因。另一个常见原因是双工配置错误。例如，我们可能将连接的一端配置为全双工，而将另一端配置为半双工，配置为半双工的接口发生延迟冲突。在这种情况下，两端必须配置为相同的双工设置。正确设计和配置的网络永远不会出现延迟冲突。

2.2 交换机安全的管理和实施

2.2.1 安全远程访问

交换机基本安全配置

1. SSH 运行

安全外壳（SSH）是一种提供远程设备的安全（加密）管理连接的协议。SSH 应替代 Telnet 来管理连接。Telnet 是一种较早的协议，对登录身份验证（用户名和密码）和通信设备之间传输的数据都采用不安全的明文传输。SSH 通过在设备进行身份验证（用户名和密码）时以及在通信设备之间传输数据时提供强加密，确保远程连接的安全。将 SSH 分配给 TCP 端口 22，将 Telnet 分配给 TCP 端口 23。

2. 配置 SSH

在配置 SSH 之前，至少必须为交换机配置唯一的主机名和正确的网络连接设置。

第 1 步 检验是否支持 SSH。

使用 show ip ssh 命令检验交换机是否支持 SSH。如果交换机没有运行支持加密功能的 IOS，则此命令将无法识别。

第 2 步 配置 IP 域。

使用 ip domain-name *domain-name* 全局配置模式命令配置网络的 IP 域名。

第 3 步 生成 RSA 密钥对。

生成 RSA 密钥对将自动启用 SSH。使用 crypto key generate rsa 全局配置模式命令在交换机上启用 SSH 服务器并生成 RSA 密钥对。当生成 RSA 密钥对时，系统会提示管理员输入模数长度，思科建议模数长度至少为 1 024 位。模数长度越长越安全，但生成和使用模数的时间也越长。

注意：要删除 RSA 密钥对，请使用 crypto key zeroize rsa 全局配置模式命令。删除 RSA 密钥对之后，SSH 服务器将自动禁用。

第 4 步 配置用户身份验证。

SSH 服务器可以对用户进行本地身份验证或使用身份验证服务器。要使用本地身份验证方法，请使用 username *username* secret password 全局配置模式命令创建用户名和密码对。在本示例中，为用户 admin 分配的密码为 ccna。

第 5 步 配置 vty 线路。

使用 transport input ssh 线路配置模式命令启用 vty 线路上的 SSH 协议。Catalyst 2960

的 vty 线路范围为 0 到 15。该配置将阻止除 SSH 之外的连接(如 Telnet),将交换机限制为仅接受 SSH 连接。使用 line vty 全局配置模式命令,然后使用 login local 线路配置模式命令来要求从本地用户名数据库进行 SSH 连接的本地身份验证。

第 6 步 启用 SSH 第 2 版。

默认情况下,SSH 同时支持第 1 版和第 2 版。如果支持两种版本,在 show ip ssh 输出中将显示为支持版本 1.99。第 1 版存在已知漏洞,因此,建议只启用第 2 版。使用 ip ssh version 2 全局配置命令启用 SSH 第 2 版。

【课堂实验 2】 配置 SSH

1. 实验背景

SSH 应替代 Telnet 来管理连接。Telnet 使用不安全的明文通信,而 SSH 通过为设备之间的所有传输数据提供强加密,来确保远程连接的安全。在本实验中,我们将使用密码加密和 SSH 来保护远程交换机。

2. 实验拓扑(图 1-2-7)

图 1-2-7 课堂实验 2 拓扑图

3. 地址分配表(表 1-2-4)

表 1-2-4 地址分配表

设备	接口	IP 地址	子网掩码
S1	VLAN 1	10.10.10.2	255.255.255.0
PC1	NIC	10.10.10.10	255.255.255.0

4. 实验内容

第一部分:安全密码。

(1)使用 PC1 上的命令提示符,通过 Telnet 连接到 S1。用户 EXEC 模式和特权 EXEC 模式密码是 cisco。

(2)保存当前配置,这样可以通过切换 S1 的电源撤销我们可能造成的任何错误。

(3)显示当前配置,注意密码都以明文显示。请输入用于加密明文密码的命令:________。

(4)检验密码是否已加密。

第二部分:加密通信。

第 1 步 设置 IP 域名并生成安全密钥。

(1)将域名配置为 netacad.pka。

(2)需要使用安全密钥加密数据。使用 1 024 密钥长度生成 RSA 密钥。

第 2 步 创建一个 SSH 用户,并重新配置 vty 线路以仅支持 SSH 访问。

(1)创建用户 administrator,密码是 cisco。

(2)配置 vty 线路以检查本地用户名数据库的登录凭证,并只允许 SSH 进行远程访问。删除现有 vty 线路密码。

第三部分:检验 SSH 实施。

(1)退出 Telnet 会话并尝试使用 Telnet 重新登录。尝试会失败。

(2)尝试使用 SSH 登录。输入 SSH 并按 Enter 键,不带任何参数,以显示命令用法说明。

提示:—l 选项的 l 表示字母“L”,而不是编号 1。

(3)在成功登录后,进入特权 EXEC 模式并保存配置。如果我们无法成功访问 S1,请切换电源,从第一部分重新开始。

LAN 中的常见安全攻击

1. MAC 地址泛洪

交换机对未知地址的 MAC 地址泛洪行为可被用来攻击交换机,这种类型的攻击称为 MAC 地址表溢出攻击。MAC 地址表溢出攻击有时也称为 MAC 地址泛洪攻击和 CAM 表溢出攻击。

如图 1-2-8(a)所示,主机 C 上的攻击者可以使用虚假的、随机生成的源 MAC 地址和目的 MAC 地址将帧发送到交换机。交换机将使用虚假帧中的信息更新 MAC 地址表。当 MAC 地址表中填满虚假 MAC 地址时,交换机将进入失效开放的模式,在该模式中,交换机会将所有帧广播到网络中的所有计算机上。因此,攻击者可以看到所有帧。

如图 1-2-8(b)所示,只要交换机上的 MAC 地址表保持填满状态,交换机就会将所有收到的帧广播到每个端口。在本例中,从主机 A 发送到主机 B 的帧也会从交换机的端口 3 广播出去,主机 C 上的攻击者就会看到这些帧。

缓解 MAC 地址表溢出攻击的一种方法就是配置端口安全。

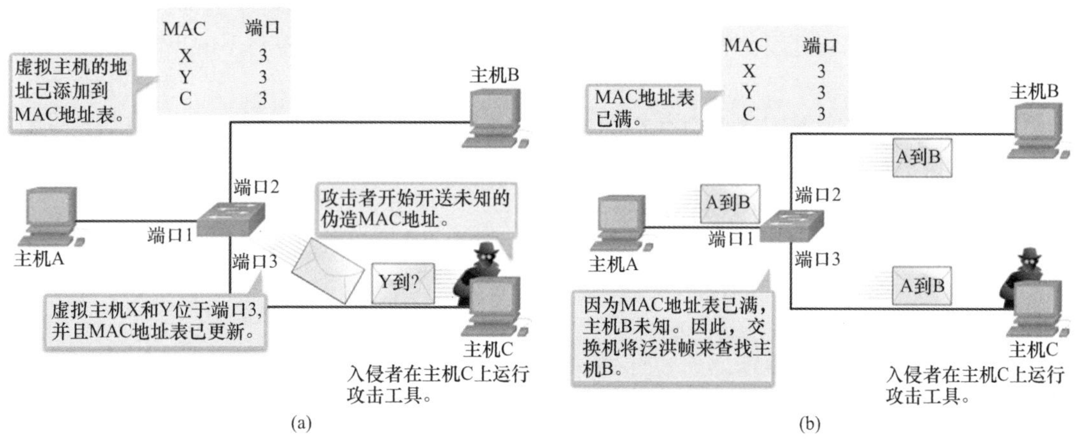

图 1-2-8　MAC 地址泛洪攻击

2. DHCP 欺骗

对交换网络可以执行两种类型的 DHCP 攻击:DHCP 耗竭攻击和 DHCP 欺骗。

在 DHCP 耗竭攻击中,攻击者将使用 DHCP 请求泛洪 DHCP 服务器,以耗尽 DHCP 服务器可以发出的所有可用 IP 地址。在发出这些 IP 地址后,服务器无法发出更多地址,这种情况将导致新的客户端不能获得网络访问权限,从而实现拒绝服务(DoS)攻击。

在 DHCP 欺骗攻击中,攻击者在网络中配置虚假的 DHCP 服务器向客户端发出 DHCP 地址。这种攻击的常见做法是强迫客户端使用错误的域名系统(DNS)或 Windows Internet 命名服务(WINS)服务器并且使客户端使用攻击者或受攻击者控制的计算机作为其默认网关。

3. 利用 CDP

默认情况下,大多数思科路由器和交换机在所有端口上都启用了 CDP。CDP 信息会定期以未加密的广播形式发送,该信息会在每台设备的 CDP 数据库中进行本地更新。

CDP 包含的有关设备的信息有:IP 地址、IOS 软件版本、平台、性能和本征 VLAN。攻击者会利用此信息找到攻击网络的方法,通常会采用拒绝服务(DoS)攻击的形式。

通过 CDP 发现的 Cisco IOS 软件版本特别有利于攻击者确定该特定版本的 IOS 是否有任何特有的安全漏洞。此外,因为 CDP 不进行身份验证,所以攻击者可以伪造 CDP 数据包并将其发送到直连的思科设备上。

建议使用 no cdp run 全局配置模式命令在无须使用 CDP 的设备或端口上禁用 CDP。可以针对每个端口禁用 CDP。

2.2.3 交换机端口安全

1. 保护未使用端口的安全

很多管理员所采用的一种简单方法是禁用交换机上所有未使用的端口,这样做可保护网络,使其免受未经授权的访问。例如,如果 Catalyst 2960 交换机有 24 个端口,并且有三个快速以太网连接正在使用,那么比较好的做法就是禁用其他 21 个未使用的端口。如果以后需要重新激活端口,则可以使用 no shutdown 启用它。对交换机多个端口进行更改很简单。如果必须配置端口范围,则请使用 interface range 命令。

```
Switch(config)#interface range type module/first-number-last-number
```

启用和禁用端口的过程比较耗时,但它可以加强网络安全,是值得付出的工作。

2. DHCP 监听

DHCP 监听是一种确定哪些交换机端口可响应 DHCP 请求的 Cisco Catalyst 功能。端口标识为可信和不可信。可信端口可发送所有 DHCP 消息,包括 DHCP 提供和 DHCP 确认数据包;不可信端口只能发送请求。可信端口担当 DHCP 服务器,也可作为通向 DHCP 服务器的上行链路。如果不可信端口上的诈骗设备试图将 DHCP 提供数据包发送到网络,则该端口将被关闭。

3. 端口安全性

在部署交换机以用于生产之前,应保护所有交换机端口(接口)。一种保护端口的方法就是实施称为“端口安全”的功能。端口安全可限制端口上所允许的有效 MAC 地址的数量。允许合法设备的 MAC 地址进行访问,而拒绝其他 MAC 地址。

可以配置端口安全以允许一个或多个 MAC 地址。如果将端口允许的 MAC 地址数量限制为 1,则只有具有该特定 MAC 地址的设备才能成功连接到端口。

如果端口已配置为安全端口,并且 MAC 地址的数量已达到最大值,那么任何其他未知 MAC 地址的连接尝试都将产生安全违规。

配置端口安全有很多方法。安全地址的类型取决于配置,包括:

(1)静态安全 MAC 地址

使用 switchport port-security mac-address *mac-address* 接口配置模式命令在端口上手动配置的 MAC 地址。以此方法配置的 MAC 地址存储在地址表中,并添加到交换机的运行配置中。

(2)动态安全 MAC 地址

通过动态获取并只存储在地址表中的 MAC 地址。以此方式配置的 MAC 地址在交换机重新启动时将被移除。

(3)黏滞安全 MAC 地址

可以通过动态获取或手动配置，然后存储到地址表中并添加到运行配置中的MAC地址。

要将接口配置为可以将动态获取的MAC地址转换为黏滞安全MAC地址并将其添加到运行配置，我们必须启用黏滞获取。使用 switchport port-security mac-address sticky 接口配置模式命令在接口上启用黏滞获取。

当输入此命令时，交换机会将所有动态获取的MAC地址（包括在启用黏滞获取之前动态获取的MAC地址）转换为黏滞安全MAC地址。所有黏滞安全MAC地址都会添加到地址表和运行配置中。

还可以手动定义黏滞安全MAC地址。当使用 switchport port-security mac-address sticky *mac-address* 接口配置模式命令配置黏滞安全MAC地址时，所有指定地址都将添加到地址表和运行配置中。

如果将黏滞安全MAC地址保存到启动配置文件中，则当交换机重新启动或接口关闭时，接口无须重新获取地址。如果黏滞安全地址未保存，则这些地址将会丢失。

如果使用 no switchport port-security mac-address sticky 接口配置模式命令禁用黏滞获取，则黏滞安全MAC地址仍作为地址表的一部分，但会从运行配置中移除。

注意：在接口上启用端口安全之前使用 switchport port-security 命令，端口安全功能无法正常工作。

4. 端口安全的违规模式

当出现以下任一情况时，则会发生安全违规：

(1)该接口的地址表中添加了最大数量的安全MAC地址，有工作站试图访问接口，而该工作站的MAC地址未出现在该地址表中。

(2)在一个安全接口上获取或配置的地址出现在同一个VLAN中的另一个安全接口上。

可以将接口配置为下述三种违规模式中的一种，指定在出现违规时应采取的措施。当端口上配置了以下某一安全违规模式时，将转发相应类型的数据流量：

(1)保护：当安全MAC地址的数量达到端口允许的限制时，带有未知源地址的数据包将被丢弃，直至移除足够数量的安全MAC地址或增加允许的最大地址数。出现安全违规时不会发出通知。

(2)限制：当安全MAC地址的数量达到端口允许的限制时，带有未知源地址的数据包将被丢弃，直至移除足够数量的安全MAC地址或增加允许的最大地址数。在该模式下，出现安全违规时会发出通知。

(3)关闭(默认)：在此违规模式下，端口安全违规将使接口立即变为错误禁用状态，并关闭端口LED，增添了违规计数器。当安全端口处于错误禁用状态时，先输入 shutdown 再输入 no shutdown 接口配置模式命令可使其脱离此状态。

要更改交换机端口的违规模式，请使用 switchport port-security violation {protect | restrict | shutdown}接口配置模式命令。

5. 端口安全的检验

在交换机上配置了端口安全后，请检查每个接口，以检验端口安全设置正确并确保静态MAC地址已配置正确。

要显示交换机或指定接口的端口安全设置，请使用 show port-security [interface interface-id] 命令。默认情况下，此端口允许一个MAC地址。

要显示所有交换机接口或某个指定接口上配置的所有安全MAC地址，并附带每个地址的老化信息，请使用 show port-security address 命令。

6. 端口处于错误禁用状态

当端口配置了端口安全时，违规可能会导致端口变为错误禁用状态。当端口处于错误禁用状态时，它是有效关闭的，此端口上不会发送或接收任何流量。

注意：端口协议和链路状态变为关闭。

管理员应当在重新启用端口之前确定导致安全违规的原因。如果有未经授权的设备连接到安全端口，则应当在安全威胁消除后再重新启用端口。要重新启用端口，请使用 shutdown 接口配置模式命令。然后，使用 no shutdown 接口配置命令使端口正常工作。

【课堂实验 3】 配置交换机端口安全

1. 实验背景

在本实验中，我们将配置并检验交换机上的端口安全。端口安全允许我们通过限制允许将流量发送至端口的 MAC 地址来限制端口的入口流量。

2. 实验拓扑(图 1-2-9)

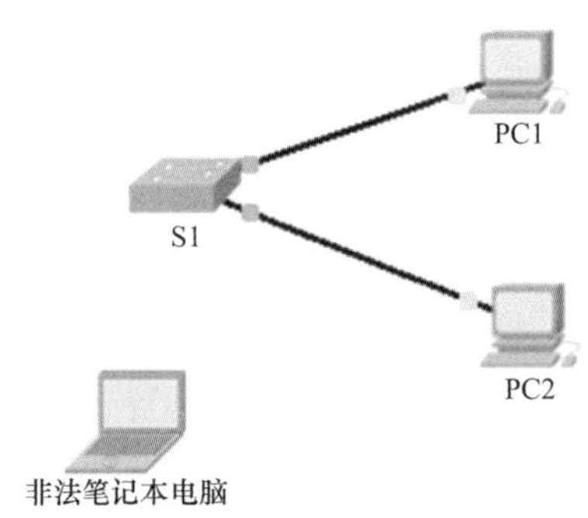

图 1-2-9 课堂实验 3 实验拓扑

3. 地址分配表(表 1-2-5)

表 1-2-5 课堂实验 3 地址分配表

设备	接口	IP 地址	子网掩码
S1	VLAN 1	10.10.10.2	255.255.255.0
PC1	网卡	10.10.10.10	255.255.255.0
PC2	网卡	10.10.10.11	255.255.255.0
非法笔记本电脑	网卡	10.10.10.12	255.255.255.0

4. 实验内容

第一部分：配置端口安全。

(1)访问 S1 的命令行并启用快速以太网端口 0/1 和 0/2 的端口安全。

(2)设置最大值，以便只有一台设备能够访问快速以太网端口 0/1 和 0/2。

(3)保护端口安全，以便动态获取设备的 MAC 地址并将其添加到运行配置。

(4)设置违规，以便违规当发生时不会禁用快速以太网端口 0/1 和 0/2，但是来源未知的数据包会被丢弃。

(5)禁用未使用的所有剩余端口。提示：使用 range 关键字可以同时将该配置应用于所有端口。

第二部分：检验端口安全。

(1)从 PC1 对 PC2 执行 ping 操作。

(2)检验是否已启用端口安全，并将 PC1 和 PC2 的 MAC 地址添加到运行配置。

(3)将非法笔记本电脑连接到任何未使用的交换机端口,并注意:链路指示灯为红色。

(4)启用端口,并检验非法笔记本电脑是否可以对 PC1 和 PC2 执行 ping 操作。检验之后,关闭连接到非法笔记本电脑的端口。

(5)断开 PC2,并将非法笔记本电脑连接到 PC2 的端口。检验非法笔记本电脑是否无法对 PC1 执行 ping 操作。

(6)显示非法笔记本电脑所连接的端口的端口安全违规。

(7)断开非法笔记本电脑,并重新连接 PC2。检验 PC2 是否可以对 PC1 执行 ping 操作。

(8)为什么 PC2 可以对 PC1 执行 ping 操作,而非法笔记本电脑不可以?

总 结

在本项目中,我们学习了交换机的基本配置与管理,需要注意:在 Cisco IOS 加载后,它将使用启动配置文件中找到的命令初始化并配置接口。如果 Cisco IOS 文件缺失或已损坏,则可以使用启动加载器程序重新加载或从问题中恢复;交换机端口安全是阻止诸如 MAC 地址泛洪和 DHCP 欺骗等攻击所必需的。交换机端口应该配置为只允许具有特定源 MAC 地址的帧进入,应该拒绝来自未知源 MAC 地址的帧,并使端口关闭以阻止进一步攻击。

综合练习——配置交换机安全功能

文本

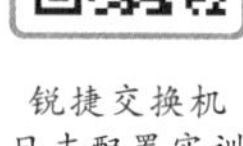

锐捷交换机日志配置实训

1. 实验背景

在 PC 和服务器上锁定访问和配置良好的安全功能十分常见,重要的是也要为我们的网络基础架构设备(例如交换机和路由器)配置安全功能。在本练习中,我们将会参考一些在 LAN 交换机上配置安全功能的最佳做法。我们将仅允许 SSH 和安全的 HTTPS 会话,还将配置并检验端口安全,以阻止任何具有交换机无法识别的 MAC 地址的设备连接到交换机。

2. 实验拓扑(图 1-2-10)

图 1-2-10 综合练习拓扑图

3. 地址分配表(表 1-2-6)

表 1-2-6 配置交换机安全功能地址分配表

设备	接口	IP 地址	子网掩码	默认网关
R1	G0/1	172.16.99.1	255.255.255.0	N/A
S1	VLAN 99	172.16.99.11	255.255.255.0	172.16.99.1
PC-A	NIC	172.16.99.3	255.255.255.0	172.16.99.1

4. 实验内容

第一部分:设置拓扑并初始化设备。

在第一部分中,我们需要建立网络拓扑,并在必要时清除所有配置。

第 1 步 建立如图 1-2-10 所示的网络。

第 2 步 初始化并重新加载路由器和交换机。

第二部分:配置基本设备设置并检验连接。

在第二部分,我们将会配置路由器、交换机和 PC 上的基本设置。请参考图 1-2-10 和表 1-2-6 获取设备名称和地址信息。

第 1 步 配置 PC-A 的 IP 地址。

第 2 步 在 R1 上配置基本设置。

- 配置设备名称。
- 禁用 DNS 查找。
- 按照地址分配表配置接口 IP 地址。
- 指定 class 作为特权 EXEC 模式密码。
- 指定 cisco 作为控制台和 vty 密码并启用登录。
- 加密明文密码。
- 将运行配置保存到启动配置。

第 3 步 在 S1 上配置基本设置。

- 配置设备名称。
- 禁用 DNS 查找。
- 指定 class 作为特权 EXEC 模式密码。
- 指定 cisco 作为控制台和 vty 密码，然后启用登录。
- 使用 R1 的 IP 地址配置 S1 的默认网关。
- 加密明文密码。
- 将运行配置保存到启动配置。
- 在交换机上创建 VLAN 99 并将其命名为 Management。
- 按照地址分配表，配置 VLAN 99 管理接口的 IP 地址，并启用接口。
- 在交换机上，将端口 Fa0/5 和 Fa0/6 分配给 VLAN 99。

第 4 步 检验设备之间的连接。

第三部分：配置并检验 S1 上的 SSH 访问。

第 1 步 在 S1 上配置 SSH 访问。

第 2 步 修改 S1 上的 SSH 配置。

第 3 步 检验 S1 上的 SSH 配置。

第四部分：配置并检验 S1 上的安全功能。

在第四部分，我们将关闭未使用的端口，关闭交换机上运行的某些服务，并根据 MAC 地址配置端口安全。交换机可能会受到 MAC 地址表溢出攻击、MAC 欺骗攻击和与交换机端口的未经授权连接。我们将会配置端口安全，限制可以在交换机端口上获取的 MAC 地址的数量，并在超出最大数量时禁用端口。

第 1 步 在 S1 上配置常规安全功能。

第 2 步 配置并检验 S1 上的端口安全。

项目 1-3 VLAN

本项目将介绍如何配置、管理和排除 VLAN 和 VLAN TRUNK 故障，还将探讨安全注意事项和与 VLAN 及 VLAN TRUNK 相关的策略，以及 VLAN 设计的最佳实践。

学习目标

- 能解释交换网络中 VLAN 的用途。
- 能分析交换机如何根据多交换环境的 VLAN 配置转发帧。
- 能根据要求配置交换机端口以将其分配给 VLAN。
- 能配置 LAN 交换机的 TRUNK 端口。
- 能配置动态中继协议(DTP)。
- 能对交换网络中的 VLAN 和 TRUNK 配置进行故障排除。
- 能配置安全功能以减少 VLAN 分段环境中的攻击。

"我就是要让他们批评我!"

"江老师,我给您出个主意!"在 2022 年 8 月举行的中国科学院化学部学术年会上,中国科学院院士江雷作完报告一走下讲台,就被一旁的中国科学院院士迟力峰拉住,兴致勃勃地说起她建议的研究思路。

原来,江雷的报告并未事先安排在这次的学术报告中,而是他主动提出要给化学部的与会院士们分享他的科研工作。就在他作报告的前一天晚上,学部才将他安排在下午最后一个出场。

"我现在就是要让他们批评我,得到他们的评价,我希望听到不同的声音。"江雷告诉《中国科学报》他主动要求作报告的原因,"不批评能进步吗? 想当年爱因斯坦就批评波尔的量子力学,才让量子力学进步了。"

此外,其他中国科学院院士也分别作了学术报告。李景虹分享了重大突发公共卫生事件中的化学测量学,刘买利讨论了生物核磁共振波谱分析,周翔介绍了核酸化学生物学,马光辉报告了从可控制造到生物制药应用,元英进讲了合成生物学及应用,孙立成探讨了从天然到人工光合作用……

中国科学院院士白春礼说,新的想法要想得到不同学科的认同,需要不断地讨论、磨合、升华,这样才能成熟起来。不管这个想法最后能不能成为大家所公认的成熟的理论,都值得探讨,科技创新需要这样一种精神。

(来源:学习强国)

3.1 VLAN的分段

3.1.1 VLAN 概述

VLAN 的用途和划分方法

1. VLAN 的定义

在交换网际网络内,通过 VLAN 可灵活地进行分段和组织。VLAN 能够将 LAN 中的设备分组。VLAN 中的一组设备通信时就如同连接到同一条线路。VLAN 基于逻辑连接,而不是物理连接,如图 1-3-1 所示。

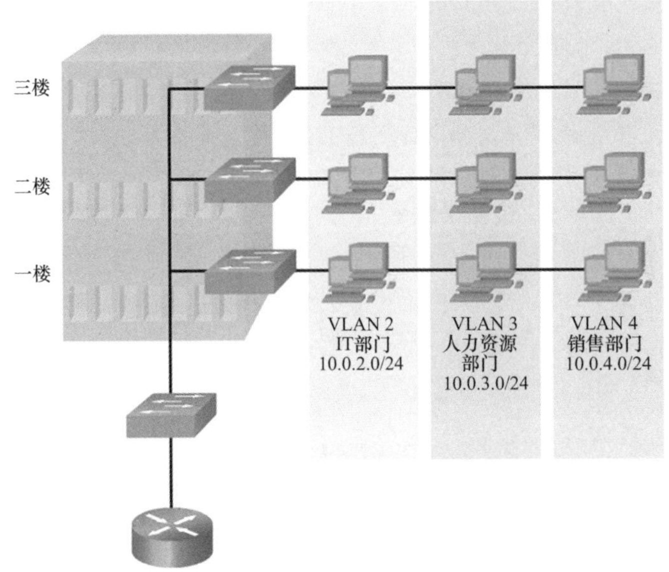

图 1-3-1 定义 VLAN 组

VLAN 允许管理员根据功能、项目组或应用程序等因素划分网络，而不考虑用户或设备的物理位置。虽然一个 VLAN 中的设备与其他 VLAN 共享通用基础设施，但它们的运行与在自己的独立网络上运行一样。所有交换机端口可以同属一个 VLAN，并且单播、广播和组播数据包仅转发并泛洪至数据包源 VLAN 中的终端。每个 VLAN 都被视为一个独立的逻辑网络，发往不属于此 VLAN 的站点的数据包必须通过支持路由的设备转发。

VLAN 创建逻辑广播域，可以跨越多个物理 LAN 网段。VLAN 通过将大型广播域细分为较小网段来提高网络性能。如果一个 VLAN 中的设备发送广播以太网帧，该 VLAN 中的所有设备都会收到该帧，而其他 VLAN 中的设备收不到。

2. VLAN 的优点

用户效率和网络适应性是企业发展与成功的重要因素。VLAN 更便于为网络实现企业目标提供支持。VLAN 主要有以下优点：

(1)安全——含有敏感数据的用户组可与网络的其余部分隔离，从而降低泄露机密信息的可能性。

(2)成本降低——成本高昂的网络升级需求减少，现有带宽和上行链路的利用率更高，因此可节约成本。

(3)性能提高——将第二层平面网络划分为多个逻辑工作组(广播域)，可以减少网络上不必要的流量并提高性能。

(4)缩小广播域——将网络划分为多个 VLAN 可减少广播域中的设备数量。

(5)提高 IT 员工工作效率——VLAN 为管理网络带来了方便，因为有相似网络需求的用户将共享同一个 VLAN。通过为 VLAN 设置一个适当的名称，员工很容易就知道该 VLAN 的功能。

(6)简化项目管理和应用管理——VLAN 将用户和网络设备聚合到一起，以支持商业需求或地域上的需求。

交换网络中的每个 VLAN 对应一个 IP 网络，因此，VLAN 设计必须考虑实施分层网络寻址方案。

3. VLAN 的类型

现代网络中使用的 VLAN 有许多不同的类型。一些 VLAN 类型按流量类别进行定义，还有一些 VLAN 类型按特定功能进行定义。

(1)数据 VLAN

数据 VLAN 用于传送用户生成的数据流量。传送语音或管理流量的 VLAN 不属于数据 VLAN。我们一般会将语音流量和管理流量与数据流量分开。“数据 VLAN”有时也称为“用户 VLAN”。

(2)默认 VLAN

交换机加载默认配置进行初始启动后，所有交换机端口成为默认 VLAN 的一部分。参与默认 VLAN 的交换机端口属于同一广播域。思科交换机的默认 VLAN 是 VLAN 1。注意默认情况下，所有端口都分配给 VLAN 1。

VLAN 1 具有所有 VLAN 的功能，不同之处在于，它不能重命名或删除。默认情况下，所有第二层控制流量都与 VLAN 1 关联。

(3)本征 VLAN

本征 VLAN 分配给 802.1Q TRUNK 端口。TRUNK 端口是交换机之间的链路，支持传输与多个 VLAN 关联的流量。802.1Q TRUNK 端口支持多个来自 VLAN 的流量(有标记流量)，也支持来自 VLAN 以外的流量(无标记流量)。有标记流量是指原始的以太网帧头中插入 4 字节标记(指定帧所属的 VLAN)的流量。802.1Q TRUNK 端口在本征 VLAN(默认为 VLAN 1)中保存无标记流量。

(4)管理 VLAN

管理 VLAN 是用于访问交换机管理功能的 VLAN。默认情况下，VLAN 1 是管理 VLAN。要创建管理 VLAN，该 VLAN 的交换机虚拟接口(SVI)将分配 IP 地址和子网掩码，使交换机通过 HTTP、Telnet、SSH 或 SNMP 进行管理。因为思科交换机的出厂配置将 VLAN 1 作为默认 VLAN，所以将 VLAN 1 用作管理 VLAN 不是明智的选择。

(5)语音 VLAN

IP 语音(VoIP)需要单独的 VLAN，因为 VoIP 流量有如下要求：

①足够的带宽来保证语音质量。

②高于其他网络流量类型的传输优先级。

③能够在融合网络中得到路由。

④在网络上的延时小于 150 ms。

3.1.2 多交换环境中的 VLAN

TRUNK 的工作原理和两种封装方法

1. VLAN TRUNK

VLAN TRUNK(中继)是两台网络设备之间的点对点链路，负责传输多个 VLAN 的流量。VLAN TRUNK 在整个网络上扩展 VLAN。

如果没有 VLAN TRUNK，VLAN 并不是很有用。VLAN TRUNK 允许在交换机之间传播所有 VLAN 流量，这样位于同一 VLAN 但连接到不同交换机的设备便可以通信，不需要路由器的干预。

VLAN TRUNK 不属于具体的 VLAN，而是作为多个 VLAN 中交换机与路由器之间的管道。TRUNK 还可在网络设备和服务器或其他具有相应 802.1Q 网卡的设备之间使用。默认情况下，在 Cisco Catalyst 交换机上，TRUNK 端口支持所有 VLAN。

在图 1-3-2 中，交换机 S1 和 S2 之间以及 S1 和 S3 之间的链路均配置为在网络中传输来自 VLAN 10、20、30 和 99 的流量。如果没有 VLAN TRUNK，此网络将无法运行。

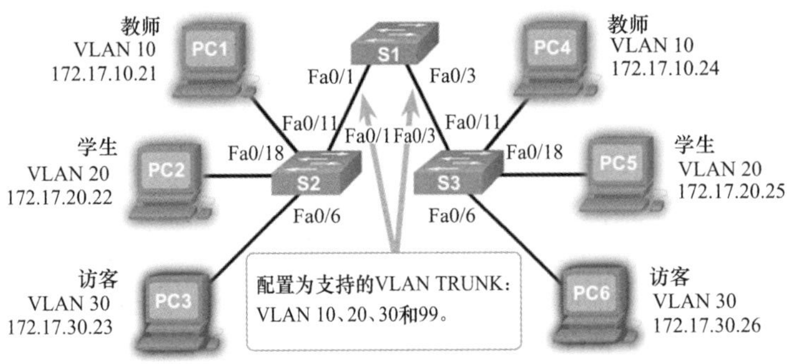

图 1-3-2 VLAN TRUNK

2. 通过 VLAN 控制广播域

(1)没有 VLAN 的网络

在常规操作中，如果交换机在某个端口上收到广播帧，它会将该帧从除接收该帧的端口之外的其他端口上转发出去。

(2)有 VLAN 的网络

如图 1-3-3 所示，网络已划分为两个 VLAN。教师设备已分配给 VLAN 10，而学生设备已分配给 VLAN 20。当广播帧从教师计算机 PC1 发送到交换机 S2 时，交换机仅向配置为支持 VLAN 10 的交换机端口转发广播帧。

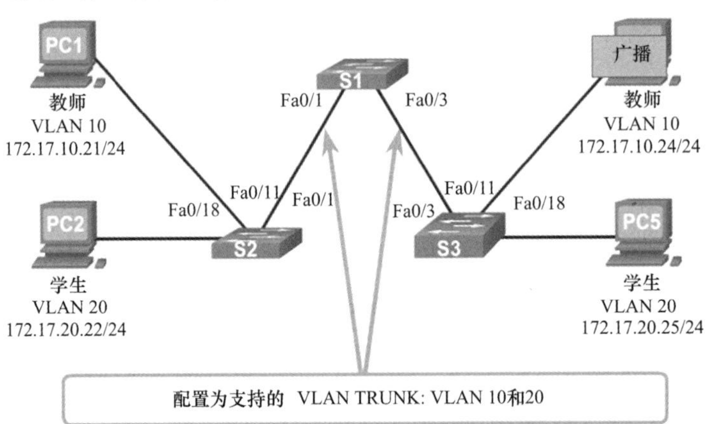

图 1-3-3 有 VLAN 的网络

为交换机配置 VLAN 后，特定 VLAN 中的主机所发出的单播流量、组播流量和广播流量，其传输均仅限于该 VLAN 中的设备。

3. 本征 VLAN 和 802.1Q 标记

(1)本征 VLAN 上的有标记帧

支持中继的某些设备会在本征 VLAN 流量中添加 VLAN 标记，而发送到本征 VLAN 上的控制流量不应添加标记。如果 802.1Q TRUNK 端口收到的有标记帧的 VLAN ID 与本征

VLAN 相同，则会丢弃该帧。因此，在思科交换机上配置交换机端口时，要将设备配置为不发送本征 VLAN 上的有标记帧。其他厂商生产的在本征 VLAN 上支持有标记帧的设备涉及 IP 电话、服务器、路由器和非思科交换机。

(2)本征 VLAN 上的无标记帧

当思科交换机 TRUNK 端口收到无标记帧时，它会将这些帧转发到本征 VLAN。如果没有设备与本征 VLAN 关联，并且没有其他 TRUNK 端口，则会将帧丢弃。

默认的本征 VLAN 为 VLAN 1。当配置 802.1Q TRUNK 端口时，默认 Port VLAN ID(PVID)分配本征 VLAN ID 的值。所有出入 802.1Q 端口的无标记帧根据 PVID 值转发。例如，如果将 VLAN 99 配置为本征 VLAN，则 PVID 的值为 99，所有的无标记帧转发到 VLAN 99。如果没有重新配置本征 VLAN，则 PVID 的值为 VLAN 1。

在图 1-3-4 中，PC1 通过集线器连接到 802.1Q TRUNK 链路。PC1 发送无标记帧(图中箭头表示)，交换机与 TRUNK 端口上配置的本征 VLAN 关联并相应地转发流量。PC1 在 TRUNK 上收到的有标记流量将被丢弃。此场景反映了不理想的网络设计，原因是使用集线器后，主机连接到 TRUNK 链路，这意味着交换机的接入端口已分配给本征 VLAN。

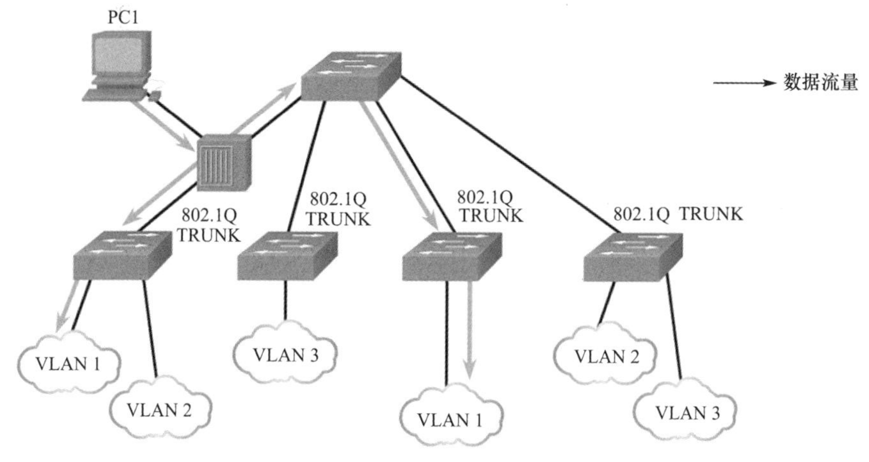

图 1-3-4　802.1Q TRUNK 上的本征 VLAN

3.2　VLAN 的实施情况

3.2.1　VLAN 分配

配置 VLAN

1. Cisco Catalyst 交换机上的 VLAN 范围

Cisco Catalyst 交换机支持的 VLAN 数量足以满足大多数企业的需要。例如，Catalyst 2960 和 3560 系列交换机支持 4 000 多个 VLAN。在这些交换机上，普通范围的 VLAN 编号为 1～1 005，扩展范围的 VLAN 编号为 1 006～4 094。

(1)普通范围的 VLAN

①用于中小型商业网络和企业网络。

②VLAN ID 范围为 1～1 005。

③从 1 002 到 1 005 的 ID 保留，供令牌环 VLAN 和 FDDI VLAN 使用。

④ID 1 和 ID 1 002～1 005 是自动创建的，不能删除。

⑤配置存储在名为 vlan. dat 的 VLAN 数据库文件中。vlan. dat 文件位于交换机的闪存中。

⑥VLAN 中继协议(VTP)有助于管理交换机之间的 VLAN 配置,只能识别和存储普通范围的 VLAN。

(2)扩展范围的 VLAN

①可让服务提供商扩展自己的基础架构以适应更多的客户。有些企业的规模很大,需要使用扩展范围的 VLAN ID。

②VLAN ID 范围为 1 006～4 094。

③配置不会写入 vlan. dat 文件。

④支持的 VLAN 功能比普通范围的 VLAN 少。

⑤默认保存在运行配置文件中。

⑥VTP 无法识别扩展范围的 VLAN。

注意:由于 IEEE 802. 1Q 报头的 VLAN ID 字段有 12 位,因此 4 096 是 Cisco Catalyst 交换机上可用 VLAN 数的上限。

2. 创建 VLAN

当配置普通范围的 VLAN 时,配置的详细信息存储在交换机闪存中名为 vlan. dat 的文件中。闪存中的文件是永久性的,不需要使用 copy running-config startup-config 命令配置。

表 1-3-1 显示了将 VLAN 添加到交换机并为其命名的 Cisco IOS 命令及语法,在交换机配置中,最好为每个 VLAN 命名。

表 1-3-1　创建 VLAN 的命令

IOS 命令	语法
进入全局配置模式	S1＃configure terminal
使用有效的 ID 号创建 VLAN	S1(config)＃vlan *vlan-id*
指定标识 VLAN 服务的唯一名称	S1(config-vlan)＃name *vlan-name*
返回特权 EXEC 模式	S1(config-vlan)＃end

图 1-3-5 显示了如何在交换机 S1 上配置 student VLAN(VLAN 20)。在拓扑示例中,学生计算机(PC2)没有与 VLAN 关联。

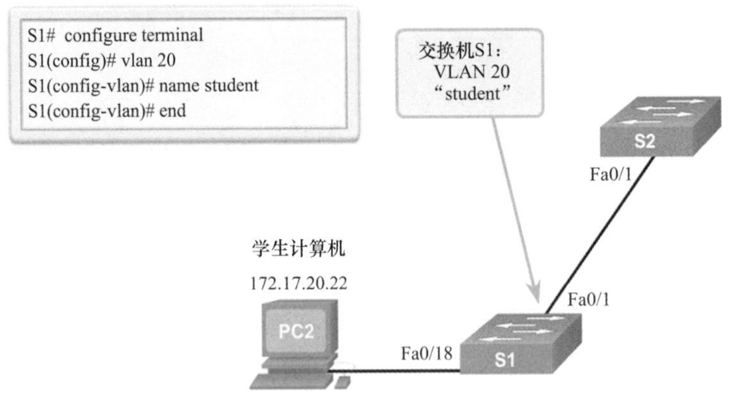

图 1-3-5　创建 VLAN 配置示例

我们不仅可以输入单个的 VLAN ID,还可以使用 vlan vlan-id 命令,输入以逗号分隔的一系列 VLAN ID 或以连字符分隔的 VLAN ID 范围来命名。例如,使用以下命令创建 VLAN 100、102、105、106 和 107:

```
S1(config)#vlan 100,102,105-107
```

3. 为 VLAN 分配端口

在创建 VLAN 后，下一步是为 VLAN 分配端口。接入端口一次只能分配给一个 VLAN，但端口连接到 IP 电话时例外，在这种情况下有两个 VLAN 与端口关联：一个用于语音，另一个用于数据。

表 1-3-2 显示了将端口定义为接入端口并将其分配给 VLAN 的 IOS 命令及语法。switchport mode access 命令可选，使用此命令后，接口变为永久访问模式。

表 1-3-2　　将端口分配给 VLAN 的命令

IOS 命令	语法
进入全局配置模式	S1＃configure terminal
进入 SVI 的接口配置模式	S1(config)＃interface *interface-id*
将端口设置为接入模式	S1(config-if)＃switchport mode access
将端口分配给 VLAN	S1(config-if)＃switchport access vlan *vlan-id*
返回特权 EXEC 模式	S1(config-if)＃end

注意：使用 interface range 命令可同时配置多个接口。

在图 1-3-6 的示例中，VLAN 20 分配给交换机 S1 上的端口 Fa0/18，因此，学生计算机(PC2)位于 VLAN 20。当在其他交换机上配置 VLAN 20 时，网络管理员知道把其他学生计算机配置到与 PC2(172.17.20.0/24)相同的子网中。

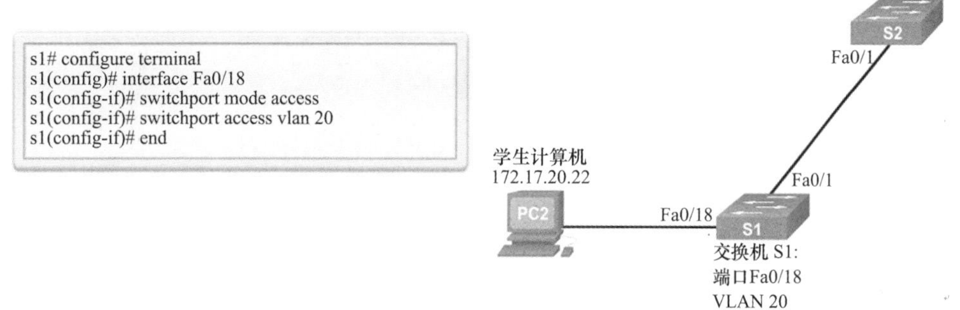

图 1-3-6　为 VLAN 分配端口配置示例

如果交换机上不存在 VLAN，switchport access vlan *vlan-id* 命令会强制创建一个 VLAN。例如，交换机的 show vlan brief 输出未显示 VLAN 30，如果在未做任何配置的接口上输入 switchport access vlan 30 命令，则交换机将显示以下消息：

```
%Access VLAN does not exist.Creating vlan 30
```

4. 更改 VLAN 端口成员

更改 VLAN 端口成员有许多方法。表 1-3-3 显示了使用 no switchport access vlan 接口配置模式命令将交换机端口更改为 VLAN 1 成员的语法。

表 1-3-3　　更改 VLAN 端口成员的命令

IOS 命令	语法
进入全局配置模式	S1＃configure terminal
从端口删除 VLAN 分配	S1(config-if)＃no switchport access vlan
返回特权 EXEC 模式	S1(config-if)＃end

例如，接口 Fa0/18 之前已分配给 VLAN 20。对接口 Fa0/18 输入 no switchport access vlan 命令，观察随即显示的 show vlan brief 命令输出，如图 1-3-7 所示。show vlan brief 命令

显示了所有交换机端口的 VLAN 分配和成员类型，每行显示一个 VLAN。每个 VLAN 的输出包括 VLAN 名称、状态和交换机端口。

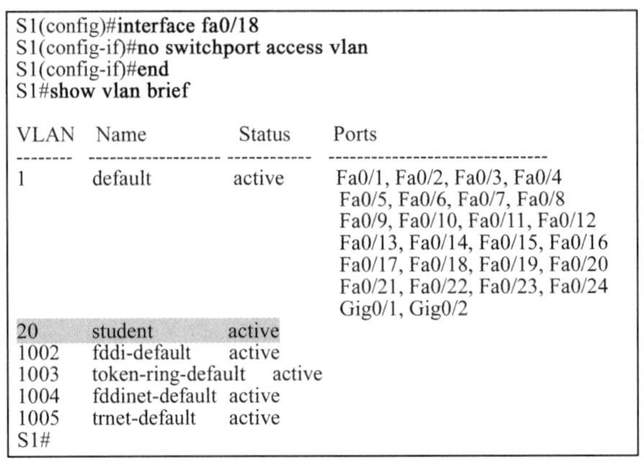

```
S1(config)#interface fa0/18
S1(config-if)#no switchport access vlan
S1(config-if)#end
S1#show vlan brief

VLAN   Name              Status      Ports
--------  ------------------ -----------  ------------------------------
1      default            active      Fa0/1, Fa0/2, Fa0/3, Fa0/4
                                      Fa0/5, Fa0/6, Fa0/7, Fa0/8
                                      Fa0/9, Fa0/10, Fa0/11, Fa0/12
                                      Fa0/13, Fa0/14, Fa0/15, Fa0/16
                                      Fa0/17, Fa0/18, Fa0/19, Fa0/20
                                      Fa0/21, Fa0/22, Fa0/23, Fa0/24
                                      Gig0/1, Gig0/2
20     student            active
1002   fddi-default       active
1003   token-ring-default   active
1004   fddinet-default    active
1005   trnet-default      active
S1#
```

图 1-3-7 更改 VLAN 端口成员配置示例

即使没有分配端口，VLAN 20 仍然处于活动状态。在图 1-3-8 中，show interfaces Fa0/18 switchport 输出可以检验接口 Fa0/18 的 VLAN 是否已重置为 VLAN 1。

```
S1#show interfaces fa0/18 switchport
Name: Fa0/18
Switchport: Enabled
Administrative Mode: static access
Operational Mode: down
Administrative Trunking Encapsulation: dot1q
Operational Trunking Encapsulation: native
Negotiation of Trunking: Off
Access Mode VLAN: 1 (default)
Trunking Native Mode VLAN: 1 (default)
<省略部分输出>
```

图 1-3-8 验证

端口的 VLAN 成员不需要先从 VLAN 移除端口来更改 VLAN 成员。当接入端口将其 VLAN 成员重新分配给另一个现有的 VLAN 时，新的 VLAN 成员会取代上一个 VLAN 成员。在图 1-3-9 中，端口 Fa0/18 已分配给 VLAN 20。

```
S1#config t
S1(config)#interface fa0/18
S1(config-if)#switchport mode access
S1(config-if)#switchport access vlan 20
S1(config-if)#end
S1#
S1#show vlan brief

VLAN  Name                   Status      Ports
----------------------------------- ------------ ------------------------------
1     default                active      Fa0/1, Fa0/2, Fa0/3, Fa0/4
                                         Fa0/5, Fa0/6, Fa0/7, Fa0/8
                                         Fa0/9, Fa0/10, Fa0/11, Fa0/12
                                         Fa0/13, Fa0/14, Fa0/15, Fa0/16
                                         Fa0/17, Fa0/19, Fa0/20, Fa0/21
                                         Fa0/22, Fa0/23, Fa0/24, Gig0/1
                                         Gig0/2
20    student                active      Fa0/18
1002  fddi-default           active
1003  token-ring-default     active
1004  fddinet-default        active
1005  trnet-default          active
```

图 1-3-9 更改端口的 VLAN 成员

5. 删除 VLAN

在图 1-3-10 中，no vlan *vlan-id* 全局配置模式命令用于移除交换机中的 VLAN。使用 no vlan 20 命令后，show vlan brief 命令可以检验在 vlan. dat 文件中是否不再显示 VLAN 20。

```
Switch#config t
Switch(config)#no vlan 20
Switch(config)#end
Switch#
Switch#show vlan brief

VLAN Name                          Status    Ports
---- ----------------------------- --------- ------------------------------
1      default                     active    Fa0/1, Fa0/2, Fa0/3, Fa0/4
                                             Fa0/5, Fa0/6, Fa0/7, Fa0/8
                                             Fa0/9, Fa0/10, Fa0/11, Fa0/12
                                             Fa0/13, Fa0/14, Fa0/15, Fa0/16
                                             Fa0/17, Fa0/18, Fa0/19, Fa0/20
                                             Fa0/21, Fa0/22, Fa0/23, Fa0/24
                                             Gig0/1, Gig0/2
1002 fddi-default                  active
1003 token-ring-default            active
1004 fddinet-default               active
1005 trnet-default                 active
```

图 1-3-10　删除 VLAN 配置实例

注意：删除 VLAN 之前，务必先将所有的成员端口重新分配给其他 VLAN。VLAN 被删除之后，未转移到活动 VLAN 的端口都将无法与其他主机通信，直到它们被分配给活动 VLAN。

另外，也可以使用 delete flash：vlan. dat 特权 EXEC 模式命令删除整个 vlan. dat 文件。如果 vlan. dat 文件未从其默认位置移动，可以使用缩写命令(deletevlan. dat)。在发出此命令并重新加载交换机之后，先前配置的 VLAN 不再显示。这种方法能有效地将交换机的 VLAN 配置恢复为出厂默认状态。

注意：对于 Cisco Catalyst 交换机，必须在重新加载之前同时使用 erase startup-config 命令和 deletevlan. dat 命令，才能将交换机恢复为出厂默认状态。

6. 检验 VLAN 信息

在配置 VLAN 后，可以使用 Cisco IOS show 命令验证 VLAN 配置。例如：show vlan 和 show interfaces 命令选项。

【课堂实验 1】　配置 VLAN

1. 实验背景

VLAN 对于管理逻辑分组非常有用，它可以轻松地对组中成员进行移动、更改或添加操作。本实验重点介绍创建和命名 VLAN 以及将接入端口分配给特定 VLAN 的操作方法。

2. 实验拓扑(图 1-3-11)

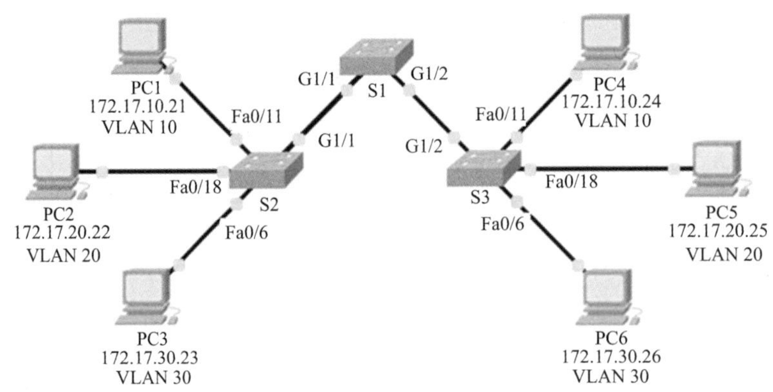

图 1-3-11 配置 VLAN 实验拓扑

3. 地址分配表(表 1-3-4)

表 1-3-4　　　配置 VLAN 地址分配

设备	接口	IP 地址	子网掩码	VLAN
PC1	NIC	172.17.10.21	255.255.255.0	10
PC2	NIC	172.17.20.22	255.255.255.0	20
PC3	NIC	172.17.30.23	255.255.255.0	30
PC4	NIC	172.17.10.24	255.255.255.0	10
PC5	NIC	172.17.20.25	255.255.255.0	20
PC6	NIC	172.17.30.26	255.255.255.0	30

4. 实验内容

第一部分:查看默认 VLAN 配置。

第 1 步　显示当前 VLAN。在 S1 上,发出命令以显示配置的所有 VLAN。默认情况下,所有接口都分配给 VLAN 1。

第 2 步　检验同一网络中 PC 之间的连接。

注意每台 PC 都可以对相同网络中的其他 PC 执行 ping 操作。

- PC1 可以 ping 通 PC4;
- PC2 可以 ping 通 PC5;
- PC3 可以 ping 通 PC6。

对其他网络中的 PC 执行 ping 操作则会失败。

第二部分:配置 VLAN。

第 1 步　在 S1 上创建并命名 VLAN。

创建以下 VLAN(名称区分大小写):

- VLAN 10:教师/员工
- VLAN 20:学生
- VLAN 30:访客(默认)
- VLAN 99:管理和本征

第 2 步 验证 VLAN 配置：

使用 show vlan brief 命令来验证。

第 3 步 在 S2 和 S3 上创建 VLAN。

与第 1 步中的命令相同，在 S2 和 S3 上创建并命名相同的 VLAN。

第 4 步 验证 VLAN 配置：

使用 show vlan brief 命令来验证。

第三部分：为端口指定 VLAN。

第 1 步 将 VLAN 分配给 S2 上的以下活动端口。

- VLAN 10：FastEthernet0/11
- VLAN 20：FastEthernet0/18
- VLAN 30：FastEthernet0/6

第 2 步 将不同的 VLAN 分配给 S3 上的各个活动端口。

S3 使用与 S2 相同的 VLAN 接入端口分配。

第 3 步 检验连接是否中断。

3.2.2 VLAN TRUNK 的实施

1. 配置 IEEE 802.1Q TRUNK 链路

VLAN TRUNK 是两台交换机之间的 OSI 第二层链路，为所有 VLAN 传输流量(除非允许的 VLAN 列表已被手动或动态地限制)。要启用 TRUNK 链路，需要使用 switchport mode trunk 命令配置物理链路其中一端的端口。

使用此命令后，接口变为永久中继模式。端口参与到动态中继协议(DTP)协商，将链路转换为 TRUNK 链路。

表 1-3-5 显示了 Cisco IOS 命令语法，用于将本征 VLAN 指定为除 VLAN 1 外的其他 VLAN。

表 1-3-5 将本征 VLAN 指定为除 VLAN 1 外的其他 VLAN 的 IOS 命令及语法

IOS 命令	语法
进入全局配置模式	S1#configure terminal
进入 SVI 的接口配置模式	S1(config)#interface *interface-id*
强制链路变为 TRUNK 链路	S1(config-if)#switchport mode trunk
指定无标记 802.1Q TRUNK 的本征 VLAN	S1(config-if)#switchport trunk native vlan *vlan-id*
指定在 TRUNK 链路上允许的 VLAN 列表	S1(config-if)#switchport trunk allowed vlan *vlan-list*
返回特权 EXEC 模式	S1(config-if)#end

使用 Cisco IOS switchport trunk allowed vlan *vlan-list* 命令，指定 TRUNK 链路上允许的 VLAN 列表。

在图 1-3-12 中，VLAN 10、20 和 30 分别支持教师/员工、学生和访客计算机(PC1、PC2 和 PC3)。本征 VLAN 也应从 VLAN 1 更改为另一 VLAN，如 VLAN 99。默认情况下，允许所有 VLAN 通过 TRUNK 链路，也可使用 switchport trunk allowed vlan *vlan-list* 命令来限制允许的 VLAN。

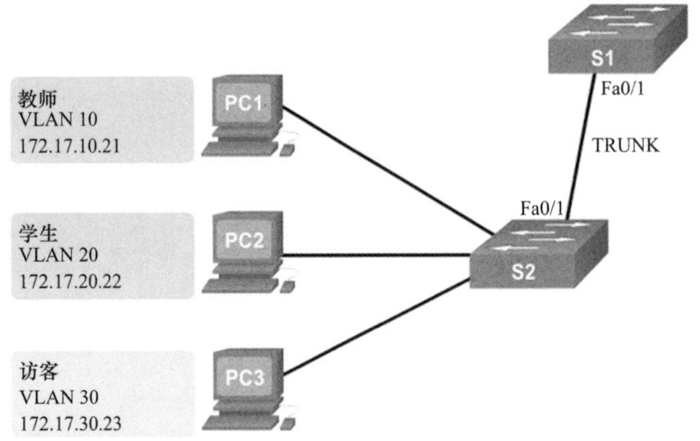

图 1-3-12 TRUNK 链路拓扑示例

在图 1-3-13 中，将交换机 S1 上的 Fa0/1 端口配置为 TRUNK 端口，将本征 VLAN 分配到 VLAN 99，并将 TRUNK 指定为仅转发 VLAN 10、20、30 和 99 的流量。

```
S1(config)#interface FastEthernet 0/1
S1(config-if)#switchport mode trunk
S1(config-if)# switchport trunk native vlan 99
S1(config-if)#switchport trunk allowed vlan 10,20,30,99
S1(config-if)# end
```

图 1-3-13 配置 TRUNK 链路示例

注意：此配置假定使用 Cisco Catalyst 2960 交换机，该交换机自动在 TRUNK 链路上使用 802.1Q 封装。其他型号的交换机可能需要手动配置封装。一条 TRUNK 链路的两端始终使用相同的本征 VLAN，如果两端的 802.1Q TRUNK 配置不同，Cisco IOS 软件将报告错误。

2. 将 TRUNK 重置为默认状态

表 1-3-6 显示了用于删除允许的 VLAN 和重置 TRUNK 的本征 VLAN 的命令。重置为默认状态时，TRUNK 允许所有 VLAN 并使用 VLAN 1 作为本征 VLAN。

表 1-3-6　删除 VLAN 和重置的命令及语法

ISO 命名	语法
进入全局配置模式	S1 # configure terminal
进入 SVI 的接口配置模式	S1(config) # interface *interface-id*
将 TRUNK 设置为允许所有 VLAN	S1(config-if) # no switchport trunk allowed vlan
将本征 VLAN 重置为默认值	S1(config-if) # no switchport trunk native vlan
返回特权 EXEC 模式	S1(config-if) # end

3. 检验 TRUNK 配置

图 1-3-14 显示了交换机 S1 上的交换机端口 Fa0/1 的配置。使用 show interfaces *interface-id* switchport 命令可以检验配置。

```
S1(config)# interface fa0/1
S1(config-if)#switchport mode trunk
S1(config-if)# switchport trunk native vlan 99
S1(config-if)# end
S1# show interfaces fa0/1 switchport
Name: Fa0/1
Switchport: Enabled
Administrative Mode: trunk
Operational Mode: trunk
Administrative Trunking Encapsulation: dot1q
Operational Trunking Encapsulation: dot1q
Negotiation of Trunking: On
Access Mode VLAN: 1 (default)
Trunking Native Mode VLAN: 99 (VLAN0099)
Administrative Native VLAN tagging: enabled
Voice VLAN: none
Administrative private-vlan host-association: none
Administrative private-vlan mapping: none
Administrative private-vlan trunk native VLAN: none
Administrative private-vlan trunk native VLAN tagging: enabled
Administrative private-vlan trunk encapsulation: dot1q
Administrative private-vlan trunk normal VLANs: none
Administrative private-vlan trunk associations: none
Administrative private-vlan trunk mappings: none
Operational private-vlan: none
Trunking VLANs Enabled: ALL
Pruning VLANs Enabled: 2-1001
<省略部分输出>
```

图 1-3-14　检验 TRUNK 配置

上面突出显示的区域表明端口 Fa0/1 的管理模式已设置为 TRUNK，该端口处于中继模式。第二处突出显示的区域表明本征 VLAN 为 VLAN 99。继续观察输出，最下面突出显示的区域表明该 TRUNK 已启用所有 VLAN。

【课堂实验 2】　配置 TRUNK

文本

锐捷交换机 VLANtrunk 配置实训

1. 实验背景

交换机之间需要 TRUNK 才能传递 VLAN 信息。交换机上的端口可以是接入端口，也可以是 TRUNK 端口。接入端口传输分配给该端口的特定 VLAN 的流量；TRUNK 端口默认为所有 VLAN 的成员，因此，它传输所有 VLAN 的流量。本实验主要介绍创建 TRUNK 端口并将它们分配给本征 VLAN（而不是默认 VLAN）的操作方法。

2. 实验拓扑（图 1-3-15）

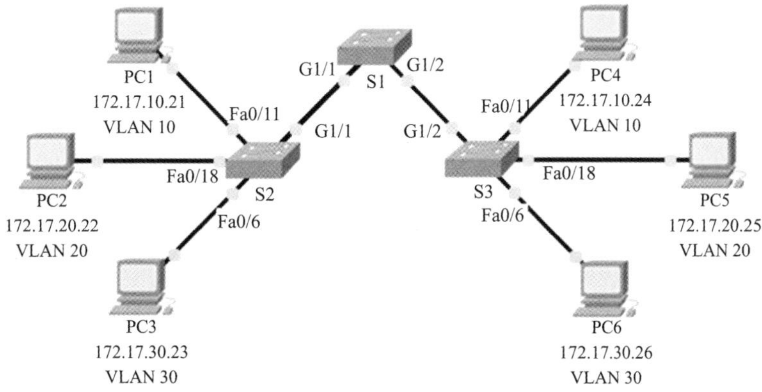

图 1-3-15　配置 TRUNK 实验拓扑

3. 地址分配表

表 1-3-7　　配置 TRUNK 的地址分配

设备	接口	IP 地址	子网掩码	交换机端口	VLAN
PC1	NIC	172.17.10.21	255.255.255.0	S1 Fa0/11	10
PC2	NIC	172.17.20.22	255.255.255.0	S1 Fa0/18	20
PC3	NIC	172.17.30.23	255.255.255.0	S1 Fa0/6	30
PC4	NIC	172.17.10.24	255.255.255.0	S2 Fa0/11	10
PC5	NIC	172.17.20.25	255.255.255.0	S2 Fa0/18	20
PC6	NIC	172.17.30.26	255.255.255.0	S2 Fa0/6	30

4. 实验内容

第一部分：检验 VLAN。

第 1 步　显示当前 VLAN。

(1)在 S1 上，发出命令以显示所有已配置的 VLAN，此实验一共应有九个 VLAN。

(2)在 S2 和 S3 上，根据表 1-3-7，检验是否所有 VLAN 都已配置且已分配到正确的交换机端口。

第 2 步　检验同一网络中 PC 之间的连接是否中断。

尽管 PC1 和 PC4 在同一网络中，但它们无法相互执行 ping 操作。这是因为在默认情况下，连接交换机的端口会被分配给 VLAN 1。为了使相同网络上的 PC 和 VLAN 之间建立连接，必须配置 TRUNK。

第二部分：配置 TRUNK。

第 1 步　在 S1 上配置中继并将 VLAN 99 用作本征 VLAN。

(1)配置 S1 上的 G1/1 和 G1/2 接口用于中继。

(2)将 VLAN 99 配置为 S1 上 G1/1 和 G1/2 接口的本征 VLAN。

第 2 步　检验 S2 和 S3 上是否启用了中继。

在 S2 和 S3 上，发出 show interfaces trunk 命令检验在 S2 和 S3 上 DTP 与 S1 协商中继是否成功。

第 3 步　纠正 S2 和 S3 上本征 VLAN 不匹配问题。

(1)将 VLAN 99 配置为 S2 和 S3 上相应接口的本征 VLAN。

(2)发出 show interface trunk 命令检验本征 VLAN 配置是否正确。

第 4 步　检验 S2 和 S3 上的配置。

发出 show interfaces *interface-id* switchport 命令检验本征 VLAN 现在是否为 99。

3.2.3 动态中继协议

以太网 TRUNK 接口支持不同的中继模式，可以设置为中继或非中继模式，或者与相邻接口协商中继。TRUNK 协商由动态中继协议(DTP)管理，它仅在网络设备之间点对点地进行操作。

DTP 是 Catalyst 2960 和 Catalyst 3560 系列交换机上自动启用的思科专有协议，其他厂商的交换机不支持 DTP。只用当相邻交换机的端口被配置为某个支持 DTP 的 TRUNK 模式时，DTP 才可管理 TRUNK 协商。

注意：某些网络互连设备可能错误地转发 DTP 帧，从而导致错误配置。要避免此问题，请关闭连接到不支持 DTP 的设备的思科交换机接口上的 DTP。

如图 1-3-16 所示，在交换机 S1 和 S3 的接口 Fa0/3 上，将 Catalyst 2960 和 Catalyst 3560 交换机的默认 DTP 配置为 dynamic auto。

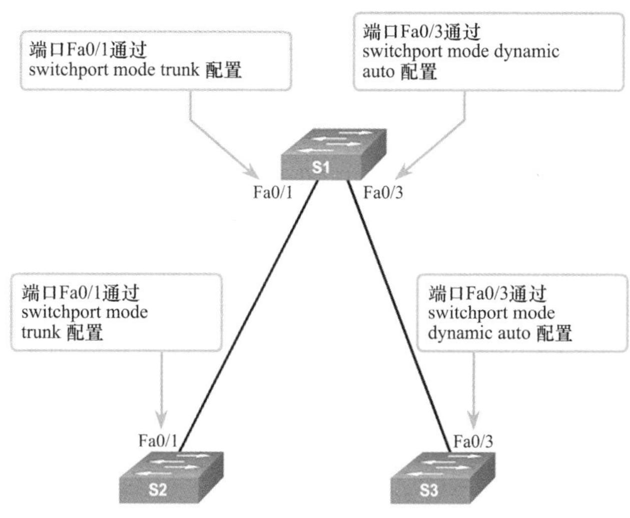

图 1-3-16　最初的 DTP 配置

要在思科交换机与不支持 DTP 的设备之间启用中继，请使用 switchport mode trunk 和 switchport nonegotiate 接口配置模式命令。这会使该接口成为 TRUNK，但是不会生成 DTP 帧。

在图 1-3-17 中，交换机 S1 和 S2 之间的链路将成为 TRUNK，因为交换机 S1 和 S2 上的端口 Fa0/1 被配置为忽略所有的 DTP 通告，并进入和保持在 TRUNK 端口模式。将交换机 S1 和 S3 上的 Fa0/3 端口设置为 dynamic auto，因此协商的结果是接入模式状态。这将创建一个非活动的 TRUNK 链路。在将端口配置为 TRUNK 模式时，使用 switchport mode trunk 命令。TRUNK 所处的状态始终为开启状态。这样配置之后，很容易记住 TRUNK 端口所处的状态。

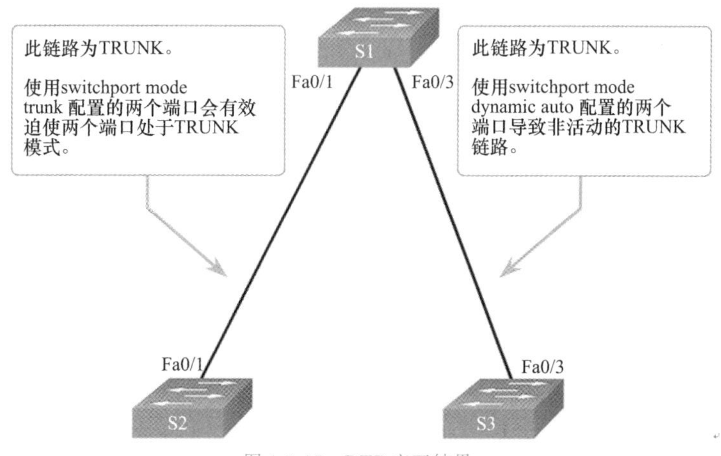

图 1-3-17　DTP 交互结果

总 结

本项目主要介绍了 VLAN 的功能、类型、设置等。VLAN 是基于逻辑连接，而不是基于物理连接的。VLAN 机制允许网络管理员创建跨单个或多个交换机的逻辑广播域，而无须考虑物理位置。此功能可用于减小广播域，或用于对组或用户进行逻辑分组。

VLAN 分为几类：

- 默认 VLAN
- 管理 VLAN
- 本征 VLAN
- 用户/数据 VLAN
- 语音 VLAN

在思科交换机上，VLAN 1 是默认的以太网 VLAN、默认的本征 VLAN 和默认的管理 VLAN。

switchport access vlan 命令用于在交换机上创建 VLAN。在创建 VLAN 后，下一步是为 VLAN 分配端口。

show vlan brief 命令用于显示所有交换机端口的 VLAN 分配和成员类型。每个 VLAN 必须对应唯一的 IP 子网。

show vlan 命令可检查端口是否属于期望的 VLAN。如果端口被分配到错误的 VLAN，请使用 switchport access vlan 命令纠正 VLAN 成员关系。

交换机上的端口既是接入端口，又是 TRUNK 端口。接入端口传输来自分配给该端口的特定 VLAN 的流量。TRUNK 端口默认为所有 VLAN 的成员，因此，它传输所有 VLAN 的流量。

VLAN TRUNK 传递与多个 VLAN 关联的流量，非常有利于交换机间的通信。与不同 VLAN 关联的以太网帧在经过公共的 TRUNK 链路时，IEEE 802.1Q 帧标记功能可以区分这些帧。要启用 TRUNK 链路，请使用 switchport mode trunk 命令。使用 show interfaces trunk 命令可检查是否已在交换机之间建立 TRUNK。

TRUNK 协商由动态中继协议（DTP）管理，它仅在网络设备之间点对点地进行操作。DTP 是 Catalyst 2960 和 Catalyst 3560 系列交换机上自动启用的思科专有协议。

要将交换机恢复为带一个默认 VLAN 的出厂默认状态，请使用命令 delete flash:vlan.dat 和 erase startup-config。

本项目还研究了使用 Cisco IOS CLI 对 VLAN 和 TRUNK 进行配置、检验和故障排除的方法，并探讨了 VLAN 中的基本安全和设计注意事项。

综合练习——配置 VLAN 及 TRUNK

1. 实验背景

在本练习中，完整配置了两台交换机。在第三台交换机上，我们负责分配 IP 地址到交换机虚拟接口，然后配置 VLAN，并将 VLAN 分配到接口，配置中继并执行基本的交换机安全措施。

2. 实验拓扑(图 1-3-18)

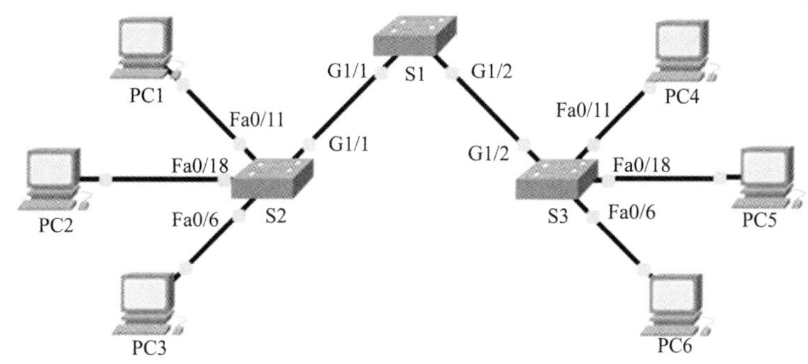

图 1-3-18　综合练习拓扑

3. 地址分配表(表 1-3-8)

表 1-3-8　综合练习地址分配

设备	接口	IP 地址	子网掩码	默认网关
S1	VLAN 88	172.31.88.2	255.255.255.0	172.31.88.1
S2	VLAN 88	172.31.88.3	255.255.255.0	172.31.88.1
S3	VLAN 88	172.31.88.4	255.255.255.0	172.31.88.1
PC1	NIC	172.31.10.21	255.255.255.0	172.31.10.1
PC2	NIC	172.31.20.22	255.255.255.0	172.31.20.1
PC3	NIC	172.31.30.23	255.255.255.0	172.31.30.1
PC4	NIC	172.31.10.24	255.255.255.0	172.31.10.1
PC5	NIC	172.31.20.25	255.255.255.0	172.31.20.1
PC6	NIC	172.31.30.26	255.255.255.0	172.31.30.1

4. 实验内容(实验环境布置参考配套资源中的思科实验)

S1 和 S2 已配置完全，用户不能访问这些交换机。请根据以下要求配置 S3：

(1)根据地址分配表配置 IP 地址和默认网关。

(2)根据 VLAN 和端口分配表创建、命名并分配 VLAN。

(3)将本征 VLAN 99 分配到 TRUNK 端口并禁用 DTP。

(4)限制 TRUNK 只允许 VLAN 10、20、30、88 和 99。

(5)使用 VLAN 99 作为 TRUNK 端口的本征 VLAN。

(6)在 S1 上配置基本的交换机安全措施。

- 经过加密的密码为 itsasecret。
- 控制台密码为 letmein。
- VTY 密码为 c1 $ c0(此处 0 是数字零)。
- 经过加密的明文密码。
- 含有消息“Authorized Access Only!!”的 MOTD 标语。
- 禁用未使用的端口。

(7)在 Fa0/6 上配置端口安全。

- 只允许两个独特的设备访问端口。
- 将已获知的 MAC 添加到运行配置。
- 保护接口，使其在出现违规时发出通知，但不禁用端口。

(8)检验相同 VLAN 中的 PC 现在能否互相执行 ping 操作。

项目 1-4 路由

本项目将会介绍路由器及其在网络中扮演的角色，它的主要硬件和软件组件以及工作原理，并提供练习以便于学生学习如何配置路由器的基本设置和检验设置。

学习目标

- 明确路由器的主要特性和功能。
- 明确路由器所使用的存储器类型以及每种存储器中存储的内容。
- 掌握路由器的基本配置。
- 明确路由器传递数据包的工作原理。
- 明确路由表结构及路由条目各字段的含义。
- 明确各类路由的特点。
- 掌握查看路由及分析网络的方法。

贺刚：这个土生土长的“重庆娃儿”在车企转型潮中实现梦想

在天津市举行的2022世界智能驾驶挑战赛上，重庆长安汽车股份有限公司(以下简称“长安汽车”)车队获得智能泊车项目金奖。这已不是该车队在智能驾驶领域第一次获奖。作为智能驾驶项目总监，贺刚带领这支团队在国内首次实现了结构化道路交通拥塞工况长时间脱眼，并在去年的世界智能驾驶挑战赛上以满分成绩夺得了金奖。

贺刚已经记不清自己熬过多少个日夜、看过多少次凌晨四点的城市，在灯火通明的实验室、在高温酷暑或冰天雪地的试验场中、在高速运转的生产线上，都有他和同事们辛苦付出的身影。

积极转型之下，重庆汽车产业获得长足成长。低端制造，这个旧标签正在日益褪色。这是无数个重庆汽车人不懈努力奋斗的结果，他们为中国汽车转型升级、自主品牌的崛起挥洒青春与汗水。

(来源：学习强国)

4.1 路由器的初始配置

4.1.1 路由器的功能

路由器的组件和构成

路由器的功能

网络之间的通信离不开路由器，路由器的作用就是将各个网络连接起来并负责网络间流量的路由。

路由器实质上是一种特殊的计算机，它包括 CPU、存储器、接口/端口等组件，运行 IOS 操作系统。其中 CPU 执行 IOS 指令以进行系统初始化、路由和交换等。路由器的存储器有四种，其特性和用途各不相同，见表 1-4-1。路由器的网络端口用于将设备互连到其他网络，如图 1-4-1 所示。

表 1-4-1 路由器的存储器特性

存储器	易失性/非易失性	存储的内容
RAM （随机存取存储器）	易失性	· 运行的 IOS · 运行配置文件 · IP 路由表和 ARP 表 · 数据包缓冲区
ROM （只读存储器）	非易失性	· 启动说明 · 基本诊断软件 · Mini IOS
NVRAM （非易失性随机访问存储器）	非易失性	启动配置文件
Flash （闪存）	非易失性	· IOS · 其他系统文件

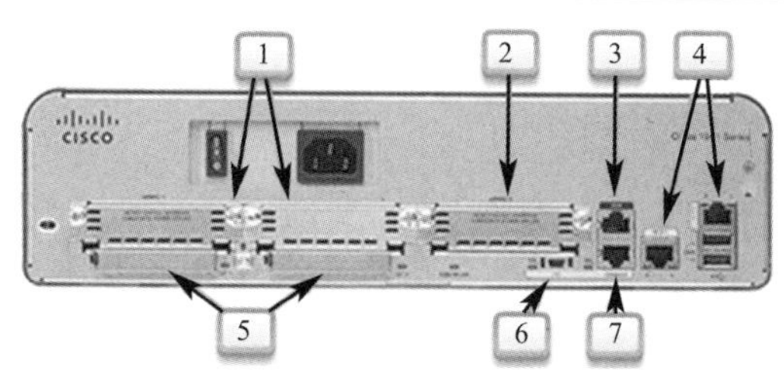

图 1-4-1 路由器端口/插槽

1—双宽度 eHWIC 插槽；2—eHWIC 0 插槽；3—AUX 端口；4—LAN 接口；
5—4 GB 闪存卡插槽；6—控制台 USB Mini-B 端口；7—控制台 RJ-45 端口

总体来说，路由器有三个方面的功能：互联网络、选择最佳路径以及转发数据包。路由器有多个接口可以连接多个网络，各个接口处于不同的 IP 网络上；同时，路由器使用其路由表来确定转发数据包的最佳路径；最后，路由器可以选择进程交换、快速交换和思科快速转发(CEF)三种数据包转发机制完成数据包的转发。

4.1.2 路由器上的基本设置

路由器和 PC 的硬件连接

路由器的基本配置

思科路由器和思科交换机有许多相似之处，它们都支持类似的模式化操作系统、类似的命令结构和许多相同的命令以及某些相似的初始配置。以下配置针对图 1-4-2 网络拓扑中的 R1 路由器。

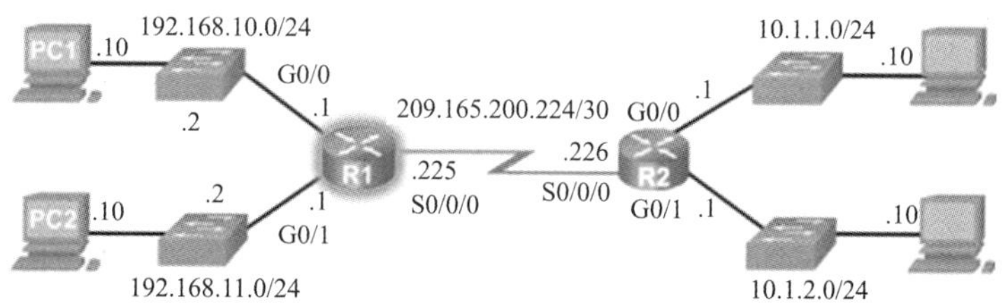

图 1-4-2 IPv4 网络拓扑示意

(1)基本配置

当配置思科交换机或路由器时，应首先执行以下基本任务：给设备命名、安全管理访问、配置标语。

```
Router#configure terminal
Enter configuration commands, one per line. End with CNTL/Z.
Router(config)#hostname R1
R1(config)#enable secret class
R1(config)#line console 0
R1(config-line)#password cisco
R1(config-line)#login
R1(config-line)#exit
R1(config)#service password-encryption
R1(config)#banner motd $  Authorized Access Only! $
R1#
```

(2)配置 IPv4 路由器接口

交换机和路由器的一个明显区分是各自支持的接口类型不同。路由器支持 LAN 和 WAN,而且可以互联不同类型的网络,支持许多类型的接口。要使接口可用,必须配置接口地址并激活它(默认情况下接口未激活)。

```
R1(config)#int g0/0
R1(config-if)#description Link to LAN 1
R1(config-if)#ip address 192.168.10.1 255.255.255.0
R1(config-if)#no shut
R1(config-if)#int g0/1
R1(config-if)#description Link to LAN 2
R1(config-if)#ip address 192.168.11.1 255.255.255.0
R1(config-if)#no shut
R1(config-if)#int s0/0/0
R1(config-if)#description Link to R2
R1(config-if)#ip address 209.165.200.225 255.255.255.252
R1(config-if)#clock rate 128000
R1(config-if)#no shut
R1(config-if)#no shutdown
R1(config-if)#exit
R1(config)#
```

(3)配置 IPv6 路由器接口

配置 IPv6 接口与配置 IPv4 接口相似,唯一的区别就是在命令中使用 ipv6 代替 ip。下面以图 1-4-3 IPv6 网络拓扑示意图中的 R1 为操作对象说明如何配置。

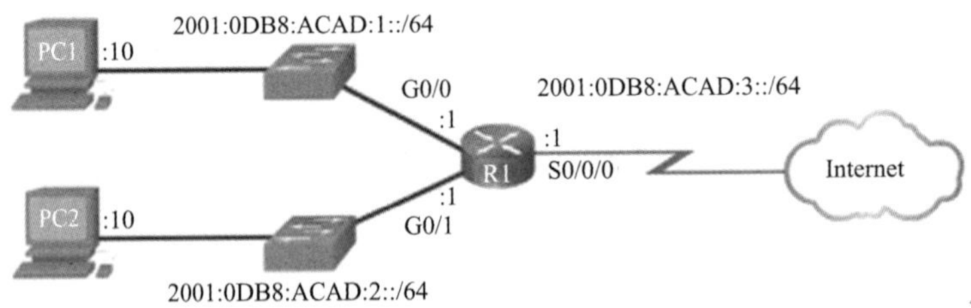

图 1-4-3　IPv6 网络拓扑示意

```
R1(config)#int g0/0
R1(config-if)#description Link to LAN 1
R1(config-if)#ipv6 address 2001:db8:acad:1::1/64
R1(config-if)#no shutdown
R1(config-if)#int g0/1
R1(config-if)#description Link to LAN 2
R1(config-if)#ipv6 address 2001:db8:acad:2::1/64
R1(config-if)#no shutdown
R1(config-if)#int s0/0/0
R1(config-if)#description Link to R2
R1(config-if)#ipv6 address 2001:db8:acad:3::1/64
R1(config-if)#clock rate 128000
R1(config-if)#no shutdown
R1(config-if)#exit
R1(config)#
```

注意：通过使用 ipv6 enable 接口配置命令，可以使接口生成自己的 IPv6 本地链路地址，而无须使用全局单播地址。

与 IPv4 不同，IPv6 接口通常会有多个 IPv6 地址。IPv6 设备至少必须具有 IPv6 本地链路地址，很有可能还具有 IPv6 全局单播地址。IPv6 接口还支持配有来自同一子网的多个 IPv6 全局单播地址。

(4)配置 IPv4 环回接口

Cisco IOS 路由器的另一个常用配置就是启用环回接口。环回接口是路由器内部的逻辑接口，路由器不会将其分配给物理端口，而是将其认作自动处于 UP 状态的软件接口。环回接口可用于测试，而且在 OSPF 路由过程中很重要，代码如下：

```
R1(config)#int loopback 0
R1(config-if)#ip address 10.0.0.1 255.255.255.0
R1(config-if)#exit
```

可以在路由器上启用多个环回接口。每个环回接口的 IPv4 地址都必须是唯一的，并且不提供给任何其他接口使用。

(5)检验直连网络的连接

有几个 show 命令可用于验证接口的操作和配置。以下三个命令对于快速确定接口状态尤其有用：

①show ip interface brief：显示所有接口的摘要，包括接口的 IPv4 地址和当前运行状态。

②show ip route：显示存储在 RAM 中的 IPv4 路由表的内容。

```
R1#show ip route
Codes: L-local, C-connected, S-static, R-RIP, M-mobile, B-BGP
    <省略部分输出>
Gateway of last resort is not set
    192.168.10.0/24 is variably subnetted, 2 subnets, 2 masks
C  192.168.10.0/24 is directly connected, GigabitEthernet0/0
```

```
L  192.168.10.1/32 is directly connected, GigabitEthernet0/0
    192.168.11.0/24 is variably subnetted, 2 subnets, 2 masks
C  192.168.11.0/24 is directly connected, GigabitEthernet0/1
L  192.168.11.1/32 is directly connected, GigabitEthernet0/1
    209.165.200.0/24 is variably subnetted, 2 subnets, 2 masks
```

③show running-config interface interface-id：显示在指定接口上配置的命令。

以下两个命令用于收集接口的更多详细信息：

①show interfaces：显示设备上所有接口的接口信息和数据包流量计数。

②show ip interface：显示路由器所有接口的 IPv4 相关信息。

```
R1# show ip interface brief
Interface            IP-Address      OK?  Method         Status  Protocol
GigabitEthernet0/0   192.168.10.1    YES  manual         up      up
GigabitEthernet0/1   192.168.11.1    YES  manual         up      up
Serial0/0/0          209.165.200.225 YES  manual         up      up
Serial0/0/1          unassigned      YES  unset          down    down
                                          administratively
```

用于验证 IPv6 接口配置的命令与 IPv4 所使用的命令类似。

①show ipv6 interface brief：显示各个接口的总结。

②show ipv6 interface gigabitethernet0/0：显示接口状态以及该接口所有的 IPv6 地址。

③show ipv6 route：检验已将 IPv6 网络和特定 IPv6 接口地址记录到 IPv6 路由表中。

④show ipv6 routers：显示存储在 RAM 中的 IPv6 路由表的内容。

【课堂实验 1】 配置 IPv4 和 IPv6 接口

1. 实验背景

路由器 R1 和 R2 都有两个 LAN。我们的任务是在每台设备上配置适当的编址并检验 LAN 间的连接。

2. 实验拓扑(图 1-4-4)

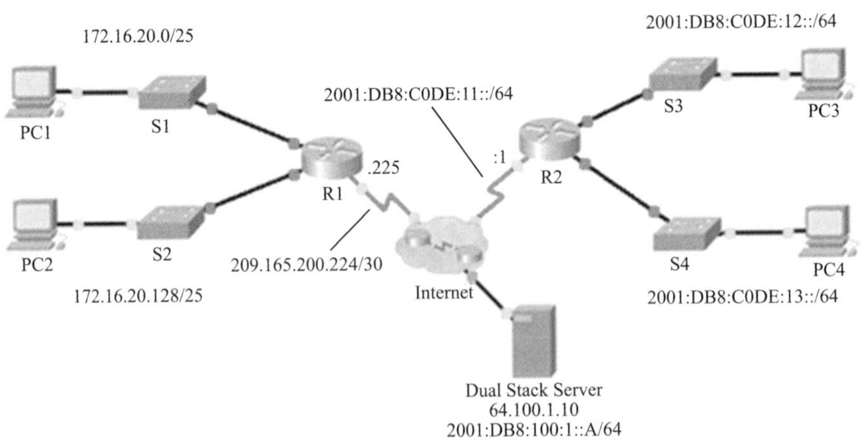

图 1-4-4　配置 IPv4 和 IPv6 接口拓扑

3. 地址分配表(表 1-4-2)

表 1-4-2　配置 IPv4 和 IPv6 接口地址分配

设备	接口	IPv4 地址	子网掩码	默认网关
		IPv6 地址/前缀		
R1	G0/0	172.16.20.1	255.255.255.128	N/A
	G0/1	172.16.20.129	255.255.255.128	N/A
	S0/0/0	209.165.200.225	255.255.255.252	N/A
PC1	NIC	172.16.20.10	255.255.255.128	172.16.20.1
PC2	NIC	172.16.20.138	255.255.255.128	172.16.20.129
R2	G0/0	2001:DB8:C0DE:12::1/64		N/A
	G0/1	2001:DB8:C0DE:13::1/64		N/A
	S0/0/1	2001:DB8:C0DE:11::1/64		N/A
	Link-local	FE80::2		N/A
PC3	NIC	2001:DB8:C0DE:12::A/64		FE80::2
PC4	NIC	2001:DB8:C0DE:13::A/64		FE80::2

4. 实验内容

(1)配置 IPv4 编址并检验连接。

PC1 和 PC2 应该能互相执行 ping 操作并对 Dual Stack Server 执行 ping 操作。

(2)配置 IPv6 编址并检验连接。

PC3 和 PC4 应该能互相执行 ping 操作并对 Dual Stack Server 执行 ping 操作。

4.2　路由器的工作原理

微课

路由器工作模式和特征

路由器的主要功能是将数据包转发到目的地，即在一个接口上接收数据包并将其从另一接口转发出去，也就是路由过程。路由器通过搜索路由表中的路由信息完成数据包的转发工作，路由表是路由器工作的核心。除本地路由和直连路由外，路由表的构建方式通常有两种：静态路由和动态路由。

4.2.1　路由及路由表分析

1. 路由器的路由过程

对于从一个网络传入，到达另一个网络的数据包，路由器主要执行以下三个步骤：

第 1 步　通过删除第 2 层帧头和帧尾来解封第 3 层数据包。

第 2 步　检查 IP 数据包的目的 IP 地址以便从路由表中选择最佳路径。

第 3 步　如果路由器找到通往目的地的路径，则它会将第 3 层数据包封装成新的第 2 层帧并将此帧从送出接口转发出去。数据包在网络间的传输过程如图 1-4-5 所示。

路由器在路由表中搜索与数据包目的 IP 地址匹配的网络地址有三种可能的结果：

(1)直连网络：该地址属于路由器的直连网络，则数据包将被直接转发至目的设备。

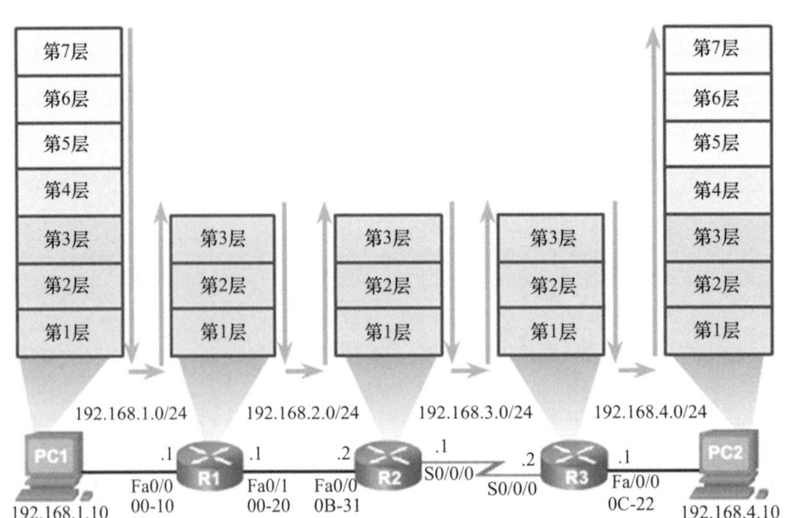

图 1-4-5 数据包在网络间的传输过程

(2)远程网络:该地址属于远程网络,则数据包将被转发至另一台路由器,因为只有将数据包转发至另一台路由器才能到达远程网络。

(3)无法决定路由:如果目的 IP 地址既不属于直连网络也不属于远程网络,则路由器将确定是否存在最后选用网关(默认路由)。如果有默认路由,则将数据包转发过去;否则丢弃该数据包并向源 IP 地址发送一个 ICMP 无法到达报文。

微课

路由器转发数据包的基本原理

2. 分析路由表

路由表是保存在 RAM 中的数据文件,其中存储了与直连网络以及远程网络相关的信息。路由表中的条目可按以下方式添加:

(1)本地路由接口:当接口已配置并处于活动状态时添加。

(2)直连接口:当接口已配置并处于活动状态时添加到路由表中。

(3)静态路由:当路由已手动配置而且送出接口处于活动状态时添加。

(4)动态路由:当实施了动态路由协议,如 EIGRP(增强型内部网关路由协议)或 OSPF(开放最短路径优先),并且网络已确定时添加。

路由表条目的来源由代码来标识,常用代码包括:

L—用于标识为路由器接口分配的地址;

C—用于标识直连网络;

S—用于标识静态路由;

D—用于标识使用 EIGRP 从另一台路由器动态获取的网络;

O—用于标识 OSPF 路由。

作为网络管理员,必须知道如何解释 IPv4 和 IPv6 路由表中的内容。如图 1-4-6 所示为 R1 上用于通往远程网络 10.1.1.0 的路由的 IPv4 路由表条目。

该条目可确定以下信息:

(1)路由来源:确定路由的获取方式。

(2)目的网络:确定远程网络的地址。

(3)管理距离:确定路由来源的可靠性。较低的值表示首选路由来源。

(4)度量:确定到达远程网络的分配值。较低的值表示首选路由。

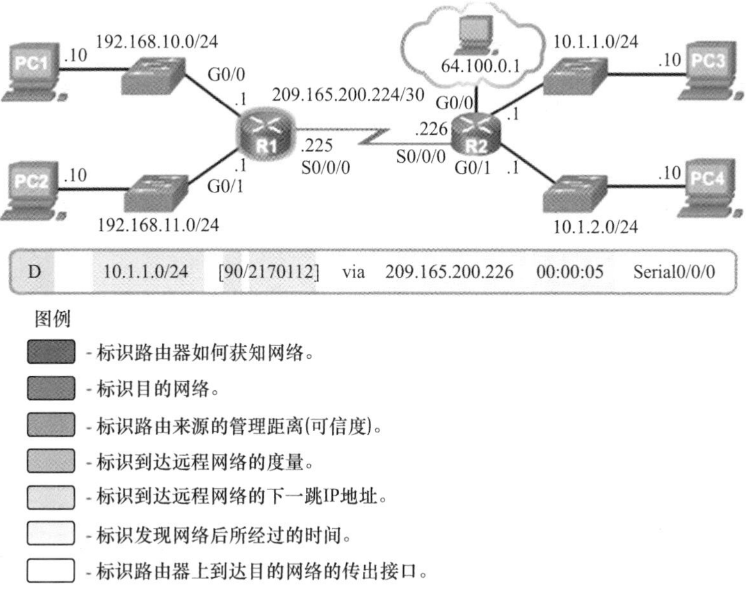

图 1-4-6 IPv4 路由条目

(5)下一跳:用于确定转发数据包的下一路由器的 IPv4 地址。

(6)路由时间戳:用于确定自从获取路由之后经过的时间。

(7)传出接口:确定用于将数据包转发至最终目的地的传出接口。

3. 管理距离和度量值

在路由表中,最为重要的两个概念就是管理距离和度量值。

(1)管理距离

管理距离(Administrative Distance,AD)用来定义路由来源的优先级别,即“可信度”。AD 的取值范围为 0~255。AD 越低,路由来源的可信度越高,如果从多个不同的路由来源获取到同一目的网络的路由,Cisco 路由器会选择可信度高(AD 较低)的路由作为最佳路径。默认情况下,只有直连网络的管理距离为 0,且不能更改;静态路由和动态路由的管理距离是可以修改的。表 1-4-3 列出了常见路由协议的默认 AD 值。

表 1-4-3 常见路由协议的默认 AD 值

路由协议	管理距离(AD)
直连路由	0
静态路由	1
外部 BGP(EBGP)	20
内部 EIGRP	90
IS-IS(中间系统到中间系统)	115
OSPF	110
RIP(路由信息协议)	120
外部 EIGRP	170
内部 BGP	200

(2)度量值

度量值(Metric)是指路由协议用来分配达到远程网络的路由开销的值。对于同一种路由协议,当有多条路径通往同一目的网络时,路由协议使用度量值来确定最佳路径。度量值越低,路径越优先。IP 路由协议中经常使用如下度量标准:

- 跳数:数据包经过的路由器个数。
- 带宽:链路的数据承载能力。
- 负载:特定链路的通信量使用率。
- 延迟:数据包从远端到达目的端需要的时间。
- 可靠性:通过接口错误计数或以往的链路故障次数来估计计算链路故障的可能性。
- 开销:链路上的费用,实际上 OSPF 中的开销值是根据带宽计算的。

4.2.2 静态路由与动态路由协议概述

路由器可通过两种方式获知远程网络:手动-远程网络需要使用静态路由手动输入到路由表;动态-远程网络使用动态路由协议自动获取。也就是静态路由和动态路由。

1. 静态路由

静态路由是由网络管理员手动输入到路由表中的路由。采用静态路由最大的好处是占用路由器的 CPU 和 RAM 资源较少,比较简单和容易配置。但静态路由的缺点也很明显:当拓扑发生变化时,静态路由的配置和维护通常会耗费大量时间,大型网络配置时容易出错;静态路由需要管理员对整个网络的情况完全了解才能进行恰当的操作。静态路由一般用在比较小的网络或存根网络中。

2. 动态路由

动态路由是路由器之间通过路由协议(RIP、EIGRP、OSPF 等)动态共享有关远程网络的路由信息,并将其自动添加到各自的路由表中。使用动态路由协议最大的好处是,当网络拓扑结构发生变化时,路由器会自动地交换路由信息,并动态更新路由表而不需要管理员手动修改,但是需要占用额外的资源和链路带宽,也需要管理员掌握更多的专业知识才能进行配置和维护,适用于大型的、拓扑经常发生变化的网络。

两种路由的比较见表 1-4-4。

表 1-4-4　静态路由与动态路由特点比较

	静态路由	动态路由
配置复杂性	网络规模越大越复杂	通常不受网络规模限制
拓扑结构变化	需要管理员参与	自动根据拓扑结构变化进行调整
扩展性	适合简单的网络拓扑结构	简单拓扑结构和复杂拓扑结构均适合
安全性	更安全	不够安全
资源使用率	不需要额外的资源	占用 CPU、内存和链路带宽
可预测性	总是通过同一路径到达目的网络	根据当前网络拓扑结构确定路径

Cisco 路由器可以支持多种 IPv4 动态路由协议,包括:EIGRP、OSPF、IS-IS、RIP。

Cisco 路由器还支持 IPv6 动态路由协议,包括:RIPng、OSPFv3、EIGRP(IPv6)。

【课堂实验 2】　调查直连路由及网络连通性

1. 实验背景

已事先配置本实验中的网络(请参见实验练习文件)。登录路由器,并使用 show 命令发现和回答以下有关直连路由和网络连通性的问题。

注意:如使用密码,则用户 EXEC 模式密码是 cisco,特权 EXEC 模式密码是 class。

2. 实验拓扑(图 1-4-7)

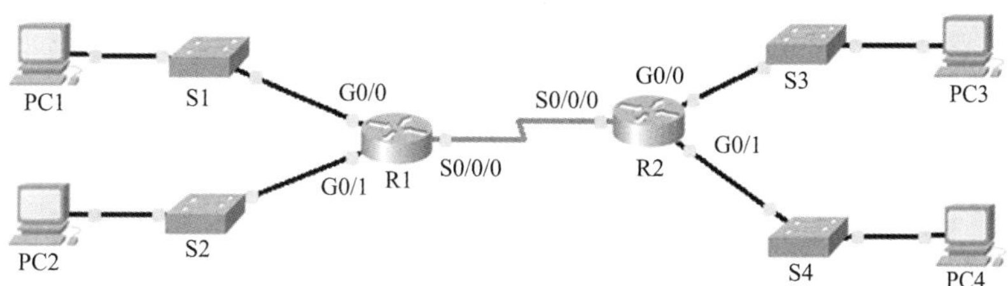

图 1-4-7　直连路由拓扑

3. 实验内容

第一部分:调查 IPv4 直连路由。

在 R1、R2 上使用 show ip route 命令收集到的信息如下:

```
R1# show ip route
    < 省略输出>
Gateway of last resort is 0.0.0.0 to network 0.0.0.0
172.31.0.0/16 is variably subnetted, 4 subnets, 2 masks
C     172.31.20.0/23 is directly connected, GigabitEthernet0/0
L     172.31.21.254/32 is directly connected, GigabitEthernet0/0
C     172.31.22.0/23 is directly connected, GigabitEthernet0/1
L     172.31.23.254/32 is directly connected, GigabitEthernet0/1
      209.165.200.0/24 is variably subnetted, 2 subnets, 2 masks
C     209.165.200.224/30 is directly connected, Serial0/0/0
L     209.165.200.225/32 is directly connected, Serial0/0/0
S*    0.0.0.0/0 is directly connected, Serial0/0/0
R1#
R2# show ip route
Codes: L-local, C-connected, S-static, R-RIP, M-mobile, B-BGP
    < 省略输出>
Gateway of last resort is 0.0.0.0 to network 0.0.0.0
172.31.0.0/16 is variably subnetted, 4 subnets, 2 masks
C 172.31.24.0/24 is directly connected, GigabitEthernet0/0
L 172.31.24.254/32 is directly connected, GigabitEthernet0/0
C 172.31.25.0/24 is directly connected, GigabitEthernet0/1
L 172.31.25.254/32 is directly connected, GigabitEthernet0/1
209.165.200.0/24 is variably subnetted, 2 subnets, 2 masks
C 209.165.200.224/30 is directly connected, Serial0/0/0
L 209.165.200.226/32 is directly connected, Serial0/0/0
S* 0.0.0.0/0 is directly connected, Serial0/0/0
R2#
```

回答以下问题：

(1)互连在 R1 上的哪些网络是直接连接的？

(2)哪些 IP 地址会分配给 R1 上的 LAN 接口？

(3)在 R2 上哪些网络是直接连接的？

(4)哪些 IP 地址会分配给 R2 上的 LAN 接口？

(5)在 PC1 上发出命令显示 IP 设置的输出如图 1-4-8 所示，根据输出，我们能否预计 PC1 可以与路由器上的所有接口进行通信？

```
PC>ipconfig

FastEthernet0 Connection:(default port)

   Link-local IPv6 Address.........: FE80::290:21FF:FE98:B18C
   IP Address......................: 172.31.20.10
   Subnet Mask.....................: 255.255.254.0
   Default Gateway.................: 172.31.21.254
```

图 1-4-8　PC1 上发出的命令

(6)在 PC2 上发出命令显示 IP 设置的输出如图 1-4-9 所示，根据输出，我们能否预计 PC2 可以与 PC1 进行通信？

```
PC>ipconfig

FastEthernet0 Connection:(default port)

   Link-local IPv6 Address.........: FE80::2D0:D3FF:FE08:D65E
   IP Address......................: 172.31.22.10
   Subnet Mask.....................: 255.255.254.0
   Default Gateway.................: 172.31.23.254
```

图 1-4-9　PC2 上发出的命令

(7)确定 PC3 和 PC4 的 IP 地址，PC3 和 PC4 能否进行通信？

PC3 的 IP 地址为 172.31.24.10，PC4 的 IP 地址为 172.31.25.10。

(8)测试 PC1 至 PC3 的连接是否成功。根据 R1 和 R2 上路由表的输出，什么内容可能会表明 PC1 和 PC3 之间通信成功或失败的原因？

第二部分：调查 IPv6 直连路由。

使用 show 命令收集到的有关 IPv6 直连网络的信息如下：

```
R1# show ipv6 route
   IPv6 Routing Table-8 entries
   <省略输出>
   S     ::/0 [1/0]
         via Serial0/0/0, directly connected
   C     2001:DB8:C001:1::/64 [0/0]
         via GigabitEthernet0/0, directly connected
   L     2001:DB8:C001:1::1/128 [0/0]
         via GigabitEthernet0/0, receive
   C     2001:DB8:C001:2::/64 [0/0]
         via GigabitEthernet0/1, directly connected
   L     2001:DB8:C001:2::1/128 [0/0]
         via GigabitEthernet0/1, receive
```

```
C     2001:DB8:C001:ACE::/64 [0/0]
    via Serial0/0/0, directly connected
L     2001:DB8:C001:ACE::1/128 [0/0]
    via Serial0/0/0, receive
L     FF00::/8 [0/0]
    via Null0, receive
R1#
R2#show ipv6 route
IPv6 Routing Table-8 entries
<省略输出>
S     ::/0 [1/0]
    via Serial0/0/0, directly connected
C     2001:DB8:C001:3::/64 [0/0]
    via GigabitEthernet0/0, directly connected
L     2001:DB8:C001:3::1/128 [0/0]
    via GigabitEthernet0/0, receive
C     2001:DB8:C001:4::/64 [0/0]
    via GigabitEthernet0/1, directly connected
L     2001:DB8:C001:4::1/128 [0/0]
    via GigabitEthernet0/1, receive
C     2001:DB8:C001:ACE::/64 [0/0]
    via Serial0/0/0, directly connected
L     2001:DB8:C001:ACE::2/128 [0/0]
    via Serial0/0/0, receive
L     FF00::/8 [0/0]
    via Null0, receive
R2#
```

回答以下问题：

(1)哪些 IPv6 网络在 R1 上可用？

(2)哪些 IPv6 单播地址会分配给 R1 上的 LAN 接口？

(3)哪些 IPv6 网络在 R2 上可用？

(4)哪些 IPv6 地址会分配给 R2 上的 LAN 接口？

(5)在 PC1 上发出命令显示 IPv6 设置输出如图 1-4-10 所示，根据输出，我们能否预计 PC1 可以与路由器上的所有接口进行通信？

```
PC>ipv6config

FastEthernet0 Connection:(default port)

   Link-local IPv6 Address.........: FE80::290:21FF:FE98:B18C
   IPv6 Address....................: 2001:DB8:C001:1::10/64
   Default Gateway.................: FE80::1
   DHCPv6 Client DUID..............: 00-01-00-01-68-E5-80-D8-00-90-21-98-B1-8C
```

图 1-4-10 IPv6 网络 PC1 上发出的命令

(6)在 PC2 上发出命令显示 IPv6 设置输出如图 1-4-11 所示，根据输出，我们能否预计 PC2 能与 PC1 进行通信？

```
PC>ipv6config

FastEthernet0 Connection:(default port)

   Link-local IPv6 Address.........: FE80::2D0:D3FF:FE08:D65E
   IPv6 Address....................: 2001:DB8:C001:2::10/64
   Default Gateway.................: FE80::1
   DHCPv6 Client DUID..............: 00-01-00-01-37-C5-27-8B-00-D0-D3-08-D6-5E
```

图 1-4-11 IPv6 网络 PC2 上发出的命令

(7)确定 PC3 和 PC4 的 IPv6 地址,PC3 和 PC4 是否能进行通信?

PC3 的 IPv6 地址为 2001:DB8:C001:3::10/64,PC4 的 IPv6 地址为 2001:DB8:C001:4::10/64。

(8)测试 PC1 至 PC3 的连接是否成功。根据 R1 和 R2 上 IPv6 路由表的输出,确定什么内容可能会表明 PC1 和 PC3 之间通信成功或失败的原因?

总 结

本项目主要介绍了路由器及路由的相关概念。路由器实质上是一种特殊的计算机,它包含 CPU、存储器、接口/端口等组件,运行 IOS 操作系统。路由器的存储器有 ROM、RAM、NVRAM 和 Flash 四种,其特性和用途各不相同。路由器的主要功能是连接多个网络,并将数据包从一个网络转发到下一个网络,这表示路由器通常都有多个接口,每个接口都是不同 IP 网络的成员或主机。

Cisco IOS 使用管理距离(AD)来确定安装到 IP 路由表中的路由。路由表是一个由路由器获知的网络列表,路由表包含其自身接口的网络地址(直连网络)和远程网络的网络地址。远程网络是只能通过将数据包转发至其他路由器才能到达的网络,远程网络可以通过两种方式添加到路由表中:由网络管理员手动配置静态路由,或者通过实施动态路由协议实现。静态路由的开销小于动态路由协议,但如果拓扑结构经常发生变化或不稳定,则静态路由将需要更多的维护工作。

项目 1-5 VLAN 间路由

VLAN 能提高交换网络分段的性能、可管理性和安全性,可以使用路由器或者第 3 层交换机接口实施第 3 层路由过程。本项目着重介绍用于实施 VLAN 间路由的方法,包括路由器用法和三层交换机的配置。

学习目标

- 明确 VLAN 间路由的含义。
- 明确传统 VLAN 间路由的实现。
- 掌握配置 VLAN 间单臂路由的方法。
- 明确三层交换机的特性及用途。
- 掌握利用三层交换机配置 VLAN 间路由的方法。

以人工智能高水平应用促进经济高质量发展

当前，我国人工智能技术快速发展、数据和算力资源日益丰富、应用场景不断拓展，为开展人工智能场景创新奠定了坚实基础；但也存在对场景创新认识不到位、重大场景系统设计不足、场景机会开放程度不够、场景创新生态不完善等问题，需要加强对人工智能场景创新工作的统筹指导。

如何加快推动人工智能场景开放？科技部官网公布的《关于加快场景创新以人工智能高水平应用促进经济高质量发展的指导意见》给出了具体措施：鼓励常态化发布人工智能场景清单，支持举办高水平人工智能场景活动，拓展人工智能场景创新合作对接渠道。

比如，鼓励各类主体建立常态化人工智能场景清单征集、遴选、发布机制，面向人工智能企业定期发布场景机会，推动人工智能培育从"给政策""给项目"到"给机会"的转变。此外，鼓励地方政府、央企、行业领军企业通过"揭榜挂帅"、联合创新、优秀场景推介等方式促进场景供需双方对接合作等。

（来源：学习强国）

5.1 单臂路由配置

5.1.1 VLAN 间路由操作

从前面的学习我们已经知道，VLAN 用于分段交换网络。实际网络中，二层交换机上可能存在大量的 VLAN，因为 VLAN 是广播域，如果没有路由设备的参与，不同 VLAN 上的计算机就无法通信。任何支持第三层路由的设备（例如路由器或多层交换机），都可以用于执行必要的路由功能。无论使用何种设备，使用路由将网络流量从一个 VLAN 转发至另一个 VLAN 的过程统称为 VLAN 间路由。

有三种解决方案可以实现 VLAN 间路由：传统的 VLAN 间路由、单臂路由和三层交换机实现 VLAN 间路由。传统的 VLAN 间路由依赖于有多个物理接口的路由器，各接口必须连接到一个独立网络，并配置不同的子网，如图 1-5-1 所示。

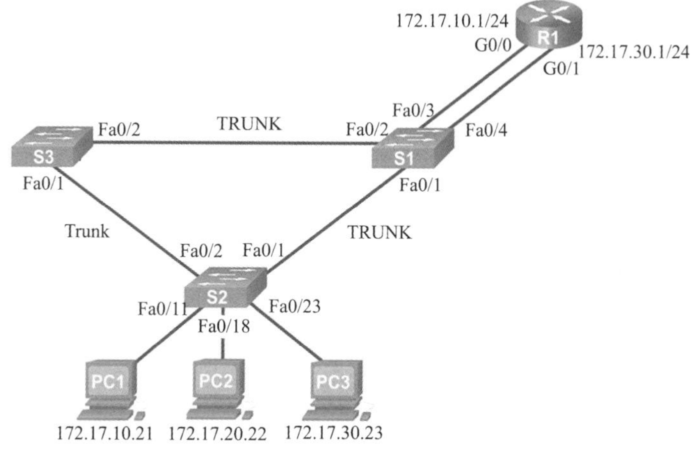

图 1-5-1 传统的 VLAN 间路由

这种 VLAN 间路由的方法效率低下，在交换网络中通常已不再使用。

5.1.2 单臂路由实现 VLAN 间路由

单臂路由工作原理

单臂路由是路由器通过单个物理接口在网络中的多个 VLAN 之间发送流量的一种配置方式。如图 1-5-2 所示，路由器与交换机 S1 通过单一的物理网络连接(TRUNK)相连。

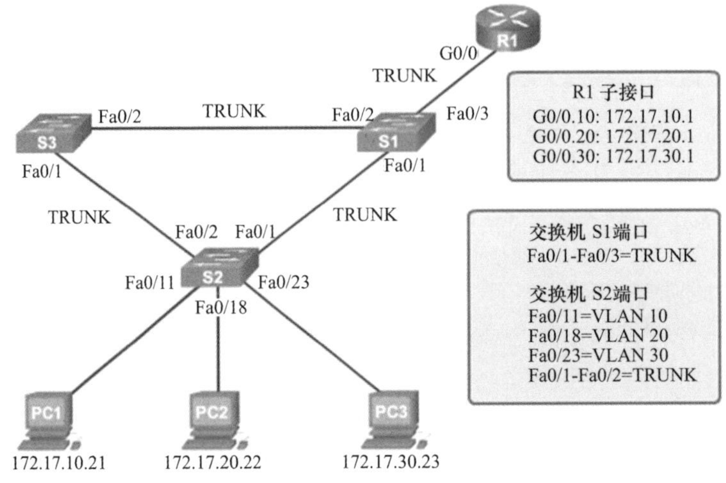

图 1-5-2 单臂路由实现 VLAN 间路由

使用单臂路由器模式配置 VLAN 间路由时，路由器的物理接口必须与相邻交换机的 TRUNK 链路相连；然后在路由器上，为网络上各个唯一 VLAN 创建子接口，并为各个子接口分配特定于其子网/VLAN 的 IP 地址。

以下是针对图 1-5-3 所示的单臂路由 VLAN 间路由的配置：

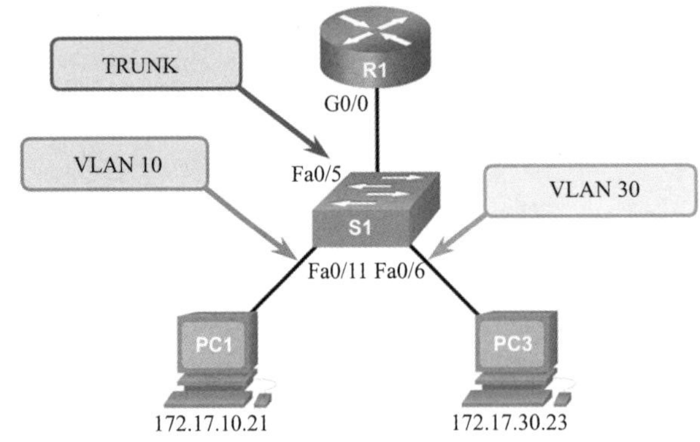

图 1-5-3 单臂路由配置示意图

(1)交换机配置

使用单臂路由器启用 VLAN 间路由前，首先启用连接至路由器的交换机端口上的中继。

```
S1(config)#vlan 10
S1(config-vlan)#vlan 30
S1(config-vlan)#interface f0/5
```

```
S1(config-if)#switchport mode trunk
S1(config-if)#int f0/6
S1(config-if)#switchport access vlan 30
S1(config-if)#int f0/11
S1(config-if)#switchport access vlan 10
S1(config-if)#end
```

注意：由于路由器不支持动态中继协议(DTP，该协议用于交换机)，因此，不能使用 switchport mode dynamic auto 或 switchport mode dynamic desirable 命令。

(2)路由器子接口配置

路由器子接口配置

要实现路由，可以先通过 no shutdown 命令启用物理接口，然后为各路由器子接口分配特定于其所属 VLAN 的唯一 IP 地址。与物理接口不同，在子接口级别输入 no shutdown 命令无效。但是，当物理接口通过 no shutdown 命令启用后，配置的所有子接口都会启用。同理，如果物理接口被禁用，所有子接口都会被禁用。

```
R1(config)#interface g0/0
R1(config-if)#no shutdown
R1(config-if)#interface g0/0.10
R1(config-subif)#encapsulation dot1Q 10
R1(config-subif)#ip add 172.17.10.1 255.255.255.0
R1(config-subif)#interface g0/0.30
R1(config-subif)#encapsulation dot1Q 30
R1(config-subif)#ip add 172.17.30.1 255.255.255.0
```

注意：也可以追加 native 关键字选项到此命令来设置 IEEE 802.1Q 本地 VLAN。在本例中，没有包括 native 关键字选项，从而本征 VLAN 默认为 VLAN 1。

(3)检验子接口

可以使用 show ip route 命令检查路由表，如下所示：

```
R1#show ip route
Codes: L - local, C - connected, S - static, R - RIP, M - mobile, B - BGP
    D - EIGRP, EX - EIGRP external, O - OSPF, IA - OSPF inter area
    N1 - OSPF NSSA external type 1, N2 - OSPF NSSA external type 2
    E1 - OSPF external type 1, E2 - OSPF external type 2, E - EGP
    i - IS-IS, L1 - IS-IS level-1, L2 - IS-IS level-2, ia - IS-IS inter area
    * - candidate default, U - per-user static route, o - ODR
    P - periodic downloaded static route
Gateway of last resort is not set
    172.17.0.0/16 is variably subnetted, 4 subnets, 2 masks
C   172.17.10.0/24 is directly connected, GigabitEthernet0/0.10
L   172.17.10.1/32 is directly connected, GigabitEthernet0/0.10
C   172.17.30.0/24 is directly connected, GigabitEthernet0/0.30
L   172.17.30.1/32 is directly connected, GigabitEthernet0/0.30
R1#
```

在本示例中，路由表中的路由表示它们与特定的子接口相关联，而不与独立的物理接口相关联。

【课堂实验 1】 配置单臂路由器 VLAN 间路由

单臂路由的配置

1. 实验背景

在本实验中，需要在实施 VLAN 间路由之前先检查连接，然后配置 VLAN 和 VLAN 间路由，最后，要启用中继并检验 VLAN 之间的连接。

2. 实验拓扑(图 1-5-4)

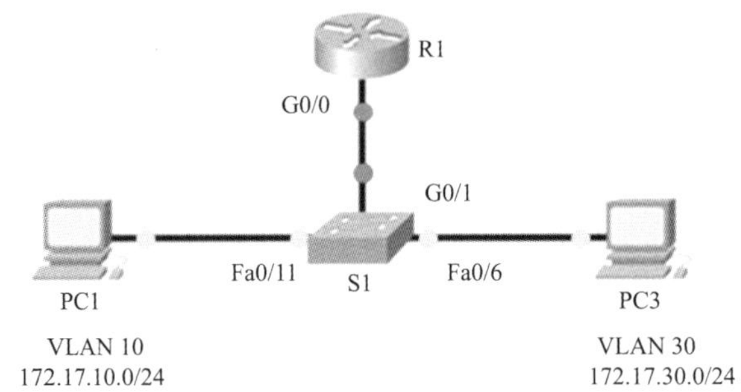

图 1-5-4 单臂路由器 VLAN 间路由拓扑

3. 地址分配表(表 1-5-1)

表 1-5-1 单臂路由器 VLAN 间路由地址分配

设备	接口	IPv4 地址	子网掩码	默认网关
R1	G0/0.10	172.17.10.1	255.255.255.0	N/A
	G0/0.30	172.17.30.1	255.255.255.0	N/A
PC1	NIC	172.17.10.10	255.255.255.0	172.17.10.1
PC2	NIC	172.17.30.10	255.255.255.0	172.17.30.1

4. 实验内容

(1)不使用 VLAN 间路由，测试连接。

(2)将 VLAN 添加到交换机并分配接口到 VLAN。

(3)配置交换机中继端口。

(4)配置路由器子接口实现 VLAN 间路由。

(5)使用 VLAN 间路由，测试连接。

5.2 三层交换机及其 VLAN 间路由

5.2.1 三层交换机简介

大多数企业网络使用多层交换机实现基于硬件交换的高数据包处理率。三层交换机的数据包交换吞吐量通常为每秒一百万包(pps)，而传统路由器提供的数据包交换范围是每秒十万包到每秒一百万包。所有的 Catalyst 多层交换机均支持以下类型的第 3 层接口：

- 路由端口：类似于 Cisco IOS 路由器物理接口的纯第 3 层接口。
- 交换虚拟接口(SVI)：VLAN 间路由的虚拟 VLAN 接口。换句话说，SVI 就是虚拟路由 VLAN 接口。

(1)SVI 端口

如图 1-5-5 所示，SVI 是配置在多层交换机中的虚拟接口。在网络中可以为交换机上的任何 VLAN 创建 SVI。SVI 的优点包括：由硬件交换和路由，所以比单臂路由器要快很多；从交换机到进行路由的路由器都不需要外部链路；没有限制为一个链路；可在交换机之间使用第2层以太网通道(EtherChannel)以获得更多带宽；因为VLAN间的数据包不需要离开交换机，所以延迟非常低。

(2)路由端口

三层交换机上的路由端口是一种类似于路由器接口的物理端口。与接入端口不同，路由端口不与特定VLAN相关，且第2层协议(如STP)在路由接口上不发挥功能。路由端口很像正常的路由器接口，与路由器不同的是，Cisco交换机上的路由端口不支持子接口。

路由端口用于点对点链路。在交换网络中，路由端口大多配置在核心层和分布层的交换机之间。图1-5-6中显示了一个园区交换网络中路由端口的示例，可以在端口上使用no switchport接口配置模式命令来配置路由端口。如有需要，还可为路由端口分配IP地址和其他第3层参数。

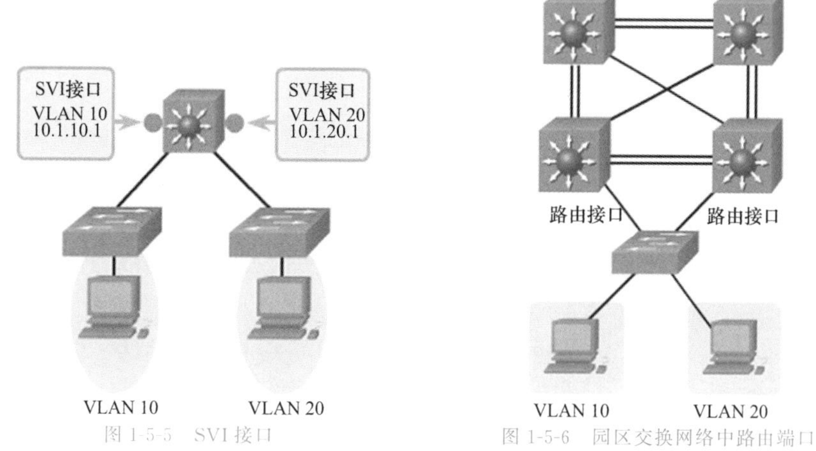

图1-5-5　SVI接口　　图1-5-6　园区交换网络中路由端口

**注意**：Catalyst 2960系列交换机不支持路由端口。

5.2.2　三层交换机实现VLAN间路由

三层交换机实现VLAN间路由比单臂路由实现VLAN间路由更有扩展的可能。但是，三层交换机不能完全替代路由器的功能，路由器支持很多其他功能，例如实现更高安全控制的功能。可以将多层交换机认为是一个升级了的具有部分路由功能的第2层设备。

Catalyst 3560交换机可充当第3层设备，并且可以在VLAN和数量有限的静态路由之间进行路由。以下配置针对图1-5-7网络拓扑中的MS1交换机。

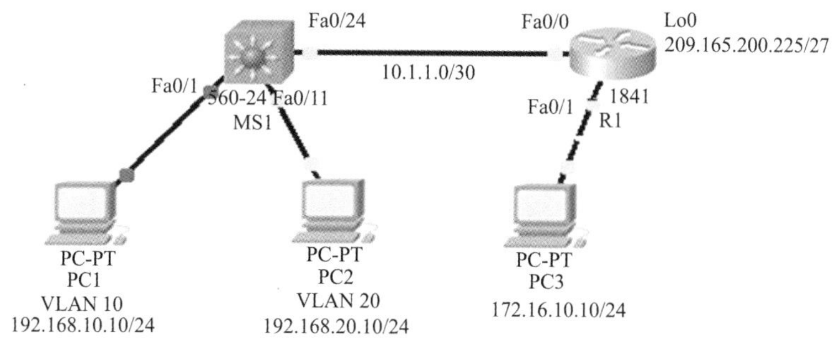

图1-5-7　三层交换实现VLAN间路由示例

(1)在交换机上创建 VLAN 并将端口接入相应的 VLAN

```
MS(config)#vlan 10
MS(config-vlan)#name first
MS(config-vlan)#vlan 20
MS(config-vlan)#name second
MS(config-vlan)#vlan 99
MS(config-vlan)#name management
MS(config-vlan)#int range f0/1-10
MS(config-if-range)#switchport access vlan 10
MS(config-if-range)#int range f0/11-22
MS(config-if-range)#switchport access vlan 20
MS(config-if-range)#int range f0/23-24
MS(config-if-range)#switchport access vlan 99
MS(config-if-range)#end
```

使用“show vlan”命令查看 VLAN：

```
MS#show vlan
VLAN    Name            Status       Ports
----    -----------     ---------    ----------------------------
1       default         active       Gig0/1, Gig0/2
10      Management      active       Fa0/1, Fa0/2, Fa0/3, Fa0/4
                                     Fa0/5, Fa0/6, Fa0/7, Fa0/8
                                     Fa0/9, Fa0/10
20      second          active       Fa0/11, Fa0/12, Fa0/13, Fa0/14
                                     Fa0/15, Fa0/16, Fa0/17, Fa0/18
                                     Fa0/19, Fa0/20, Fa0/21, Fa0/22
99      management      active       Fa0/23, Fa0/24
<省略输出>
```

(2)启用三层交换机路由功能并设置 SVI 接口

```
MS(config)#ip routing //启用路由功能
MS(config)#int vlan 10
MS(config-if)#ip add 192.168.10.1 255.255.255.0 //设置 VLAN 接口地址
MS(config-if)#int vlan 20
MS(config-if)#ip add 192.168.20.1 255.255.255.0
MS(config-if)#int vlan 99
MS(config-if)#ip add 10.1.1.2 255.255.255.0
MS(config-if)#end
```

在三层交换上,SVI 接口即设置了管理地址的 VLAN 接口,充当该 VLAN 的默认网关。现在查看路由表,能够看到相应的直连路由已进入路由表：

```
MS#show ip route
<省略输出>
     10.0.0.0/24 is subnetted, 1 subnets
C    10.1.1.0 is directly connected, Vlan99
C    192.168.10.0/24 is directly connected, Vlan10
C    192.168.20.0/24 is directly connected, Vlan20
MS#
```

至此，三层交换机 VLAN 间路由已经建立起来了。

从 PC1 主机(VLAN 10)ping PC2 主机(VLAN 20)，应该是通的。

(3)配置三层交换机与路由器间的静态路由

配置路由器 R1：

```
R1(config)#int f0/0
R1(config-if)#ip add 10.1.1.1 255.255.255.252
R1(config-if)#no shut
R1(config-if)#int f0/1
R1(config-if)#ip add 172.16.10.1 255.255.255.0
R1(config-if)#no shut
R1(config-if)#exit
R1(config)#ip route 192.168.0.0 255.255.0.0 f0/0
R1(config)#end
```

注意上面使用"ip route 192.168.0.0 255.255.0.0 f0/0"为交换机 MS1 所连接的 VLAN 添加了一条静态总结路由，有效减少了路由条目。

配置完后，使用"show ip route"命令查看路由，静态路由应该已经出现了：

```
R1#show ip route
<省略输出>
     10.0.0.0/30 is subnetted, 1 subnets
C    10.1.1.0 is directly connected, FastEthernet0/0
     172.16.0.0/24 is subnetted, 1 subnets
C    172.16.10.0 is directly connected, FastEthernet0/1
S 192.168.0.0/16 is directly connected, FastEthernet0/0
R1#
```

为三层交换机 MS 添加静态路由：

```
MS(config)# ip route 172.16.10.0 255.255.255.0 10.1.1.1
MS(config)# end
```

查看路由表，静态路由出现在路由表中：

```
MS#show ip route
<省略输出>
10.0.0.0/24 is subnetted, 1 subnets
C 10.1.1.0 is directly connected, Vlan99
172.16.0.0/24 is subnetted, 1 subnets
S 172.16.10.0 [1/0] via 10.1.1.1
C 192.168.10.0/24 is directly connected, Vlan10
C 192.168.20.0/24 is directly connected, Vlan20
MS#
```

现在从 PC1 ping PC3，测试连通性，结果应该是通的。

【课堂实验 2】 配置三层交换机实现 VLAN 间路由

锐捷三层交换机 VLAN 间路由实训

1. 实验背景

在本实验中，需要在三层交换机上配置 VLAN 及 VLAN 间路由，还要实现与路由器之间的静态路由的配置以实现网络的连通。

2. 实验拓扑(图 1-5-8)

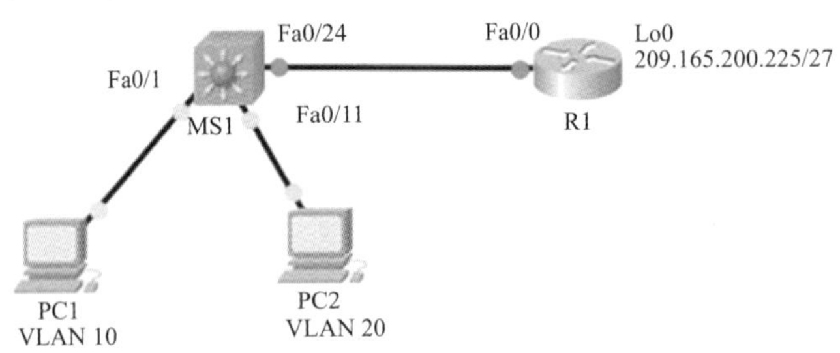

图 1-5-8 三层交换机实现 VLAN 间路由拓扑

3. 地址分配表(表 1-5-2)

表 1-5-2 三层交换机实现 VLAN 间路由地址表

设备	接口	IPv4 地址	子网掩码	默认网关
MS1	VLAN 10	172.17.10.1	255.255.255.0	不适用
	VLAN 30	172.17.30.1	255.255.255.0	不适用
	Fa0/24	10.1.1.2	255.255.255.252	不适用
R1	Fa0/0	10.1.1.1	255.255.255.252	不适用
	Lo0	209.165.200.225	255.255.255.224	不适用
PC1	NIC	172.17.10.10	255.255.255.0	172.17.10.1
PC2	NIC	172.17.30.10	255.255.255.0	172.17.30.1

4. 实验内容

(1)在三层交换机 MS1 上创建 VLAN 并将端口接入 VLAN。

(2)在三层交换机 MS1 上启用三层交换路由功能并配置 SVI 接口。

(3)为三层交换机配置路由接口。

(4)配置路由器 R1。

(5)配置 PC1、PC2 地址并测试 PC1 与 PC2 及 R1 的环回接口的连通性。

从 PC1 主机 ping 主机 PC2 以及 R1 的逻辑接口 Lo0,应该全部是通的。

总 结

VLAN 间路由是在不同 VLAN 之间,通过一台专用路由器或多层交换机进行路由通信的过程,VLAN 间路由可实现被 VLAN 边界隔离的设备之间的通信。

传统 VLAN 间路由取决于每个所配置的 VLAN 上的可用物理路由器端口,依赖外部路由器(包含中继到第 2 层交换机的子接口)的单臂路由器拓扑已经取代传统 VLAN 间路由。使用单臂路由器时,每个逻辑子接口上都必须配置正确的 IP 地址和 VLAN 信息,而且必须配置 TRUNK 封装来匹配交换机的中继接口。

第 3 层交换包含 SVI 和路由端口,包含 SVI 的第 3 层交换是 VLAN 间路由的一种形式。路由端口是一种类似于路由器接口的物理端口。与接入端口不同,路由端口不与特定 VLAN 相关。

综合练习——配置 VLAN 间路由

1. 实验背景

在本练习中，我们将强化实施 VLAN 间路由的能力，包括配置 IP 地址、VLAN、中继和子接口。

2. 实验拓扑（图 1-5-9）

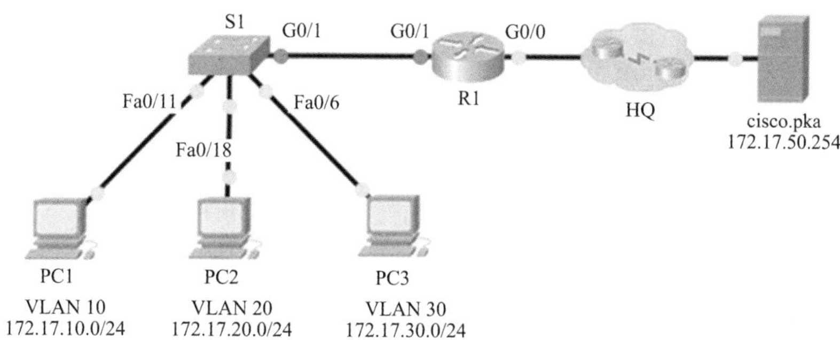

图 1-5-9　配置 VLAN 间路由拓扑

3. 地址分配表（表 1-5-3）

表 1-5-3　　配置 VLAN 间路由地址分配

设备	接口	IP 地址	子网掩码	默认网关
R1	G0/0	172.17.25.2	255.255.255.252	N/A
	G0/1.10	172.17.10.1	255.255.255.0	N/A
	G0/1.20	172.17.20.1	255.255.255.0	N/A
	G0/1.30	172.17.30.1	255.255.255.0	N/A
	G0/1.88	172.17.88.1	255.255.255.0	N/A
	G0/1.99	172.17.99.1	255.255.255.0	N/A
S1	VLAN 99	172.17.99.10	255.255.255.0	172.17.99.1
PC1	NIC	172.17.10.21	255.255.255.0	172.17.10.1
PC2	NIC	172.17.20.22	255.255.255.0	172.17.20.1
PC3	NIC	172.17.30.23	255.255.255.0	172.17.30.1

4. 实验内容

（1）根据地址分配表为 R1 和 S1 分配 IP 地址。

（2）在 S1 上根据 VLAN 和端口分配表创建、命名并分配 VLAN。端口应处于接入模式。

（3）将 S1 配置为 TRUNK，仅允许 VLAN 和端口分配表中的 VLAN。

（4）在 S1 上配置默认网关。

（5）应禁用未分配给 VLAN 的所有端口。

（6）根据地址分配表在 R1 上配置 VLAN 间路由。

（7）检验连通性。R1、S1 和所有 PC 应该能互相执行 ping 操作并能对 cisco.pka 服务器执行 ping 操作。

项目 1-6　静态路由

路由是所有数据网络的核心，它的用途是通过网络将信息从源地址传送到目的地。路由器通常使用路由协议以动态方式、手动方式或使用静态路由来获知远程网络。在许多情况下，路由器结合使用动态路由协议和静态路由。本项目介绍 IPv4 和 IPv6 静态路由配置、CIDR 和 VLSM 概念以及子网划分技能，并对总结静态路由和浮动静态路由加以介绍。

学习目标

- 明确不同类型静态路由的用途。
- 掌握 IPv4 及 IPv6 静态路由和默认静态路由的配置。
- 明确 CIDR 替换有类编址的好处。
- 能设计并实施 VLSM 编址方案。
- 明确总结静态路由和浮动静态路由的含义。
- 能配置 IPv4 和 IPv6 总结静态路由。
- 能配置浮动静态路由以提供备份连接。

绿色低碳依赖科技创新

“双碳”目标的实现既需要重大技术创新突破，也有赖于经济社会发展的绿色转型。绿色低碳科技创新作为实现“双碳”目标的关键驱动力，不仅从技术层面为实现低碳、零碳、负碳提供实践方法，还对绿色低碳产业发展发挥着推动作用。

科技创新是实现碳达峰碳中和的关键。要发挥科技创新的支撑引领作用，加快绿色低碳科技革命，强化应用基础研究和适用技术研发，进一步推进绿色能源、绿色工业、绿色消费等关键环节的重大战略技术研发储备。

（来源：学习强国）

6.1　静态路由的配置

6.1.1　静态路由的类型

微课

静态默认路由特征

通过前面的学习，我们已经知道静态路由是由管理员手动输入到路由表中的路由。相对于动态路由，静态路由简单安全、占用系统资源少。静态路由和动态路由并不互相排斥，大多数网络都将二者结合起来使用。静态路由的管理距离(AD)为1，因此，静态路由优先于所有动态获知的路由出现在路由表中。

静态路由通常用于：连接到特定网络；为末节网络提供最后选用网关；通过将多个连续网络总结为一个静态路由，减少通告路由数；创建备份路由。静态路由包括标准静态路由、默认静态路由、总结静态路由和浮动静态路由四种类型，分别具有不同的用途。

1. 标准静态路由

IPv4 和 IPv6 均支持配置静态路由。连接特定远程网络时，标准静态路由非常有用。图 1-6-1 显示了 R2 可配置为使用标准静态路由到达末节网络 172.16.3.0/24。

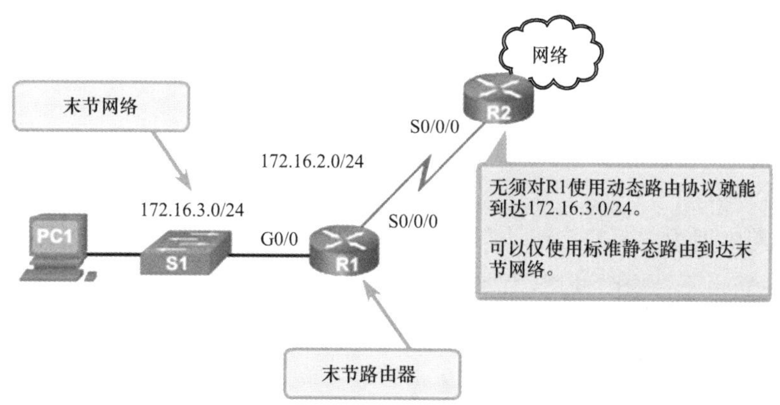

图 1-6-1　使用标准静态路由连接到末节网络

注意：本例主要围绕末节网络，但事实上，标准静态路由可连接到任何网络。

2. 默认静态路由

默认静态路由是与所有数据包都匹配的路由，是将 0.0.0.0/0 作为目的 IP 地址的静态路由。当路由表中没有其他路由与数据包的目的 IP 地址匹配时，会用到默认静态路由。在公司网络中，连接到 ISP 网络的边缘路由器（末节路由器）上往往会配置默认静态路由，以便为末节网络提供最后选用网关，如图 1-6-2 所示。

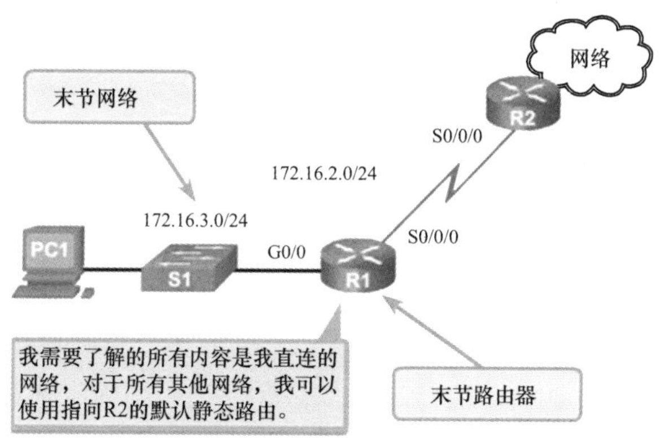

图 1-6-2　末节路由器使用默认静态路由连接 ISP 网络

3. 总结静态路由

要减少路由表条目的数量，多条静态路由可以总结成一条静态路由，条件如下：

（1）目的网络是连续的，并且可以总结成一个网络地址；

（2）多条静态路由都使用相同的送出接口或下一跳 IP 地址。

在图 1-6-3 中，R1 需要四个不同的静态路由到达 172.20.0.0/16～172.23.0.0/16 网络，

使用一条总结静态路由 172.20.0.0/14 可以提供到这些网络的连接。

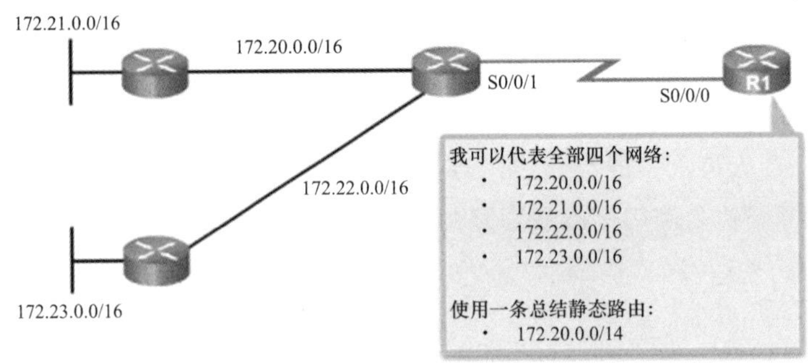

图 1-6-3 使用总结静态路由减少路由表条目

4. 浮动静态路由

浮动静态路由即为主要静态或动态路由提供备份路径的静态路由。浮动静态路由仅在链路发生故障、主路由不可用时使用，因此，浮动静态路由的管理距离一定要比主路由的管理距离大。假设管理员想创建浮动静态路由作为 EIGRP(AD=90)获知的路由的备用路由，那么必须为该静态路由配置一个比 EIGRP 更大的管理距离(如 95)，才能保证通过 EIGRP 获知的动态路由优先于浮动静态路由出现在路由表中成为主路由，如果 EIGRP 获知的路由丢失，浮动静态路由将取代其位置。

图 1-6-4 中，分支机构路由器通常会通过私有 WAN 链路将所有流量转发到 HQ 路由器，路由器使用 EIGRP 路由，管理距离为 91 或更大值的浮动静态路由可以作为备用路由。如果私有 WAN 链路发生故障，则路由器会选择浮动静态路由作为到达 HQ LAN 的最佳路径。

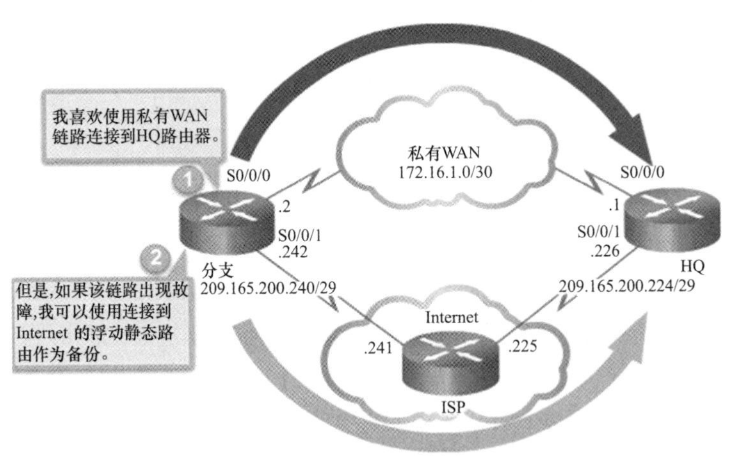

图 1-6-4 浮动静态路由作为备用路由

6.1.2 配置静态路由和默认静态路由

配置静态路由

1. 配置 IPv4 静态路由

静态路由使用 ip route 全局配置命令进行配置。命令语法如下：

```
Router(config)# ip route network-address subnet-mask {ip-address | exit-intf}
[distance]
```

配置静态路由需要使用以下参数：

- network-address：要加入路由表的远程网络的目的网络地址，通常称为“前缀”。
- subnet-mask：要加入路由表的远程网络的子网掩码或仅掩码。可对此子网掩码进行修改，以总结一组网络。
- ip-address：相连路由器将数据包转发到远程目的网络所用的 IP 地址。一般称为“下一跳”。
- exit-intf：用于将数据包转发到下一跳的送出接口。
- distance：通过设置比动态获知的路由更大的管理距离，distance 参数可以用于创建浮动静态路由。

配置静态路由时，可以仅指定下一跳 IP 地址(下一跳静态路由)、仅指定路由器送出接口(直连静态路由)或者同时指定下一跳 IP 地址和送出接口(完全指定静态路由)。下面为图 1-6-5 所示网络中的 R1 配置下一跳静态路由、直连静态路由以及完全指定静态路由。

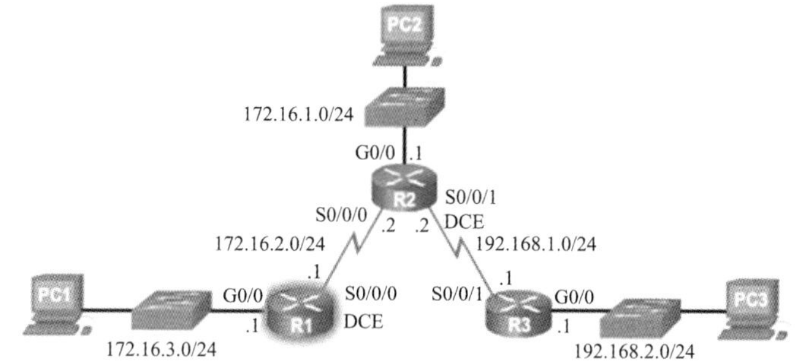

图 1-6-5　配置 IPv4 静态路由和默认静态路由示例

(1)在 R1 上配置下一跳静态路由

```
R1(config)#ip route 172.16.1.0 255.255.255.0 172.16.2.2
R1(config)#ip route 192.168.1.0 255.255.255.0 172.16.2.2
R1(config)#ip route 192.168.2.0 255.255.255.0 172.16.2.2
R1(config)#
```

下一跳静态路由仅指定下一跳 IP 地址，数据包转发前需要在路由表中递归查找下一跳对应的送出接口，当一个送出接口连接多个下一跳地址时，适合采用这种路由。下一跳静态路由也叫作“递归静态路由”。

(2)在 R2 上配置直连静态路由

```
R2(config)#ip route 172.16.3.0 255.255.255.0 s0/0/0
R2(config)#ip route 172.16.2.0 255.255.255.0 s0/0/1
R2(config)#
```

对于点对点接口，可以使用直连静态路由或下一跳静态路由；对于多点/广播接口，更适合采用指向下一跳地址的静态路由。

(3)在 R3 上配置完全指定静态路由

```
R3(config)#ip route 172.16.1.0 255.255.255.0 s0/0/1 192.168.1.2
R3(config)#ip route 172.16.2.0 255.255.255.0 s0/0/1 192.168.1.2
R3(config)#ip route 192.168.3.0 255.255.255.0 s0/0/1 192.168.1.2
R3(config)#
```

在完全指定静态路由中，同时指定输出接口和下一跳 IP 地址。这是另一种用于较旧 IOS 的静态路由，当输出接口是多路访问接口时，使用完全指定静态路由，明确识别下一跳，而且下一跳必须直接连接到指定的送出接口。

除了 ping 和 traceroute，用于检验静态路由的有用命令还包括：

```
show ip route
show ip route static
show ip route network
```

2. 配置 IPv4 默认静态路由

IPv4 默认静态路由通常称为“全零路由”，默认静态路由的基本命令语法为：

```
ip route 0.0.0.0 0.0.0.0{ip-address|exit-intf}
```

在图 1-6-5 示例拓扑中，由于 R1 仅连接到 R2，它是末节路由器，配置默认静态路由会更加有效。不匹配更精确的路由条目的所有数据包将被转发到 172.16.2.2，命令如下：

```
R1(config)#ip route 0.0.0.0 0.0.0.0 172.16.2.2
R1(config)#
```

默认静态路由也可以仅指定下一跳 IP 地址、仅指定路由器送出接口或者同时指定下一跳 IP 地址和送出接口。

3. 配置 IPv6 静态路由

IPv6 静态路由的配置与 IPv4 版本基本相同，唯一的差别是使用 ipv6 route 命令进行配置，参数与 IPv4 版本基本相同。

IPv6 静态路由也可以分为 IPv6 标准静态路由、IPv6 默认静态路由、IPv6 总结静态路由和 IPv6 浮动静态路由。这些路由也都可配置为下一跳、直连或完全指定静态路由。

需要注意的是：必须配置 ipv6 unicast-routing 全局配置命令，才能使路由器转发 IPv6 数据包。

图 1-6-6 中 R1 路由器的 IPv6 下一跳静态路由配置如下：

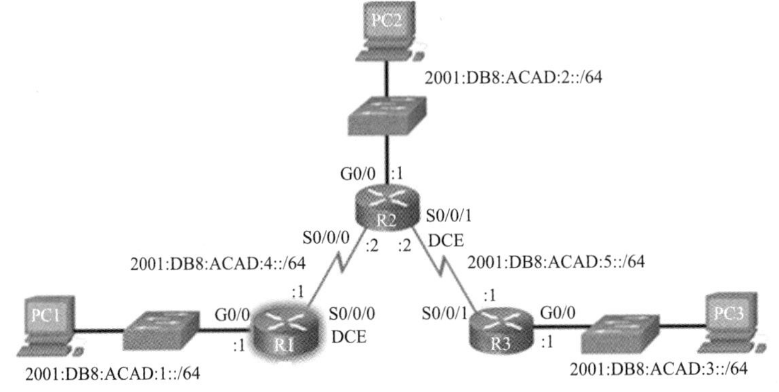

图 1-6-6 配置 IPv6 静态路由和默认路由示例

```
R1(config)#ipv6 unicast-routing
R1(config)#ipv6 route 2001:db8:ACAD:2::/64 2001:db8:acad:4::2
R1(config)#ipv6 route 2001:db8:ACAD:5::/64 2001:db8:acad:4::2
R1(config)#ipv6 route 2001:db8:ACAD:3::/64 2001:db8:acad:4::2
R1(config)#
```

R1 路由器的 IPv6 直连静态路由配置如下：

```
R1(config)#ipv6 unicast-routing
R1(config)#ipv6 route 2001:db8:ACAD:2::/64 S0/0/0
R1(config)#ipv6 route 2001:db8:ACAD:5::/64 S0/0/0
R1(config)#ipv6 route 2001:db8:ACAD:3::/64 S0/0/0
R1(config)#
```

如果 IPv6 静态路由使用 IPv6 本地链路地址作为下一跳地址，则必须使用完全指定静态路由。图 1-6-7 显示了一个完全限定的 IPv6 静态路由示例，使用 IPv6 本地链路地址作为下一跳地址。

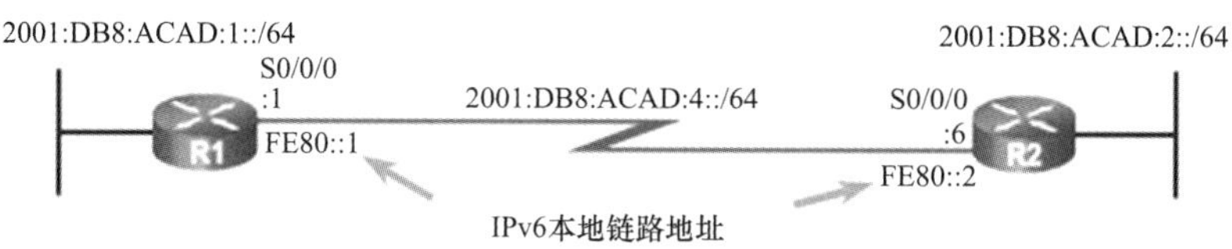

图 1-6-7　完全限定的 IPv6 静态路由示例

```
R1(config)# ipv6 route 2001:db8:acad:2::/64 fe80::2
% Interface has to be specified for a link- local nexthop
R1(config)# ipv6 route 2001:db8:acad:2::/64 s0/0/0 fe80::2
R1(config)#
```

必须使用完全指定静态路由的原因在于，IPv6 路由表中不包含 IPv6 本地链路地址。本地链路地址仅在给定链路或网络上是唯一的，下一跳本地链路地址可以是连接路由器的多个网络上的有效地址。

可以使用 show ipv6 route、show ipv6 route static 以及 show ipv6 route network 等命令检验 IPv6 静态路由配置情况，用法和 IPv4 网络中的基本一样。

4. 配置 IPv6 默认静态路由

IPv6 默认静态路由的基本命令语法为：

```
ipv6 route::/0{ipv6-address|exit-intf}
```

注意：IPv6 默认静态路由的“网络地址/前缀长度”部分是：:/0，可以匹配所有路由。

在图 1-6-6 示例拓扑中，R1 可以配置到达所有远程网络的三条静态路由。但是，由于 R1 是末节路由器，显然配置 IPv6 默认静态路由更为有效，命令如下：

```
R1(config)#ipv6 route::/0 2001:db8:ACAD:4::2
R1(config)#
```

【课堂实验 1】　配置 IPv4 静态路由和默认静态路由

锐捷路由器静态路由实训

1. 实验背景

在本实验中，我们将配置 IPv4 静态路由和默认静态路由。静态路由是由网络管理员手动输入的路由，用于创建安全可靠的路由。本实验将使用四个不同的静态路由：下一跳静态路由、直连静态路由、完全指定静态路由和默认静态路由。

2. 实验拓扑(图 1-6-8)

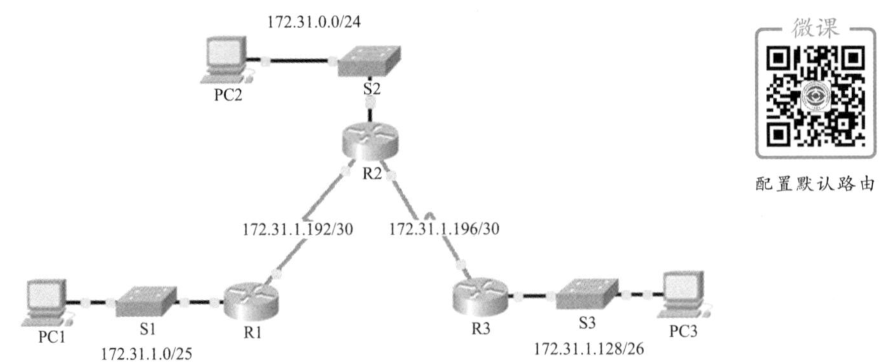

图 1-6-8 配置 IPv4 静态路由和默认静态路由拓扑

3. 地址分配表(表 1-6-1)

表 1-6-1 配置 IPv4 静态路由和默认静态路由地址分配

设备	接口	IPv4 地址	子网掩码	默认网关
R1	G0/0	172.31.1.1	255.255.255.128	N/A
	S0/0/0	172.31.1.194	255.255.255.252	N/A
R2	G0/0	172.31.0.1	255.255.255.0	N/A
	S0/0/0	172.31.1.193	255.255.255.252	N/A
	S0/0/1	172.31.1.197	255.255.255.252	N/A
R3	G0/0	172.31.1.129	255.255.255.192	N/A
	S0/0/1	172.31.1.198	255.255.255.252	N/A
PC1	NIC	172.31.1.126	255.255.255.128	172.31.1.1
PC2	NIC	172.31.0.254	255.255.255.0	172.31.0.1
PC3	NIC	172.31.1.190	255.255.255.192	172.31.1.129

4. 实验内容

(1)检查网络并评估对静态路由的需求

- 查看拓扑图,找出共有多少个网络?
- 有多少个网络直连到 R1、R2 和 R3?
- 要连接非直连的网络,每台路由器需要多少个静态路由?
- 在 PC1 上,对 PC2 和 PC3 执行 ping 操作,检验与 R2 LAN 和 R3 LAN 的连接,为什么不成功?

(2)配置静态路由和默认静态路由

- 在 R1 上配置递归静态路由。
- 在 R2 上配置直连静态路由。
- 在 R3 上配置默认静态路由。
- 记录完全指定路由的命令。

- 检验静态路由配置。

(3)检验网络连通性

每个设备现在都应能 ping 通所有其他设备。如不能,请检查静态路由和默认静态路由配置。

【课堂实验 2】　配置 IPv6 静态路由和默认静态路由

1. 实验背景

在本实验中,我们将配置 IPv6 静态路由和默认静态路由。静态路由是由网络管理员手动输入的路由,用于创建安全可靠的路由。本实验将使用四个不同的静态路由:下一跳静态路由、直连静态路由、完全指定静态路由和默认静态路由。

2. 实验拓扑(图 1-6-9)

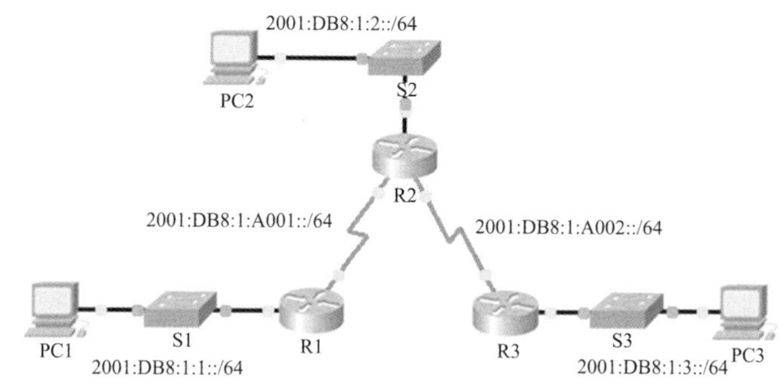

图 1-6-9　配置 IPv6 静态路由和默认静态路由拓扑

3. 地址分配表(表 1-6-2)

表 1-6-2　　配置 IPv6 静态路由和默认静态路由地址分配

设备	接口	IPv6 地址/前缀	默认网关
R1	G0/0	2001:DB8:1:1::1/64	N/A
	S0/0/0	2001:DB8:1:A001::1/64	N/A
R2	G0/0	2001:DB8:1:2::1/64	N/A
	S0/0/0	2001:DB8:1:A001::2/64	N/A
	S0/0/1	2001:DB8:1:A002::1/64	N/A
R3	G0/0	2001:DB8:1:3::1/64	N/A
	S0/0/1	2001:DB8:1:A002::2/64	N/A
PC1	NIC	2001:DB8:1:1::F/64	FE80::1
PC2	NIC	2001:DB8:1:2::F/64	FE80::2
PC3	NIC	2001:DB8:1:3::F/64	FE80::3

4. 实验内容

(1)检查网络并评估对静态路由的需求

- 查看拓扑图,找出共有多少个网络?
- 有多少个网络直连到 R1、R2 和 R3?
- 要连接非直连的网络,每台路由器需要多少个静态路由?

- 哪个命令用于配置 IPv6 静态路由？

(2)配置静态路由和默认静态路由

- 在所有路由器上启用 IPv6 静态路由。
- 在 R1 上配置下一跳静态路由。
- 配置从 R2 到 R1 LAN 的直连静态路由和从 R2 到 R3 LAN 的完全指定静态路由。
- 在 R3 上配置下一跳默认路由，以连接所有未直连的网络。
- 检验静态路由配置。

(3)检验网络连通性

每个设备现在都应能 ping 通所有其他设备。

6.2 认识 CIDR 和 VLSM

6.2.1 有类寻址

1. 有类网络地址

在最初的 IPv4 规范中，制定者建立了类的概念，为大、中、小三种规模的组织提供三种不同规模的网络，并使用特定格式的高位(32 位地址中靠近左边的位)将地址分类定义为 A、B、C、D、E 五类，D 类和 E 类为保留地址，见表 1-6-3。

表 1-6-3 IPv4 分类地址

类别	高位	开始	结束
A 类	0×××××××	0.0.0.0	127.255.255.255
B 类	10××××××	128.0.0.0	191.255.255.255
C 类	110×××××	192.0.0.0	223.255.255.255
D 类(组播)	1110××××	224.0.0.0	239.255.255.255
E 类(保留)	1111××××	240.0.0.0	255.255.255.255

A 类地址以 0 开头：面向大型组织。包括 0.0.0.0～127.255.255.255 的所有地址。0.0.0.0 地址保留用于默认路由，而 127.0.0.0 地址保留用于环回测试。

B 类地址以 10 开头：面向中到大型组织。包括 128.0.0.0～191.255.255.255 的所有地址。

C 类地址以 110 开头：面向小到中型组织。包括 192.0.0.0～223.255.255.255 的所有地址。

余下的地址保留用于组播或备将来之需：

D 类组播地址以 1110 开头：组播地址用于识别组播组中的一组主机。有助于减少主机的数据包处理量，特别是在广播媒体中(即以太网 LAN)。路由协议(例如 RIPv2、EIGRP 和 OSPF)使用指定组播地址(RIP=224.0.0.9，EIGRP=224.0.0.10，OSPF 224.0.0.5 及 224.0.0.6)。

E 类保留 IP 地址以 1111 开头：这些地址保留用于实验和未来用途，如用于扩展 IPv6 地址。

2. 有类子网掩码

根据最初的规定，每个网络类别都有相关联的默认子网掩码，以区分 IPv4 地址中的网络部分和主机部分。32 位子网掩码中对应网络部分的位取 1，对应主机部分的位取 0。

A 类网络使用 255.0.0.0 有类子网掩码。第一组二进制八位数网络地址中，由于第一位取固定值 0，所以还剩下七位用于分配网络，这样就会有 2 的 7 次方(即 128)个 A 类网络，实际数量是 126 个网络，因为有两个保留地址(即 0.0.0.0/8 和 127.0.0.0/8)不能使用；主机部分有 24 位，因此每个 A 类网络地址理论上对应有 $2^{24}-2$ 个(去掉全 0 的网络地址和全 1 的广播地址)主机地址，如图 1-6-10 所示。

	网络	主机	主机	主机
子网掩码	255	.0	.0	.0

图 1-6-10　A 类网络地址

B 类网络使用 255.255.0.0 有类子网掩码。有 2 的 14 次方个 B 类网络，每个 B 类网络包含 65 534($2^{16}-2$)个主机地址，如图 1-6-11 所示。

	网络	网络	主机	主机
子网掩码	255	.255	.0	.0

图 1-6-11　B 类网络地址

C 类网络使用 255.255.255.0 有类子网掩码。有 2 的 21 次方个 C 类网络可供分配，每个 C 类网络地址的主机部分只有 8 位，也就是只能有 254 个主机地址，如图 1-6-12 所示。

	网络	网络	网络	主机
子网掩码	255	.255	.255	.0

图 1-6-12　C 类网络地址

3. 有类路由协议的工作过程

为每个类别分配特定默认子网掩码的优势在于使路由更新消息更小。有类路由协议的更新中不包含子网掩码信息。接收路由器根据标识类别的第一个二进制八位数的值应用默认掩码。参考图 1-6-13 和图 1-6-14 中 RIPv1 协议的路由更新过程。

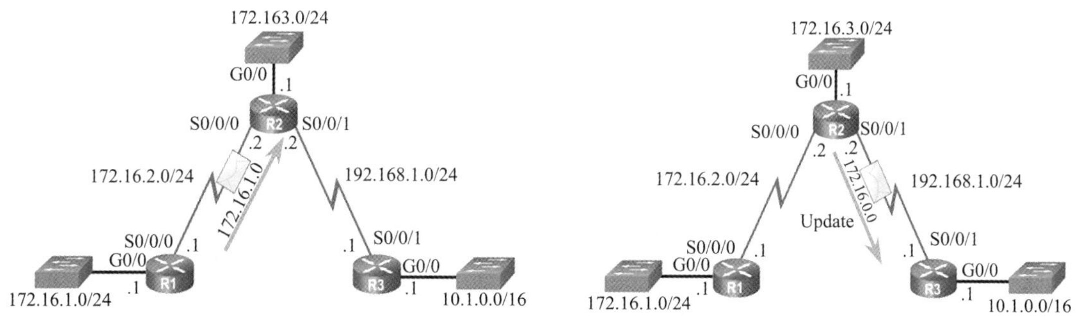

图 1-6-13　RIPv1 路由更新(1)　　图 1-6-14　RIPv1 路由更新(2)

在图 1-6-13 中，R1 将更新发送到 R2，R1 知道子网 172.16.1.0 与外发接口属于同一有类主网络。因此，它将包含子网 172.16.1.0 的 RIP 更新信息发送到 R2；R2 接收到更新信息后，对更新信息应用接收接口子网掩码(/24),然后将 172.16.1.0 添加到其路由表。

在图 1-6-14 中,R2 将更新发送到 R3,在向 R3 发送更新信息时,R2 将子网 172.16.1.0/24、172.16.2.0/24 和 172.16.3.0/24 总结为一个有类主网络 172.16.0.0,因为 R3 没有任何属于 172.16.0.0 的子网,它将应用 B 类网络的有类子网掩码(/16)。

4. 有类寻址存在的问题

下面先来分析有类地址空间的使用情况。

如图 1-6-15 所示,A 类占整个地址空间的 50%,然而,只有 126 个组织可以分配 A 类网络地址,每个组织都可以为超过 1 600 万台主机提供地址,超大型组织会分配整个 A 类地址块。

B 类占整个地址空间的 25%,最多有 16 384 个组织可以分配 B 类网络地址,每个网络可以支持 65 534 台主机,只有那些特大型的公司/组织或政府部门有可能会使用到所有 65 000 个地址。与 A 类网络类似,B 类地址空间浪费了许多 IP 地址。

C 类占整个地址空间的 12.5%,很多组织可以获得 C 类网络,但是许多情况下,C 类地址块对于很多中型企业来说太小。

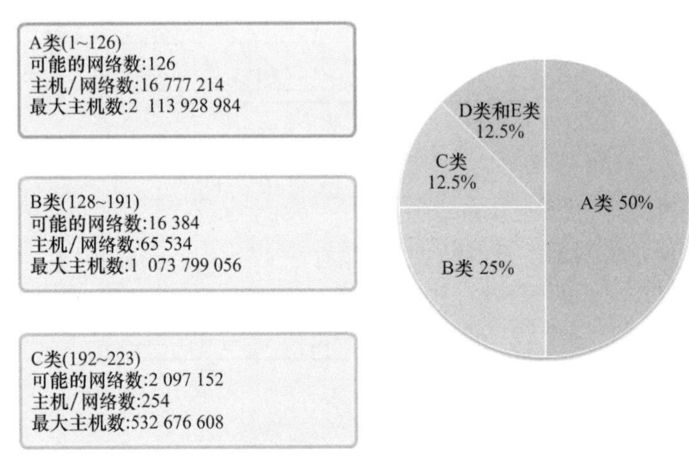

图 1-6-15 有类地址空间使用情况

得出的结论是:有类寻址方案非常浪费地址。在此情况下,必须制定更好的网络寻址解决方案,因此,1993 年推出了无类域间路由(Classless Inter-Domain Routing,CIDR)。

6.2.2 CIDR

CIDR 由 IETF(Internet Engineering Tast Force,互联网工程任务图)在 RFC 1517 中引入,它取代了有类网络分配。使用 CIDR,网络地址不再用第一个二进制八位数的值来确定,而是直接用子网掩码(也称为网络前缀)或者说前缀长度(如/8、/19)来确定。

ISP 不必局限于/8、/16 或/24 子网掩码,可通过/8、/9、/10 等开头的任意前缀更加有效地分配地址空间。如图 1-6-16 所示,CIDR 允许客户根据实际需求接收网络地址空间的分配,而不是根据地址类型预先定义的块。

就像 Internet 在 20 世纪 90 年代呈几何级数增长一样,采用有类寻址方式下 Internet 路由器所维护的路由表的容量也在激增。CIDR 可通过以下方式减小路由表的大小,更高效地

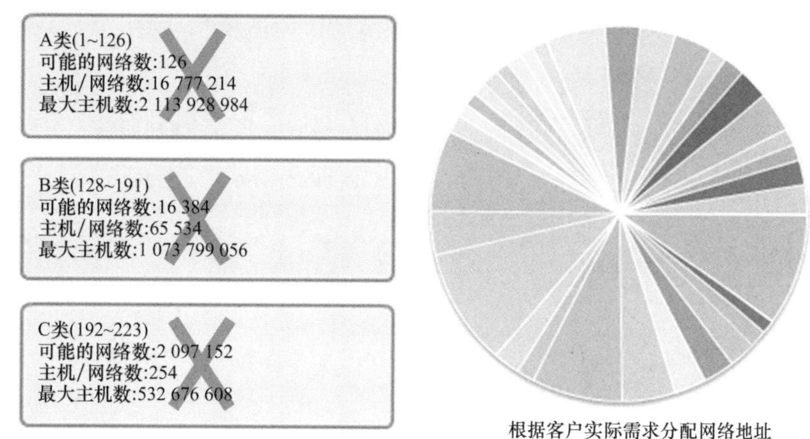

图 1-6-16　CIDR 地址空间分配

管理 IPv4 地址空间：

- 路由总结：也称为前缀聚合，即将多条路由总结成一条路由以缩小路由表的大小。
- 超网划分：当路由总结掩码比默认传统有类掩码小时，则进行超网划分。

注意：所有超网都是路由总结，但路由总结并不都是超网。

较小的路由表可以使路由表查找过程效率更高，因为需要搜索的路由条数更少。在许多情况中，一条静态路由可用于代表数十、数百甚至数千条路由。CIDR 总结路由可以使用静态路由进行配置，如图 1-6-17 所示。

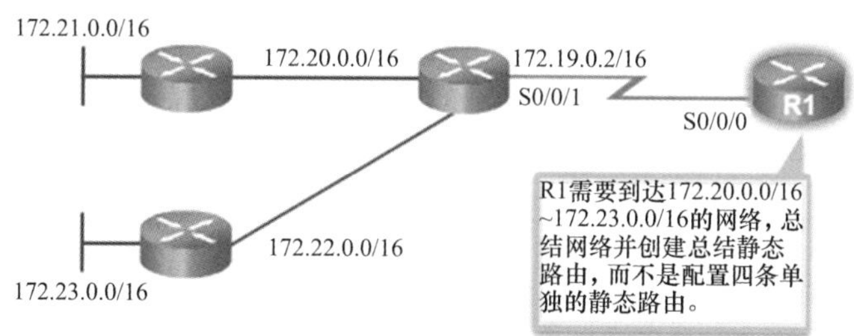

图 1-6-17　CIDR 总结路由

图中 R1 需要到达 172.20.0.0/16～172.23.0.0/16 四个网络，配置四条单独的静态路由可以完成任务，但是显然，配置一条 CIDR 总结路由会更有效。

将多个网络总结为一个地址和掩码的过程可以按三个步骤来完成：

第 1 步　以二进制格式列出网络，如图 1-6-18 所示。

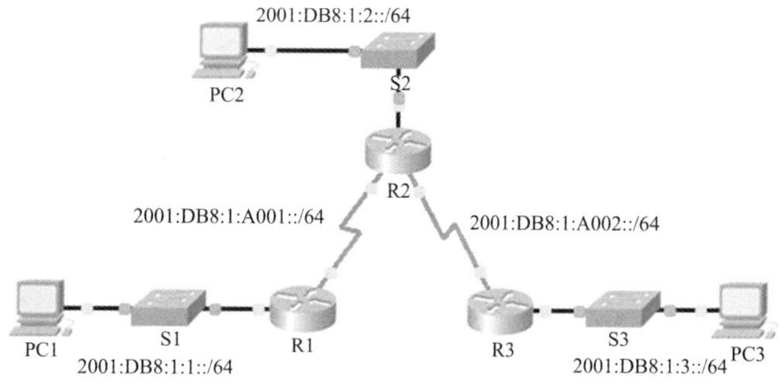

图 1-6-18　以二进制格式列出网络

第 2 步 计算最左侧的匹配位数量以确定总结路由的前缀长度或子网掩码，如图 1-6-19 所示。

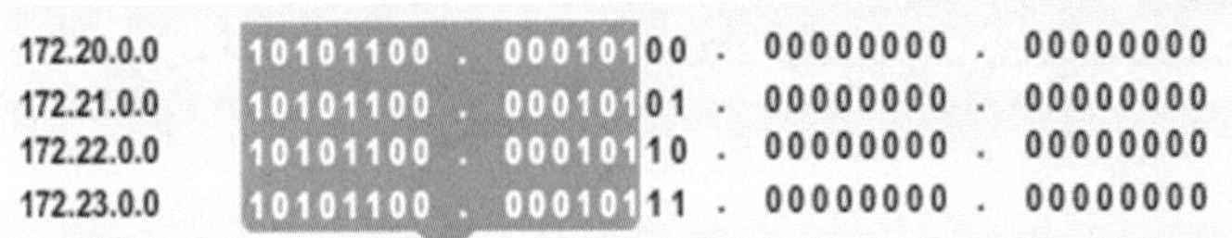

图 1-6-19 确定前缀长度

第 3 步 复制匹配的位，然后在地址其余部分添加 0，确定总结网络地址，即：172. 20. 0. 0/14(255. 252. 0. 0)，如图 1-6-20 所示。

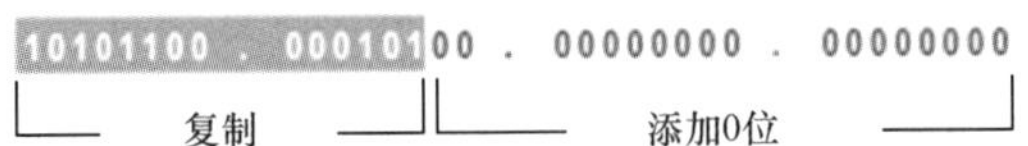

图 1-6-20 确定总结网络地址

总结路由配置如下：

```
R1(config)#ip route 172.20.0.0 255.252.0.0 172.19.0.2
```

6.2.3 VLSM

使用固定长度子网掩码(Fixed-Length Subnet Mask，FLSM)，即传统的子网划分，每个子网使用相同的子网掩码，创建大小相等的子网，如图 1-6-21 所示；如果所有子网对主机数量的要求相同，这些固定大小的地址块就足够了。但是，大多数情况并非如此。使用可变长子网掩码(Variable-Length Subnet Mask，VLSM)，子网掩码长度将根据特定子网所借用的位数而发生变化，从而成为可变长子网掩码的“变量”部分。如图 1-6-22 所示，VLSM 使网络空间能够分为大小不等的部分。

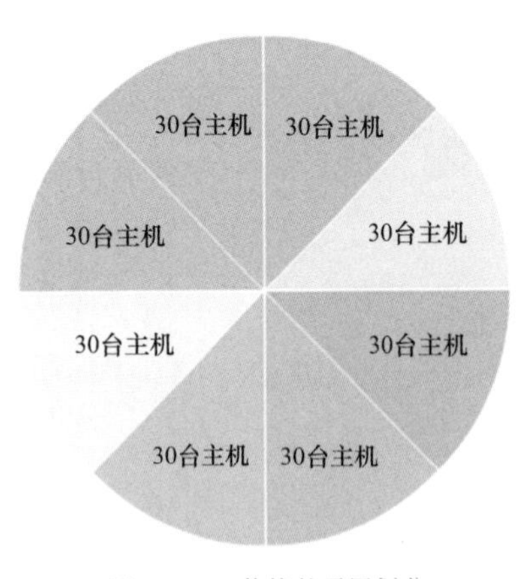

图 1-6-21 传统的子网划分

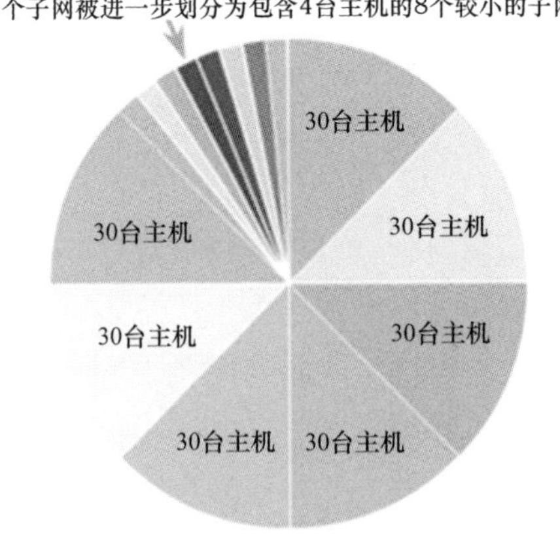

图 1-6-22 VLSM 的子网划分

设计网络寻址方案必须经过认真考虑，下面以图 1-6-23 中的网络为例说明如何规划

VLSM 网络寻址方案。假设待划分子网的地址是 192.168.20.0/24。

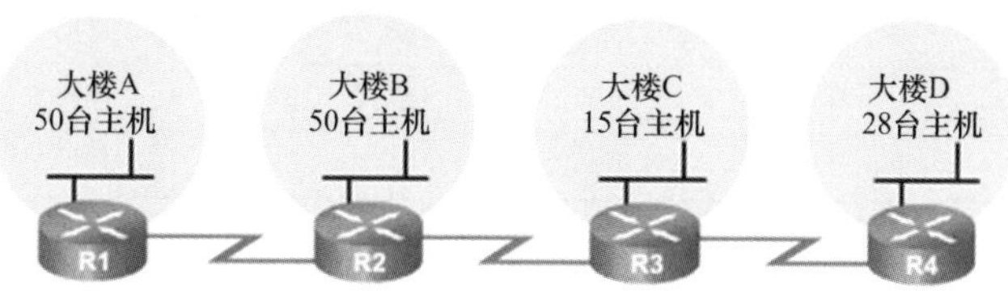

图 1-6-23　规划 VLSM 网络寻址方案

(1)计算子网数量及地址块大小

首先，按照从大到小的顺序依次确定每个子网所需的地址块大小(2 的主机位次方)，见表 1-6-4。注意地址块大小需满足条件“地址块大小－2≥所需 IP 地址数”。

表 1-6-4　　**子网划分需求表**

子网	主机数/IP 地址数	地址块大小	主机位位数
大楼 A－子网 0	50	64(2^6)	6
大楼 B－子网 1	50	64(2^6)	6
大楼 D－子网 2	28	32(2^5)	5
大楼 C－子网 3	15	32(2^5)	5
R1、R2 间的 WAN 链路－子网 4	2	4(2^2)	2
R2、R3 间的 WAN 链路－子网 5	2	4(2^2)	2
R3、R4 间的 WAN 链路－子网 6	2	4(2^2)	2

(2)计算子网地址并记录地址方案

有了子网编号和地址块，就可以依次为子网分配 VLSM 地址空间了，如图 1-6-24 所示。

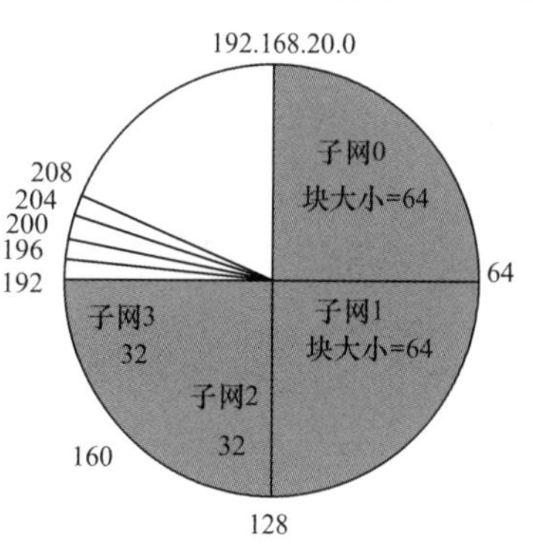

图 1-6-24　VLSM 地址空间

那么，如何计算子网地址呢？从图中不难看出，第一个子网即子网 0 的网络地址就是待分配地址 192.168.20.0，而后面子网 n 的网络地址＝前一子网的网络地址＋前一子网的块大小……最后，为所有的子网分配完地址后，剩余的地址空间是 208～255 的部分。

子网掩码的计算也很简单，我们发现，子网掩码相关字节的取值与子网地址块大小在数值上有一定的关系，即子网掩码＝256－块大小。如子网 0，块大小为 64，则其子网掩码＝256－64＝192，即子网掩码＝255.255.255.192。

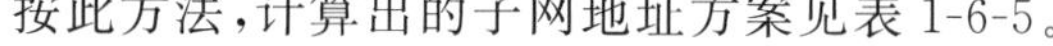
按此方法，计算出的子网地址方案见表 1-6-5。

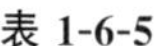
表 1-6-5　　**子网划分地址空间表**

子网	块大小	网络地址	子网掩码	广播地址	可用 IP 地址范围
0	64	192.168.20.0	255.255.255.192	192.168.20.63	192.168.20.1～192.168.20.62
1	64	192.168.20.64	255.255.255.192	192.168.20.127	192.168.20.65～192.168.20.126
2	32	192.168.20.128	255.255.255.224	192.168.20.159	192.168.20.129～192.168.20.158
3	32	192.168.20.160	255.255.255.224	192.168.20.191	192.168.20.161～192.168.20.190

（续表）

子网	块大小	网络地址	子网掩码	广播地址	可用 IP 地址范围
4	4	192.168.20.192	255.255.255.252	192.168.20.195	192.168.20.193～192.168.20.194
5	4	192.168.20.196	255.255.255.252	192.168.20.199	192.168.20.197～192.168.20.198
6	4	192.168.20.200	255.255.255.252	192.168.20.203	192.168.20.201～192.168.20.202

(3)为设备分配接口地址

接着就可以按照约定的原则为每个网络设备接口和主机分配 IP 地址了，在设备地址表中记录后，就可以按照地址表完成网络的配置了。

【课堂实验 3】 设计和实施 VLSM 编址方案

1. 实验背景

在本练习中，将使用给定的/24 网络地址来设计 VLSM 编址方案。根据要求，需要分配子网和编址、配置设备和检验连接。

2. 实验拓扑(图 1-6-25)

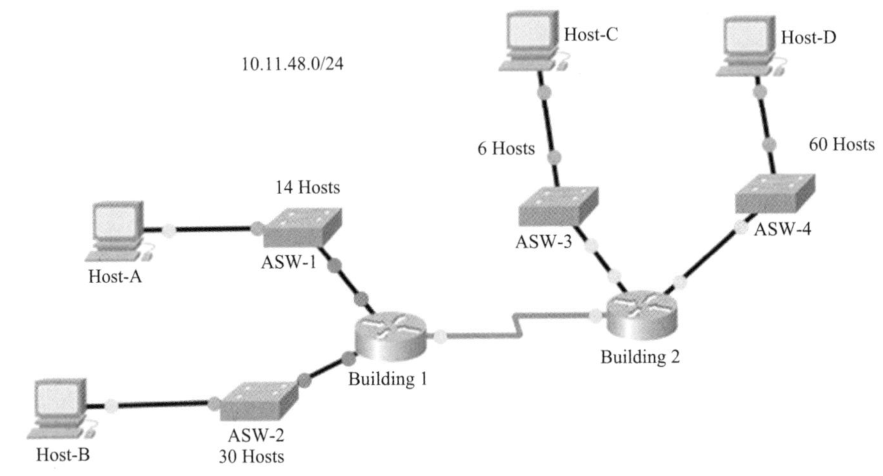

图 1-6-25 VLSM 编址网络拓扑

3. 地址分配表

根据后面的要求填写表 1-6-6。

表 1-6-6 **VLSM 编址网络地址分配**

设备	接口	IP 地址	子网掩码	默认网关
Building 1	G0/0			未提供
	G0/1			未提供
	S0/0/0			未提供
Building 2	G0/0			未提供
	G0/1			未提供
	S0/0/0			未提供
ASW-1	VLAN 1			
ASW-2	VLAN 1			

（续表）

设备	接口	IP 地址	子网掩码	默认网关
ASW-3	VLAN 1			
ASW-4	VLAN 1			
Host-A	网卡			
Host-B	网卡			
Host-C	网卡			
Host-D	网卡			

4. 实验内容

(1)检查网络要求

在本实验中，要对网络地址 10.11.48.0/24 划分子网，以满足如下要求：

- ASW-1 LAN 需要 14 个主机 IP 地址。
- ASW-2 LAN 需要 30 个主机 IP 地址。
- ASW-3 LAN 需要 6 个主机 IP 地址。
- ASW-4 LAN 需要 60 个主机 IP 地址。

网络拓扑中需要多少子网？每个子网的地址块大小是多少？

(2)设计 VLSM 编址方案并记录

根据每个子网的地址块大小划分 10.11.48.0/24，按照从大到小的顺序排列子网。完成子网表，列出子网说明(例如 ASW-1 LAN)、地址块大小、子网的网络地址、可用主机地址范围以及广播地址，填入表 1-6-7。

表 1-6-7　　VLSM 编址方案

子网说明	地址块大小	子网的网络地址/CIDR	可用主机地址范围	广播地址

然后按照以下要求完成表 1-6-6，记录每个设备的接口地址：

- 为两个 LAN 链路和 WAN 链路中的 Building 1 分配第一个可用 IP 地址。
- 为两条 LAN 链路中的 Building 2 分配第一个可用 IP 地址，为 WAN 链路分配最后一个可用 IP 地址。
- 为交换机分配第二个可用 IP 地址。
- 为主机分配最后一个可用 IP 地址。

(3)为设备分配 IP 地址并检验连接

实施以下步骤以完成编址配置：

- 在 Building 1 LAN 接口上配置 IP 编址。
- 在 ASW-3 上配置 IP 编址，包括默认网关。
- 在 Host-D 上配置 IP 编址，包括默认网关。

(4)检验连接

从 Building 1、ASW-3 和 Host-D 检验连接,应该能够对地址分配表中列出的每个 IP 地址执行 ping 操作。

6.3 总结静态路由和浮动静态路由

6.3.1 配置总结静态路由

路由总结也就是所谓的路由汇聚,指使用更笼统、更短的子网掩码将一组连续地址作为一个地址来传播。CIDR 是路由总结的一种形式,CIDR 忽略有类边界的限制,允许使用小于默认有类掩码的掩码进行总结。IPv4 总结静态路由的计算过程请参考前面"CIDR"小节。

让我们来回顾一下 IPv4 路由总结。在图 1-6-26 所示的网络中,可以使用全局命令:

```
ip route 172.16.0.0 255.255.252.0 s0/0/1
```

对 R3 路由器配置一条总结静态路由,以实现对 172.16.1.0/24、172.16.2.0/24、172.16.3.0/24 三个网络的访问。

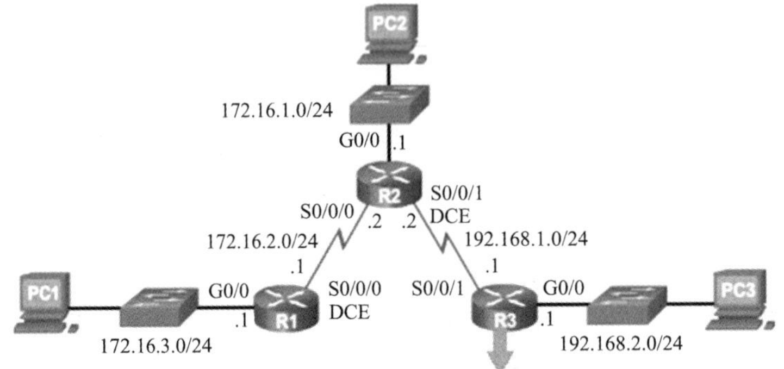

图 1-6-26 配置 IPv4 总结静态路由

在 IPv6 网络中,同样可以配置总结静态路由以提高路由效率。除了 IPv6 地址长度为 128 位和采用十六进制外,IPv6 总结静态路由地址实际上与 IPv4 总结静态路由地址是类似的。同 IPv4 网络类似,多条 IPv6 静态路由可以总结成一条 IPv6 路由,前提是符合以下条件:

- 目的网络是连续的,并且可以总结成一个网络地址。
- 多条静态路由都使用相同的送出接口或下一跳 IPv6 地址。

下面以图 1-6-27 中的网络为例,来说明如何对 R1 路由器进行 IPv6 总结静态路由的配置。

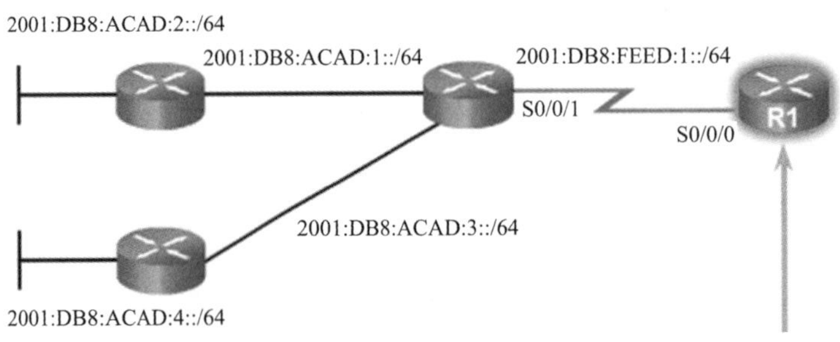

图 1-6-27 IPv6 路由总结

要将 IPv6 网络总结成单个 IPv6 前缀和前缀长度，可以分七步完成：

第 1 步　列出网络地址（前缀）并确定地址的不同部分。

```
2001:0DB8:ACAD:1::/64
2001:0DB8:ACAD:2::/64
2001:0DB8:ACAD:3::/64
2001:0DB8:ACAD:4::/64
```

第 2 步　如果是缩写，则展开 IPv6。

```
2001:0DB8:ACAD:0001::/64
2001:0DB8:ACAD:0002::/64
2001:0DB8:ACAD:0003::/64
2001:0DB8:ACAD:0004::/64
```

第 3 步　将不同的部分从十六进制转换为二进制。

```
2001:0DB8:ACAD:0000000000000001::/64
2001:0DB8:ACAD:0000000000000010::/64
2001:0DB8:ACAD:0000000000000011::/64
2001:0DB8:ACAD:0000000000000100::/64
```

第 4 步　统计这些网络最左侧的哪些位相同，确定出总结路由的前缀长度。

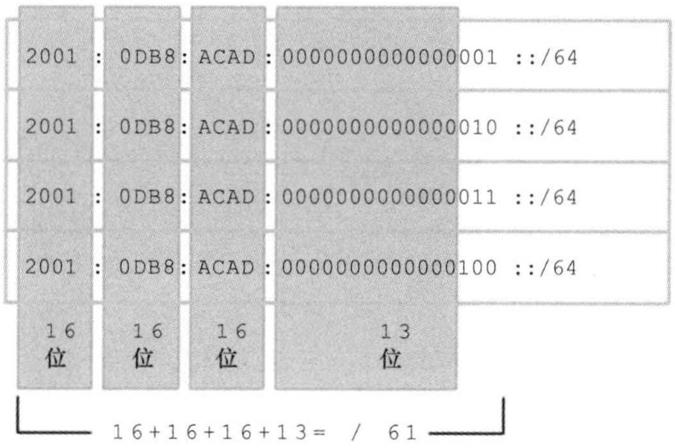

```
2001 : 0DB8: ACAD : 0000000000000001 ::/64
2001 : 0DB8: ACAD : 0000000000000010 ::/64
2001 : 0DB8: ACAD : 0000000000000011 ::/64
2001 : 0DB8: ACAD : 0000000000000100 ::/64
 16     16     16        13
 位     位     位        位
16+16+16+13= / 61
```

第 5 步　复制这些相同的位，然后添加 0 补足位数，确定总结后的网络地址（前缀）。

```
2001:0D88:ACAD:0000000000000000::/64
```

第 6 步　将二进制部分转换为十六进制。

```
2001:0DB8:ACAD:0000000000000000::/64
2001:0DB8:ACAD:0000000000000000::/64
2001:0DB8:ACAD:0000000000000000::/64
2001:0DB8:ACAD:0000000000000000::/64
2001:0DB8:ACAD:0000::
```

第 7 步 追加总结路由的前缀(第 4 步得出的结果)。

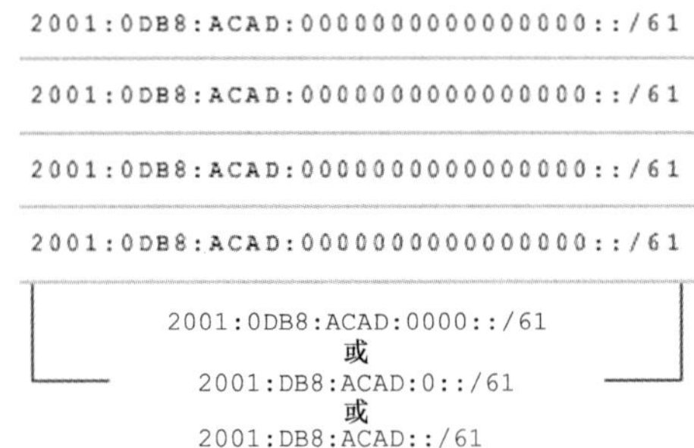

确定总结路由后,用一条 IPv6 总结静态路由配置 R1 路由器:

```
R1(config)#ipv6 route 2001:DB8:ACAD::/61 2001:db8:feed:1::2
```

6.3.2 配置浮动静态路由

浮动静态路由的管理距离大于其他静态或动态路由的管理距离。可以增加静态路由的管理距离,以便使另一个静态路由或通过动态路由协议获取的路由优先于该路由,这样,静态路由将会“浮动”:当有管理距离更好的路由处于活动状态时,则不使用该路由;如果首选路由丢失,浮动静态路由将进入路由表,流量可以通过此路由发送。

下面的命令为如图 1-6-28 所示网络中的 R1 配置了一条 AD 为 5 的浮动静态路由:

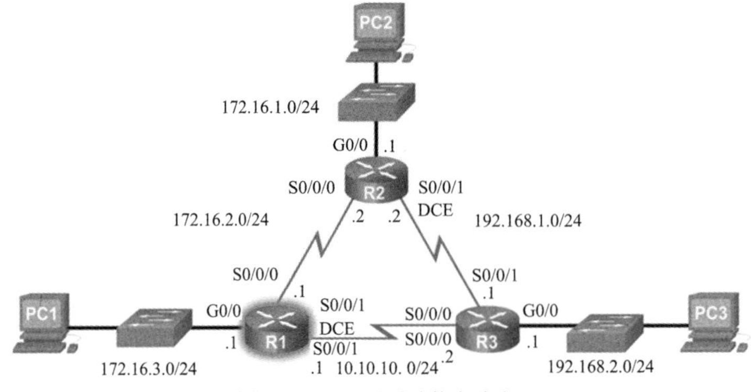

图 1-6-28 配置浮动静态路由

```
R1(config)#ip route 0.0.0.0 0.0.0.0 172.16.2.2
R1(config)#ip route 0.0.0.0 0.0.0.0 10.10.10.2 5
R1(config)#
```

当 R1 和 R2 之间的链路出现问题时,这条 AD 为 5 的浮动静态路由将取代原来的默认路由,即流量将通过 R1 和 R3 之间的链路转发出去。

【课堂实验 4】 计算并配置 IPv6 路由总结

1. 实验背景

在本实验中,将为 R1 可通过 R2 访问的所有网络计算、配置和检验总结静态路由。R1 上配置了环回接口。检验路由时,可使用环回接口来简化测试,而不必添加 LAN 或其他网络到 R1。

2. 实验拓扑(图 1-6-29)

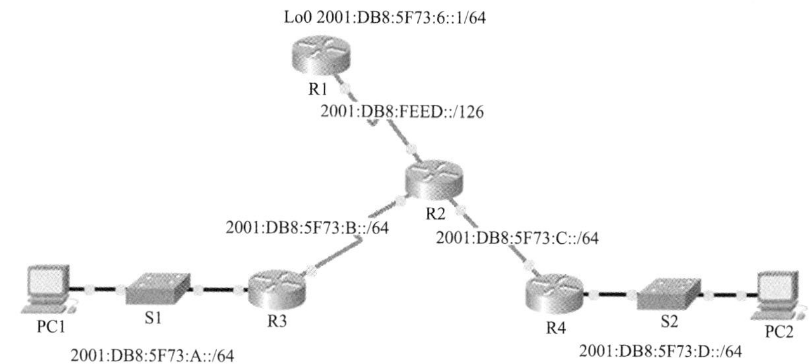

图 1-6-29　配置 IPv6 路由总结拓扑

3. 地址分配表(表 1-6-8)

表 1-6-8　　配置 IPv6 路由总结地址分配

设备	接口	IPv6 地址/前缀
R1	S0/0/0	2001:DB8:FEED::1/126
	Lo0	2001:DB8:5F73:6::1/64
R2	S0/0/0	2001:DB8:FEED::2/126
	S0/0/1	2001:DB8:5F73:B::1/64
	S0/1/0	2001:DB8:5F73:C::1/64
R3	G0/1	2001:DB8:5F73:A::1/64
	S0/0/0	2001:DB8:5F73:B::2/64
R4	G0/1	2001:DB8:5F73:D::1/64
	S0/0/1	2001:DB8:5F73:C::2/64

4. 实验内容

(1)计算 R1 的总结路由。

(2)配置总结路由:在 R1 上配置直连总结路由。

(3)检验连接:PC1 应能 ping 通 PC2;

PC1 和 PC2 应均能 ping 通 R1 上的环回 0 接口。

【课堂实验 5】　计算并配置 IPv4 浮动静态路由

1. 实验背景

在本实验中,将配置用作备份路由的浮动静态路由。此路由具有比主路由更大的经手动配置的管理距离,因此,除非主路由发生故障,否则此路由不会出现在路由表中。将对备份路由进行故障转移测试,然后恢复与主路由的连接。

2. 实验拓扑(图 1-6-30)

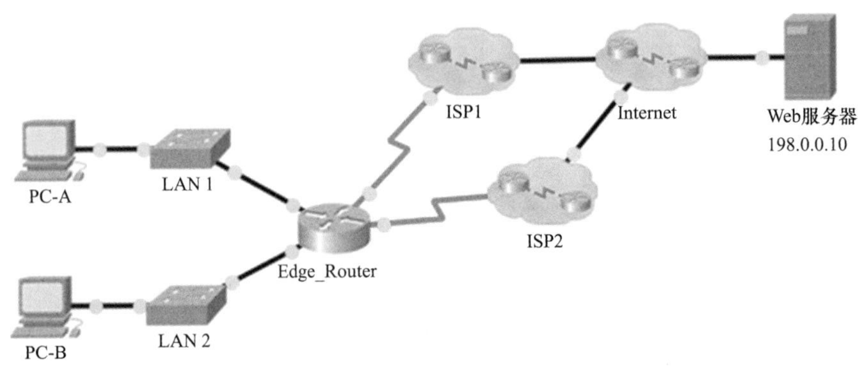

图 1-6-30 IPv4 浮动静态路由拓扑

3. 实验内容

(1)配置直连静态默认路由

- 配置从 Edge_Router 到互联网的直连静态默认路由,主默认路由应当通过 ISP1。
- 显示路由表的内容,检验默认路由是否在路由表中可见。
- 从 PC-A 跟踪通往 Web 服务器的路由。路由应从默认网关 192.168.10.1 开始并途经 10.10.10.1 地址。

(2)配置浮动静态路由

- 使用管理距离 5,配置直连浮动静态默认路由,路由应指向 ISP2。
- 查看运行配置并检验浮动静态默认路由是否存在,以及静态默认路由是否存在。
- 显示路由表的内容。浮动静态路由是否在路由表中可见?原因是什么?

(3)对备份路由进行故障转移测试

- 在 Edge_Router 上,管理性禁用主路由的送出接口。
- 检验备份路由当前是否位于路由表中。
- 跟踪从 PC-A 到 Web 服务器的路由。

备份路由是否正常工作?如果没有,等待更长时间以进行融合,然后重新测试。如果备份路由仍未工作,检查浮动静态路由配置。

- 恢复与主路由的连接。

跟踪从 PC-A 到 Web 服务器的路由,以检验主路由是否已恢复。

总 结

在本项目中,我们学习了如何使用 IPv4 和 IPv6 静态路由连接远程网络,静态路由的默认管理距离为 1。静态路由配置很简单,静态路由可以配置为使用下一跳 IP 地址或送出接口。下一跳 IP 地址通常是下一跳路由器的 IP 地址,当使用下一跳 IP 地址时,路由表过程必须将该地址解析到送出接口;在点对点串行链路上,使用送出接口来配置静态路由通常更为有效。在类似以太网之类的多路访问网络中,可以同时为静态路由配置下一跳 IP 地址和送出接口。

如果使用 CIDR,多条静态路由可以总结为一条静态路由。这意味着路由表中的条目数量会随之减少，路由表查找过程也因此变得更快。CIDR 还能更有效地管理 IPv4 地址空间。

VLSM 子网划分类似于传统的子网划分，需要借用位来创建子网。采用 VLSM，首先将网络划分子网，然后将这些子网再次划分子网。该过程可以重复，以创建不同大小的子网。

最终总结路由是默认路由，为 IPv4 配置了 0.0.0.0 网络地址和子网掩码 0.0.0.0，为 IPv6 配置了前缀/前缀长度::/0。如果路由表中没有更加精确的匹配条目，路由表将使用默认路由将数据包转发到另一台路由器。

浮动静态路由可配置为通过控制管理距离值来备份主链路。

综合练习——配置静态路由

1. 实验背景

在本练习中，我们将巩固为 VLAN 间通信配置路由器的能力，并配置静态路由以到达所在网络之外的目的地。内容包括配置 VLAN 间路由、静态路由和默认路由。

2. 实验拓扑(图 1-6-31)

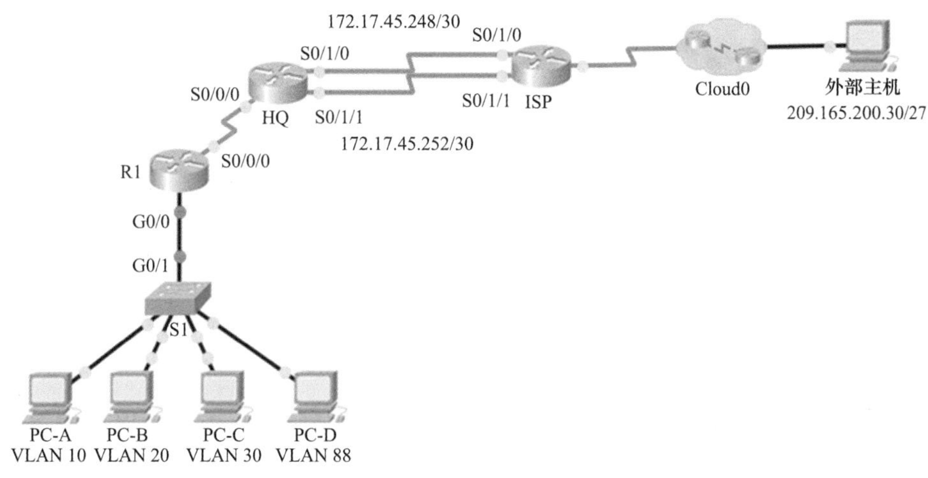

图 1-6-31　综合练习拓扑

3. 地址分配表

表 1-6-9　综合练习地址分配

设备	接口	IP 地址	子网掩码	默认网关	VLAN
R1	S0/0/0	172.31.1.1	255.255.255.0	N/A	N/A
	G0/0.10	172.31.10.1	255.255.255.0	N/A	10
	G0/0.20	172.31.20.1	255.255.255.0	N/A	20
	G0/0.30	172.31.30.1	255.255.255.0	N/A	30
	G0/0.88	172.31.88.1	255.255.255.0	N/A	88
	G0/0.99	172.31.99.1	255.255.255.0	N/A	99
S1	VLAN 88	172.31.88.33	255.255.255.0	172.17.88.1	88
PC-A	NIC	172.31.10.21	255.255.255.0	172.17.10.1	10

（续表）

设备	接口	IP 地址	子网掩码	默认网关	VLAN
PC-B	NIC	172.31.20.22	255.255.255.0	172.17.20.1	20
PC-C	NIC	172.31.30.23	255.255.255.0	172.17.30.1	30
PC-D	NIC	172.31.88.24	255.255.255.0	172.31.88.1	88

4. VLAN 表(表 1-6-10)

表 1-6-10　　　　VLAN 分配

VLAN	名称	接口
10	销售	Fa0/11～15
20	生产	Fa0/16～20
30	营销	F0/5～10
88	管理层	F0/21～24
99	原生	G0/1

5. 实验内容

(1)根据地址分配表在 R1 上配置 VLAN 间路由。

(2)在 S1 上配置中继。

(3)在 HQ 上配置四个分别通往 VLAN 10、20、30 和 88 的直连静态路由。

(4)在 HQ 上配置到达外部主机的直连静态路由。

- 配置通过 Serial 0/1/0 接口的主路径。
- 配置通过 Serial 0/1/1 接口且 AD 为 10 的浮动静态路由。

(5)在 ISP 上为整个 172.31.0.0/17 地址空间配置直连主总结静态路由和直连浮动静态总结路由。

- 配置通过 Serial 0/1/1 接口的主路径。
- 配置通过 Serial 0/1/0 接口且 AD 为 25 的浮动静态路由。

(6)在 R1 上配置直连默认路由。

(7)通过确保所有 PC 可以对外部主机执行 ping 操作以检验连接。

项目 1-7　动态路由

路由器通过两种方式来获知通往远程网络的路由：静态路由和动态路由。在包含许多网络和子网的大型网络中，配置和维护静态路由需要一笔巨大的管理和运营费用，实施动态路由协议能够减轻配置和维护任务的负担，而且给网络提供了可扩展性。本项目主要介绍不同动态路由协议的分类和特点、距离矢量路由协议获知其他网络的过程以及 RIP 协议的配置等。

学习目标

- 明确动态路由协议的优势。
- 明确不同类别的动态路由协议特点。
- 明确距离矢量路由协议和链路状态路由协议的特征。
- 掌握距离矢量路由协议获知其他网络的过程。
- 能配置 RIP 路由协议。
- 能配置 RIPng 路由协议。

“神十四”航天员发来天宫的中秋祝福

中秋，是团圆的节日，也是思念的节日，在中国空间站执行任务的“最忙太空三人组”，工作之余是否更加思念故乡亲人？正在中国空间站忙碌的三位航天员也向全国人民送上了来自太空的问候。

2016 年 9 月 15 日的中秋夜，天宫二号空间实验室孤身飞越苍穹，为航天员在太空 30 天中期驻留探索前路。6 年后，中国空间站三舱合体，成为航天员长期驻留的温馨太空家园。皓月当空下，璀璨星河中，中国人自己建设的“天宫”终与明月同辉，在奔赴星辰大海的征程中，一代代航天员和广大航天科技工作者为国领命，以“特别能吃苦，特别能战斗，特别能攻关，特别能奉献”的载人航天精神，创造了中国载人航天事业 30 年。从筚路蓝缕到取得历史性跨越的一个个奇迹，中华民族不仅将千百年来“手摘星辰”的夙愿变为现实，还慷慨向全世界探索外太空敞开中国空间站的大门。

（来源：学习强国）

7.1　了解路由协议

路由协议又称为动态路由协议，由一组处理进程的算法和消息组成，用于在路由器之间交换路由信息，并将其选择的最佳路径添加到路由表中，即产生动态路由。在包含许多网络和子网的大型网络中，配置和维护静态路由需要一笔巨大的管理和运营开销；当网络发生变化时（例如链路断开或实施新子网），此运营开销尤其麻烦。实施动态路由能够减轻配置和维护任务的负担，而且给网络提供了可扩展性。

7.1.1　动态路由优势

与静态路由相比，动态路由协议需要的管理开销较少，而且当拓扑结构发生变化时，路由器会交换路由信息，通过这种信息交换，路由器不仅能够自动获知新增加的网络，还可以在当前网络连接失败时找出备用路径并自动添加到路由表中。运行动态路由协议需要占用一部分路由器资源，包括 CPU 时间和网络链路带宽。动态路由的优点和缺点见表 1-7-1。

表 1-7-1　　动态路由的优点和缺点

优点	缺点
适用于需要多个路由器的所有拓扑中	可能会使实施更加复杂
通常不受网络规模限制	不够安全，需要其他配置来确保安全
可以自动适应拓扑以重新路由流量	根据当前拓扑进行路由
	需要占用额外的 CPU、RAM 和链路带宽

尽管动态路由有诸多好处，但静态路由仍有其用武之地。有的情况下适合使用静态路由，而有的情况下则适合使用动态路由。具有一定复杂程度的网络可能需要同时配置静态路由和动态路由。

7.1.2 路由协议分类

从最早出现的 RIPv1（路由信息协议），到目前的 RIPv2、OSPF（开放最短路径优先）、IS-IS（中间系统到中间系统）、EIGRP（增强型内部网关路由协议）、BGP（边界网关路由）以及 RIPng、OSPFv3，路由协议已经有了很多不同版本。可以按路由协议的特点将其分为不同的类别，如图 1-7-1 所示。

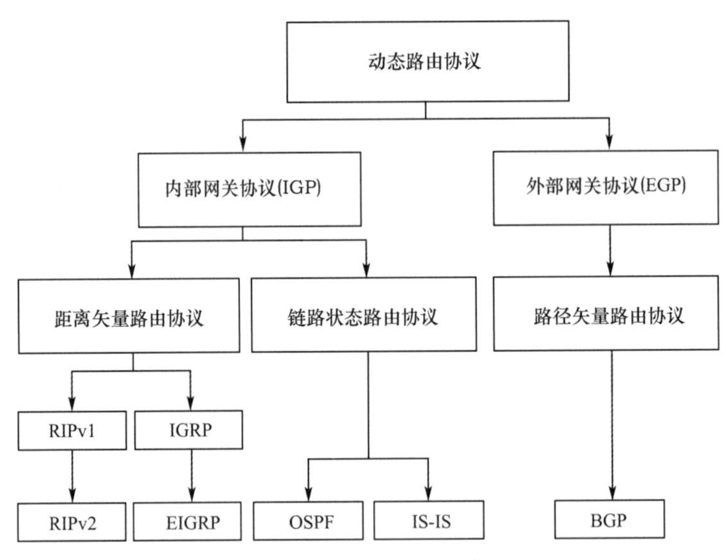

图 1-7-1　路由协议的分类

（1）内部网关协议和外部网关协议

按用途划分可分为内部网关协议和外部网关协议。内部网关协议（IGP）用于在自治系统内部进行路由，而外部网关协议（EGP）用于在自治系统之间路由，如图 1-7-2 所示。自治系统（AS）是接受统一管理（比如公司或组织）的路由器集合，AS 也称为路由域。AS 的典型示例是公司的内部网络和 ISP 的网络。

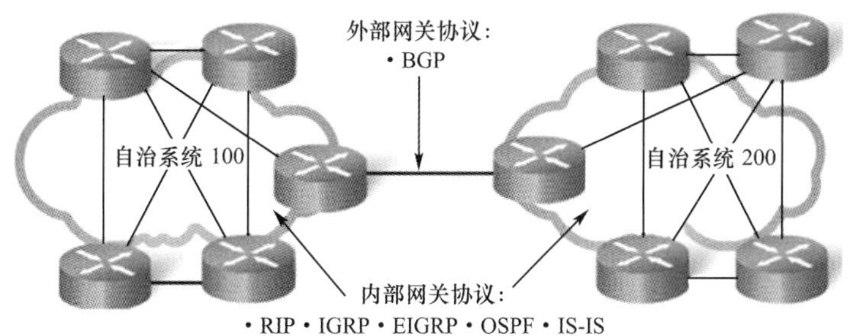

图 1-7-2　自治系统及 IGP、EGP

公司、组织甚至服务提供商，都在各自的内部网络上使用 IGP，IGP 包括 RIP、IGRP、EIGRP、OSPF 和 IS-IS。EGP 用于在 AS 间实现路由，边界网关协议(BGP)是目前唯一可行的 EGP，也是互联网使用的官方路由协议。

(2)距离矢量路由协议和链路状态路由协议

按算法和操作方式划分可分为距离矢量路由协议和链路状态路由协议。距离矢量路由协议意味着通过距离和矢量(即方向)两个特征通告路由，距离是指根据度量(如跳数、开销、带宽、延迟等)确定的与目的网络的远近；矢量则是指定下一跳路由器或送出接口的方向以达到目的。

链路状态路由协议则使用链路状态信息来创建拓扑图，并据此选择最佳路径。链路状态路由协议采用触发式更新，只在网络拓扑结构发生变化时才发送链路状态更新信息，节省了网络流量。链路状态协议适用于分层设计、对收敛速度要求极高的大型网络。

RIPv1、RIPv2、RIPng 和 IGRP、EIGRP 均属距离矢量路由协议，OSPF、OSPFv3 和 IS-IS 是典型的链路状态路由协议。

(3)有类路由协议和无类路由协议

首先，所有 IPv6 路由协议都是无类的，路由协议是有类还是无类的区别通常仅适用于 IPv4 路由协议。有类路由协议和无类路由协议的最大区别是有类路由协议不会在其路由更新中发送子网掩码信息，不支持 VLSM，不支持非连续网络。目前已很少在网络中使用有类路由协议。

而无类路由协议在路由更新中同时包括网络地址和子网掩码信息，支持 VLSM 和非连续网络及无类网络，得到广泛认可。如今的大部分网络都采用无类路由协议。

只有 RIPv1 和 IGRP 是有类的，所有其他 IPv4 和 IPv6 路由协议(RIPv2、RIPng、OSPF、OSPFv3、IS-IS、BGP)都是无类的。

7.1.3 路由协议比较

1. 距离矢量和链路状态路由协议的度量

不同的路由协议使用不同的度量。度量是路由协议基于该路由的有用性分配给不同路由的可衡量的值。距离矢量和链路状态路由协议使用不同的度量值，如 RIP 会选择跳数最少的路径；OSPF 会选择带宽最高的路径。

可以根据收敛速度、可扩展性、是否使用 VLSM、资源使用率以及实施和维护的复杂程度等特征来比较路由协议，见表 1-7-2。

表 1-7-2 路由协议的特征

	距离矢量				链路状态	
	RIPv1	RIPv2	IGRP	EIGRP	OSPF	IS-IS
收敛速度	慢	慢	慢	快	快	快
可扩展性-网络规模	小型	小型	小型	大型	大型	大型
使用 VLSM	否	是	否	是	是	是
资源使用率	低	低	低	中型	高	高
实施和维护	简单	简单	简单	复杂	复杂	复杂

收敛速度:收敛速度是指网络拓扑结构中的路由器共享路由信息并使各台路由器掌握的网络情况达到一致所需的时间。收敛速度越快,协议的性能越好。在发生了改变的网络中,收敛速度缓慢会导致不一致的路由表无法及时得到更新,从而可能造成路由环路。

可扩展性:可扩展性表示根据一个网络所部署的路由协议,该网络能达到的规模。网络规模越大,路由协议需要具备的可扩展性越强。

有类还是无类(使用 VLSM):有类路由协议不包含子网掩码,也不支持 VLSM。无类路由协议在更新中包含子网掩码。无类路由协议支持 VLSM 和更好的路由总结。

资源使用率:资源使用率包括路由协议的要求,如,内存空间(RAM)、CPU 利用率和链路带宽利用率。资源要求越高,对硬件的要求越高,如此才能对路由协议工作和数据包转发过程提供有力支持。

实现和维护:实现和维护是网络管理员实现和维护网络时必须要具备的知识级别。

2. 距离矢量路由协议的特征

距离矢量路由协议包括 RIPv1、RIPv2、RIPng、IGRP 和 EIGRP。下面通过比较 RIP 和 EIGRP 来分析距离矢量路由协议的特征。

微课

RIP 协议概述

(1)路由信息协议 RIP

RIPv1(Routing Information Protocol)是由 Xerox 在 RFC1058 中定义的第一代 IPv4 路由协议,由于它便于配置,因此成为小型网络的理想选择。后来随着网络技术的发展,陆续推出无类路由协议 RIPv2 以及支持 IPv6 网络的 RIPng 版本。

每个有 RIP 功能的路由器,在默认情况下,每隔 30 s 利用 UDP 520 端口将与它直连的网络邻居广播(RIPv1)或组播(RIPv2)路由更新。路由器不知道网络的全局情况,如果路由更新在网络上传播慢,将会导致网络收敛较慢,造成路由环路。为了避免路由环路,RIP 采用水平分割、毒化反转、定义最大跳数、触发更新和抑制计时等机制来避免环路。

RIP 具有如下特征:

①使用贝尔曼-福特算法作为其路由算法;

②使用跳数作为度量值,最大跳数为 15 跳;

③默认路由更新周期为 30 秒;

④管理距离(AD)为 120；

⑤支持触发更新；

⑥支持等价路径，默认 4 条，最大 32 条；

⑦使用 UDP 520 端口进行路由更新操作。

表 1-7-3 中总结了 RIPv1 和 RIPv2 的不同。

表 1-7-3　　RIPv1 与 RIPv2 的比较

	RIPv1	RIPv2
度量	两者都使用跳数作为简单的度量，最大跳数为 15	
更新转发到地址	255.255.255.255	224.0.0.9
支持 VLSM	×	√
支持 CIDR	×	√
支持总结	×	√
支持身份认证	×	√

RIP 的 IPv6 版本 RIPng 于 1997 年发布，RIPng 基于 RIPv2，它还有一个 15 跳的限制，其管理距离为 120。

(2)增强型内部网关路由协议 EIGRP

IGRP(Interior Gateway Routing Protocol)是 1984 年由 Cisco 开发的第一个专用 IPv4 有类路由协议，后于 1992 年推出其增强版 EIGRP。EIGRP 是一个高效的无类距离矢量路由协议，融合了距离矢量和链路状态两种路由协议的优点。EIGRP 提高了效率，减少了路由更新，并支持安全的消息交换。

EIGRP 具有如下特征：

①使用 DUAL 算法实现快速收敛并确保没有路由环路；

②通过发送和接收 Hello 数据包来建立和维持邻居关系；

③采用组播(224.0.0.10)或单播进行路由更新；

④EIGRP 的管理距离为 90 或 170(外部 EIGRP)；

⑤采用触发更新，减少带宽占用；

⑥支持 VLSM 和 CIDR；

⑦支持 IP、IPX 和 AppleTalk 等多种网络层协议；

⑧维护邻居表、拓扑表和路由表，快速适应网络变化；

⑨支持等价和非等价的负载均衡。

表 1-7-4 中总结了 IGRP 和 EIGRP 的不同。

表 1-7-4　　IGRP 与 EIGRP 的比较

	IGRP	EIGRP
度量	两者都使用带宽和延迟组成的复合度量，可靠性和负载也包括在度量计算中	
更新转发到地址	255.255.255.255	224.0.0.10
支持 VLSM	×	√
支持 CIDR	×	√
支持总结	×	√
支持身份验证	×	√

【课堂实验 1】 比较 RIP 和 EIGRP 路径选择

1. 实验背景

PC-A 和 PC-B 需要进行通信。数据在这些终端设备之间采用的路径可以途经 R1、R2 和 R3，也可以途经 R4 和 R5。路由器选择最佳路径的流程取决于路由协议。我们将研究两种距离矢量路由协议的行为，即增强型内部网关路由协议(EIGRP)和路由信息协议第 2 版(RIPv2)。

2. 实验拓扑(图 1-7-3)

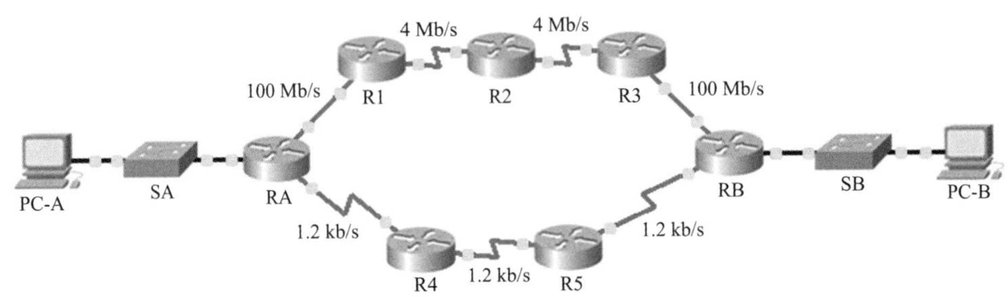

图 1-7-3 比较 RIP 和 EIGRP 路径选择拓扑

3. 实验内容

(1)预测路径

度量是可衡量的因素。每个路由协议在设计时都会考虑多个度量，同时还会考虑哪条路由是发送数据的最佳路由，这些度量包括跳数、带宽、延迟、可靠性、路径成本等。

①考虑 EIGRP 的度量

默认情况下，EIGRP 使用带宽和延迟来确定最佳路径。根据度量，请预测数据从 PC-A 传送到 PC-B 会采用哪条路径？

②考虑 RIP 的度量

RIP 将使用跳数作为度量，根据度量，请预测数据从 PC-A 传送到 PC-B 会采用哪条路径？

(2)跟踪路由

①检查 EIGRP 路径

在 RA 上查看路由表，表中列出了哪些协议代码？它们都代表什么协议？

从 PC-A 到 PC-B 的数据采用哪条路径？相距目的地多少跳？路径上的最小带宽是多少？

②检查 RIPv2 路径

思科路由器会使用管理距离作为衡量标准，我们需要更改 RA 中 RIPv2 的管理距离值，使路由器优先选择 RIPv2 协议。回答下列问题：

- 显示 RA 的路由表，每个 EIGRP 路由条目中方括号间的第一个数字是什么？

使用以下命令，设置 RIPv2 的管理距离。这会强制 RA 选择 RIP 路由而非 EIGRP 路由。

```
RA(config)#router rip
RA(config-router)#distance 89
```

- 再次显示路由表，表中列出了哪些协议代码？它们都代表什么协议？每个 RIP 条目中方括号间的第一个数字是什么？

- 跟踪从 PC-A 到 PC-B 的路由，数据采用哪条路径？相距目的地多少跳？路径上的最小带宽是多少？

7.2 RIP和RIPng路由

7.2.1 配置RIP路由

RIPv2的配置

尽管RIP很少用于现代网络，但它非常有助于理解基本网络路由的基础知识。因此，本节简要概述如何配置基本RIP和检验RIPv2。

下面以图1-7-4中的参考拓扑为例完成RIPv2的配置和检验。假设所有接口都已配置并启用；没有配置静态路由，也未启用路由协议。因此，当前不能进行远程网络访问。

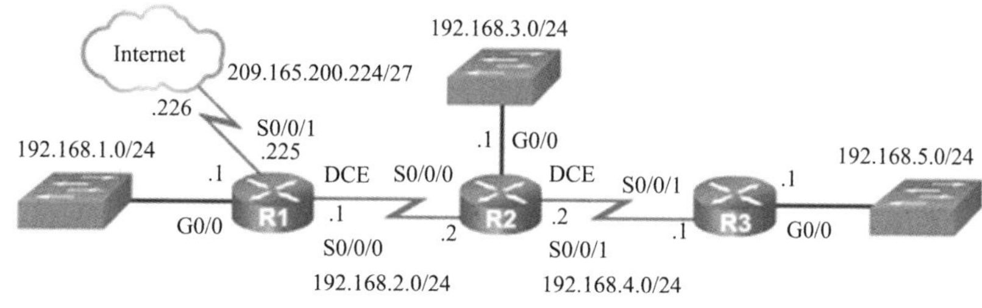

图1-7-4　RIPv2配置参考拓扑

(1)进入RIP模式并通告网络

```
R1(config)#router rip
R1(config-router)#network 192.168.1.0
R1(config-router)#network 192.168.2.0
R1(config-router)#
```

(2)检查默认RIP设置

使用特权命令“show ip protocols”可以显示运行在路由器上的路由协议工作情况。默认情况下，RIP运行版本是RIPv1，会在有类网络边界进行总结。

```
R1# show ip protocols
Routing Protocol is "rip"
Sending updates every 30 seconds, next due in 20 seconds
Invalid after 180 seconds, hold down 180, flushed after 240
Outgoing update filter list for all interfaces is not set
Incoming update filter list for all interfaces is not set
Redistributing: rip
Default version control: send version 1, receive any version
Interface              Send      Recv     Triggered RIP     Key-chain
GigabitEthernet0/0     1         2 1
Serial0/0/0            1         2 1
Automatic network summarization is in effect
Maximum path: 4
Routing for Networks:
    192.168.1.0
    192.168.2.0
```

```
Passive Interface(s):
Routing Information Sources:
    Gateway     Distance     Last Update
Distance: (default is 120)
```

使用 show ip route 命令显示 RIP 路由：

```
R1# show ip route
<省略输出>
Gateway of last resort is not set
     192.168.1.0/24 is variably subnetted, 2 subnets, 2 masks
C    192.168.1.0/24 is directly connected, GigabitEthernet0/0
L    192.168.1.1/32 is directly connected, GigabitEthernet0/0
     192.168.2.0/24 is variably subnetted, 2 subnets, 2 masks
C    192.168.2.0/24 is directly connected, Serial0/0/0
L    192.168.2.1/32 is directly connected, Serial0/0/0
R  192.168.3.0/24 [120/1] via 192.168.2.2, 00:00:18, Serial0/0/0
R  192.168.4.0/24 [120/1] via 192.168.2.2, 00:00:18, Serial0/0/0
R  192.168.5.0/24 [120/2] via 192.168.2.2, 00:00:17, Serial0/0/0
R1#
```

(3)启用 RIPv2

```
R1(config)#router rip
R1(config-router)#version 2
```

Version 1 下，RIP 只发送版本 1 更新(仅网络地址)但侦听版本 1 或版本 2 更新；而 Version 2 下，RIP 将同时发送网络地址和子网掩码。

(4)禁用自动总结

```
R1(config)#router rip
R1(config-router)#no auto-summary
```

默认情况下，RIPv2 像 RIPv1 一样在主网边界上自动总结网络。禁用自动总结后，RIPv2 不再在边界路由器上将网络总结为有类地址。现在，RIPv2 在其路由更新中包含所有子网以及相应掩码。

注意：禁用自动总结之前必须启用 RIPv2。RIPv 不支持禁用总结。

(5)配置被动接口

```
R1(config)#router rip
R1(config-router)#passive-interface g0/0
```

默认情况下，通过所有接口转发 RIP 更新。但是，实际上只需要通过连接在其他启用了 RIP 的路由器上的接口来发送 RIP 更新。在不需要的接口上发送更新会浪费带宽资源并带来安全风险。使用 passive-interface 配置被动接口后，会停止指定接口的路由更新。

(6)传播默认路由

```
R1(config)#ip route 0.0.0.0 0.0.0.0 s0/0/1
R1(config)#router rip
R1(config-router)#passive-interface g0/0
R1(config-router)#no auto-summary
R1(config-router)#default-information originate
R1(config-router)# endR1#
```

图 1-7-4 中 R1 是服务提供商的单宿主。因此，使 R1 到达互联网的所有要求是从 S0/0/1 接口发出的默认静态路由。类似的默认静态路由可配置在 R2 和 R3 上，但是在边缘路由器 R1 上配置一次，然后使 R1 通过 RIP 将其传播至所有其他路由器更具可扩展性。要在 RIP 路由域中为所有其他网络提供 Internet 连接，可以将默认静态路由通告给使用该动态路由协议的其他所有路由器。

配置 RIPng 路由

RIPng 是用于 IPv6 网络的 RIP 协议。下面以图 1-7-5 的参考拓扑中的 R1 路由器为例简要说明如何配置基本 RIPng。在此方案中，所有接口都已配置并启用；没有配置静态路由，也未启用路由协议。因此，当前不能进行远程网络访问。

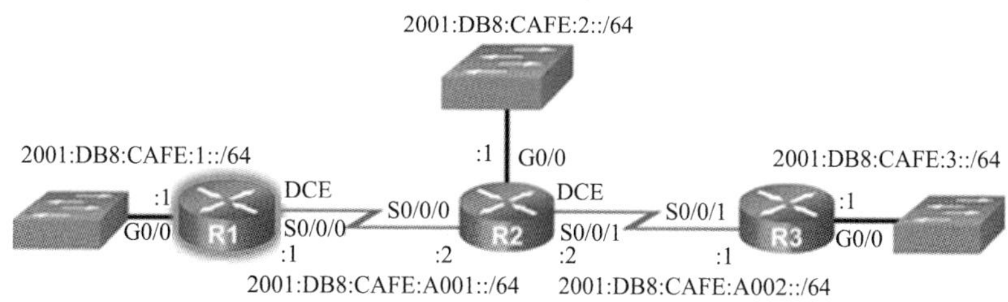

图 1-7-5　RIPng 配置参考拓扑

需要注意的是：必须配置 ipv6 unicast-routing 才能使 IPv6 路由器转发 IPv6 数据包。与 RIPv2 不同，RIPng 是在接口上启用，而不是在路由器配置模式下启用。事实上，RIPng 使用 ipv6 rip *domain-name* enable 接口配置命令。如本例中启用了 IPv6 单播路由后，使用域名 RIP-AS 启用 RIPng 的 G0/0 和 S0/0/0 接口。

```
R1(config)#ipv6 unicast-routing
R1(config)#interface g0/0
R1(config-if)#ipv6 rip RIP-AS enable
R1(config-if)#interface s0/0/0
R1(config-if)#ipv6 rip RIP-AS enable
R1(config-if)#no shutdown
R1(config-if)#
```

除了必须指定 IPv6 默认静态路由，传播 RIPng 中默认路由的过程与 RIPv2 是相同的。假设 R1 有一个从 Serial 0/0/0 接口到 IP 地址 2001:DB8:FEED:1::1/64 的互联网连接，要传播默认路由，R1 必须配置如下命令：

```
R1(config)#ipv6 route::/0 2001:DB8:FEED:1::1
R1(config)#interface s0/0/0
R1(config-if)#ipv6 rip RIP-AS default-information originate
```

这表示 R1 是默认路由信息来源，并且传播 RIPng 更新中从配置的接口上发出的默认静态路由。

同样的方法配置 R2、R3。完成配置后，可以使用 show ipv6 protocols 命令查看相关信息。

```
R1# show ipv6 protocols
IPv6 Routing Protocol is "connected"
IPv6 Routing Protocol is "ND"
IPv6 Routing Protocol is "rip RIP-AS"
  Interfaces:
    GigabitEthernet0/0
    Serial0/0/0
  Redistribution:
    None
R1#
```

使用 show ipv6 route 命令可以显示 IPv6 路由表中的路由。

【课堂实验 2】 配置 RIPv2

锐捷路由器 RIP 动态路由协议实训

1. 实验背景

在本课堂实验中，将通过相应的网络语句和被动接口来配置默认路由(RIP 第 2 版)，并检验完全连接。

2. 实验拓扑(图 1-7-6)

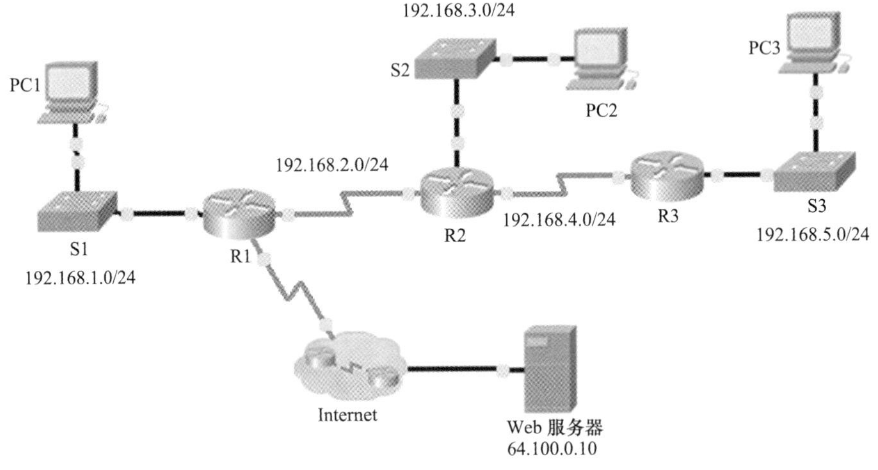

图 1-7-6 配置 RIPv2 拓扑

3. 实验内容

(1)配置 R1、R2 和 R3 上的 RIPv2

- 使用 RIP 协议第 2 版并禁用网络总结；
- 在 R1 上创建一条默认路由，使所有 Internet 流量通过 S0/0/1 退出网络；
- 在 RIP 中通告所有直连网络；
- 将路由器的 LAN 端口配置为被动接口，以使其不发送任何路由信息；
- 在 RIP 中通告 R1 中配置的默认路由。

(2)检验配置

- 查看 R1、R2 和 R3 的路由表；
- 检验与所有目的地址的完全连接。

【课堂实验 3】　配置 RIPng

1. 实验背景

RIPng 是用于路由 IPv6 地址的距离矢量路由协议。RIPng 基于 RIPv2,并具有相同的管理距离和 15 跳的限制。本课堂实验将帮助你进一步熟悉 RIPng。

2. 实验拓扑(图 1-7-7)

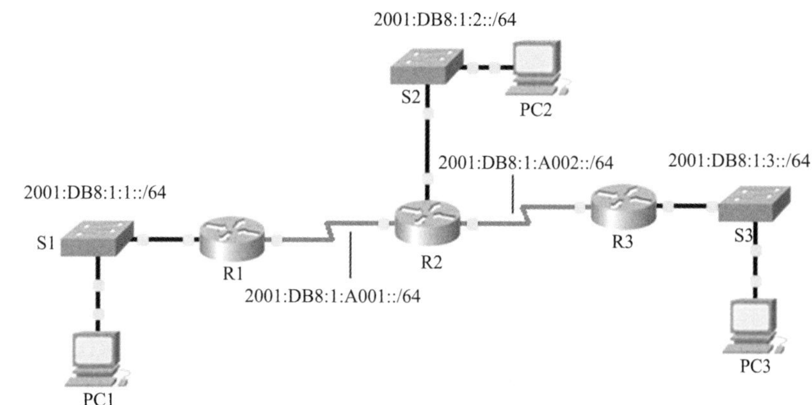

图 1-7-7　配置 RIPng 拓扑

3. 地址分配表(表 1-7-5)

表 1-7-5　　配置 RIPng 地址分配

设备	接口	IPv6 地址/前缀
R1	G0/0	2001:DB8:1:1::1/64
	S0/0/0	2001:DB8:1:A001::1/64
R2	G0/0	2001:DB8:1:2::1/64
	S0/0/0	2001:DB8:1:A001::2/64
	S0/0/1	2001:DB8:1:A002::1/64
R3	G0/0	2001:DB8:1:3::1/64
	S0/0/1	2001:DB8:1:A002::2/64

4. 实验内容

(1)在 R1、R2、R3 上配置 RIPng。

(2)查看 R1、R2 和 R3 的路由表并检验是否完全连接。每个设备都应能 ping 通所有其他设备。

总　结

路由器使用动态路由协议来促进路由器间路由信息的交换。动态路由协议的用途包括:发现远程网络,维护最新的路由信息,选择到达目的网络的最佳路径,在当前路径不再可用时能够找出新的最佳路径。虽然动态路由协议需要的管理开销比静态路由少,但是它们却需要占用一部分路由器资源(包括 CPU 时间和网络链路带宽)来运行协议。网络通常将静态路由和动态路由结合使用。对于大型网络而言,动态路由是最佳选择,而对于末节网络而言,静态路由则更好一些。

路由协议可以分为有类路由协议和无类路由协议、距离矢量路由协议和链路状态路由协议、内部网关路由协议和外部网关路由协议。距离矢量路由协议将路由器作为通往最终目的地的路径上的“路标”。路由器唯一了解的远程网络信息就是到该网络的距离(即度量)以及可通过哪条路径或哪个接口到达该网络,距离矢量路由协议并不了解确切的网络拓扑图。RIP很少用于现代网络,但它非常有助于理解基本网络路由,RIPng是用于IPv6网络的RIP协议。

show ip protocols 命令会显示路由器当前配置的IPv4路由协议设置。对于IPv6请使用 show ipv6 protocols。

项目 1-8 单区域 OSPF

OSPF协议是一种链路状态路由协议,旨在替代距离矢量路由协议RIP,既能快速收敛,又能扩展到更大型的网络。OSPF协议也是一种无类路由协议,它使用区域概念来实现可扩展性。本项目主要介绍基本的单区域OSPF实施和配置。

学习目标

- 明确OSPF特征及相关术语。
- 明确路由器如何在OSPF网络中实现收敛。
- 清楚广播式网络中DR和BDR的选举过程。
- 能在小型IPv4网络中配置单区域OSPFv2。
- 能在小型IPv6网络中配置单区域OSPFv3。

中国人工智能创新水平进入世界第一梯队

在9月1日举行的2022世界人工智能大会治理论坛上,中国科学技术信息研究所发布了《2021全球人工智能创新指数报告》(以下简称《报告》)。《报告》显示,全球人工智能发展呈现中美两国引领、主要国家激烈竞争的总体格局。中国人工智能发展成效显著,人工智能创新水平已进入世界第一梯队,与美国的差距正在缩小。

2021年,中国的人工智能开源代码量达到158项,仅次于美国。其中,收藏数量在200以上的人工智能开源代码达到82项,而2020年该数据为0。截至2021年6月,中国共有188个超算中心进入全球500强行列,占总量的37.6%,居全球首位。

(来源:学习强国)

8.1 OSPF的概述

8.1.1 OSPF特性及相关术语

OSPF(Open Shortest Path First,开放最短路径优先)路由协议是一种内部网关协议,用于在同一个自制系统(AS)中的路由器之间交换路由信息。目前广泛使用的版本有两个:OSPF 第 2 版(OSPFv2)适用于 IPv4,OSPF 第 3 版(OSPFv3)适用于 IPv6。

1. OSPF 的特性

(1)收敛速度快,无路由环路,可适用于大规模网络。

(2)无类路由协议,支持 VLSM 和 CIDR。

(3)高效,路由变化触发路由更新,没有定期更新。

(4)支持等价负载均衡。

(5)可扩展好,支持区域划分,以支持分层结构网络。

(6)安全,支持简单口令和 MD5 身份验证。

(7)以组播方式(224.0.0.5 和 224.0.0.6)传送协议数据包。

(8)默认管理距离是 110,优先于 IS-IS 和 RIP。

(9)采用 cost 作为度量标准。

(10)OSPF 维护邻居表、拓扑表和路由表。

2. 相关术语

(1)链路:路由器上的一个接口。

(2)链路状态:有关各条链路的状态信息,用来描述路由器接口及其与邻居路由器的关系,这些信息包括接口的 IP 地址和子网掩码、网络类型、链路开销以及链路上的所有相邻路由器,所有链路状态信息构成链路状态数据库。

(3)区域:共享链路状态信息的一组路由器。在同一个区域内的路由器有相同的链路状态数据库。

(4)链路状态通告(LSA):用来描述路由器的本地状态,包括的信息有路由器接口的状态和所形成的邻接关系。

(5)邻居:如果两台路由器共享一条公共数据链路,并且能够协商 Hello 数据包中的参数,它们就形成邻居。

(6)邻接关系:领居关系建立后路由器继续发送 LSA 报文,最终双方的链路状态数据库 LSDB 达到同步,邻居状态为 FULL 时,形成邻接关系。一般来说,在点到点、点到多点的网络上的邻居路由器都能形成邻接关系,而在广播多路访问和 NBMA(非广播多路访问)网络上,要选举 DR 和 BDR,DR 和 BDR 路由器与所有其他邻居路由器(DR other)形成邻接关系,但是 DR other 路由器之间不能形成邻接关系,只形成邻居关系。

8.1.2 OSPF 区域类型与 OSPF 路由器类型

作为大型网络中很有效的路由协议,OSPF 支持多区域划分。一个区域所设置的特性控制着它所能接收到的 LSA 信息。OSPF 支持的区域类型如下:

(1)标准区域:可以接收链路更新信息、相同区域的路由、区域间路由以及外部 AS 的路由。

(2)主干区域:连接各个区域的中心实体,其他的区域都要连接到该区域交换路由信息。

(3)末节区域(Stub Area):不接收外部自治系统的路由信息。

(4)完全末节区域(Totally Stub Area):它不接收外部自治系统的路由以及自治系统内其他区域的路由总结,完全末节区域是 Cisco 专有的特性。

(5)次末节区域(Not-So-Stubby Area,NSSA):允许接收以 7 类 LSA 发送的外部路由信息,并且 ABR 要负责把类型 7 的 LSA 转换成类型 5 的 LSA。

当一个 AS 划分成几个 OSPF 区域时,根据一个路由器在相应的区域之内的作用,可将 OSPF 路由器做如下分类,如图 1-8-1 所示。

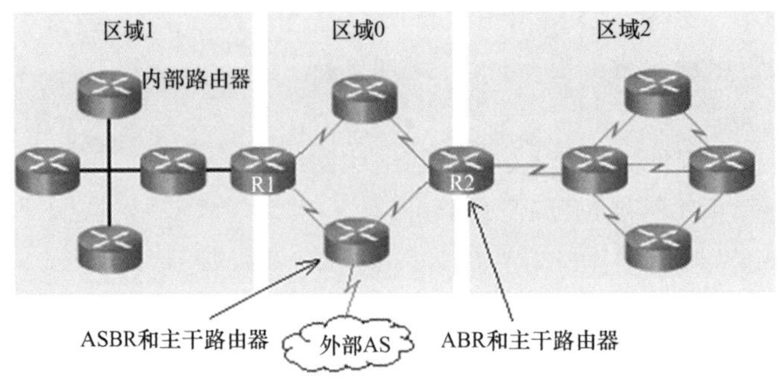

图 1-8-1 OSPF 路由器类型

(1)内部路由器:OSPF 路由器上所有直连的链路都处于同一个区域。

(2)主干路由器:具有连接区域 0 接口的路由器。

(3)区域边界路由器(ABR):路由器与多个区域相连。

(4)自制系统边界路由器(ASBR):与外部其他 AS 相连的路由器。

8.1.3 OSPF 工作原理

OSPF 概述和工作原理

1. OSPF 工作过程

当 OSPF 路由器初次连接到网络时,它会尝试以下操作:

(1)与邻居建立邻接关系

(2)交换路由信息

(3)计算最佳路由

(4)实现收敛

OSPF 通过多种状态运行,同时尝试达到以下收敛状态:

- Down 状态
- Init 状态
- Two-Way 状态
- ExStart 状态
- ExChange 状态
- Loading 状态
- Full 状态

图 1-8-2 说明了 OSPF 路由器初次连接到网络时的状态过滤过程。

2. DR 和 BDR 选举

OSPF 网络类型和 DR 选举

在多路访问网络中,为了避免路由器之间建立完全邻接关系(图 1-8-3)而引起的大量开销,OSPF 要求在多路访问的网络中选举一个 DR,每个路由器都与之建立邻接关系。选举 DR 的同时也选举出一个 BDR,当 DR 失效时,

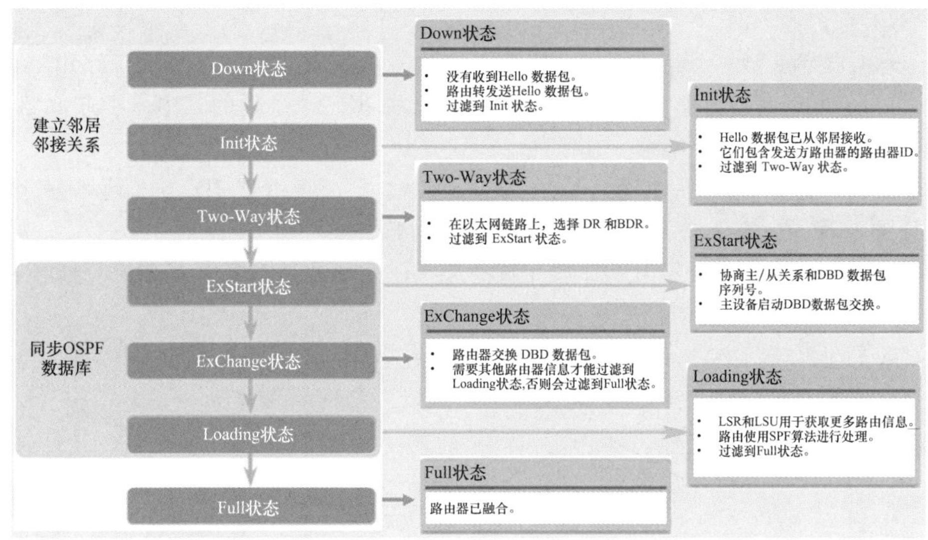

图 1-8-2 OSPF 状态过滤过程

BDR 担负起 DR 的职责，而且所有其他路由器只与 DR 和 BDR 建立邻接关系。

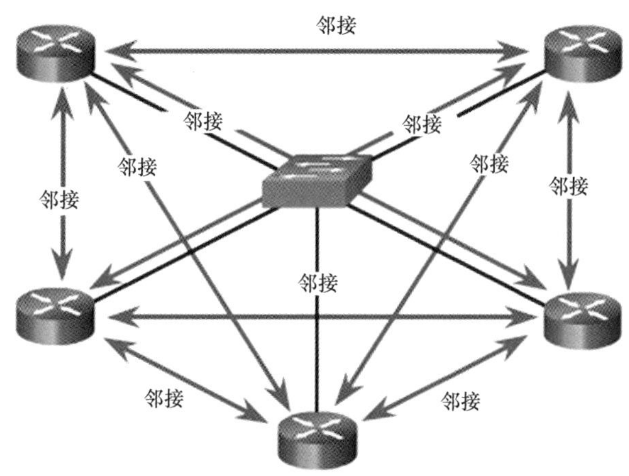

图 1-8-3 多路访问网络中的完全邻接关系

DR 和 BDR 有自己的组播地址 224.0.0.6。DR 和 BDR 的选举是以各个网络为基础的，也就是说 DR 和 BDR 选举是一个路由器的接口特性，而不是整个路由器的特性。如图 1-8-3 中，DR 和 BDR 选举发生在与交换机相连的各路由器接口范围内（即同一个多路访问网络内）。

DR 选举的原则是：

①首要因素是时间，最先启动的路由器被选举成 DR。

②如果同时启动，或者重新选举，则看接口优先级（范围是 0～255），优先级最高的被选举为 DR。默认情况下，多路访问网络的接口优先级为 1，点到点网络接口优先级为 0，修改接口优先级的命令是“ip ospf priority”，如果接口的优先级被设置为 0，则接口将不参与 DR 选举。

③如果前两者相同，最后看路由器 ID，路由器 ID 最高的被选举为 DR。

需要注意的是：DR 选举是抢占式的，除非人为地重新选举。重新选举 DR 的方法有两种：一是重新启动路由器；二是执行“clear ip ospf process”命令。

3. OSPF 路由器 ID

每台路由器都需要一个路由器 ID 来参与 OSPF 域，路由器 ID 唯一标识路由器，可以由管理员定义，也可以由路由器自动分配。思科路由器根据三个条件的其中一项获取路由器 ID（如图 1-8-4 所示），顺序如下：

①在 OSPF 路由模式下使用“router-id rid”命令配置路由器 ID。rid 值是一个表示为 IPv4 地址的 32 位值，这是分配路由器 ID 的推荐方法。

②如果未明确配置路由器 ID，则路由器将选择任意环回接口的最高 IPv4 地址为路由器 ID。这是分配路由器 ID 的备选方法。

③如果未配置环回接口，则路由器会选择其所有物理接口的最高活动 IPv4 地址为路由器 ID。这是最不推荐的一种方法，因为它使管理员难以区分特定路由器。

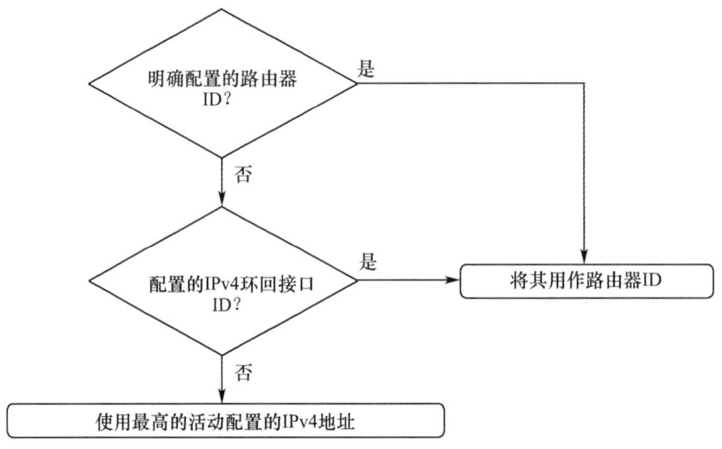

图 1-8-4 路由器 ID 优先顺序的确定

4. OSPF 开销

路由协议使用度量来确定数据包在网络中的最佳路径，OSPF 使用开销作为度量，开销越低，表示路径越好。接口带宽越高，开销就越低。因此，10 Mb/s 以太网线路的开销大于 100 Mb/s 以太网线路的开销。

计算 OSPF 开销的公式为

$$开销=\frac{参考带宽}{接口带宽}$$

默认的参考带宽为 10^8(100 000 000)。因此公式为

$$开销=\frac{100\ 000\ 000\ \text{bps}}{接口带宽(以\ \text{bps}\ 为单位)}$$

各链路默认的 OSPF 开销见表 1-8-1。

表 1-8-1　各链路默认的 OSPF 开销

接口类型	参考带宽(bps)/接口带宽(bps)	开销
10 千兆以太网 10 Gbps	100 000 000 ÷ 10 000 000 000	1
千兆以太网 1 Gbps	100 000 000 ÷ 1 000 000 000	1

（续表）

接口类型	参考带宽(bps)/接口带宽(bps)	开销
快速以太网 10 Mbps	100 000 000 ÷ 100 000 000	1
以太网 10 Mbps	100 000 000 ÷ 10 000 000	10
串行 1.544 Mbps	100 000 000 ÷ 1 544 000	64
串行 128 kbps	100 000 000 ÷ 128 000	781
串行 64 kbps	100 000 000 ÷ 64 000	1562

OSPF 的开销为从路由器到目的网络的累计开销值。例如，在图 1-8-5 中，从 R1 到达 R2 的 LAN 172.16.2.0/24 的开销为 65(串行链路开销 64 加千兆以太网链路开销 1)。

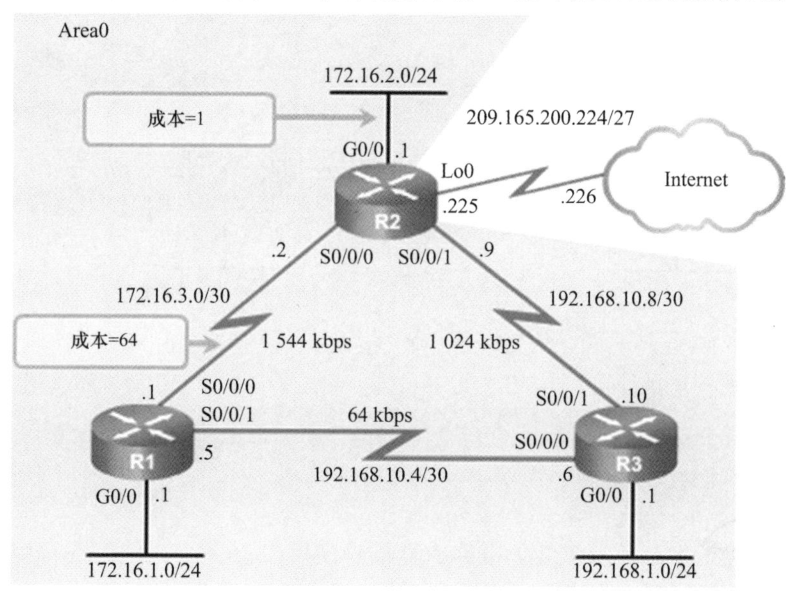

图 1-8-5　OSPF 路由开销

注意：快速以太网、千兆以太网和 10 千兆以太网接口共享相同的开销，因为 OSPF 开销值必须是一个整数。因此，默认情况下，OSPF 对等于或大于快速以太网连接的所有链路分配的开销将等于 1。

为了协助 OSPF 做出正确的路径决定，必须将参考带宽更改为更高的值，以适应链路速度高于 100 Mb/s 的网络。更改参考带宽实际上并不影响链路的带宽容量；相反，它仅影响确定度量所用的计算方法。要调整参考带宽，使用 auto-cost reference-bandwidth Mb/s 路由器配置命令，且 OSPF 域中的每台路由器都必须配置此命令。

另外，可以使用 bandwidth kilobits 接口配置命令修改接口默认带宽，或者使用 ip ospf cost value 接口配置命令在接口上手动配置开销值。配置开销相比设置接口带宽的优势在于，当手动配置开销时，路由器无须计算度量。

8.2 单区域 OSPF 的配置

8.2.1 配置单区域 OSPFv2

单区域 OSPFv2 在中小规模的 IPv4 网络中应用广泛，下面以图 1-8-6 中的参考拓扑为例完成单区域 OSPFv2 的配置和检验。假设所有接口都已配置并启用；没有配置静态路由，也未启用路由协议。因此，当前不能进行远程网络访问。

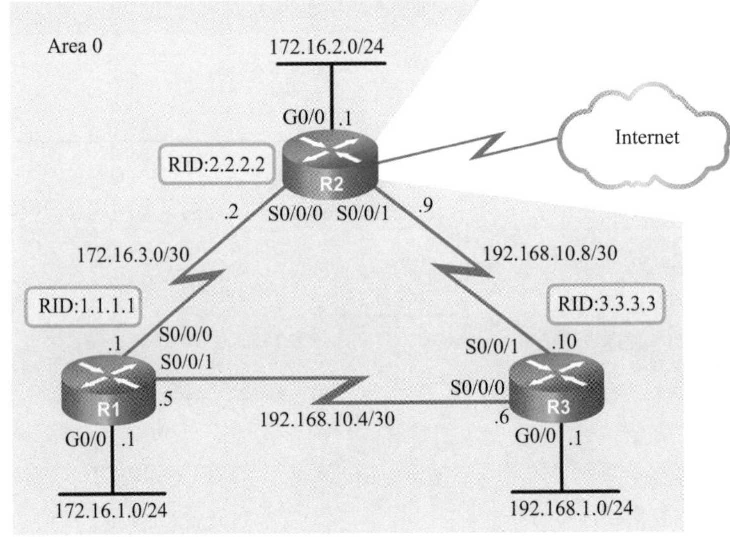

图 1-8-6 配置单区域 OSPFv2 网络示意图

(1)进入 OSPF 路由模式并配置 router-id

```
R1(config)#router ospf 10
R1(config-router)#router-id 1.1.1.1
R1(config-router)#end
```

注意显示的信息，指示必须重新加载路由器或者使用 clear ip ospf process 特权 EXEC 模式命令清除 OSPF 进程才能使设置的 router-id 生效。原因是，R1 已经使用路由器 ID 192.168.10.5 与其他邻居建立了邻接关系。这些邻接关系必须使用新的路由器 ID 1.1.1.1 重新协商。清除 OSPF 进程是重置路由器 ID 的首选方式。

还可以使用环回接口地址作为路由器 ID。环回接口的 IPv4 地址应配置为 32 位子网掩码(255.255.255.255)，这样可以有效地创建主机路由。32 位主机路由不通告为其他 OSPF 路由器的路由。命令如下：

```
R1(config)#interface loopback 0
R1(config-if)#ip address 1.1.1.1 255.255.255.255
R1(config-if)#end
```

(2)在接口上启用 OSPF

```
R1(config)#router ospf 10
R1(config-router)#network 172.16.1.0 0.0.0.255 area 0
```

```
R1(config-router)#network 172.16.3.0 0.0.0.3 area 0
R1(config-router)#network 192.168.10.4 0.0.0.3 area 0
R1(config-router)#
```

network 命令决定了哪些接口参与 OSPF 区域的路由过程。路由器上任何匹配 network 命令中的网络地址的接口都将启用,可发送和接收 OSPF 数据包。因此,OSPF 路由更新中包含接口的网络(或子网)地址。

基本的命令语法是:

```
network network-address wildcard-mask area area-id
```

- network-address wildcard-mask 指网络地址和通配符掩码。确定参与路由过程的接口时,通配符掩码通常是该接口配置的子网掩码的反码。
- area area-id 指 OSPF 区域。当配置单区域 OSPF 时,network 命令必须在所有路由器上配置相同的 area-id 值。尽管可以使用任何区域 ID,但比较好的做法是在单区域 OSPF 中使用区域 ID 0。如果网络以后修改为支持多区域 OSPF,此约定会使其变得更加容易。

在通配符掩码中,掩码为 0 表示匹配地址中对应位的值;而掩码为 1 表示忽略地址中对应位的值。计算通配符掩码最简单的方法是从 255.255.255.255 中减去子网掩码。如:网络地址 172.16.3.0/30 的通配符掩码 0.0.0.3 就可以是用 255.255.255.255 减去子网掩码 255.255.255.252 得出的。

某些 IOS 版本允许输入子网掩码,而不输入通配符掩码。随后,IOS 会将子网掩码转换为通配符掩码格式。

注意:也可以使用 network intf-ip-address 0.0.0.0 area area-id 命令启用 OSPFv2。

如上面的命令也可以改为:

```
R1(config)#router ospf 10
R1(config-router)#network 172.16.1.1 0.0.0.0 area 0
R1(config-router)#network 172.16.3.1 0.0.0.0 area 0
R1(config-router)#network 192.168.10.5 0.0.0.0 area 0
R1(config-router)#
```

为接口 IPv4 地址指定全零通配符掩码,将会告知路由器启用用于路由进程的接口,OSPFv2 进程将通告该接口上的网络(172.16.3.0/30)。指定接口的好处是不需要计算通配符掩码,OSPFv2 使用接口地址和子网掩码确定要通告的网络。

(3)配置被动接口

默认情况下,OSPF 消息通过所有启用 OSPF 的接口转发出去。但是,这些消息实际上仅需要通过连接到其他启用 OSPF 的路由器的接口转发出去。在 LAN 上发送不需要的路由消息会使带宽使用效率、资源使用效率降低并增加安全风险。

```
R1(config)#router ospf 10
R1(config-router)#passive-interface g0/0
R1(config-router)#end
R1#
```

使用 passive-interface 命令会阻止路由消息从指定接口发送出去。但是,从其他接口发出的路由消息中仍将通告指定接口所属的网络。

我们必须知道,被动接口上无法形成邻居邻接关系,这是因为无法发送或确认链路状态数据包。OSPFv2 和 OSPFv3 均支持 passive-interface 命令。

(4)调整 OSPF 接口开销(可选)

微课
OSPF 调整

```
R1(config)#int s0/0/1
R1(config-if)#ip ospf cost 15625
R1(config-if)#end
R1#show int s0/0/1
< 省略输出>
    MTU 1500 bytes, BW 1544 kbit, DLY 20000 usec,
< 省略输出>
R1#show ip ospf interface s0/0/1
    Process ID 10, Router ID 1.1.1.1, Network Type POINT-TO-POINT,
    Cost: 15625
```

可以根据需要调整接口的默认开销,如上面对 R1 的 S0/0/1 接口设置 OSPF 开销为 15 625。

8.2.2 配置单区域 OSPFv3

OSPFv3 相当于交换 IPv6 前缀的 OSPFv2。回想一下,在 IPv6 中,网络地址称为前缀,子网掩码称为前缀长度。表 1-8-2 显示了 OSPFv2 与 OSPFv3 的差异。

表 1-8-2　　OSPFv2 与 OSPFv3 的差异

	OSPFv2	OSPFv3
通告	IPv4 地址	IPv6 前缀
源地址	IPv4 源地址	IPv6 本地链路地址
目的地址	选项: • 邻居 IPv4 单播地址 • 224.0.0.5 all-OSPF-routers 组播地址 • 224.0.0.6 DR/BDR 组播地址	选项: • 邻居 IPv6 单播地址 • FF02::5 all-OSPF-routers 组播地址 • FF02::6 DR/BDR 组播地址
通告网络	使用 network 路由器配置命令配置	使用 ipv6 ospf process-id area area-id 接口命令配置
IP 单播路由	默认情况下启用 IPv4 单播路由	默认情况下不启用 IPv6 单播转发。必须配置 ipv6 unicast-routing 全局命令
身份验证	明文和 MD5	IPv6 身份验证

OSPFv3 的配置和验证命令与 OSPFv2 类似。配置单区域中 OSPFv3 的步骤如下:

第 1 步　启用 IPv6 单播路由:ipv6 unicast-routing。

第 2 步　(可选)配置本地链路地址。

第 3 步　使用 router-id rid 命令在 OSPFv3 路由器配置模式下配置 32 位路由器 ID。

第 4 步　使用特定的可选路由,例如调整参考带宽。

第 5 步　(可选)配置特定于 OSPFv3 接口的设置,如调整接口带宽。

第 6 步　使用 ipv6 ospf area 命令启用 ipv6 路由。

下面以图 1-8-7 中的参考拓扑为例说明 OSPFv3 的配置过程。

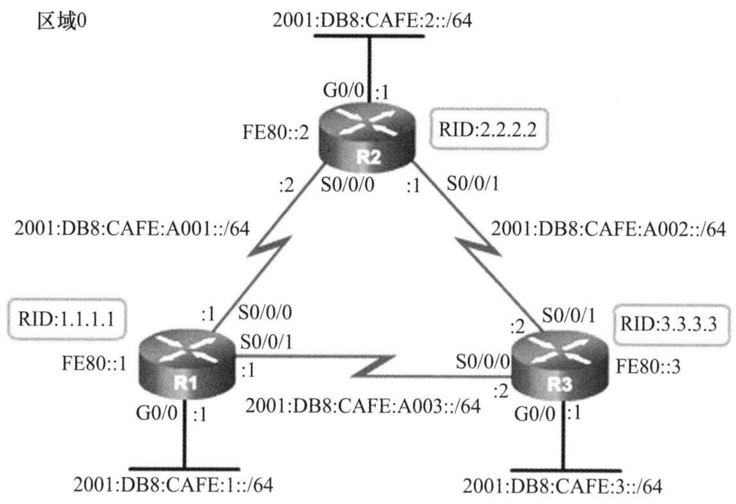

图 1-8-7　配置 OSPFv3 网络参考拓扑

(1)启用 IPv6 单播路由并配置 IPv6 全局单播地址

```
R1(config)#ipv6 unicast-routing
R1(config)#interface g0/0
R1(config-if)#ipv6 address 2001:DB8:CAFE:1::1/64
R1(config-if)#no shutdown
R1(config-if)#interface s0/0/0
R1(config-if)#ipv6 address 2001:DB8:CAFE:A001::1/64
R1(config-if)#clock rate 128000
R1(config-if)#no shutdown
R1(config-if)#interface s0/0/1
R1(config-if)#ipv6 address 2001:DB8:CAFE:A003::1/64
R1(config-if)#no shutdown
R1(config-if)#end
```

以上是 R1 的 IPv6 单播路由和全局单播地址的配置。同样的方法，参考拓扑图中的地址配置 R2 和 R3 的单播路由和 IPv6 全局单播地址。

(2)配置本地链路地址

将 IPv6 全局单播地址分配给接口时，会在接口上自动创建本地链路地址。思科路由器会使用 FE80::/10 前缀和 EUI-64 过程创建本地链路地址。如 R1 的三个接口都使用相同的本地链路地址：

```
R1#show ipv6 interface brief
GigabitEthernet0/0          [up/up]
    FE80::201:64FF:FE57:D801
    2001:DB8:CAFE:1::1
GigabitEthernet0/1          [administratively down/down]
GigabitEthernet0/2          [administratively down/down]
Serial0/0/0                 [up/up]
    FE80::200:CFF:FE51:D01
    2001:DB8:CAFE:A001::1
Serial0/0/1                 [up/up]
```

```
    FE80::200:CFF:FE51:D02
    2001:DB8:CAFE:A003::1
R1#
```

由于 IPv6 路由协议使用 IPv6 本地链路地址进行单播寻址并使用路由表中的下一跳地址信息，因此一般做法是手动配置本地链路地址使得创建的地址便于识别和记忆。配置本地链路地址时需在 ipv6 address 命令后附加 link-local 关键字。本地链路地址的前缀范围为 FE80 到 FEBF。

```
R1(config)#int g0/0
R1(config-if)#ipv6 address fe80::1 link-local
R1(config-if)#int s0/0/0
R1(config-if)#ipv6 address fe80::1 link-local
R1(config-if)#int s0/0/1
R1(config-if)#ipv6 address fe80::1 link-local
R1(config-if)#
```

由于本地有效，因此同一个路由器的多个接口可以配置相同的本地链路地址，如上面 R1 的三个接口配置了相同的本地链路地址 FE80::1。之所以这样，是为了便于记忆。

同样的方法，配置 R2、R3 的本地链路地址分别为 FE80::2 和 FE80::3。

(3)配置 OSPFv3 路由器 ID

```
R1(config)#ipv6 router ospf 10
%OSPFv3 - 4 - NORTRID: OSPFv3 process 10 could not pick a router - id, please
configure manually
R1(config-rtr)#router-id 1.1.1.1
R1(config-rtr)#auto-cost reference-bandwidth 1000
%OSPF: Reference bandwidth is changed.
Please ensure reference bandwidth is consistent across all routers.
R1(config-rtr)#end
R1#clear ipv6 ospf process
Reset ALL OSPF processes? [no]: y
R1#
```

由于网络中存在千兆以太网链路，因此应将参考带宽调整为 1 000 000 000 bps(1 Gb/s)。注意信息控制台消息，路由域内的所有路由器都必须配置此命令。

同 OSPFv2 一样，当 OSPFv3 路由器建立起邻接关系后，新配置的路由器 ID 不生效，除非重新加载路由器或清除 OSPF 进程。使用 clear ipv6 ospf process 特权 EXEC 模式命令是重置路由器 ID 的首选方式。

同样的方法，配置 R2、R3 的 router-id 分别为 2.2.2.2 和 3.3.3.3 并调整参考带宽。

(4)在接口上启用 OSPFv3

```
R1(config)#int g0/0
R1(config-if)#ipv6 ospf 10 area 0
R1(config-if)#interface s0/0/0
R1(config-if)#ipv6 ospf 10 area 0
R1(config-if)#interface s0/0/1
R1(config-if)#ipv6 ospf 10 area 0
```

```
R1(config-if)#end
R1#
```

OSPFv3 不是使用 network 路由器配置模式命令指定匹配的接口地址，而是使用 ipv6 ospf 10 area 0 命令直接在接口上启用。show ipv6 ospf interface brief 命令显示活动的 OSPFv3 接口。

同样的方法，在 R2、R3 上为相关的接口启用 OSPFv3。

(5)检验 OSPFv3

可以使用以下命令来检验 OSPFv3 配置和运行情况：

show ipv6 ospf neighbor：验证该路由器是否已与其相邻路由器建立邻接关系。

show ipv6 protocols：快速检验重要的 OSPFv3 配置信息，其中包括 OSPF 进程 ID、路由器 ID 和启用 OSPFv3 的接口等。

show ipv6 ospf interface：检验 OSPF 接口设置最快捷的方法，此命令为每个启用了 OSPF 的接口提供详细列表。

show ipv6 route ospf：提供有关路由表中 OSPF 路由的具体信息。

【课堂实验】 在单区域中配置 OSPFv2

1. 实验背景

在本课堂实验中，IP 编址已配置。你将负责通过基本单区域 OSPFv2 来配置包含三台路由器的拓扑，然后检验终端设备之间的连接。

2. 实验拓扑(图 1-8-8)

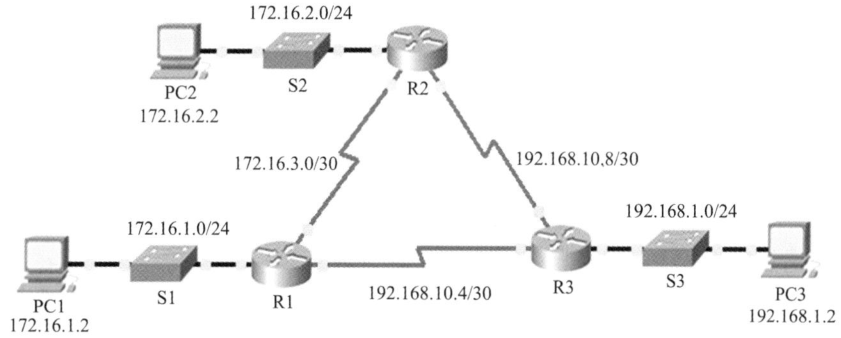

图 1-8-8 在单域配置 OSPFv2 拓扑

3. 地址分配表(表 1-8-3)

表 1-8-3 在单域配置 OSPFv2 地址分配

设备	接口	IP 地址	子网掩码	默认网关
R1	G0/0	172.16.1.1	255.255.255.0	N/A
	S0/0/0	172.16.3.1	255.255.255.252	N/A
	S0/0/1	192.168.10.5	255.255.255.252	N/A
R2	G0/0	172.16.2.1	255.255.255.0	N/A
	S0/0/0	172.16.3.2	255.255.255.252	N/A
	S0/0/1	192.168.10.9	255.255.255.252	N/A

（续表）

设备	接口	IP 地址	子网掩码	默认网关
R3	G0/0	192.168.1.1	255.255.255.0	N/A
	S0/0/0	192.168.10.6	255.255.255.252	N/A
	S0/0/1	192.168.10.10	255.255.255.252	N/A
PC1	NIC	172.16.1.2	255.255.255.0	172.16.1.1
PC2	NIC	172.16.2.2	255.255.255.0	172.16.2.1
PC3	NIC	192.168.1.2	255.255.255.0	192.168.1.1

4. 实验内容

（1）配置 OSPFv2 路由

①根据下列要求在 R1、R2 和 R3 三台路由器上配置 OSPF 路由：

- 进程 ID 10
- 路由器 ID：R1＝1.1.1.1；R2＝2.2.2.2；R3＝3.3.3.3
- 每个接口的网络地址
- LAN 接口设置为被动接口（请勿使用 default 关键字）

②检验 OSPF 路由是否运行正常

现在，在每台路由器上，路由表应具有拓扑中每个网络的路由。

（2）检验配置

每台 PC 都应能 ping 通其他两台 PC。如果不是，检查配置。

总　结

OSPF 是一种无类链路状态路由协议，默认管理距离为 110，在路由表中表示为路由源代码 O。用于 IPv4 的 OSPF 的现行版本为 OSPFv2，用于 IPv6 的 OSPF 版本为 OSPFv3。

OSPF 通过 router ospf process-id 全局配置模式命令启用。process-id 值仅在本地有效，这意味着在路由器之间建立相邻关系时无须匹配该值。

OSPF 中的 network 命令与其他 IGP 路由协议中的 network 命令具有相同的功能，但语法稍有不同。wildcard-mask 值是子网掩码的反码，且 area-id 值应设置为 0。

默认情况下，多路访问和点对点网段上每 10 秒发送一次 OSPF Hello 数据包，NBMA 网段上每 30 秒发送一次（Frame Relay、X.25 或 ATM），并且 OSPF 使用 OSPF Hello 数据包来建立邻接关系。默认情况下 Dead 间隔是 Hello 间隔的四倍。

两台路由器的 Hello 间隔、Dead 间隔、网络类型和子网掩码必须匹配，才能建立相邻关系。使用 show ip ospf neighbors 命令检验 OSPF 邻接关系。

在多路访问网络中，OSPF 选举出一个 DR 充当 LSA 的集散点。如果 DR 发生故障，则由 BDR 承担 DR 的角色。其他所有路由器都称为 DROTHER。所有路由器将各自的 LSA 发送给 DR，然后由 DR 将该 LSA 泛洪给该多路访问网络中的其他所有路由器。

show ip protocols 命令用于检验重要的 OSPF 配置信息，其中包括 OSPF 进程 ID、路由器 ID 和路由器正在通告的网络。

OSPFv3 在接口上启用，而不在路由器配置模式下启用。OSPFv3 需要配置本地链路地址。必须为 OSPFv3 启用 IPv6 单播路由。在接口可以启用 OSPFv3 之前，需要使用 32 位路由器 ID。

综合练习——配置 OSPF 路由

1. 实验背景

在本练习中，我们需要重点练习 OSPFv2 和 OSPFv3 的配置。首先配置所有设备的 IP 地址；然后配置用于网络 IPv4 部分的 OSPFv2 路由，以及用于网络 IPv6 部分的 OSPFv3，一台路由器将同时使用 IPv4 和 IPv6 配置；最后，需要检验配置和测试终端设备之间的连接。

锐捷路由器 OSPF 动态路由协议实训

2. 实验拓扑（图 1-8-9）

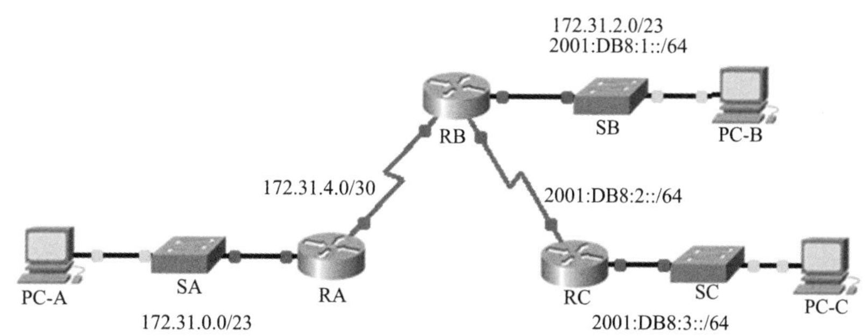

图 1-8-9　配置 OSPF 路由拓扑

3. 地址分配表（表 1-8-4）

表 1-8-4　　配置 OSPF 路由地址分配

<table>
<tr><th rowspan="2">设备</th><th rowspan="2">接口</th><th>IPv4 地址</th><th>子网掩码</th><th rowspan="2">默认网关</th></tr>
<tr><th colspan="2">IPv6 地址/前缀</th></tr>
<tr><td rowspan="2">RA</td><td>G0/0</td><td>172.31.0.1</td><td>255.255.254.0</td><td>未提供</td></tr>
<tr><td>S0/1/0</td><td>172.31.4.1</td><td>255.255.255.252</td><td>未提供</td></tr>
<tr><td rowspan="4">RB</td><td rowspan="2">G0/0</td><td>172.31.2.1</td><td>255.255.254.0</td><td>未提供</td></tr>
<tr><td colspan="2">2001:DB8:1::1/64</td><td>未提供</td></tr>
<tr><td>S0/0/0</td><td>172.31.4.2</td><td>255.255.255.252</td><td>未提供</td></tr>
<tr><td>S0/0/0</td><td colspan="2">2001:DB8:2::1/64</td><td>未提供</td></tr>
<tr><td rowspan="2">RC</td><td>G0/0</td><td colspan="2">2001:DB8:3::1/64</td><td>未提供</td></tr>
<tr><td>S0/0/1</td><td colspan="2">2001:DB8:2::2/64</td><td>未提供</td></tr>
<tr><td>PC-A</td><td>NIC</td><td>172.31.1.254</td><td>255.255.254.0</td><td>172.31.0.1</td></tr>
<tr><td rowspan="2">PC-B</td><td rowspan="2">NIC</td><td>172.31.3.254</td><td>255.255.254.0</td><td>172.31.2.1</td></tr>
<tr><td colspan="2">2001:DB8:1::2/64</td><td>FE80::1</td></tr>
<tr><td>PC-C</td><td>NIC</td><td colspan="2">2001:DB8:3::2/64</td><td>FE80::3</td></tr>
</table>

4. 实验内容

(1)根据下列要求配置 RA 编址和 OSPFv2 路由：

①根据地址分配表进行 IPv4 编址

②进程 ID 1

③路由器 ID 1.1.1.1

④每个接口的网络地址

⑤LAN 接口设置为被动接口(请勿使用 default 关键字)

(2)根据下列要求配置 RB 编址、OSPFv2 路由和 OSPFv3 路由:

①根据地址分配表进行 IPv4 和 IPv6 编址

将 G0/0 本地链路地址设置为 FE80::1。

②OSPFv2 路由要求

- 进程 ID 1
- 路由器 ID 2.2.2.2
- 每个接口的网络地址
- LAN 接口设置为被动接口(请勿使用 default 关键字)

③OSPFv3 路由要求

- 启用 IPv6 路由
- 进程 ID 1
- 路由器 ID 2.2.2.2
- 在每个接口上启用 OSPFv3

(3)根据下列要求配置 RC 编址和 OSPFv3 路由:

①根据地址分配表进行 IPv6 编址

将 GigabitEthernet0/0 本地链路地址设置为 FE80::3。

②OSPFv3 路由要求

- 启用 IPv6 路由
- 进程 ID 1
- 路由器 ID 3.3.3.3
- 在每个接口上启用 OSPFv3

(4)使用相应地址来配置 PC。

①PC-B 和 PC-C 的 IPv6 编址必须使用本地链路 FE80 地址作为默认网关。

②完成地址分配表的记录。

(5)检验配置并测试连接。

①OSPF 邻居应该已建立而且路由表应该是完整的。

②PC-A 和 PC-B 之间的 ping 命令应该会成功。

③PC-B 和 PC-C 之间的 ping 命令应该会成功。

注意:如果 OSPFv3 尚未融合,请使用 show ip ospf interface 命令检查接口状态。有时,需要删除 OSPFv3 进程并重新应用来强制融合。

项目 1-9　DHCP

将 DHCP 服务引入本地网络简化了桌面和移动设备的 IP 地址分配。采用集中式 DHCP 服务器使组织能够从单个服务器管理所有动态 IP 地址分配。此操作使 IP 地址管理更有效，并确保整个组织包括分支机构的一致性。IPv4（DHCPv4）和 IPv6（DHCPv6）均可使用 DHCP。本项目主要介绍 DHCPv4 和 DHCPv6 的功能、配置和故障排除。

学习目标

- 解释中小型企业网络中的 DHCPv4 操作。
- 将路由器配置为 DHCPv4 服务器。
- 将路由器配置为 DHCPv4 客户端。
- 排除交换网络中 IPv4 的 DHCP 配置故障。
- 解释 DHCPv6 的工作原理。
- 配置中小型企业的无状态 DHCPv6。
- 配置中小型企业的有状态 DHCPv6。
- 对交换网络中的 IPv6 DHCP 配置进行故障排除。

晒晒咱的国之重器：北斗卫星导航系统

中国人对于“北斗”的信赖由来已久。北斗星，犹如茫茫苍穹中的一座灯塔，在暗夜中指引方向，于星际间探索未知——也正因此，我国将自主研发的卫星导航系统命名为“北斗”。

2020 年 6 月 23 日 9 时 43 分，北斗三号最后一颗全球组网卫星在西昌卫星发射中心点火升空，约 30 分钟后进入预定轨道。至此，中国北斗工程完成了“三步走”，55 颗导航卫星在浩渺太空“织”出一盘“大棋局”。

如今，北斗系统的规模应用已进入市场化、产业化和国际化发展的关键阶段。“目前，全球一半以上的国家和地区都在使用北斗产品。”北斗卫星导航系统工程总设计师、中国工程院院士杨长风说。

（来源：学习强国）

9.1　动态主机配置协议 v4

9.1.1　DHCPv4 工作原理

DHCP(Dynamic Host Configuration Protocol，动态主机配置协议）是为客户端动态分配 IP 地址的方法。使用 DHCP，服务器能够从预先设置的 IP 地址池里自动给主机分配 IP 地址，它不仅能够保证 IP 地址不重复分配，也能及时回收 IP 地址以提高利用率。DHCP 具有可伸缩性，相对容易管理。DHCPv4 包括三种地址分配机制，以便灵活地分配 IP 地址，本书重点介绍最常用的动态分配。

（1）手动分配

管理员为客户端指定预分配的 IPv4 地址，DHCPv4 只是将该 IPv4 地址传达给设备。

（2）自动分配

DHCPv4 从可用地址池中选择静态 IPv4 地址，自动将它永久性地分配给设备。不存在租期问题，地址是永久性地分配给设备。

（3）动态分配

DHCPv4 动态地从地址池中分配或租出 IPv4 地址，使用期限为服务器选择的一段有限时间，或者直到客户端不再需要该地址为止。

1. DHCP 的工作过程

当客户端与 DHCPv4 服务器通信时，服务器会将 IPv4 地址分配或出租给该客户端。然后客户端使用租用的 IP 地址连接到网络，直到租期届满。客户端必须定期联系 DHCP 服务器以续展租期。其工作过程如图 1-9-1 所示。

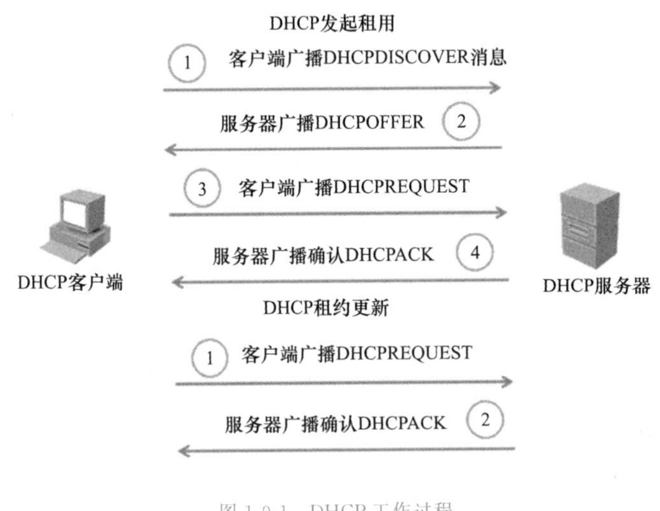

图 1-9-1 DHCP 工作过程

（1）发起租用

①DHCP 发现（DHCPDISCOVER）

DHCP 发现即 DHCPv4 客户端寻找 DHCPv4 服务器的阶段。由于客户端启动时没有有效的 IPv4 信息，因此，它将使用广播方式发送 DHCPDISCOVER 消息。

②DHCP 提供（DHCPOFFER）

DHCP 提供即 DHCPv4 服务器提供 IP 地址的阶段。在网络中，接收到 DHCPDISCOVER 信息的 DHCPv4 服务器都会做出响应，会从尚未分配的 IPv4 地址中选择一个分配给 DHCPv4 客户端，并以客户端的 MAC 地址为目的地址发送一个包含所提供 IPv4 地址的 DHCPOFFER 消息。

③DHCP 请求（DHCPREQUEST）

DHCP 请求即 DHCPv4 客户端选择某台 DHCPv4 服务器提供的 IPv4 地址的阶段。如果有多台 DHCPv4 服务器向客户端发送 DHCPOFFER 信息，则 DHCPv4 客户端只接收第一个收到的 DHCPOFFER，然后以广播的方式回答一条 DHCPREQUEST 信息。该信息中包含它所选定的 DHCPv4 服务器请求 IPv4 地址的内容，之所以广播，是为了通知所有的 DHCPv4 服务器。

④DHCP 确认(DHCPACK)

DHCP 确认即 DHCPv4 服务器确认所提供的 IPv4 地址的阶段。收到 DHCPREQUEST 消息后，服务器使用 ICMP ping 检验该地址的租用信息以确保该地址尚未使用，为客户端租用创建新的 ARP 条目，并以单播 DHCPACK 消息作为回复。

(2)租约更新

①DHCP 请求(DHCPREQUEST)

默认情况下，DHCPv4 客户运行到租约期限的 50%时，会自动向最初提供 IPv4 地址的 DHCPv4 服务器发送 DHCPREQUEST 消息以更新租约。如果在指定的时间内没有收到 DHCPACK，客户端会广播另一个 DHCPREQUEST，以开始一个新的发起租约过程。

②DHCP 确认(DHCPACK)

DHCPv4 服务器收到 DHCPREQUEST 消息后，通过返回一个 DHCPACK 来检验租用信息。

2. DHCPv4 数据包格式

DHCPv4 数据包格式如图 1-9-2 所示，各个字段的含义如下所述。

<table>
<tr><th>8</th><th>16</th><th>24</th><th>32</th></tr>
<tr><td>操作代码(1)</td><td>硬件类型(1)</td><td>硬件地址长度(1)</td><td>跳数(1)</td></tr>
<tr><td colspan="4">事务标识符</td></tr>
<tr><td colspan="2">秒数-2字节</td><td colspan="2">标记-2 字节</td></tr>
<tr><td colspan="4">客户端IP地址(CIADDR)-4 字节</td></tr>
<tr><td colspan="4">你的IP地址(YIADDR)-4 字节</td></tr>
<tr><td colspan="4">服务器IP地址(SIADDR)-4 字节</td></tr>
<tr><td colspan="4">网关IP地址(GIADDR)-4 字节</td></tr>
<tr><td colspan="4">客户端硬件地址(CIADDR)-16 字节</td></tr>
<tr><td colspan="4">服务器名称(SNAME)-64 字节</td></tr>
<tr><td colspan="4">启动文件名-128 字节</td></tr>
<tr><td colspan="4">DHCP 选项-变量</td></tr>
</table>

图 1-9-2　DHCPv4 数据包格式

(1)操作(OP)代码：指定通用消息类型。1 表示请求消息，2 表示回复消息。

(2)硬件类型：确定网络中使用的硬件类型。例如，1 表示以太网，15 表示帧中继，20 表示串行线路。这与 ARP 消息中使用的代码相同。

(3)硬件地址长度：指定地址的长度。

(4)跳数：控制消息的转发。客户端传输请求前将其设置为 0。

(5)事务标识符：客户端使用事务标识符将请求和从 DHCPv4 服务器接收的应答进行匹配。

(6)秒数：确定从客户端开始尝试获取或更新租用以来经过的秒数。当有多个客户端请求未得到处理时，DHCPv4 服务器会使用秒数来排定应答的优先顺序。

(7)标记:发送请求时,不知道自己 IPv4 地址的客户端会使用标记。只使用 16 位中的一位,即广播标记。此字段中的 1 值告诉接收请求的 DHCPv4 服务器或中继代理应将应答作为广播发送。

(8)客户端 IP 地址:当客户端的地址有效且可用时,客户端在租约更新期间(而不是在获取地址的过程中)使用客户端 IP 地址。当且仅当客户端在绑定状态下有一个有效的 IPv4 地址时,该客户端才会将其 IPv4 地址放在此字段中,否则,它会将该字段设置为 0。

(9)你的 IP 地址:服务器使用该地址将 IPv4 地址分配给客户端。

(10)服务器 IP 地址:服务器使用该地址确定在 bootstrap 过程的下一步中客户端应当使用的服务器地址,它既可能是也可能不是发送该应答的服务器。发送服务器始终会把自己的 IPv4 地址放在称作"服务器标识符"的 DHCPv4 选项字段中。

(11)网关 IP 地址:涉及 DHCPv4 中继代理时会路由 DHCPv4 消息。网关地址可以帮助位于不同子网或网络的客户端与服务器之间传输 DHCPv4 请求和 DHCP 回复。

(12)客户端硬件地址:指定客户端的物理层。

(13)服务器名称:由发送 DHCPOFFER 或 DHCPACK 消息的服务器使用。服务器可能选择性地将其名称放在此字段中。这可以是简单的文字别名或 DNS 域名,例如 dhcpserver.netacad.net。

(14)启动文件名:客户端选择性地在 DHCPDISCOVER 消息中使用它来请求特定类型的启动文件。服务器在 DHCPOFFER 中使用它来完整指定启动文件目录和文件名。

(15)DHCP 选项:容纳 DHCP 选项,包括基本 DHCP 运行所需的几个参数。此字段的长度不定。客户端与服务器均可以使用此字段。

9.1.2 配置基本的 DHCPv4 服务器

可以将运行 Cisco IOS 软件的思科路由器配置为 DHCPv4 服务器。下面以图 1-9-3 中的示例拓扑结构说明如何为路由器 R1 配置为包含基本 DHCPv4 参数和 192.168.10.0/24 LAN 的 DHCPv4 服务器。

1. 定义排除 IPv4 地址

通常,将地址池中的某些 IPv4 地址分配给需要静态地址的网络设备,如路由器接口、服务器、打印机等,这些 IPv4 地址不应分配给其他设备。使用 ip dhcp excluded-address 命令定义排除地址。

```
R1(config)#ip dhcp excluded-address 192.168.10.1 192.168.10.9
R1(config)#ip dhcp excluded-address 192.168.10.254
```

2. 配置 DHCPv4 地址池

配置 DHCPv4 服务器包括定义待分配的地址池。ip dhcp pool pool-name 命令创建了一个包含指定名称的池,并将路由器放在 DHCPv4 配置模式中。

```
R1(config)#ip dhcp pool LAN-POOL-1
R1(dhcp-config)#
```

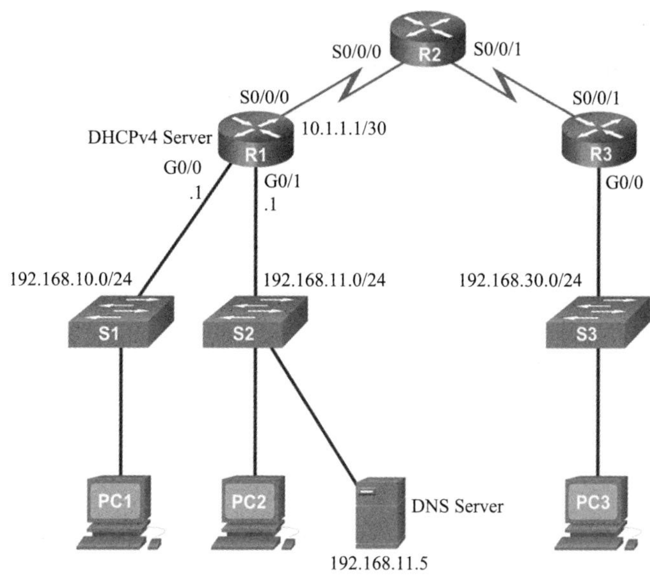

图 1-9-3　配置 DHCPv4 网络拓扑

3. 配置特定任务

完成 DHCPv4 地址池,有些任务可以选择性完成,有些任务则必须完成。

必须配置地址池地址范围和默认网关路由器,使用 network 语句定义可用地址范围;使用 default-router 命令定义默认网关路由器。通常,网关是最接近客户端设备的路由器的 LAN 接口。虽然只需要一个网关,但是如果有多个网关,最多可以列出八个地址。

```
R1(config)#ip dhcp pool LAN-POOL-1
R1(dhcp-config)#network 192.168.10.0 255.255.255.0
R1(dhcp-config)#default-router 192.168.10.1
R1(dhcp-config)#dns-server 192.168.11.5
R1(dhcp-config)#domain-name example.com
R1(dhcp-config)#end
```

其他 DHCPv4 池命令为可选命令。例如,使用 dns-server 命令配置 DHCPv4 客户端可用的 DNS 服务器 IPv4 地址。domain-name domain 命令用于定义域名。使用 lease 命令可以更改 DHCPv4 租期,默认租用值为一天。netbios-name-server 命令用于定义 NetBIOS WINS 服务器。

※小知识

如何禁用 DHCPv4

在支持 DHCPv4 服务的各版本 Cisco IOS 软件上默认启用 DHCP 服务。要禁用此服务,请使用 no service dhcp 全局配置模式命令。使用 service dhcp 全局配置模式命令可重新启用 DHCPv4 服务过程。如果没有配置参数,启用服务将不会有效果。

4. 检验 DHCPv4 配置

可以使用 show running-config|section dhcp 命令输出显示配置在 R1 上的 DHCPv4 命令。section 参数只显示了与 DHCPv4 配置相关联的命令，如下：

```
R1# show running-config | section dhcp
ip dhcp excluded-address 192.168.10.1 192.168.10.9
ip dhcp excluded-address 192.168.10.254
ip dhcp pool LAN-POOL-1
network 192.168.10.0 255.255.255.0
default-router 192.168.10.1
domain-name example.com
dns-server 192.168.11.5
R1#
```

使用 show ip dhcp binding 命令可检验 DHCPv4 的运行。

5. 配置 DHCPv4 中继

在复杂的分层网络中，企业服务器通常位于服务器群中，这些服务器可为网络提供 DHCP、DNS、TFTP 和 FTP 服务。网络客户端通常与这些服务器不处在同一子网上。为了定位服务器并接收服务，需要配置 DHCPv4 中继代理。如图 1-9-4 中 R2 已配置为 DHCPv4 服务器，如果要 R1 能够转发客户端 PC 的 DHCPv4 广播请求到 R2，必须在接收广播的 R1 上的接口上配置 ip helper-address，将 DHCPv4 服务器的地址配置为唯一参数。

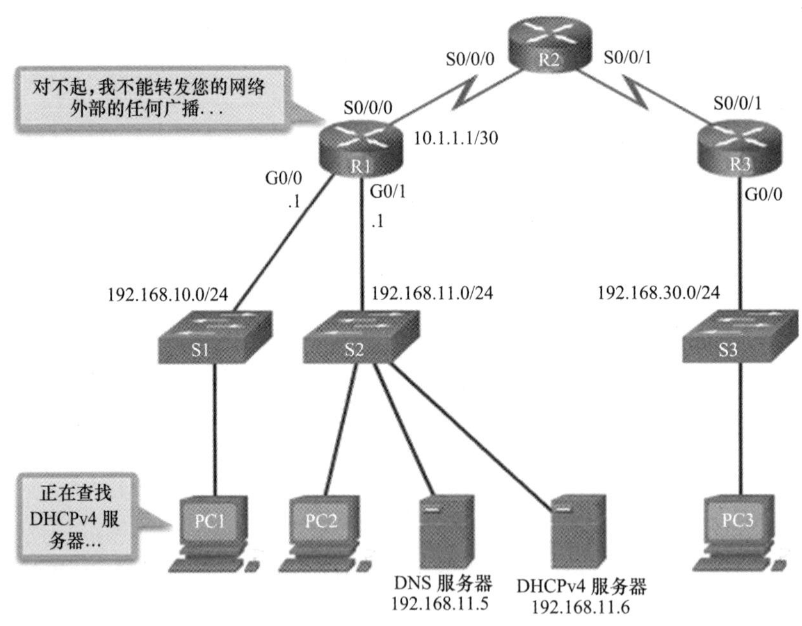

图 1-9-4　配置 DHCPv4 中继代理

```
R1(config)# int g0/0
R1(config-if)# ip helper-address 192.168.11.6
```

当 R1 配置为 DHCPv4 中继代理时，它会接收 DHCPv4 服务的广播请求，然后将这些请求作为单播转发至 IPv4 地址 192.168.11.6。show ip interface 命令用于检验此配置。

9.1.3　将路由器配置为 DHCPv4 客户端

锐捷交换机 DHCP 实训

有时，必须将小型办公室/家庭办公室(SOHO)中的 Cisco 路由器和分支站点以与客户端计算机类似的方式配置为 DHCPv4 客户端，所用方法取决于 ISP。但是，最简单的配置是使用以太网接口来连接电缆或 DSL 调制解调器。要将以太网接口配置为 DHCP 客户端，请使用 ip address dhcp 接口配置模式命令。

在图 1-9-5 中，假设已将 ISP 配置为可为选定客户提供 209.165.201.0/27 网络范围内的 IP 地址。在 SOHO 路由器的 G0/1 接口配置了 ip address dhcp 命令后，show ip interface g0/1 命令确认该接口处于活动状态，且地址由 DHCPv4 服务器分配。

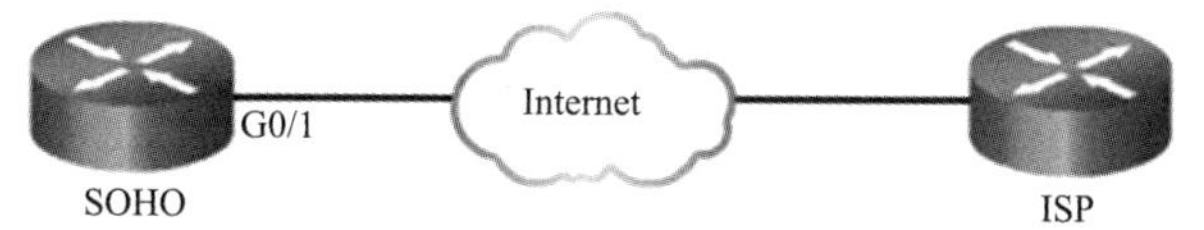

图 1-9-5　将路由器配置为 DHCPv4 客户端

```
SOHO(config)#int g0/1
  SOHO(config-if)#ip address dhcp
  SOHO(config-if)#no shut
  SOHO(config-if)#end
  SOHO#show ip interface g0/1
  GigabitEthernet0/1 is up, line protocol is down (disabled)
    Internet address is 209.165.201.12/27
    Broadcast address is 255.255.255.255
    Address determined by DHCP
  SOHO#
```

【课堂实验】　使用 Cisco IOS 配置 DHCP

1. 实验背景

在网络建设中，专用的 DHCP 服务器可进行扩展，相对容易管理，但是在网络中的每个位置都部署一个成本可能会很昂贵。可将思科路由器配置为提供 DHCP 服务的服务器，从而无须专用服务器。本课堂实验中，需要将思科路由器配置为 DHCP 服务器，以向网络中的客户端动态分配地址，还需要将边缘路由器配置为 DHCP 客户端，使其能从 ISP 网络接收 IP 地址。

2. 实验拓扑(图 1-9-6)

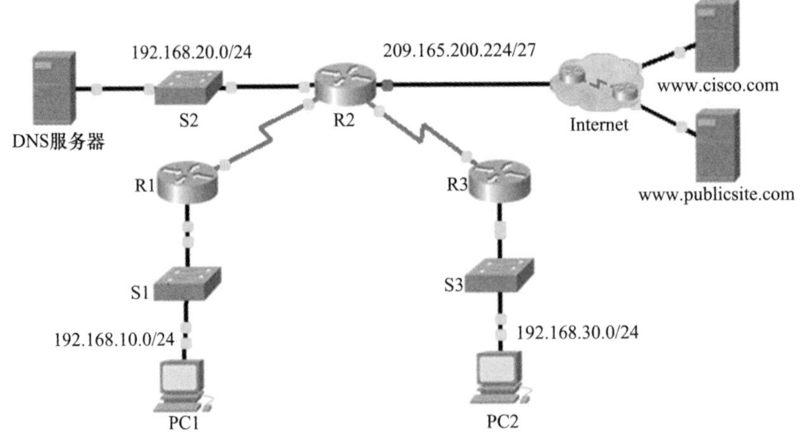

图 1-9-6 配置 DHCP 拓扑

3. 地址分配表(表 1-9-1)

表 1-9-1 **配置 DHCP 地址分配**

设备	接口	IPv4 地址	子网掩码	默认网关
R1	G0/0	192.168.10.1	255.255.255.0	未提供
	S0/0/0	10.1.1.1	255.255.255.252	未提供
R2	G0/0	192.168.20.1	255.255.255.0	未提供
	G0/1	DHCP 分配	DHCP 分配	未提供
	S0/0/0	10.1.1.2	255.255.255.252	未提供
	S0/0/1	10.2.2.2	255.255.255.252	未提供
R3	G0/0	192.168.30.1	255.255.255.0	未提供
	S0/0/1	10.2.2.1	255.255.255.0	未提供
PC1	网卡	DHCP 分配	DHCP 分配	DHCP 分配
PC2	网卡	DHCP 分配	DHCP 分配	DHCP 分配
DNS 服务器	网卡	192.168.20.254	255.255.255.0	192.168.20.1

4. 实验内容

(1)将路由器 R2 配置为 DHCP 服务器

- 排除 R1 和 R3 LAN 中的前 10 个地址,其他地址应显示在 DHCP 地址池中。
- 分别创建 R1 LAN 和 R3 LAN 的 DHCP 地址池:指定名为 R1-LAN 和名为 R3-LAN 地址池的网络地址、默认网关和 DNS 服务器 IP。

(2)配置 DHCP 中继

将 R1 和 R3 配置为 DHCP 中继代理。

(3)配置 DHCP 客户端

将路由器 R2 的 G0/1 接口配置为 DHCP 客户端,并配置 PC1、PC2 为 DHCP 客户端。

(4)检验 DHCP 和连接

- 使用 R2#show ip dhcp binding 命令。
- 检验 PC1 和 PC2 现在能否互相执行 ping 操作并对所有其他设备执行 ping 操作。

9.2 动态主机配置协议 v6

9.2.1 SLAAC 和有状态 DHCPv6

与 IPv4 类似，可以手动或动态配置 IPv6 全局单播地址。但是，动态分配 IPv6 全局单播地址有两种方法：无状态地址自动配置（SLAAC）和 IPv6 的动态主机配置协议（有状态 DHCPv6）。

1. SLAAC

SLAAC 是一种可以在没有 DHCPv6 服务器服务的情况下获取 IPv6 全局单播地址的方法，核心是 ICMPv6。SLAAC 使用 ICMPv6 路由器请求消息和路由器通告消息提供通常由 DHCP 服务器提供的寻址和其他配置信息，如图 1-9-7 所示。

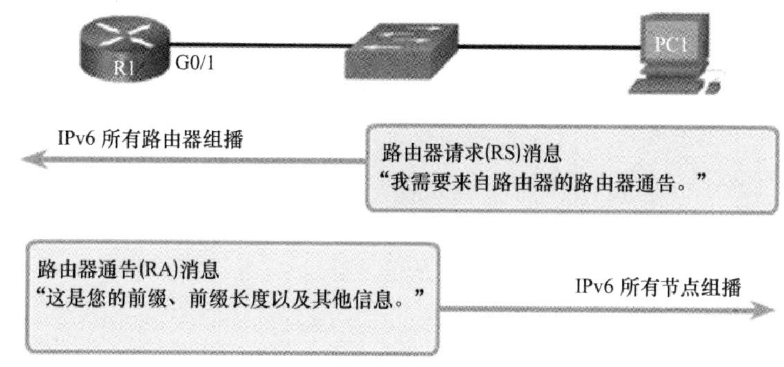

图 1-9-7　SLAAC

（1）路由器请求（RS）消息

当配置客户端以使用 SLAAC 自动获取其寻址信息时，该客户端会将 RS 消息发送至路由器。将 RS 信息发送至 IPv6 所有路由器组播地址 FF02::2。

（2）路由器通告（RA）消息

路由器发送 RA 消息来提供所配置客户端的寻址信息，以自动获取其 IPv6 地址。RA 消息包括本地数据段的前缀和前缀长度。客户端使用此信息创建自己的 IPv6 全局单播地址。路由器定期发送 RA 消息或响应 RS 消息。默认情况下，思科路由器每隔 200 s 发送一次 RA 消息。始终将 RA 消息发送到 IPv6 所有节点组播地址 FF02::1。

2. 有状态 DHCPv6（仅 DHCPv6）

有状态 DHCPv6 与 DHCPv4 非常类似：客户端将 DHCPv6 REQUEST 消息发送到服务器以获取服务器的 IPv6 地址和所有其他配置参数。之所以称为有状态 DHCPv6，是因为 DHCPv6 服务器维护 IPv6 状态信息，这与分配 IPv4 地址的 DHCPv4 服务器类似。下面简要说明无状态 DHCPv6（SLAAC）的配置。

9.2.2 SLAAC 配置

下面以图 1-9-8 拓扑图中的路由器为例说明如何配置无状态 DHCPv6 服务器及 DHCPv6 客户端。请注意，这里将路由器 R3 作为 DHCPv6 客户端以检验 DHCPv6 的运行。

图 1-9-8 无状态 DHCPv6 配置拓扑

将路由器配置为无状态 DHCPv6 服务器需要四个步骤，命令如下：

```
R1(config)#ipv6 unicast-routing
R1(config)#ipv6 dhcp pool IPV6-STATELESS
R1(config-dhcpv6)#dns-server 2001:db8:cafe:aaaa::5
R1(config-dhcpv6)#domain-name example.com
R1(config-dhcpv6)#exit
R1(config)#interface g0/0
R1(config-if)#ipv6 address 2001:db8:cafe:1::1/64
R1(config-if)#ipv6 dhcp server IPV6-STATELESS
R1(config-if)#ipv6 nd other-config-flag
```

(1)使用 ipv6 unicast-routing 命令启用 IPv6 路由，该命令并不是必需的。

(2)使用 ipv6 dhcp pool pool-name 命令配置 DHCPv6 地址池。

(3)配置地址池参数：如默认网关信息、DNS 服务器地址和域名等。

(4)配置 DHCPv6 接口：将 DHCPv6 地址池绑定在接口上，并使用命令 ipv6 nd other-config-flag 将 O 标记从 0 更改为 1 以确定此接口使用无状态 DHCPv6。

无状态 DHCPv6 客户端通常是一种设备，例如计算机、平板电脑、移动设备或网络摄像机。将 Cisco 路由器用作无状态 DHCPv6 客户端不是典型场景，仅供说明，配置命令如下：

```
R3(config)#interface g0/1
R3(config-if)#ipv6 enable
R3(config-if)#ipv6 address autoconfig
R3(config-if)#
```

在无状态 DHCPv6 服务器上，使用 show ipv6 dhcp pool 命令可以验证 DHCPv6 地址池及其参数的名称。因为没有正处于服务器维护下的状态，所以处于活动状态的客户端数量为 0。

```
R1# show ipv6 dhcp pool
DHCPv6 pool: IPV6-STATELESS
    DNS server: 2001:DB8:CAFE:AAAA::5
    Domain name: example.com
```

另外,show running-config 命令也可用于检验以前配置的所有命令。

总　结

DHCPv4 包括三种地址分配机制,以便灵活地分配 IP 地址:手动分配、自动分配和动态分配,动态分配是最常用的 DHCPv4 机制。DHCPv4 发起租用由四个过程组成:DHCP 发现、DHCP 提供、DHCP 请求和 DHCP 确认;而租约更新操作仅包括 DHCP 请求和 DHCP 确认过程。DHCPv4 服务器的配置主要包括定义排除地址、定义地址池、配置地址池相关参数以及中继配置等。如果 DHCP 服务器所在的网段不同于 DHCP 客户端,那么就有必要配置中继代理。中继代理将源自 LAN 数据段的特定广播消息转发至位于不同 LAN 数据段的指定服务器。

有两种方法可用于 IPv6 全局单播地址的动态配置:无状态地址自动配置 SLAAC 和有状态 DHCPv6。客户端使用无状态地址自动配置和 IPv6 RA 消息提供的信息自动选择和配置唯一的 IPv6 地址;有状态 DHCPv6 与 DHCPv4 类似,所有寻址信息和配置信息都从有状态 DHCPv6 服务器获取。

综合练习——配置 DHCP

1. 实验背景

在此综合练习中,我们将配置 VLAN、中继、DHCP Easy IP、DHCP 中继代理,并将路由器配置为 DHCP 客户端。

2. 实验拓扑(图 1-9-9)

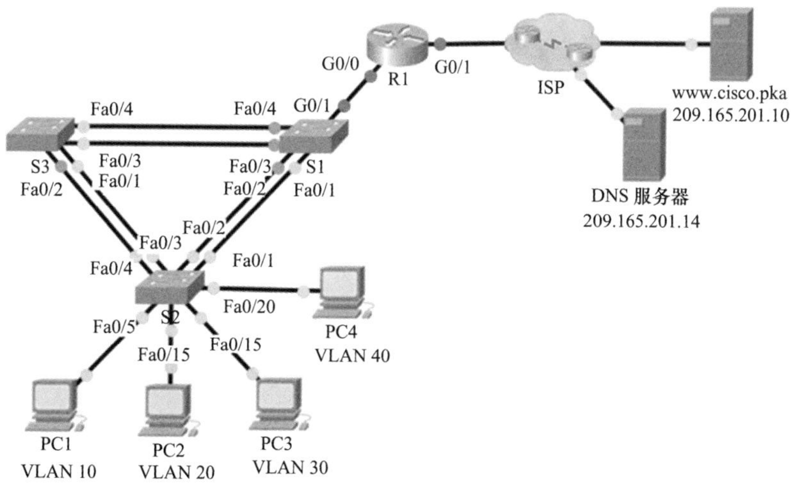

图 1-9-9　配置 DHCP 综合练习拓扑

3. 地址分配表(表 1-9-2)

表 1-9-2　　配置 DHCP 综合练习地址分配

设备	接口	IPv4 地址	子网掩码	默认网关
R1	G0/0.10	172.31.10.1	255.255.255.224	未提供
	G0/0.20	172.31.20.1	255.255.255.240	未提供
	G0/0.30	172.31.30.1	255.255.255.128	未提供
	G0/0.40	172.31.40.1	255.255.255.192	未提供
	G0/1	DHCP 分配	DHCP 分配	未提供
PC1	网卡	DHCP 分配	DHCP 分配	DHCP 分配
PC2	网卡	DHCP 分配	DHCP 分配	DHCP 分配
PC3	网卡	DHCP 分配	DHCP 分配	DHCP 分配
PC4	网卡	DHCP 分配	DHCP 分配	DHCP 分配

VLAN 端口分配和 DHCP 信息见表 1-9-3。

表 1-9-3　　VLAN 端口分配和 DHCP 信息

端口	VLAN 编号-名称	DHCP 池名称	网络
Fa0/5～Fa0/9	VLAN 10-销售部门	VLAN 10	172.31.10.0/27
Fa0/10～Fa0/14	VLAN 20-生产部门	VLAN 20	172.31.20.0/28
Fa0/15～Fa0/19	VLAN 30-营销部门	VLAN 30	172.31.30.0/25
Fa0/20～Fa0/24	VLAN 40-人力资源部门	VLAN 40	172.31.40.0/26

4. 实验内容

使用表 1-9-2 和表 1-9-3 中的信息完成以下要求的配置：

(1)在 S2 上创建 VLAN 并将 VLAN 分配到相应端口。名称区分大小写。

(2)配置 S2 的端口以进行中继。

(3)将 S2 上的所有非 TRUNK 端口配置为接入端口。

(4)将 R1 配置为在 VLAN 之间路由。子接口名称应与 VLAN 编号匹配。

(5)配置 R1,使其充当与 S2 连接的 VLAN 的 DHCP 服务器。

- 为每个 VLAN 创建 DHCP 地址池。名称区分大小写。
- 将相应地址分配给每个地址池。
- 配置 DHCP 以提供默认网关地址
- 为每个地址池配置 DNS 服务器 209.165.201.14。
- 防止将每个池中的前 10 个地址分配给终端设备。

(6)检验各台 PC 是否自动从正确的 DHCP 池获得了地址。

(7)将 R1 配置为 DHCP 客户端,使其能从 ISP 网络接收 IP 地址。

(8)检验所有设备现在能否互相执行 ping 操作并对 www.cisco.pka 执行 ping 操作。

项目 1-10　访问控制列表

伴随大规模开放式网络的开发，网络面临的威胁越来越多。网络安全成为网络管理员最为头疼的问题。一方面，为了业务的发展，必须允许对网络资源的开放式访问；另一方面，又必须确保数据和资源尽可能安全。配置 ACL 的主要目的是增加网络安全性。本项目主要介绍如何在思科设备的安全解决方案中使用标准和扩展 ACL。其中包含 ACL 的使用技巧、注意事项、建议和一般指导原则。

学习目标

- 明确 ACL 的用途及如何使用 ACL 来过滤流量。
- 明确标准和扩展 IPv4 ACL 的特点。
- 理解 ACL 如何使用通配符掩码并能计算通配符掩码。
- 熟悉 ACL 应用规则。
- 能配置标准 IPv4 ACL 过滤流量。
- 能配置标准 IPv4 ACL 来保护 VTY 访问。
- 能使用序列号修改标准 IPv4 ACL。
- 能配置扩展 IPv4 ACL 过滤流量。
- 明确 IPv4 和 IPv6 ACL 的异同。

晒晒咱的国之重器：洞悉宇宙的“中国天眼”

身在洼地，却能捕捉遥远星系的极微弱信号。这是怎么做到的？

这，就是我国 500 米口径球面射电望远镜——“中国天眼”(FAST)的过人之处！

它是世界最大单口径射电天文望远镜，目之所及，即“光年之外”；“功力”强大，洞悉深暗宇宙。

科技创新离不开国际合作和开放共享。“中国天眼”在建设之初，即确立了按照国际惯例逐步开放的原则。从 2021 年 3 月 31 日向全球科学家开放观察申请至今，“中国天眼”已收到全球共 7216 小时的观测申请，最终，14 个国家(不含中国)的 27 份国际项目获得批准，并于 2021 年 8 月启动。洞悉宇宙，全人类将借助“中国天眼”，获得更广阔的视野。

(来源：学习强国)

10.1 IP ACL 的工作原理

10.1.1 ACL 的用途

ACL 的工作原理

ACL(Access Control List,访问控制列表)是一系列 IOS 命令,根据数据包报头中的信息(源地址、目的地址、源端口、目的端口和协议等)来控制路由器应该转发还是丢弃数据包,从而达到访问控制的目的。ACL 是 Cisco IOS 软件中最常用的功能之一。配置后,ACL 将执行以下任务:

(1)限制网络流量以提高网络性能。例如,如果公司政策不允许在网络中传输视频流量,那么就应该配置和应用 ACL 以阻止视频流量。

(2)提供流量控制。ACL 可以限制路由更新的传输,如果网络状况不需要更新,便可从中节约带宽。

(3)提供基本的网络访问安全性。ACL 可以允许一台主机访问部分网络,同时阻止其他主机访问同一区域,例如,"人力资源"网络仅限授权用户进行访问。

(4)根据流量类型过滤流量。例如,ACL 可以允许电子邮件流量,但阻止所有 Telnet 流量。

(5)屏蔽主机以允许或拒绝对网络服务的访问。ACL 可以允许或拒绝用户访问特定文件类型,例如 FTP 或 HTTP。

默认情况下,路由器并未配置 ACL,因此,路由器不会默认过滤流量。传输到路由器的流量根据路由表中的信息独立路由,但是,当 ACL 应用于接口时,路由器会在网络数据包通过接口时执行 ACL 检查,以确定是否可以转发数据包。

10.1.2 标准和扩展 IPv4 ACL

Cisco IPv4 ACL 有两种类型:标准 IPv4 ACL 和扩展 IPv4 ACL。IPv6 ACL 类似于 IPv4 扩展 ACL,IPv4 将在后面讨论。

1. 标准 IPv4 ACL

标准 IPv4 ACL 最简单,通过使用 IP 包中的源 IPv4 地址进行流量过滤,不涉及数据包的目的地址和端口,表号范围为 1~99 或 1 300~1 999。

2. 扩展 IPv4 ACL

扩展 IPv4 ACL 功能更加强大和细化,可以根据协议类型、源 IPv4 地址、目的 IPv4 地址、源 TCP 或 UDP 端口、目的 TCP 或 UDP 端口、可选协议类型信息等多种属性过滤 IPv4 数据包,表号范围为 100~199 或 2 000~2 999。

编号 ACL 适用于在具有较多类似流量的小型网络中定义 ACL 类型。但是,编号不会提供有关 ACL 作用的信息,因此,从 Cisco IOS 11.2 版开始,可以使用命名 ACL。命名 ACL 也包括标准和扩展两种。

10.1.3 IPv4 ACL 中的通配符掩码

通配符掩码是由 32 个二进制数字组成的字符串，运行 IPv4 ACL 的路由器使用它来检查地址的匹配情况。通配符掩码通常也称为反码，原因在于通配符掩码与子网掩码的工作方式相反，子网掩码采用二进制 1 表示匹配，二进制 0 表示不匹配；通配符掩码则刚好相反，0 表示匹配地址中对应位的值，而 1 表示忽略地址中对应位的值，见表 1-10-1。

表 1-10-1 通配符掩码过滤 IP 地址

	十进制地址	二进制地址
要处理的 IP	192.168.10.0	11000000.10101000.00001010.00000000
通配符掩码	0.0.255.255	00000000.00000000.11111111.11111111
结果 IP	192.168.0.0	11000000.10101000.00000000.00000000

1. 两个特殊的通配符掩码关键字

有两个比较特殊的通配符掩码，分别是关键字 host 和 any：

host 可替代 0.0.0.0 掩码，表示必须匹配所有 IPv4 地址位，即仅匹配一台主机。

any 等同于 255.255.255.255 掩码，表示忽略整个 IPv4 地址，匹配任何 IPv4 地址。

如下面的两个 ACL 语句与下面的写法效果是一样的：

```
R1(config)#access-list 10 permit host 192.168.10.1
R1(config)#access-list 10 permit any
R1(config)#access-list 10 permit 192.168.10.1 0.0.0.0
R1(config)#access-list 10 permit 0.0.0.0 255.255.255.255
```

2. 通配符掩码的计算

计算通配符掩码的一个简便方法是从 255.255.255.255 中减去子网掩码。

(1)示例 1：允许 192.168.3.0 网络中的所有用户进行访问

因其子网掩码是 255.255.255.0，从 255.255.255.255 中减去子网掩码 255.255.255.0，得到的通配符掩码为 0.0.0.255。

(2)示例 2：允许子网 192.168.3.32/28 中的所有用户访问网络

IP 子网的子网掩码是 255.255.255.240，因此从 255.255.255.255 中减去子网掩码 255.255.255.240，得到的通配符掩码为 0.0.0.15。

(3)示例 3：只匹配网络 192.168.10.0/24 和 192.168.11.0/24

通过使用正确的通配符掩码，可将前面的两个地址包含进来，从而用一条语句实现 ACL，上述两个地址的汇总地址是 192.168.10.0/23，从 255.255.255.255 中减去对应的子网掩码 255.255.254.0，得到的通配符掩码为 0.0.1.255。

注意：不同于 IPv4 ACL，IPv6 ACL 不使用通配符掩码，它使用前缀长度来表示应匹配的 IPv6 源地址或目的地址数量。IPv6 ACL 将在本项目后续部分讨论。

10.1.4 ACL的应用规则

由于ACL涉及的配置命令很灵活，功能也很强大，因此在使用ACL时务必小心谨慎、关注细节。一旦犯错可能导致代价极高的后果，所以应该掌握应用ACL的一些重要规则。

(1)自上而下的处理方式

ACL表项的检查按自上而下的顺序进行，并且从第一个表项开始，最后默认为deny any。一旦匹配某一条件，就停止检查后续的表项，所以必须考虑ACL语句配置的先后次序。

(2)尾部添加表项原则

新的表项在不指定序号的情况下，默认被调到ACL的末尾。

(3)ACL放置位置

尽量考虑将扩展ACL放在靠近数据包源的位置，保证尽早丢弃被拒绝的数据包，避免浪费网络带宽；另外，尽量使标准ACL放在靠近目的地址的位置，因为标准ACL只根据源地址进行过滤，如果使其靠近源地址会组织数据包流向其他端口。

(4)先具体后一般原则

可以针对IP、ICMP、TCP或UDP定义ACL语句，由于IP协议中包含ICMP、TCP和UDP，所以在包含多个表项的ACL中，应将更为具体的表项(如ICMP、TCP或UDP)放在一般性(如IP)的表项前面。

(5)3P原则

可以为每种协议(如IPv4和IPv6)、每个方向(in和out)、每个接口配置一个ACL。

(6)入站ACL和出站ACL

当在接口上应用ACL时，用户要指明ACL是应用于入站还是出站方向。入站ACL在数据包被允许后，路由器才会进行路由工作，如果数据包被丢弃，则节省了执行路由查找的开销；出站ACL在传入数据包被路由到出站接口后，才由出站ACL进行处理。

1. ACL应用范例1

如图1-10-1所示，管理员希望阻止源自192.168.10.0/24网络的流量到达192.168.30.0/24网络。

如果使用标准ACL，则应将其应用在R3的G0/0接口的out方向上，而不能应用在R3的S0/0/1接口的in方向，否则会影响192.168.10.0/24到192.168.31.0/24的正常流量。

2. ACL应用范例2

如图1-10-2所示，管理员希望拒绝来自公司A的.11网络的Telnet和FTP流量发送到公司B的192.168.30.0/24(本例中称为.30)网络中。同时，必须允许来自.11网络的所有其他流量无限制地传出公司A。

一个比较好的解决方案是使用扩展ACL，在靠近数据包源的位置即R1的G0/1接口的in方向上放置扩展ACL，并执行规则“来自.11网络的Telnet和FTP流量不允许发往.30网络。”而如果在R1的S0/0/0接口的out方向放置扩展ACL，所有通过S0/0/0的流量都必须经过ACL的处理，包括来自192.168.10.0/24的数据包。

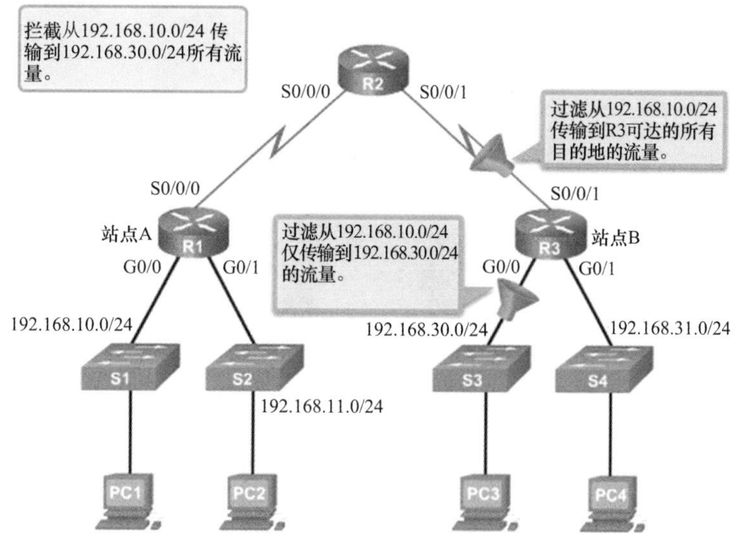

图 1-10-1　ACL 应用范例 1

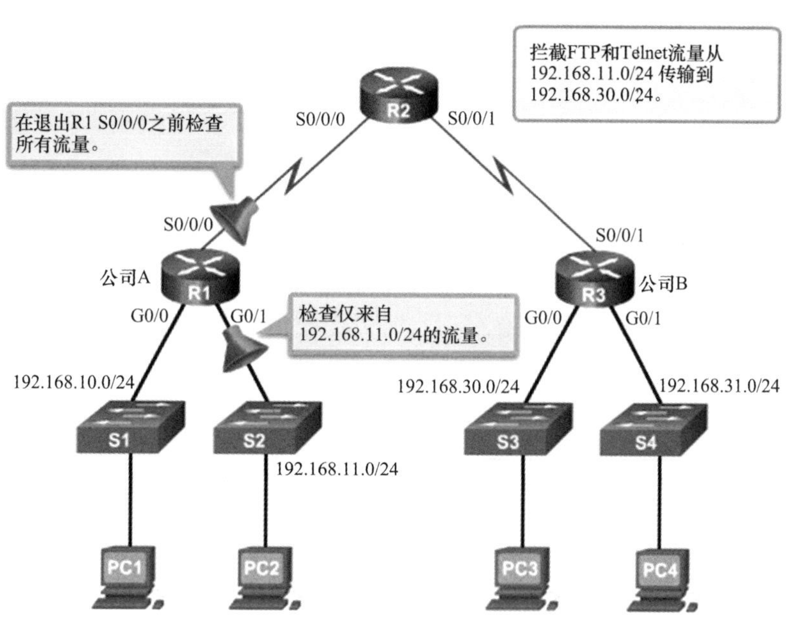

图 1-10-2　ACL 应用范例 2

10.2　标准 IPv4 ACL

10.2.1　配置标准 IPv4 ACL

1. 配置标准编号 ACL

要在思科路由器上使用标准编号 ACL，必须先创建，然后在接口上应用。下面以图 1-10-3 中的网络为例来说明标准编号 IPv4 ACL 的配置。要实现的功能是：允许主机 192.168.10.10

和网络 192.168.11.0/24 访问 R1 串口所连外网。

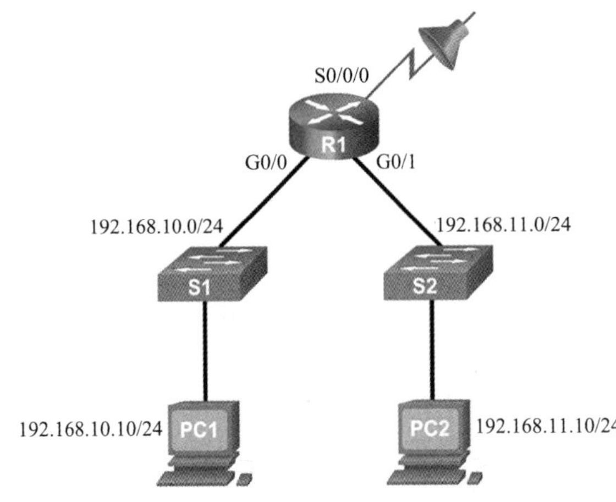

图 1-10-3 配置标准编号 ACL

(1)创建标准编号 ACL

全局命令 access-list 用来定义标准编号 ACL,语法格式如下,详细的参数说明见表 1-10-2。

```
access-list access-list-number {deny|permit} source [source-wildcard] [log]
```

表 1-10-2 标准编号 ACL 命令参数说明

参数	参数说明
access-list-number	标准编号 ACL 号码,是一个从 1～99 或 1 300～1 999 的数字
deny	如果满足测试条件,则拒绝访问
permit	如果满足测试条件,则允许访问
source	源地址,可以是网络地址或是主机 IP 地址
source-wildcard	通配符掩码,又称反掩码,用来跟源地址一起决定哪些位需要匹配
log	生成相应的日志消息,用来记录经过 ACL 入口的数据包的情况

定义 ACL 10 以允许主机 192.168.10.10 和网络 192.168.11.0/24 访问的语句如下:

```
R1(config)#access-list 10 remark Permit access from PC1 and 192.168.11.0 LAN
R1(config)#access-list 10 permit host 192.168.10.10
R1(config)#access-list 10 permit 192.168.11.0 0.0.0.255
```

如果要删除 ACL,可使用全局配置命令 no access-list,然后发出 show access-list 命令确认访问列表 10 是否已删除。

remark 关键字用于注释,记录相关信息,使访问列表更易于理解,每条注释限制在 100 个字符以内。当使用 show running-config 命令查看配置中的 ACL 时,注释也会显示。

(2)将标准 ACL 应用于接口

可以用 ip access-group 命令将 ACL 应用到具体的接口上以控制通过接口的流量,语法格式为:

```
ip access-group access-list-number { in | out }
```

本例中应将标准 ACL 应用在靠近目的的位置,即 R1 的 S0/0/0 的 out 方向上,如下:

```
R1(config)#interface s0/0/0
R1(config-if)#ip access-group 10 out
```

要从接口上删除 ACL，首先在接口上输入 no ip access-group 命令，然后输入全局命令 no access-list 删除整个 ACL。

(3)编辑标准编号 ACL

当配置标准 ACL 时，语句会添加到运行配置中。但是，IOS 没有内置编辑功能可供用户在 ACL 中进行编辑。有两种方法可用于编辑标准编号 ACL。

- 方法 1：使用文本编辑器

可以在编辑器中创建或编辑 ACL，然后将其粘贴到路由器中；对于现有的 ACL，可以使用 show running-config 命令显示 ACL，将其复制并粘贴到文本编辑器中，进行必要的更改并重新粘贴到路由器中。

- 方法 2：使用序列号

假设某 ACL 1 的初始配置包括主机 192.168.10.99 的一条 host 语句，此配置有误，应当将该主机配置为 192.168.10.10。可以按照以下步骤，使用序列号编辑 ACL：

第 1 步　使用 show access-lists 1 命令显示当前 ACL。

```
R1#show access-lists 1
Standard IP access list 1
    deny host 192.168.10.99
    permit 192.168.0.0 0.0.255.255
R1#
```

序列号在每条语句的开头显示。在输入访问列表语句时，会自动分配序列号。注意，配置有误的语句，其序列号为 10。

第 2 步　输入用于配置标准编号 ACL 的 ip access-list standard 命令。

```
R1#config t
R1(config)#ip access-list standard 1
R1(config-std-nacl)#10 deny host 192.168.10.10
R1(config-std-nacl)# end
```

将 ACL 的编号 1 用作 ACL 的名称。首先，需要使用 no 10 命令(其中 10 为序列号)删除配置有误的语句。然后，使用命令 10 deny host 192.168.10.10 添加一条新的序列号为 10 的语句。

注意：使用与现有语句相同的序列号并不能覆盖语句，必须先删除当前语句，然后才能添加新语句。

第 3 步　使用 show access-lists 命令验证更改。

```
R1#show access-lists 1
Standard IP access list 1
    deny host 192.168.10.10
    permit 192.168.0.0 0.0.255.255
R1#
```

show ip interface 命令用于验证接口上的 ACL。此命令的输出包括访问控制列表的编号或名称以及应用 ACL 的方向。

2. 创建标准命名 ACL

命名 ACL 让人更容易理解其作用，例如，可以将配置为拒绝 FTP 的 ACL 命名为 NO_FTP。当使用名称而不是编号来标识 ACL 时，配置模式和命令语法略有不同。

下面以图 1-10-4 中的网络为例来说明标准命名 ACL 的配置过程。要实现的功能是：拒绝主机 192.168.11.10 访问 192.168.10.0 网络，将 ACL 命名为 NO_ACCESS。

(1)进入全局配置模式，使用 ip access-list 命令创建命名 ACL，命令格式如下：

```
ip access-list [standard | extended] name
```

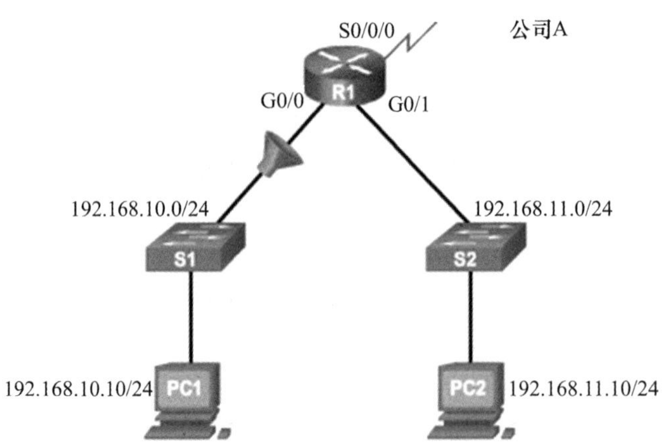

图 1-10-4 配置标准命名 ACL

ACL 名称可由字母或数字组成，区分大小写，并且必须是唯一的。ip access-list standard name 用于创建标准命名 ACL，而 ip access-list extended name 命令用于创建扩展访问控制列表。

在命名 ACL 配置模式下，使用 permit 或 deny 语句指定一个或多个条件，以确定数据包应该被转发还是丢弃。命令格式如下：

```
[permit | deny |remark] {[source-wildcard]} [log]
```

使用 ip access-group 命令将 ACL 应用于接口。

```
ip access-group name [in|out]
```

本例中配置标准命名 ACL 并将其应用在路由器 R1 的 G0/0 接口上时使用的命令如下：

```
R1(config)#ip access-list standard NO_ACCESS
R1(config-std-nacl)#deny host 192.168.11.10
R1(config-std-nacl)#permit any
R1(config-std-nacl)#exit
R1(config)#interface g0/0
R1(config-if)#ip access-group NO_ACCESS out
```

(2)编辑标准命名 ACL

通过引入语句序列号，可以很容易地在标准命名 ACL 中插入或删除单条语句。如下所示，在标准命名 ACL 中插入了一条序列号为 15 的语句：

```
R1#show access-lists
Standard IP access list NO_ACCESS
    10 deny host 192.168.11.10
    20 permit any
R1#config t
R1(config)#ip access-list standard NO_ACCESS
R1(config-std-nacl)#15 deny host 192.168.11.11
R1(config-std-nacl)#end
R1#show access-lists
Standard IP access list NO_ACCESS
    10 deny host 192.168.11.10
    15 deny host 192.168.11.11
    20 permit any
R1#
```

另外，可以使用 no sequence-number 命令删除单条语句。

3. 对 ACL 添加注释

可以使用 remark 关键字在任何 IP 的标准 ACL 或扩展 ACL 中添加有关条目的注释。注释可以出现在 permit 或 deny 语句的前面或后面，可以使 ACL 更易于理解和阅读。每条注释行限制在 100 个字符以内。

可以使用 access-list *access-list_number* remark *remark* 全局配置命令给 IPv4 标准编号 ACL 或扩展编号 ACL 添加注释；要删除注释，可以使用该命令的 no 形式。

对于标准命名 ACL 或扩展命名 ACL 中的条目，可以使用 remark access-list 配置命令。要删除注释，可以使用该命令的 no 形式。

(1)对 ACL 添加注释示例 1

定义编号 ACL 拒绝 192.168.10.10 访客工作站通过 S0/0/0，但允许来自 192.168.0.0/16 的所有其他设备。

```
R1(config)#access-list 1 remark Do not allow Guest workstation through
R1(config)#access-list 1 deny host 192.168.10.10
R1(config)#access-list 1 remark Allow device from all other 192.168.x.x subnets
R1(config)#access-list 1 permit 192.168.0.0 0.0.255.255
R1(config)#interface s0/0/0
R1(config-if)#ip access-group 1 out
R1(config-if)#
```

(2)对 ACL 添加注释示例 2

定义标准命名 ACL，拒绝主机地址为 192.168.11.10 的实验工作站，但允许来自所有其他网络的设备。

```
R1(config)#ip access-list standard NO_ACCESS
R1(config-std-nacl)#remark Do not allow access from Lab workstation
R1(config-std-nacl)#deny host 192.168.11.10
R1(config-std-nacl)#remark Allow access from all other networks
R1(config-std-nacl)#permit any
R1(config-std-nacl)#exit
R1(config)#interface g0/0
R1(config-if)#ip access-group NO_ACCESS out
R1(config-if)#
```

10.2.2 使用标准 IPv4 ACL 保护 VTY 端口

思科推荐对路由器和交换机的管理连接使用 SSH。如果 IOS 不支持 SSH，那么可以通过限制 VTY 访问来改善管理线路的安全性。通过限制 VTY 访问，可以定义哪些 IP 地址能够通过 Telnet 访问路由器 EXEC 进程。

线路配置模式命令 access-class 实现特定 ACL 对 VTY 线路访问性的限定。语法是：

```
access-class access-list-number {in|out}
```

参数 in 限制访问列表中的地址和思科设备之间的传入连接，而参数 out 则限制特定思科设备与访问控制列表中地址之间的传出连接。

下面的示例说明了如何允许图 1-10-5 所示网络 192.168.10.0 访问 VTY 线路 0 到 4，但拒绝所有其他网络。

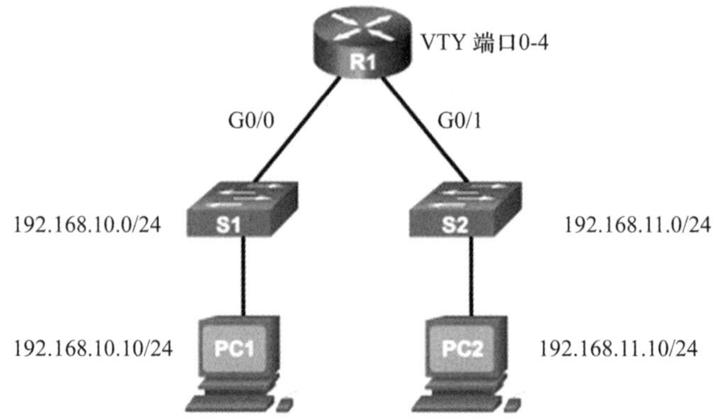

图 1-10-5 使用标准 IPv4 ACL 保护 VTY

```
R1(config)#line vty 0 4
R1(config-line)#login local
R1(config-line)#transport input ssh
R1(config-line)#access-class 21 in
R1(config-line)#exit
R1(config)#access-list 21 permit 192.168.10.0 0.0.0.255
R1(config)#access-list 21 deny any
```

当配置 VTY 上的访问控制列表时,应该考虑以下两点:

(1)只有编号访问控制列表可以应用到 VTY。

(2)应该在所有 VTY 上设置相同的限制,因为用户可能尝试连接到任意 VTY。

【课堂实验 1】 配置标准编号 ACL

1. 实验背景

本课堂实验的主要内容是定义过滤标准、配置标准 ACL、将 ACL 应用于路由器接口并检验和测试 ACL 实施。路由器已配置,包括 IP 地址和 EIGRP 路由。

锐捷路由器
标准 ACL 实训

2. 实验拓扑(图 1-10-6)

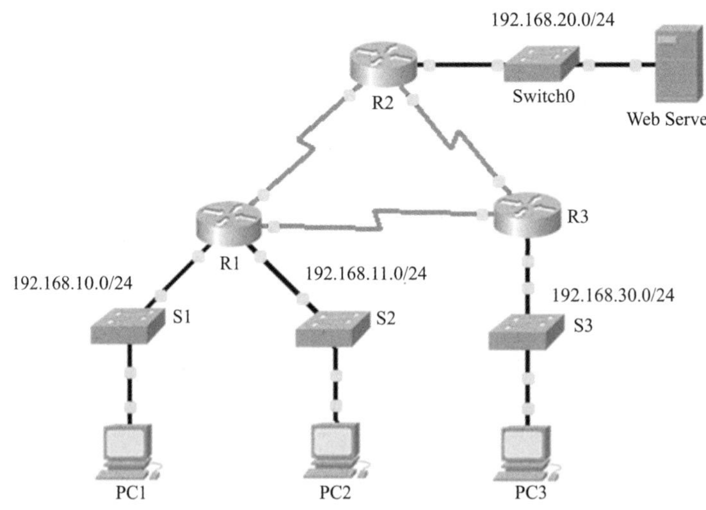

图 1-10-6 配置标准编号 ACL 拓扑

3. 地址分配表(表 1-10-3)

表 1-10-3 配置标准编号 ACL 地址分配

设备	接口	IP 地址	子网掩码	默认网关
R1	Fa0/0	192.168.10.1	255.255.255.0	N/A
	F0/1	192.168.11.1	255.255.255.0	N/A
	S0/0/0	10.1.1.1	255.255.255.252	N/A
	S0/0/1	10.3.3.1	255.255.255.252	N/A
R2	Fa0/0	192.168.20.1	255.255.255.0	N/A
	S0/0/0	10.1.1.2	255.255.255.252	N/A
	S0/0/1	10.2.2.1	255.255.255.252	N/A
R3	Fa0/0	192.168.30.1	255.255.255.0	N/A
	S0/0/0	10.3.3.2	255.255.255.252	N/A
	S0/0/1	10.2.2.2	255.255.255.252	N/A
PC1	NIC	192.168.10.10	255.255.255.0	192.168.10.1
PC2	NIC	192.168.11.10	255.255.255.0	192.168.11.1
PC3	NIC	192.168.30.10	255.255.255.0	192.168.30.1
WebServer	NIC	192.168.20.254	255.255.255.0	192.168.20.1

4. 实验内容

(1)规划 ACL 实施

将任何 ACL 应用于网络中之前,都必须确认网络完全连通。

①在 R2 上实施以下网络策略:不允许 192.168.11.0/24 网络访问 192.168.20.0/24 网络上的 WebServer;允许所有其他访问。

②在 R3 上实施以下网络策略:192.168.10.0/24 网络不允许与 192.168.30.0/24 网络进行通信;允许所有其他访问。

(2)配置、应用和检验标准 ACL

①在 R2 上配置并应用标准编号 ACL:使用编号 1 和拒绝从 PC1(192.168.11.0/24)网络访问 192.168.20.0/24 网络的语句创建 ACL。

②在 R3 上配置并应用标准编号 ACL:使用编号 1 和拒绝从 PC1(192.168.10.0/24)网络访问 192.168.30.0/24 网络的语句创建 ACL。

(3)检验 ACL 的配置和功能

①在 R2 和 R3 上,输入 show access-list 命令检验 ACL 配置。

②进行以下测试来检验 ACL 的实施情况:

- 192.168.10.10 成功 ping 通 192.168.11.10 和 192.168.20.254。
- 192.168.11.10 ping 192.168.20.254、192.168.30.10 失败。
- 192.168.11.10 成功 ping 通 192.168.30.10 和 192.168.20.254。

【课堂实验 2】 配置标准命名 ACL

1. 实验背景

高级网络管理员指派你创建标准命名 ACL,用于阻止对文件服务器的访问,在创建时应该拒绝来自一个网络的所有客户端和来自另一个网络的一台特定工作站访问该服务器。

2. 实验拓扑(图 1-10-7)

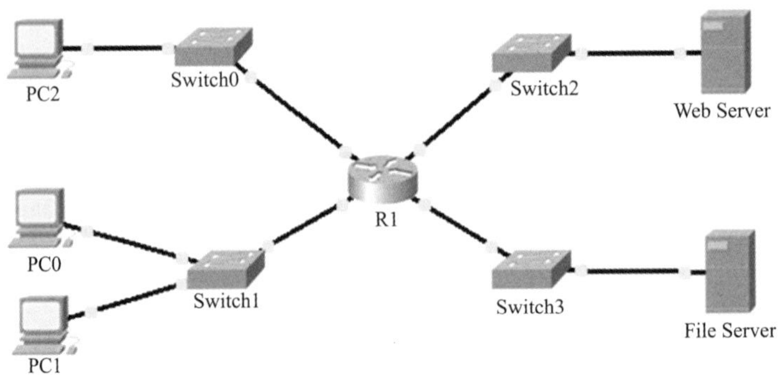

图 1-10-7　配置标准命名 ACL 拓扑

3. 地址分配表(表 1-10-4)

表 1-10-4　配置标准命名 ACL 地址分配

设备	接口	IP 地址	子网掩码	默认网关
R1	Fa0/0	192.168.10.1	255.255.255.0	N/A
	Fa0/1	192.168.20.1	255.255.255.0	N/A
	E0/0/0	192.168.100.1	255.255.255.0	N/A
	E0/1/0	192.168.200.1	255.255.255.0	N/A
File Server	NIC	192.168.200.100	255.255.255.0	192.168.200.1
Web Server	NIC	192.168.100.100	255.255.255.0	192.168.100.1
PC0	NIC	192.168.20.3	255.255.255.0	192.168.20.1
PC1	NIC	192.168.20.4	255.255.255.0	192.168.20.1
PC2	NIC	192.168.10.3	255.255.255.0	192.168.10.1

4. 实验内容

(1)配置并应用标准命名 ACL

①在配置并应用 ACL 之前先检验连接:三个工作站应该都能对 Web Server 和 Fil Server 执行 ping 操作。

②配置标准命名 ACL:在 R1 上配置命名 ACL,使用 File_Server_Restrictions 以允许主机 PC1 访问 Fil Server。

③应用标准命名 ACL:将此 ACL 应用于适当的位置。

(2)检验 ACL 实施

①使用 show access-lists 命令检验 ACL 配置;使用 show run 或 show ip interface fastethernet 0/1 命令来检验 ACL 是否已正确应用于接口。

②检验 ACL 是否运行正常。三个工作站应该都能对 Web Server 执行 ping 操作,但应该只有 PC1 能够对 File Server 执行 ping 操作。

【课堂实验 3】 在 VTY 线路上配置 ACL

1. 实验背景

作为网络管理员,必须能够远程访问自己所管理的网络的路由器,而该网络的其他用户不能进行访问。因此,我们将配置并应用允许 PC 访问 Telnet 线路的访问控制列表(ACL),但拒绝所有其他源 IP 地址。

2. 实验拓扑(图 1-10-8)

图 1-10-8 在 VTY 线路上配置 ACL 拓扑

3. 地址分配表(表 1-10-5)

表 1-10-5 在 VTY 线路配置 ACL 地址分配

设备	接口	IP 地址	子网掩码	默认网关
路由器	Fa0/0	10.0.0.254	255.0.0.0	N/A
PC	NIC	10.0.0.1	255.0.0.0	10.0.0.254
笔记本电脑	NIC	10.0.0.2	255.0.0.0	10.0.0.254

4. 实验内容

(1)配置 ACL 并将其应用于 VTY 线路

在配置 ACL 之前,两台计算机应该都能使用 Telnet 连接到路由器,密码是 cisco。

①配置标准编号 ACL:编号为 99,允许主机 10.0.0.1。

②使用 access-class 命令将 ACL99 应用到所有 VTY 线路上。

(2)检验 ACL 实施

①使用 show access-lists 检验 ACL 配置。

②检验两台计算机应该都能对路由器执行 ping 操作,但应该只有 PC 能使用 Telnet 连接到路由器。

10.3 扩展 IPv4 ACL

10.3.1 扩展 IPv4 ACL 的结构

为了更精确地控制流量过滤,可以创建扩展 IPv4 ACL。扩展 ACL 的数字编号在 100 到 199 和 2 000 到 2 699 两个区间内。也可以对扩展 ACL 命名。

扩展 ACL 比标准 ACL 更加常用,因为它们可以提供更大程度的控制。扩展 ACL 会检查数据包的源地址、目的地址、协议和端口号(或服务)。如此一来,我们便可基于更多的因素来构建 ACL,例如,扩展 ACL 可以允许从某网络发送到指定目的地的电子邮件流量,同时拒绝传输文件和浏览网页产生的流量。

10.3.2 配置扩展 IPv4 ACL

配置扩展 IPv4 ACL 的步骤与配置标准 ACL 相同。首先配置扩展 IPv4 ACL，然后在接口上应用。对于扩展 IPv4 ACL，也可以定义编号式的或者命名式的。

下面以图 1-10-9 中的网络为例来说明扩展 IPv4 ACL 的配置。要实现的功能是：

- 通过扩展编号 ACL 拒绝来自子网 192.168.11.0 的 FTP 流量进入子网 192.168.10.0，但允许所有其他流量。
- 通过扩展命名 ACL 允许 192.168.10.0/24 LAN 上的用户访问网站。

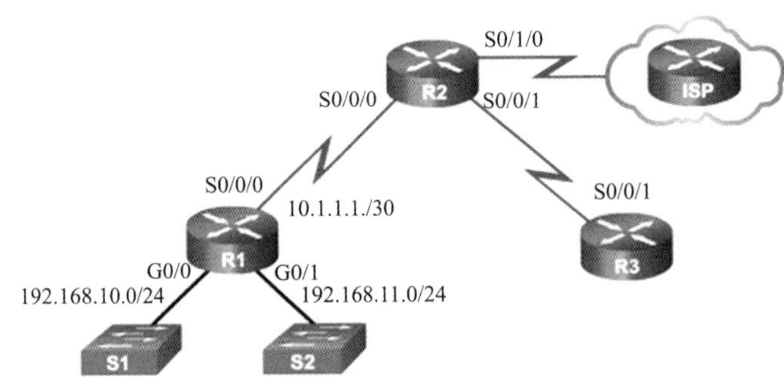

图 1-10-9 配置扩展 IPv4 ACL

(1)扩展编号 ACL 定义与应用

实现本例要求的扩展编号 ACL 的语句如下：

```
R1(config)#access-list 101 deny tcp 192.168.11.0 0.0.0.255 192.168.10.0 0.0.0.255 eq 21
R1(config)#access-list 101 deny tcp 192.168.11.0 0.0.0.255 192.168.10.0 0.0.0.255 eq 20
R1(config)#access-list 101 permit ip any any
R1(config)#interface g0/1
R1(config-if)#ip access-group 101 in
```

定义扩展 ACL 的命令语法格式如下所示，参数的详细说明见表 1-10-6。

```
Router(config)#access-list access-list-number {deny | permit} protocol source [source - wildcard destination destination - wildcard] [operator operand] [established]
```

表 1-10-6 扩展 ACL 命令参数说明

参数	说明
access-list-number	扩展 ACL 编号，100～199 或 2 000～2 699
deny	如果条件符合就拒绝通信流量
permit	如果条件符合就允许通信流量
protocol	用来指定协议类型，如 IP、ICMP、TCP 或 UDP 等
source 和 destination	数据包的源地址和目的地址，可以是网络地址或是主机 IP 地址
source-wildcard	应用于源地址的通配符掩码
destination-wildcard	应用于目的地址的通配符掩码

（续表）

参数	说明
operator	操作符：lt、gt、eq、neq（小于、大于、等于、不等于）
operand	TCP 或 UDP 端口的端口号数字或名字
established	仅用于 TCP 协议，指示已建立的连接

一些常见的网络应用协议端口号见表 1-10-7。

表 1-10-7　　　　常见网络应用协议端口号

端口号	关键字	描述
7	ECHO	回显
20	FTP-DATA	文件传输协议（数据）
21	FTP	文件传输协议（控制）
23	TELNET	终端连接
25	SMTP	简单邮件传输协议
53	DNS	域名服务器（DNS）
69	TFTP	简单文件传输协议
80	HTTP	超文本传输协议（WWW）

根据 ACL 应用规则，扩展 ACL 应放在尽量靠近源的位置，本例中距离子网 192.168.11.0 较近的位置为 R1 的 G0/1 接口 in 方向；请注意本例中通配符掩码的使用以及显式 deny any 语句。请记住，FTP 使用 TCP 端口 20 和 21，因此 ACL 要求同时使用端口名称关键字 ftp 和 ftp-data 或 eq 20 和 eq 21 才能拒绝 FTP。

（2）扩展命名 ACL 定义与应用

扩展命名 ACL 的创建方法和标准命名 ACL 的创建方法相同。上面的例子中实现“通过扩展命名 ACL 允许 192.168.10.0/24 LAN 上的用户访问网站”的扩展命名 ACL 语句如下：

```
R1(config)#ip access-list extended SURFING
R1(config-ext-nacl)#permit tcp 192.168.10.0 0.0.0.255 any eq 80
R1(config-ext-nacl)#permit tcp 192.168.10.0 0.0.0.255 any eq 443
R1(config-ext-nacl)#exit
R1(config)#ip access-list extended BROWSING
R1(config-ext-nacl)#permit tcp any 192.168.10.0 0.0.0.255 established
R1(config-ext-nacl)#exit
R1(config)#int g0/0
R1(config-if)#ip ac
R1(config-if)#ip access-group SURFING in
R1(config-if)#ip access-group BROWSING out
R1(config-if)#
```

命名 ACL（SURFING）允许 192.168.10.0/24 LAN 上的用户访问网站。命名 ACL（BROWSING）通过关键字 established 允许来自已建立连接的返回流量。注意这两个命名 ACL 的应用方向，SURFING 应用到 G0/0 接口的 in 方向，而 BROWSING 应用到 G0/0 接口的 out 方向上。

(3)检验扩展 ACL

当扩展 ACL 已配置并已应用于接口后,可以使用 show 命令检验配置。

show access-lists 命令用于显示所有已配置 ACL 的内容;show ip interface g0/0 命令则显示了路由器 R1 的 G0/0 接口上 ACL 的应用情况。

```
R1# show access-lists
Extended IP access list SURFING
    10 permit tcp 192.168.10.0 0.0.0.255 any eq www
    20 permit tcp 192.168.10.0 0.0.0.255 any eq 443
Extended IP access list BROWSING
    10 permit tcp any 192.168.10.0 0.0.0.255 established
R1# show ip int g0/0
GigabitEthernet0/0 is up, line protocol is up (connected)
  Internet address is 192.168.10.1/24
< 省略输出>
  Outgoing access list is BROWSING
  Inbound access list is SURFING
< 省略输出>
```

【课堂实验 4】 配置扩展 ACL——场景 1

锐捷路由器扩展 ACL 实训

1. 实验背景

两名员工需要访问服务器提供的服务。PC1 只需要 FTP 访问,PC2 只需要 Web 访问。两台计算机均能 ping 通服务器,但无法相互 ping 通。请通过扩展 ACL 实现要求。

2. 实验拓扑(图 1-10-10)

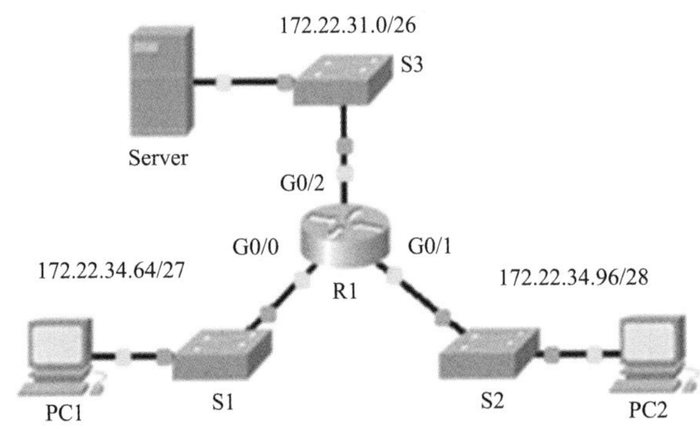

图 1-10-10 配置扩展 ACL——场景 1 拓扑

3. 地址分配表(表 1-10-8)

表 1-10-8 配置扩展 ACL——场景 1 地址分配

设备	接口	IP 地址	子网掩码	默认网关
R1	G0/0	172.22.34.65	255.255.255.224	N/A
	G0/1	172.22.34.97	255.255.255.240	N/A
	G0/2	172.22.34.1	255.255.255.192	N/A
Server	NIC	172.22.34.62	255.255.255.192	172.22.34.1

（续表）

设备	接口	IP 地址	子网掩码	默认网关
PC1	NIC	172.22.34.66	255.255.255.224	172.22.34.65
PC2	NIC	172.22.34.98	255.255.255.240	172.22.34.97

4. 实验内容

（1）配置、应用和检验扩展编号 ACL

①配置 ACL 以允许 FTP 和 ICMP，所有其他流量均被拒绝。

②将 ACL 应用到正确接口上来过滤流量。

③检验 ACL 实施：

a. 从 PC1 对服务器执行 ping 操作。如果不成功，请在继续操作前检验 IP 地址。

b. 从 PC1 到服务器使用 FTP。用户名和密码均为 cisco。

c. 退出服务器的 FTP 服务。

d. 从 PC1 对 PC2 执行 ping 操作。因为未明确表示不允许流量，所以目的主机应无法访问。

（2）配置、应用和检验扩展命名 ACL

①配置 ACL 以允许 HTTP 访问和 ICMP。

②将 ACL 应用到正确接口上来过滤流量。

③检验 ACL 实施：

a. 从 PC2 对服务器执行 ping 操作。如果 ping 不成功，请在继续操作前检验 IP 地址。

b. 从 PC2 到服务器使用 FTP。连接应该失败。

c. 在 PC2 上打开 Web 浏览器，并输入服务器的 IP 地址作为 URL。连接应该会成功。

【课堂实验 5】 配置扩展 ACL——场景 2

1. 实验背景

在此场景中，LAN 中的特定设备允许访问互联网上的服务器上的各种服务。

2. 实验拓扑（图 1-10-11）

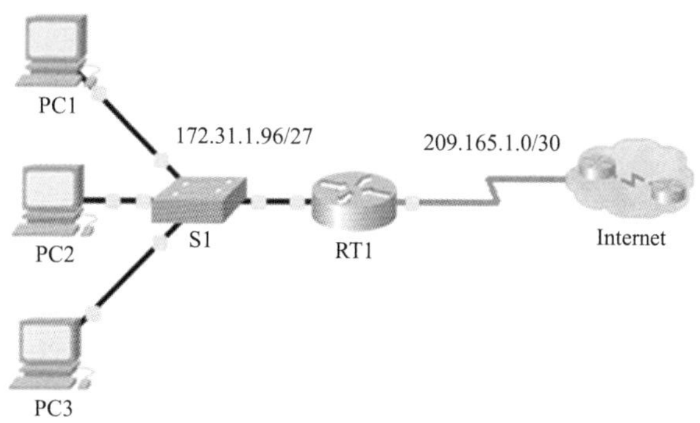

图 1-10-11 配置扩展 ACL——场景 2 拓扑

3. 地址分配表(表 1-10-9)

表 1-10-9　　配置扩展 ACL——场景 2 地址分配

设备	接口	IP 地址	子网掩码	默认网关
RT1	G0/0	172.31.1.126	255.255.255.224	N/A
	S0/0/0	209.165.1.2	255.255.255.252	N/A
PC1	NIC	172.31.1.101	255.255.255.224	172.31.1.126
PC2	NIC	172.31.1.102	255.255.255.224	172.31.1.126
PC3	NIC	172.31.1.103	255.255.255.224	172.31.1.126
Server1	NIC	64.101.255.254	255.254.0.0	64.100.1.1
Server2	NIC	64.103.255.254	255.254.0.0	64.102.1.1

4. 实验内容

(1)配置、应用和检验扩展命名 ACL

使用一个扩展命名 ACL 来实施以下策略：

①阻止从 PC1 对 Server1 和 Server2 进行 HTTP 和 HTTPS 访问。服务器 Server1 和 Server2 位于云中,我们仅知道其 IP 地址。

②阻止从 PC2 对 Server1 和 Server2 进行 FTP 访问。

③阻止从 PC3 对 Server1 和 Server2 进行 ICMP 访问。

(2)应用和检验扩展命名 ACL

要过滤的流量来自 172.31.1.96/27 网络并且其目的地是远程网络。ACL 的正确放置还取决于流量与 RT1 的关系。

①将 ACL 应用到正确的接口和正确的方向上。

②测试每台 PC 的访问：

a. 使用 PC1 的 Web 浏览器并同时使用 HTTP 和 HTTPS 协议访问 Server1 和 Server2 的网站。

b. 使用 PC1 访问 Server1 和 Server2 的 FTP。用户名和密码都是 cisco。

c. 从 PC1 对 Server1 和 Server2 执行 ping 操作。

d. 对 PC2 和 PC3 重复第 a 步到第 c 步以检验访问控制列表是否正确运行。

10.4　IPv6 ACL

IPv6 ACL 在操作和配置方面类似于 IPv4 ACL。在 IPv4 中,有两种类型的 ACL:标准 ACL 和扩展 ACL,两种类型的 ACL 都可以是编号 ACL 或命名 ACL;使用 IPv6 时,只有一种 ACL 类型,等同于 IPv4 扩展命名 ACL。IPv6 中没有编号 ACL,IPv4 ACL 和 IPv6 ACL 不能共享同一名称。

尽管 IPv4 和 IPv6 ACL 非常相似,但它们之间有三个主要差异：

(1)第一个差异是在将 IPv6 ACL 应用于接口时使用的命令不同。IPv4 使用 ip access-group 命令将 IPv4 ACL 应用到 IPv4 接口。IPv6 使用 ipv6 traffic-filter 命令对 IPv6 接口执行相同功能。

(2)不同于 IPv4 ACL,IPv6 ACL 不使用通配符掩码。相反,它使用前缀长度来表示应匹配的 IPv6 源地址或目的地址数量。

（3）最后一个主要差异就是每个 IPv6 访问控制列表的末尾都必须添加两个隐式 permit 语句。每个 IPv4 标准 ACL 或扩展 ACL 的末尾都是一个隐式在 deng any 或 deny any any，而 IPv6 除了在每个 IPv6 ACL 的末尾包含一条类似的 deny ipv6 any any 语句之外，IPv6 还包含另外两条隐式语句：permit icmp any any nd-na 和 permit icmp any any nd-ns，这两条语句允许路由器参与与 IPv4 ARP 类似的过程。

IPv6 ACL 的配置与 IPv4 扩展命名 ACL 的配置类似，在此不做详细介绍。如需配置，请参考网上相关电子资料完成。

总　结

ACL 是一系列 permit 或 deny 语句组成的顺序列表，用来控制网络流量。ACL 分为标准编号 ACL、扩展编号 ACL、标准命名 ACL 和扩展命名 ACL。通配符掩码通常也称为反码，是由 32 个二进制数字组成的字符串，用来确定检查地址的匹配情况：0 表示匹配地址中对应位的值，而 1 表示忽略地址中对应位的值。应用 ACL 的一些重要规则包括：自上而下处理原则、尾部添加表项原则、扩展 ACL 尽量放在靠近数据包源的位置而标准 ACL 放在靠近目的位置原则、先具体后一般原则、3P 原则。

access-list 全局配置命令使用数字 1 到 99 定义标准 ACL，或使用 100 到 199 之间或 2 000 到 2 699 之间的数字定义扩展 ACL；ip access-list standard | extended name 用于创建标准或扩展命名 ACL。配置 ACL 之后，可以在接口配置模式下使用 ip access-group 命令将其关联到接口。要删除 ACL，需先在接口上输入 no ip access-group 命令，然后输入全局命令 no access-list。线路配置模式命令 access-class 可限制 VTY 访问。

IPv6 ACL 是应用在 IPv6 网络中的 ACL，与 IPv4 扩展命名 ACL 基本相似。不同于 IPv4 ACL，IPv6 ACL 不使用通配符掩码而使用前缀长度来表示应匹配的 IPv6 源地址或目的地址数量。

综合练习——配置 ACL

1. 实验背景

在本练习中，我们需要完成编址方案、配置路由并实施命名访问控制列表。

2. 实验拓扑（图 1-10-12）

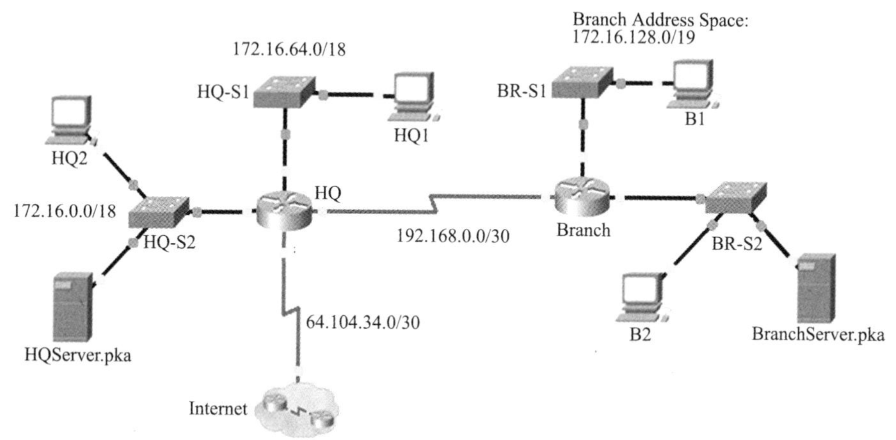

图 1-10-12　配置 ACL 综合练习拓扑

3. 地址分配表(表 1-10-10)

表 1-10-10　配置 ACL 综合练习地址分配

设备	接口	IP 地址	子网掩码	默认网关
HQ	G0/0	172.16.127.254	255.255.192.0	N/A
	G0/1	172.16.63.254	255.255.192.0	N/A
	S0/0/0	192.168.0.1	255.255.255.252	N/A
	S0/0/1	64.104.34.2	255.255.255.252	64.104.34.1
Branch	G0/0	172.16.159.254	255.255.240.0	N/A
	G0/1	172.16.143.254	255.255.240.0	N/A
	S0/0/0	192.168.0.2	255.255.255.252	N/A
HQ1	NIC	172.16.64.1	255.255.192.0	172.16.127.254
HQ2	NIC	172.16.0.2	255.255.192.0	172.16.63.254
HQServer. pka	NIC	172.16.0.1	255.255.192.0	172.16.63.254
B1	NIC	172.16.144.1	255.255.240.0	172.16.159.254
B2	NIC	172.16.128.2	255.255.240.0	172.16.143.254
BranchServer. pka	NIC	172.16.128.1	255.255.240.0	172.16.143.254

4. 实验内容

(1)将 172.16.128.0/19 划分为两个相等大小的子网,以便在 Branch 上使用。

①将第二个子网的最后一个可用地址分配给 GigabitEthernet 0/0 接口。

②将第一个子网的最后一个可用地址分配给 GigabitEthernet 0/1 接口。

③将编址记录在地址分配表中。

④使用相应编址来配置 Branch。

(2)使用与 B1 连接的网络的第一个可用地址为 B1 配置适当编址,将编址记录在地址分配表中。

(3)根据以下标准,使用增强型内部网关路由协议(EIGRP)路由配置 Branch:

①通告所有三个连接网络。

②分配 AS 编号为 1。

③禁用自动总结。

④将相应接口配置为被动接口。

⑤使用管理距离 5 在 S0/0/0 接口上总结 172.16.128.0/19。

(4)在向 S0/0/1 接口发送流量的 HQ 上设置默认路由。重新分配指向 Branch 的路由。

(5)使用管理距离 5 在 S0/0/0 接口上总结 HQ 的 LAN 子网。

(6)设计一个命名访问控制列表 HQServer 来阻止任何连接 Branch 路由器的 GigabitEthernet0/0 接口的计算机访问 HQServer. pka。允许所有其他流量。在相应的路由器上配置访问控制列表,将其应用于相应的接口且保证方向正确。

(7)设计一个命名访问控制列表 BranchServer,以阻止任何连接 HQ 路由器的 GigabitEthernet0/0 接口的计算机访问 Branch 服务器的 HTTP 和 HTTPS 服务。允许所有其他流量。在相应的路由器上配置访问控制列表,将其应用于相应的接口且保证方向正确。

项目 1-11 网络地址转换

随着个人计算机的激增和万维网的出现，IPv4 地址已远远不能满足用户需求。长期解决方案是 IPv6，就短期而言，IETF 实施了包括网络地址转换（NAT）和 RFC 1918 私有 IPv4 地址的几种解决方案。本项目主要讨论 NAT 与私有地址空间一起如何用于节省并更有效地使用 IPv4 地址，从而让各种规模的网络访问 Internet。

学习目标

- 明确 NAT 的特征和类型。
- 明确 NAT 的优点和缺点。
- 能够使用 CLI 配置静态 NAT。
- 能够使用 CLI 配置动态 NAT。
- 能够使用 CLI 配置 PAT。
- 理解 NAT 工作过程。
- 明确 IPv6 NAT 的用途和特点。
- 理解 IPv6 唯一本地地址。

第五届数字中国建设峰会：2021 年我国数据产量位居世界第二

《数字中国发展报告（2021 年）》指出，2017 年到 2021 年，我国数据产量从 2.3 ZB 增长至 6.6 ZB，而 1 ZB 数据，就相当于 500 万亿张自拍照、2.5 万亿首 MP3 歌曲。这一数据产量在 2021 年全球占比 9.9%，位居世界第二。我国已建成全球规模最大、技术领先的网络基础设施。截至 2021 年底，我国已建成 142.5 万个 5G 基站，总量占全球 60%以上，5G 用户数达到 3.55 亿户，行政村、脱贫村通宽带率达 100%。我国工业互联网应用已覆盖 45 个国民经济大类，电子商务交易额从 2017 年的 29 万亿元增长至 2021 年的 42 万亿元。

（来源：学习强国）

11.1 NAT 的工作原理

11.1.1 NAT 的特征

微课

NAT 的工作原理

NAT（Network Address Translation，网络地址转换）是一种将一个 IP 地址域（如 Intranet）转换到另一个 IP 地址域（如 Internet）的技术。NAT 有很多用途，最主要的用途是让网络能使用私有 IP 地址以节省 IP 地址，NAT 将不可路由的私有内部地址转换成可路由的公有地址；NAT 还能在一定程度上增加网络的私密性和安全性，因为它对外部网络隐藏了内部 IP 地址。

启用 NAT 的设备通常工作在末节网络边界，如图 1-11-1 所示。当末节网络内部的主机希望传输数据包给外部主机时，数据包先是被转发给边界路由器 R2。R2 执行 NAT 过程，将主机的内部私有地址转换为公有、外部、可路由的地址。

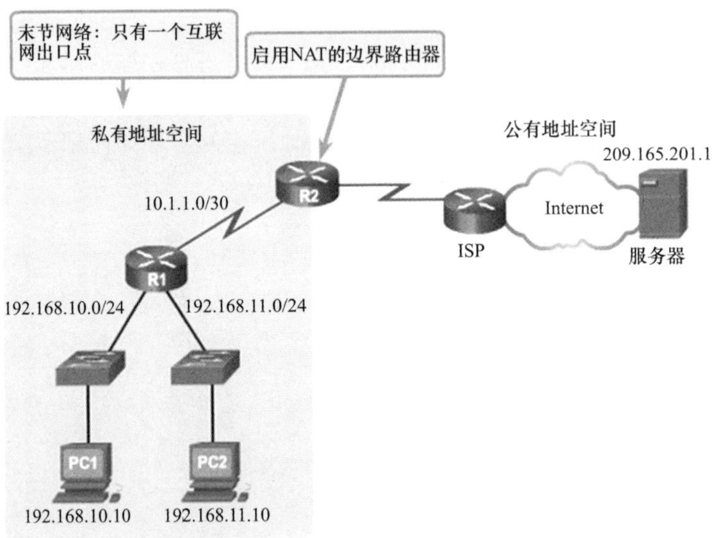

图 1-11-1　NAT 发生的位置

下面介绍 NAT 术语。

1. 内部网络与外部网络

在 NAT 术语中，内部网络是指那些由机构或企业所拥有的网络，地址通常是私有的，需要经过转换；外部网络指除了内部网络之外的所有网络，常为 Internet 网络，如图 1-11-2 所示。

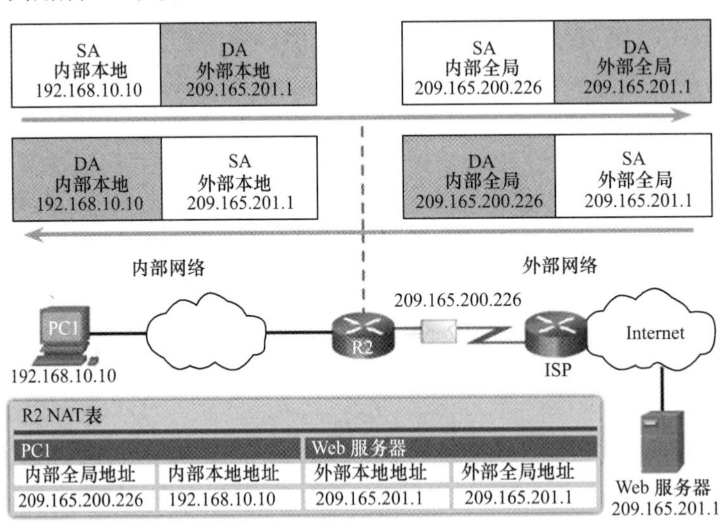

图 1-11-2　NAT 术语

2. NAT 四类地址

(1)内部本地地址

从网络内部看到的源地址。图 1-11-2 中，IPv4 地址 192.168.10.10 分配给了 PC1，这是 PC1 的内部本地地址。

(2)内部全局地址

从外部网络看到的源地址。图 1-11-2 中,当流量从 PC1 发送到位于 209.165.201.1 的 Web 服务器时,R2 会将内部本地地址 192.168.10.10 转换为内部全局地址 209.165.200.226。

(3)外部全局地址

从外部网络看到的目的地址,它是分配给 Internet 上的主机的全局可路由 IPv4 地址。例如,Web 服务器可达 IPv4 的地址为 209.165.201.1。大多数情况下,外部本地地址和外部全局地址是相同的。

(4)外部本地地址

从网络内部看到的目的地址。在本示例中,PC1 将流量发送到 IPv4 地址为 209.165.201.1 的 Web 服务器上。虽然不常见,但该地址也可能与目的设备的全局路由地址不同。

11.1.2 NAT 类型

NAT 转换有三种类型:静态 NAT、动态 NAT 和端口地址转换 PAT。

1. 静态 NAT

静态 NAT 使用本地地址和全局地址的一对一映射,这些映射由网络管理员进行配置,并保持不变。当这些设备向 Internet 发送流量时,它们的内部本地地址将转换为已配置的内部全局地址。静态 NAT 对于必须具有可从 Internet 访问的一致地址的 Web 服务器或设备特别有用。为了满足所有同时发生的用户会话需要,要求有足够的公有地址可用。

2. 动态 NAT

动态 NAT 使用本地地址和全局地址之间的多对多地址映射,它使用公有地址池,并以先到先得的原则分配这些地址。当内部设备请求访问外部网络时,动态 NAT 会从地址池中分配一个公共 IPv4 地址。与静态 NAT 类似,为了满足所有同时发生的用户会话需要,动态 NAT 要求有足够的公有地址可用。

3. 端口地址转换 PAT

端口地址转换 PAT 使用本地地址和全局地址之间的多对一地址映射,此方法也称为 NAT 过载。将多个私有 IPv4 地址映射到单个私有 IPv4 地址或几个地址。大多数家用路由器正是如此。

11.1.3 NAT 的优缺点

NAT 有许多优点,它允许对内部网实行私有寻址,从而维护合法注册的公有寻址方案,并节省 IPv4 地址;NAT 增强了与公有网络连接的灵活性;NAT 为内部网络寻址方案提高了一致性;另外,NAT 也在一定程度上提高了网络安全性。

NAT 也存在一些缺点,参与 NAT 功能的设备的性能被降低,尤其是对实时协议(如 VoIP)的影响,NAT 会增加交换延迟;NAT 也会使端到端 IPv4 可追溯性丧失,由于经过多个 NAT 地址转换点,数据包地址已改变很多次,因此追溯数据包将更加困难,排除故障也更具挑战性；同时，使用 NAT 也会使隧道协议(例如 IPSec)更加复杂，因为 NAT 会修改报头中的值，从而干扰 IPSec 和其他隧道协议执行的完整性检查。

【课堂实验 1】 研究 NAT 操作

1. 实验背景

当帧在网络中传输时，MAC 地址可能会改变。当数据包由配置了 NAT 的设备转发时，IP 地址也会改变。在本课堂实验中将研究 IP 地址在 NAT 过程中的变化。

2. 实验拓扑(图 1-11-3)

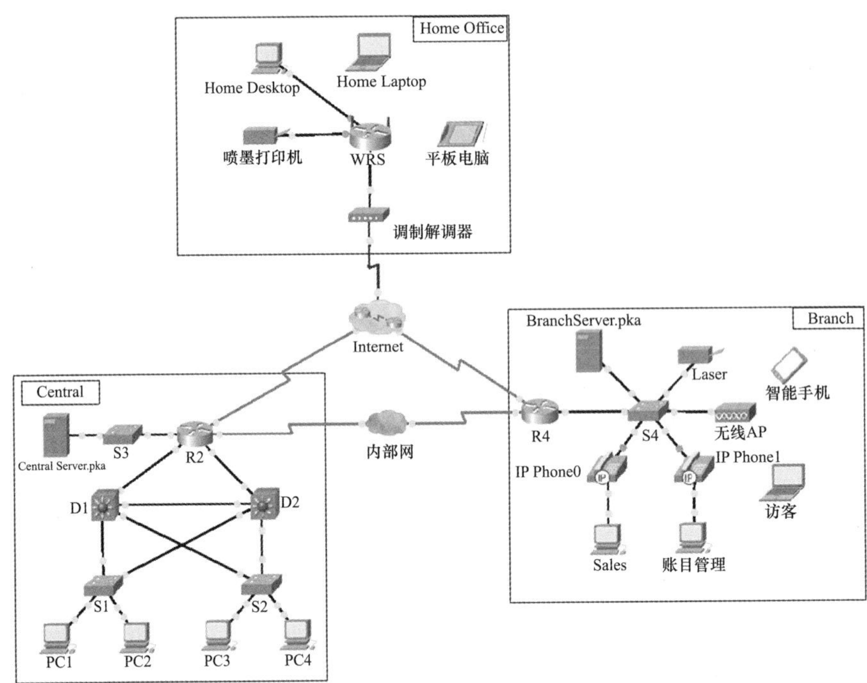

图 1-11-3 NAT 拓扑

3. 实验内容

(1)研究内联网中的 NAT 操作

等待网络融合并从中心机构域中的任一 PC 生成一个 HTTP 请求，然后打开中心机构域中任一 PC 的 Web 浏览器，键入 http://branchserver. pka，无须按 Enter 键。或者单击“转到”切换到“模拟”模式，并编辑过滤器，使其只显示 HTTP 请求。单击浏览器中的“转到”将会显示 PDU 信封。

①单击“捕获/转发”直到 PDU 到达 D1 或 D2。记录入站源和目的 IP 地址，这些地址属于哪个设备？

②单击“捕获/转发”直到 PDU 到达 R2。在出站数据包中记录源和目的 IP 地址，这些地址属于哪个设备？

登录到 R2，使用“class”进入特权 EXEC 模式并显示运行配置。地址来自以下地址池：ip nat pool R2 Pool 64. 100. 100. 3 64. 100. 100. 31 netmask 255. 255. 255. 224。

③单击“捕获/转发”直到 PDU 到达 R4。在出站数据包中记录源和目的 IP 地址，这些地址属于哪个设备？

④单击“捕获/转发”直到 PDU 到达 BranchServer. pka。在出站数据段中记录源和目的 TCP 地址。

⑤在 R2 和 R4 上运行以下命令，并将以上所记录的 IP 地址和端口与正确的输出行进行匹配：

```
R2# show ip nat translations
R4# show ip nat translations
```

⑥内部本地 IP 地址的共同之处是什么？

⑦内联网中是否存在私有地址？

⑧返回“实时”模式。

(2)研究互联网中的 NAT 操作

打开家庭或办公室中任一计算机的 Web 浏览器，键入 http://centralserver. pka，无须按 Enter 键。或者单击“转到”切换到“模拟”模式，过滤器应设置为只显示 HTTP 请求。单击浏览器中的“转到”将会显示 PDU 信封。

①单击“捕获/转发”直到 PDU 到达 WRS。记录入站源和目的 IP 地址及出站源和目的地址，这些地址属于哪个设备？

②单击“捕获/转发”直到 PDU 到达 R2。在出站数据包中记录源和目的 IP 地址，这些地址属于哪个设备？

③在 R2 上运行以下命令，将所记录的 IP 地址和端口与正确的输出行进行匹配：

```
R2# show ip nat translations
```

(3)进行深入研究

用更多数据包进行实验，包括 HTTP 和 HTTPS，并考虑以下问题：

①NAT 转换表是否增长？

②WRS 是否具有地址池？

③这与课堂上的计算机连接互联网的方式是否相同？

④为什么 NAT 使用四列地址和端口？

11.2　配置 NAT

11.2.1　配置静态 NAT

锐捷无交换口路由器的 NAT 配置实训

配置静态 NAT 转换时，有两个基本任务：

(1)使用全局 NAT 主命令在内部本地地址和外部本地地址之间创建映射。

```
ip nat inside source static local-ip global-ip
```

(2)指定内部接口和外部接口，方法是进入接口配置模式，执行命令：

```
ip nat { inside | outside }
```

下面以图 1-11-4 中的网络为例，来说明如何配置静态 NAT。

配置命令如下：

```
R2(config)# ip nat inside source static 192.168.10.254 209.165.201.5
R2(config)# interface s0/0/0
R2(config-if)# ip address 10.1.1.2 255.255.255.252
R2(config-if)# ip nat inside
R2(config-if)# exit
```

```
R2(config)#int s0/1/0
R2(config-if)#ip nat outs
R2(config-if)#ip address 209.165.200.225 255.255.255.224
R2(config-if)#ip nat outside
```

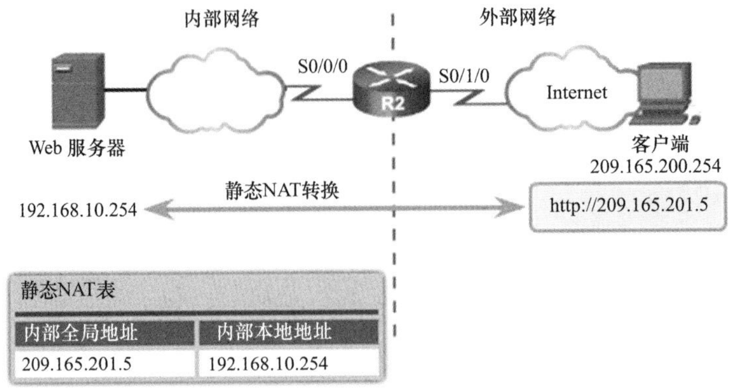

图 1-11-4　配置静态 NAT

用于检验 NAT 运行的一条有用命令是 show ip nat translations 命令，此命令可用于显示活动的 NAT 转换。与动态转换不同，静态转换始终在 NAT 表中进行，如下所示：

```
R2# show ip nat translations
Pro    Inside global    Inside local      Outside local    Outside global
---    209.165.201.5    192.168.10.254    ---              ---
R2#
```

另一个有用命令是 show ip nat statistics 命令，该命令显示有关总活动转换数、NAT 配置参数、地址池中地址数量和已分配地址数量的信息。为了验证 NAT 转换是否正常工作，最好在测试前使用 clear ip nat statistics 命令清除任何之前转换的统计信息。

11.2.2 配置动态 NAT

静态 NAT 提供内部本地地址与内部全局地址之间的永久映射，而动态 NAT 使内部本地地址与内部全局地址能够进行自动映射。动态 NAT 使用一个公有 IPv4 地址组或池来实现转换。

注意：公有和私有 IPv4 地址之间的转换是 NAT 最常见的用法。不过，NAT 转换可在任一对地址之间进行。

配置动态 NAT 的步骤见表 1-11-1。

表 1-11-1　　动态 NAT 配置步骤

第 1 步	定义转换中使用的全局地址池 ip nat pool name start-ip end-ip {netmask *netmask* | prefix-length *prefix-length*}
第 2 步	配置标准访问控制列表指定允许转换的地址 Access-list acl-number permit source {source-wildcard}
第 3 步	建立动态源转换，指定前面步骤中定义的访问控制列表和地址池 ip nat inside source list acl-number pool name

（续表）

第 4 步	定义内部接口 Interface type number ip nat inside
第 5 步	定义外部接口 Interface type number ip nat outside

下面以图 1-11-5 所示网络为例说明动态 NAT 的配置。内部网络中与路由器 R1 连接的是两个使用私有地址的 LAN：192.168.10.0/24 和 192.168.11.0/24。在边界路由器 R2 上配置动态 NAT，使用从 209.165.200.226 到 209.165.200.240 的公有 IPv4 地址池。

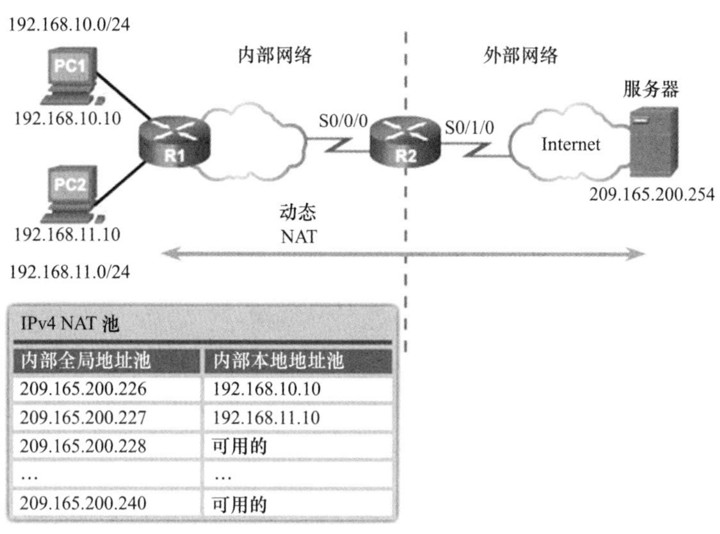

图 1-11-5　配置动态 NAT 网络图示

配置如下：

```
R2(config)#ip nat pool NAT-POOL1 209.165.200.226 209.165.200.240 netmask 255.255.255.224   ①
R2(config)#access-list 1 permit 192.168.0.0 0.0.255.255   ②
R2(config)#ip nat inside source list 1 pool NAT-POOL1   ③
R2(config)#interface s0/0/0
R2(config-if)#ip nat inside   ④
R2(config)#int s0/1/0
R2(config-if)#ip nat outside   ⑤
```

实现边界路由器上的动态 NAT，将这些主机转换为范围为 209.165.200.226～209.165.200.240 的地址池中的一个可用地址。其中：

①定义 NAT 全局地址池 NAT-POOL1，注意地址范围和子网掩码的配合使用；

②定义标准访问控制列表 1，以指定内部主机本地地址范围 192.168.0.0/16；

③将 ACL 1（内部本地地址）和地址池 NAT-POOL1（内部全局地址）相关联；

④指定内部接口 S0/0/0；

⑤指定外部接口 S0/1/0。

与配置完静态 NAT 一样，可以使用 show ip nat statistics 命令查看 NAT 运行情况；使用

show ip nat translations 命令显示所有已配置的静态转换和所有由流量创建的动态转换。

11.2.3 配置端口地址转换(PAT)

PAT 允许路由器为许多内部本地地址使用一个内部全局地址，从而节省内部全局地址池中的地址。当多个内部本地地址映射到一个内部全局地址时，每台内部主机的 TCP 或 UDP 端口号可用于区分不同的本地地址。

根据企业网络拥有多个公有 IPv4 地址还是单个 IPv4 地址，配置 PAT 的方法有两种。

(1)配置 PAT——地址池

使用公有地址池配置 PAT 的步骤与动态 NAT 配置的主要区别是 PAT 使用了 overload 关键字。下面以图 1-11-6 所示网络为例说明 PAT 的配置，内部网络私有地址和可用的全局地址见图中标示。

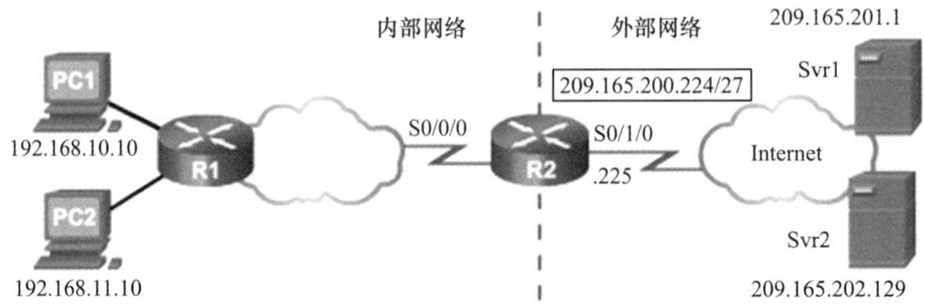

图 1-11-6 配置 PAT——地址池

配置如下：

```
R2(config)#ip nat pool NAT-POOL2 209.165.200.226 209.165.200.240 netmask 255.255.
255.224
R2(config)#access-list 1 permit 192.168.0.0 0.0.255.255
R2(config)#ip nat inside source list 1 pool NAT-POOL2 overload
R2(config)#interface s0/0/0
R2(config-if)#ip nat inside
R2(config)#int s0/1/0
R2(config-if)#ip nat outside
```

(2)配置 PAT——单个地址

如果只有一个公有 IPv4 地址可用，则过载配置通常会将此公有地址分配给与 ISP 连接的外部接口，如图 1-11-7 中 R2 路由器上的 S0/1/0 接口。所有内部地址离开该外部接口时，均被转换为此 IPv4 地址。

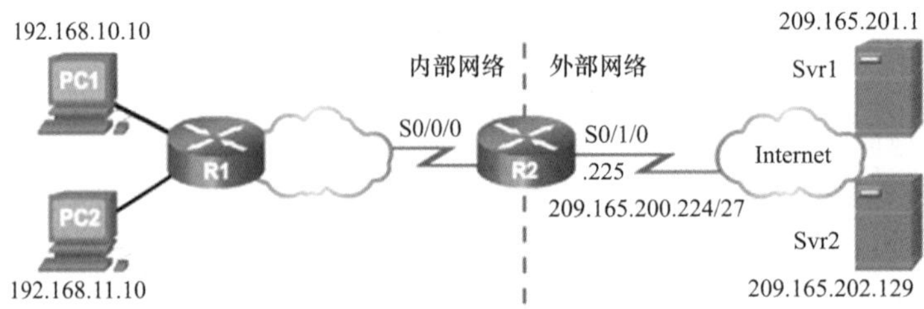

图 1-11-7 配置 PAT——单个地址

与使用地址池的 PAT 相比，使用单个 IPv4 地址的 PAT 配置省略了地址池的定义，同时，指定使用外部接口地址作为全局地址。配置如下：

```
R2(config)#access-list 1 permit 192.168.0.0 0.0.255.255
R2(config)#ip nat inside source list 1 interface s0/1/0 overload
R2(config)#interface s0/0/0
R2(config-if)#ip nat inside
R2(config)#int s0/1/0
R2(config-if)#ip nat outside
```

(3)PAT 工作过程分析

不论使用地址池还是使用单个地址，PAT 过程都相同。继续图 1-11-7PAT 示例，假设 PC1 和 PC2 希望与 Web 服务器 Svr2 建立会话。PC1 和 PC2 都配置了私有 IPv4 地址，而且 R2 已启用 PAT。则 PC1、PC2 访问 Svr1 时的 PAT 过程如图 1-11-8 和图 1-11-9 所示。

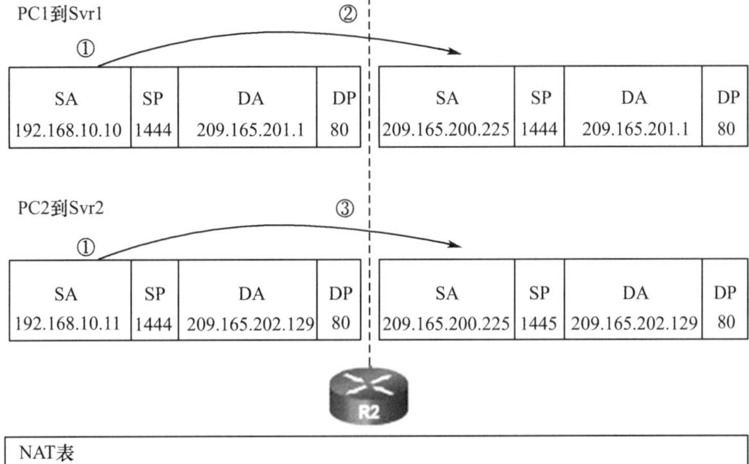

内部本地地址	内部全局地址	外部全局地址	外部本地地址
192.168.10.10:1444	209.165.200.225:1444	209.165.201.1:80	209.165.201.1:80
192.168.10.11:1444	209.165.200.225:1445	209.165.202.129:80	209.165.202.129:80

图 1-11-8　PAT 工作过程(1)

PC1 和 PC2 使用了相同的转换后地址(内部全局地址 209.165.200.225)和不同的端口号(1445)，使 NAT 表中的每个条目都是唯一的。这对从服务器发回数据包时的转换(如图 1-11-9 所示)非常有意义。

当来自 Svr2 的数据包到达 R2 时，对其执行相反的转换。找到了目的 IPv4 地址 209.165.200.225 后，再使用目的端口 1445，R2 能够唯一确定转换条目。然后将目的 IPv4 地址更改为 192.168.10.11，目的端口修改回 NAT 表中存储的它的原始值 1 444。随后将数据包转发到 PC2。

(4)验证 PAT

用于验证 PAT 的命令和用于验证静态及动态 NAT 的命令相同。show ip nat translations 命令用于显示从两个主机到不同 Web 服务器的转换。注意，为两台不同的内部主机分配了同一个 IPv4 地址 209.165.200.226(内部全局地址)。NAT 表中的源端口号将这两个转换区分开来。

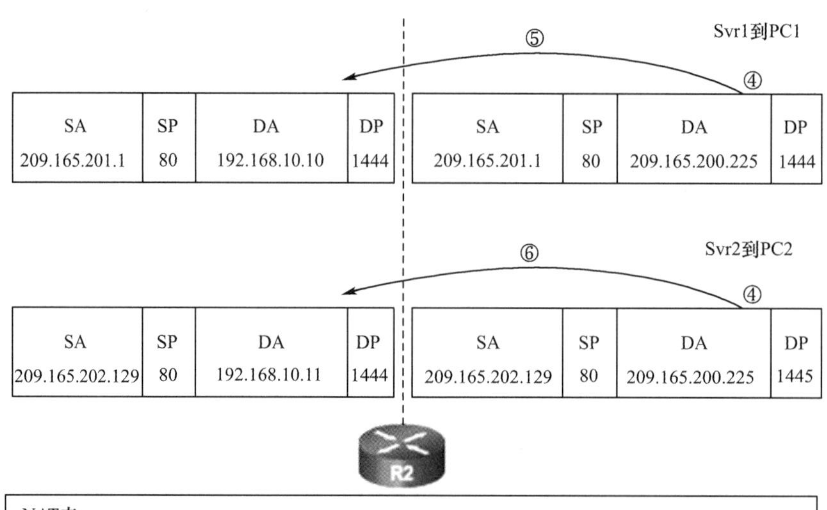

图 1-11-9　PAT 工作过程(2)

```
R2# show ip nat translations
Pro  Inside global            Inside local          Outside local          Outside global
tcp  209.165.200.226:51839    192.168.10.10:51839   209.165.201.1:51839    209.165.201.1:51839
tcp  209.165.200.226:42558    192.168.10.10:42558   209.165.201.12:42558   209.165.201.12:42558
R2#
```

【课堂实验 2】 实施静态和动态 NAT

1. 实验背景

锐捷路由器外部源地址转换实训

在 IPv4 网络中,客户端和服务器使用私有编址,从组织外部访问的服务器通常会分配一个公有静态 IP 地址和一个私有静态 IP 地址。在本课堂实验中,将配置静态 NAT 和动态 NAT。假设网络地址和路由策略已实施完毕。

2. 实验拓扑(图 1-11-10)

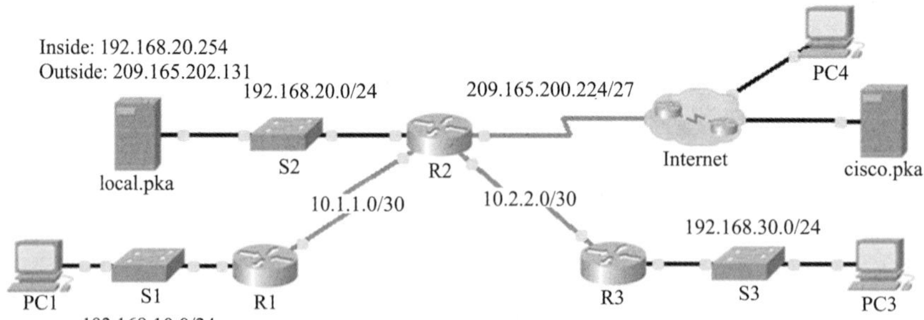

图 1-11-10　静态和动态 NAT 拓扑

3. 实验内容

(1)使用 PAT 配置动态 NAT

①在 R2 上配置允许进行 NAT 转换的流量。配置命名为 R2 NAT 的标准 ACL,使用三条语句依次允许以下私有地址空间:192.168.10.0/24、192.168.20.0/24 和 192.168.30.0/24。

②在 R2 上配置 NAT 的地址池。使用 209.165.202.128/30 地址空间的前三个地址,第四个地址将用于后面的静态 NAT。

③将命名 ACL 与 NAT 地址池相关联并启用 PAT。

④配置 NAT 接口:使用正确的内部和外部 NAT 命令配置 R2 接口。

(2)配置静态 NAT

参考拓扑创建静态 NAT 转换,将 local.pka 内部地址映射为其外部地址。

(3)检验 NAT 实施

①通过互联网访问服务。

从 PC1 或 PC3 的 Web 浏览器访问 cisco.pka 网页。

从 PC4 的 Web 浏览器访问 local.pka 网页。

②查看 R2 上的 NAT 转换。

11.3 IPv6 NAT

11.3.1 IPv6 NAT 简介

NAT 是解决 IPv4 地址不足的一种方法,对于包含 128 位地址的 IPv6 而言,不存在地址空间问题。用于 IPv6 的 NAT 与用于 IPv4 的 NAT 使用背景大不相同,用于 IPv6 的 NAT 变体用来透明地提供仅支持 IPv6 和仅支持 IPv4 的网络之间的访问,而不是用作一种私有 IPv6 到全局 IPv6 的转换。

为了帮助实现从 IPv4 到 IPv6 的转移,IETF 已经开发了多项过渡技术以满足各种 IPv4 到 IPv6 的转移情景,包括双堆栈、隧道和转换。双堆栈是指设备运行与 IPv4 和 IPv6 都相关的协议;IPv6 隧道是指将 IPv6 数据包封装到 IPv4 数据包中的过程,这将使 IPv6 数据包能够通过仅支持 IPv4 的网络传输;而用于 IPv6 的 NAT 则作为一种临时机制来帮助进行 IPv4 到 IPv6 的迁移。如图 1-11-11 中的 NAT64 可实现从 IPv4 到 IPv6 的转移。

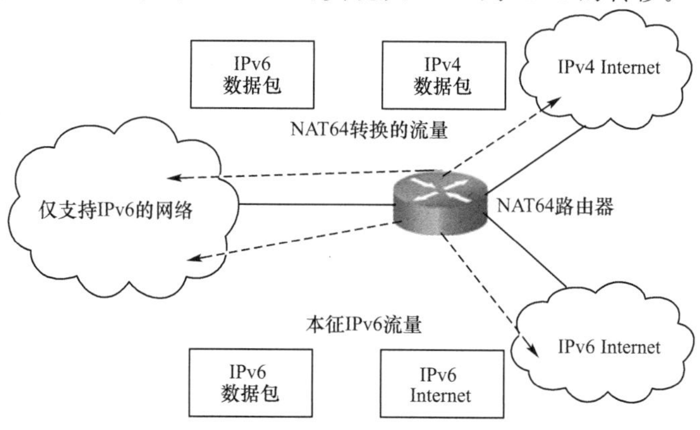

图 1-11-11 从 IPv4 到 IPv6 的转移

11.3.2 IPv6 唯一本地地址

IPv6 唯一本地地址(ULA)与 IPv4 中的 RFC 1918 私有地址相似,但是也有着重大差异。ULA 的目的是为本地站点内的通信提供 IPv6 地址空间,而不是为了提供额外的 IPv6 地址空间,也不是为了提供一定级别的安全性。

如图 1-11-12 所示,ULA 拥有前缀 FC00::/7,这将产生第一个十六进制数的范围 FC00 到 FDFF。如果该前缀是本地分配的,则接下来的 1 位将设置为 1。设置为 0 的情况将在以后进行定义。之后的 40 位是全局 ID,然后是 16 位的子网 ID。以上前 64 位结合在一起,形成 ULA 前缀。这样,剩余的 64 位保留为接口 ID,或者在 IPv4 术语中为地址的主机部分。

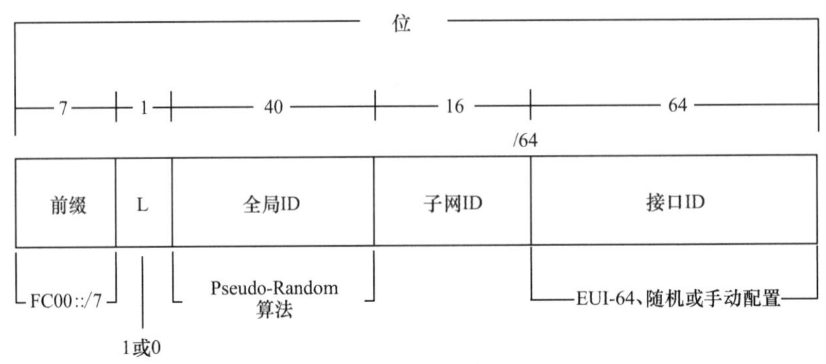

图 1-11-12　IPv6 唯一本地地址(ULA)

总　结

NAT 和 PAT 的实施可以节省公有地址空间,并构建私有的安全内部网,而不会影响 ISP 连接。但是,NAT 的缺点在于它对设备性能、安全性、移动性和端到端连通性产生的负面影响,因此应将其视为针对地址耗尽问题采取的短期实施,而长期解决方案是使用 IPv6。

本项目讨论了用于 IPv4 的 NAT,包括:NAT 特征、术语和常规操作;不同类型的 NAT,包括静态 NAT、动态 NAT 和 PAT;NAT 的优点和缺点;配置、检验和分析静态 PAT、动态 NAT 和 PAT;如何使用端口转发从 Internet 访问内部设备以及使用 show 和 debug 命令排除 NAT 故障。

综合练习——配置 NAT

1. 实验背景

本综合练习包括在本课程中获得的许多技能。首先,我们将完成对网络的文档化。在实施期间,需要配置交换机上的 VLAN、中继、端口安全和 SSH 远程访问;接下来,将在路由器上实施 VLAN 间路由和 NAT;最后,将使用文档通过测试端到端的连接来检验实施。

2. 实验拓扑(图 1-11-13)

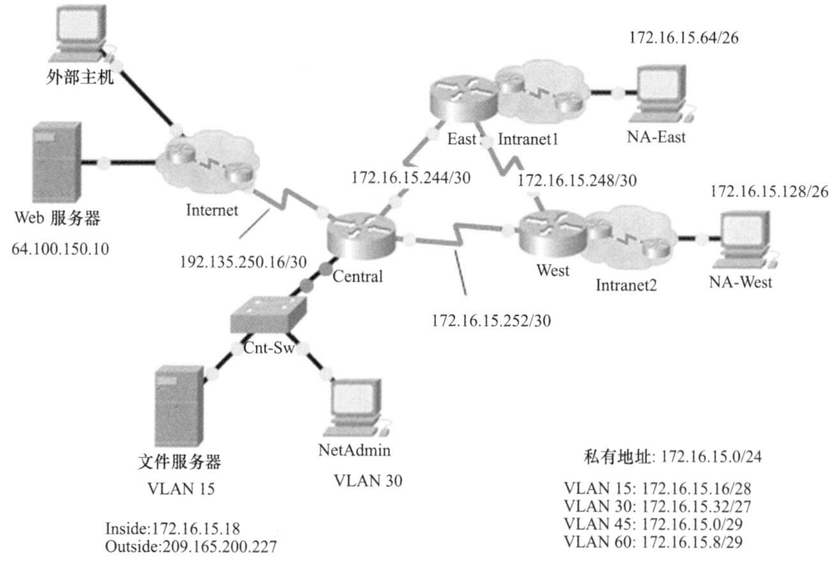

图 1-11-13 配置 NAT 拓扑

3. VLAN 和端口分配表(表 1-11-2)

表 1-11-2 VLAN 和端口分配表

VLAN 编号-名称	端口分配	网络
15-服务器	Fa0/11～Fa0/20	
30-PCs	Fa0/1～Fa0/10	
45-本征	G1/1	
60-管理	VLAN 60	

4. 地址分配表(表 1-11-3)

表 1-11-3 地址分配表

设备	接口	IP 地址	子网掩码	默认网关
Central	G0/0.15	172.16.15.17	255.255.255.240	未提供
	G0/0.30	172.16.15.33	255.255.255.224	未提供
	G0/0.45	172.16.15.1	255.255.255.248	未提供
	G0/0.60	172.16.15.9	255.255.255.248	未提供
	S0/0/0	172.16.15.245	255.255.255.252	未提供
	S0/0/1	172.16.15.254	255.255.255.252	未提供
	S0/1/0	192.135.250.18	255.255.255.252	未提供
East	G0/0	172.16.15.65	255.255.255.192	未提供
	S0/0/0	172.16.15.249	255.255.255.252	未提供
	S0/0/1	172.16.15.246	255.255.255.252	未提供
West	G0/0	172.16.15.129	255.255.255.192	未提供
	S0/0/0	172.16.15.253	255.255.255.252	未提供
	S0/0/1	172.16.15.250	255.255.255.252	未提供

（续表）

设备	接口	IP 地址	子网掩码	默认网关
Cnt-Sw	VLAN 60	172.16.15.10		
NetAdmin	网卡	DHCP 分配	DHCP 分配	DHCP 分配

5. 实验内容

(1)配置 Cnt-Sw

①配置远程管理访问(包括 IP 编址和 SSH)：

- 域为 cisco.com。
- 用户名为 HQadmin，密码为 ciscoclass。
- 加密密钥长度为 1 024。
- SSH 第 2 版，限制为两次身份验证尝试和 60 s 的超时时间。
- 应加密明文密码。

②配置、命名和分配 VLAN。端口应手动配置为接入端口。

③配置中继。

④实施端口安全：

- 在 Fa0/1 上，当检测到 MAC 地址时，允许两个 MAC 地址自动添加到配置文件中。不应禁用端口，但当发生违规时，应捕获 syslog 消息。
- 禁用其他所有未使用的端口。

(2)配置 Central

①配置 VLAN 间路由。

②配置 VLAN 30 中的 DHCP 服务。将 LAN 用作区分大小写的池名称。

③实施路由：

- 使用 OSPF 进程 ID 1 和路由器 ID 1.1.1.1。
- 为整个 172.16.15.0/24 地址空间配置一条 network 语句。
- 禁用不应发送 OSPF 消息的接口。
- 配置通往互联网的默认路由。

④实施 NAT：

- 配置一个只含一条语句，编号为 1 的标准 ACL。允许所有属于 172.16.15.0/24 地址空间的 IP 地址。
- 参考您的文档，为文件服务器配置静态 NAT。
- 通过 PAT 使用您选择的池名称和这两个公有地址配置动态 NAT：

209.165.200.225 and 209.165.200.226

(3)配置 NetAdmin

检验 NetAdmin 是否已收到来自 Central 的完整编址信息。

(4)验证

所有设备现在应能够对所有其他设备执行 ping 操作，否则，请对配置进行故障排除以隔离和解决问题。测试包括：

①从 PC 使用 SSH 检验对 Cnt-Sw 的远程访问。

②检验 VLAN 是否已分配给适当的端口，端口安全是否生效。

③检验 OSPF 邻居和完整的路由表。

④检验 NAT 转换和静态路由。

- 外部主机应该可以通过公有地址访问文件服务器。
- 内部 PC 应该可以访问 Web 服务器。

⑤请在表 1-11-4 的故障排除文档表中记录您遇到的问题和解决方案。

表 1-11-4　　故障排除文档

问题	解决方案

第二部分 扩展网络

项目 2-1 扩展网络简介

随着公司业务的增长,对网络的需求也开始增长。公司依赖网络基础架构来提供任务关键型服务,网络中断会导致经济的损失和客户的流失,因此网络设计人员必须设计并构建可扩展且高度可用的企业网络。

本项目将介绍在系统设计具有强大功能的网络时使用的策略,例如分层网络设计模型、思科企业架构和合适设备的选择。网络设计的目标是限制受单个网络设备故障影响的设备数量,为网络需求的增长提供规划和路径,并创建可靠的网络。

学习目标

- 能描述小型企业如何使用分层网络。
- 能给出设计可扩展网络的建议。
- 能选择相应的交换机硬件功能,支持中小型企业网络的网络要求。
- 能选择适合中小型企业网络的路由器类型。
- 能完成思科 IOS 设备的基本配置。

晒晒咱的国之重器:量子计算机"九章"

2020 年 12 月 4 日,中国科学技术大学宣布该校潘建伟院士团队成功构建 76 个光子的量子计算原型机"九章"。这一突破使我国成为全球第二个实现"量子优越性"的国家。

"在费曼提出量子计算的概念近 40 年后,'九章'在实验上严格地证明了量子计算的加速能力,把梦想变成了现实。"潘建伟团队成员、中国科学技术大学教授陆朝阳说,和原子、离子、超导电路等类型的量子计算机相比,光量子计算可在室温下、空气中运行,能克服量子噪声极限,结构亦相对比较简单。"'九章'使得我国第一次进入国际量子计算第一方阵。"

值得一提的是,研制出"九章"的团队,除了潘建伟、陆朝阳几位导师外,主力都是年轻人!

(来源:学习强国)

1.1 实施网络设计

1.1.1 分层的网络设计

为了支持多元化的业务，企业网络必须支持各种类型的网络流量的交换，包括数据文件、电子邮件、IP 电话（IP telephone）和视频应用等。所有企业网络必须：

(1)支持关键的应用程序

(2)支持融合的网络流量

(3)支持不同的业务需求

(4)提供集中管理控制

要优化企业网络的带宽，必须将网络组织起来，这样流量可在本地传输，而不是向网络的其他部分进行不必要的传播。采用三层分层设计模型有助于网络结构的设计。此模型将网络功能分为三种不同的层次：接入层、分布层、核心层，如图 2-1-1 所示。

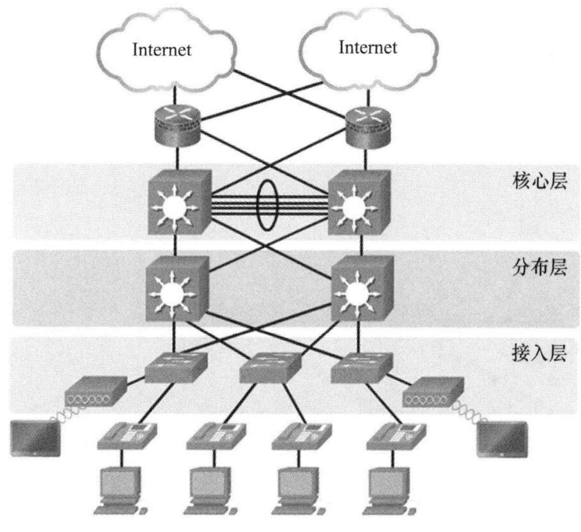

图 2-1-1　分层设计模型

每一层的设计都有各自特定的功能目标。

接入层为用户提供连接功能；分布层用于在各个本地网络之间转发流量；核心层代表分散的网络之间的高速主干层。用户流量在接入层发出后将会流经其他各层（如果需要这些层的功能的话）。

尽管分层模型包含三层，但是一些较小的企业网络可能实施两层设计。在两层设计中，核心层和分布层折叠为一层，降低了成本和复杂性。

1.1.2 扩展网络

1. 可扩展性设计

为了支持企业网络，网络设计人员必须制定策略使网络可用且能够进行高效便捷的扩展。

基本的网络设计策略包括以下建议：

(1)使用可扩展、模块化的设备或群集设备，能轻松升级以增强性能。可以将设备模块添加到现有设备中以支持新的功能和设备，而不需要将主要设备升级。可以将某些设备集成到集群中作为一个设备使用，以便于简化管理和配置。

(2)设计分层网络来包含某些模块，可根据需要对模块进行添加、升级和修改，同时不影响对网络其他功能区的设计。例如，创建可扩展且不影响园区网络分布层和核心层的独立接入层。

(3)创建分层的 IPv4 或 IPv6 地址策略。分层仔细的 IPv4 地址规划无须对网络地址进行重新分配就可以支持更多用户和服务。

(4)选择路由器或多层交换机，限制广播，过滤网络中其他不需要的流量。使用第 3 层设备来过滤和减少到网络核心的流量。

2. 规划与实施冗余

对许多企业来说，网络的可用性对支持业务需求很关键。冗余功能是网络设计的重要部分，它通过减小单点故障的概率来防止网络服务的中断。实施冗余的一种方法是安装重复设备并向关键设备提供故障转移服务。

实施冗余的另一种方法是冗余路径，如图 2-1-2 所示。冗余路径为数据在网络中传输提供了备用物理路径。交换网络中的冗余路径支持高可用性，然而，由于交换机的运行，交换以太网中的冗余路径可能会导致逻辑第 2 层环路，因此，需要使用生成树协议(STP)。

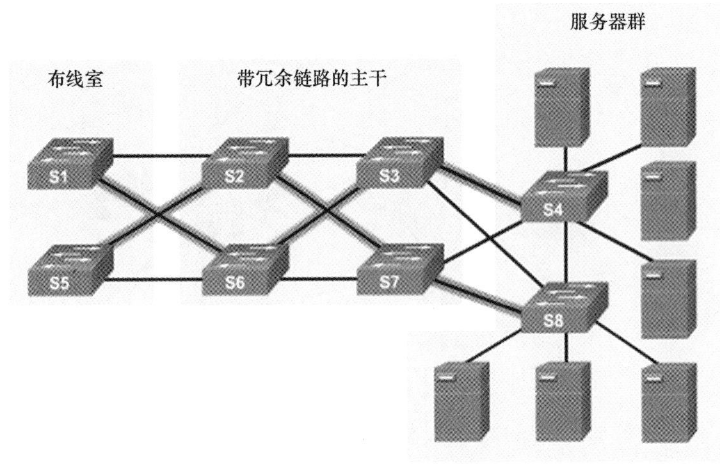

图 2-1-2 冗余路径

STP 允许可靠性所需要的冗余，但是避免了交换环路，它通过禁用交换网络中的冗余路径来避免环路。STP 属于开放式标准协议，能够在交换环境中创建无环的逻辑拓扑。

3. 增加带宽

在分层网络设计中，与其他链路相比，位于接入点和分布交换机之间的某些链路可能需要处理更多的流量。由于来自多条链路的流量融合为单条流出的链路，因此该链路可能会成为瓶颈。链路聚合允许管理员通过创建一条由多个物理链路组成的逻辑链路来增加设备之间的带宽。EtherChannel 是交换网络所使用的链路聚合形式，如图 2-1-3 所示。

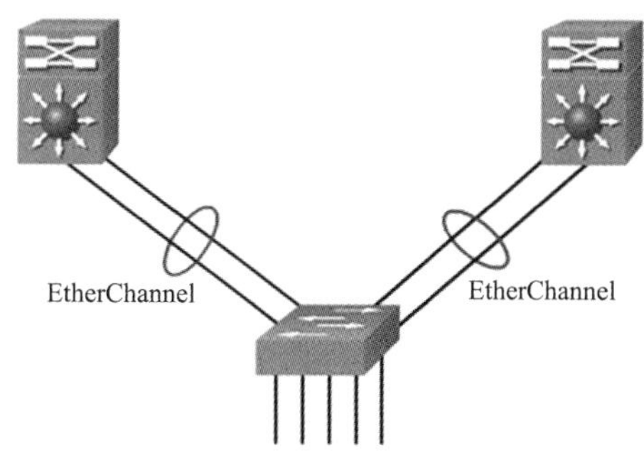

图 2-1-3　链路聚合

EtherChannel 使用现有交换机端口，因此，没有必要进行其他的花费来将链路升级为更快、更昂贵的连接。EtherChannel 被视为一条使用 EtherChannel 接口的逻辑链路。大多数的配置任务在 EtherChannel 接口（而不是在各个端口）上完成，这能确保链路中的配置一致。

4. 扩展接入层

必须将网络设计为能够根据需要将网络访问扩展到个人和设备。扩展接入层连接的一个越来越重要的方面是通过无线进行连接。提供无线连接有许多优点，例如提高灵活性，降低成本，能够发展且适应不断变化的网络和业务需求。

要进行无线通信，终端设备需要无线网卡，以便将无线电发射器/接收器以及所需的软件驱动程序进行整合，使其可操作。此外，如图 2-1-4 所示，用户需要使用无线路由器或无线接入点（AP）才能进行连接。

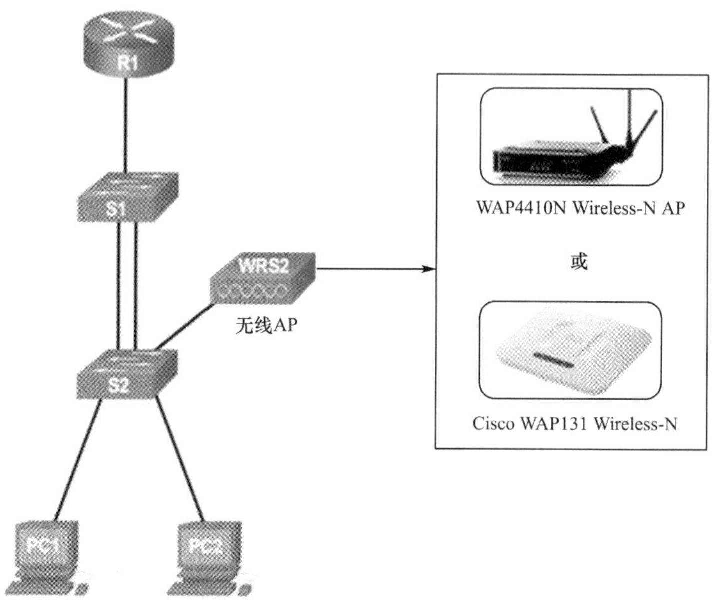

图 2-1-4　无线 WLAN

在实施无线网络时有许多注意事项，例如要使用的无线设备类型、无线覆盖要求、干扰注意事项和安全注意事项。

5. 优化路由协议

企业网络和 ISP 通常使用更高级的协议（例如链路状态路由协议），因为它们具有分层设计和可扩展为大型网络的能力。

链路状态路由协议(例如 OSPF),如图 2-1-5 所示,适用于较大的分层网络(其中快速融合非常重要)。OSPF 路由器会建立和维护与其他相连 OSPF 路由器的单个或多个邻居邻接关系。路由器在邻居之间启动邻接关系时,将会开始交换链路状态更新信息。在链路状态数据库中同步视图后,路由器即达到 FULL(完全)邻接状态。在 OSPF 网络中,在网络发生变动时将会发送链路状态更新信息。

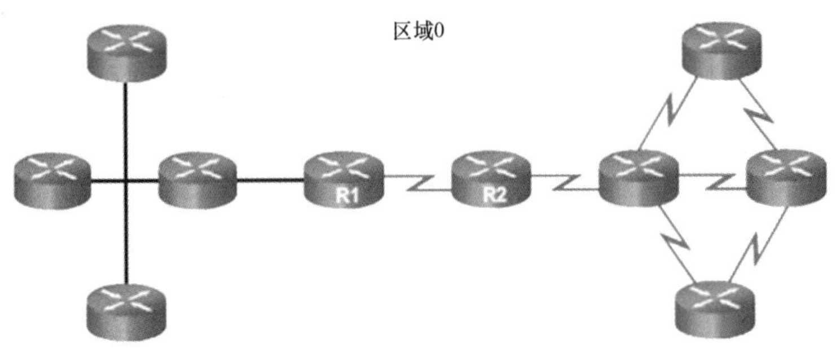

图 2-1-5 单区域 OSPF

此外,OSPF 支持两层设计或多区域 OSPF。所有 OSPF 网络都从区域 0(也称为主干区域)开始。随着网络的扩展,可以创建其他非主干区域,所有的非主干区域都必须与区域 0 直接连接。

适用于大型网络的另一个常用路由协议是增强型内部网关路由协议(EIGRP)。思科开发的 EIGRP 用作具有增强功能的专有距离矢量路由协议。尽管 EIGRP 的配置相对简单,EIGRP 的基础功能和选项却是广泛而稳定的。EIGRP 使用多个表格来管理路由进程,包含了很多其他路由协议不具备的功能,对于主要使用思科设备的大型多协议网络而言,它是极佳的选择。

1.2 选择网络设备

1.2.1 交换机硬件

1. 交换机平台

在设计网络时,选择可满足当前网络需求并允许网络增长的合适硬件非常重要。在企业网络中,交换机和路由器在网络通信中扮演着重要的角色。

如图 2-1-6 所示,在企业网络中存在着五种类型的交换机:

(1)园区 LAN 交换机

在企业 LAN 中扩展网络性能,包括核心层、分布层、接入层和紧凑型交换机。这些交换机平台各不相同,包括有八个固定端口的无风扇式交换机和支持数百个端口的 13 刀片式交换机。园区 LAN 交换机平台包括 Cisco 2960、3560、3750、3850、4500、6500 和 6800 系列。

(2)云管理接入交换机

Cisco Meraki 云管理接入交换机支持交换机的虚拟堆叠,它们将通过 Web 监控并配置数千个交换机端口,无须现场 IT 员工的干预。

园区LAN路由器　　数据中心路由器

云管理接入路由器

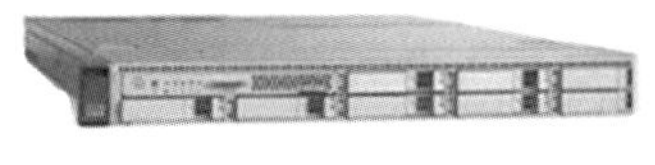

服务提供商路由器　　虚拟网络路由器

图 2-1-6　交换机类型

(3)数据中心交换机

应该根据交换机构建数据中心，以提高基础架构的可扩展性、操作连续性和传输灵活性。数据中心交换机平台包括 Cisco Nexus 系列交换机和 Cisco Catalyst 6500 系列交换机。

(4)服务提供商交换机

服务提供商交换机分为两类：聚合交换机和以太网接入交换机。聚合交换机是运营商级以太网交换机，它能够在网络边缘聚合流量。以太网接入交换机具备应用层智能、统一服务、虚拟化、集成安全性和简化管理功能。

(5)虚拟网络交换机

网络正变得交换机越来越虚拟化，Cisco Nexus 虚拟网络交换机平台通过将虚拟化智能技术添加到数据中心网络来提供安全的多用户服务。

在选择交换机时，网络管理员必须确定交换机的外形因素，这包括固定配置、模块化配置、堆叠式或非堆叠式。交换机的厚度(以机架单元数表示)对于在机架中安装的交换机也很重要。

2. 以太网供电

以太网供电(PoE)允许交换机通过现有的以太网电缆对设备进行供电。可通过 IP 电话和某些无线接入点来使用此功能。PoE 大大提高了安装无线接入点和 IP 电话时的灵活性，允许它们在所有存在以太网电缆的地方进行安装。网络管理员应该确保 PoE 功能是必须使用的，因为支持 PoE 的交换机非常昂贵。

相对较新的 Cisco Catalyst 2960-C 和 3560-C 系列紧凑型交换机支持 PoE 透传。PoE 透传允许网络管理员对连接到交换机的 PoE 设备供电，以及通过从某些上游交换机的牵引电源对交换机本身供电。

1.2.2 路由器硬件

1. 思科路由器

随着网络的不断扩大，选择合适的路由器来满足其要求很重要。路由器有三类，如图 2-1-7

所示。

分支路由器

网络边缘路由器

服务提供商路由器

图 2-1-7　路由器平台

(1)分支路由器

分支路由器可优化单一平台上的分支机构服务,同时在分支机构和 WAN 基础架构上提供最佳应用体验。要最大限度地提高分支机构的服务可用性,网络需要能够全天候正常运行。高度可用的分支网络必须确保能够从传统故障中快速恢复,同时尽量减少或消除对服务的影响,并提供简单的网络配置和管理。

(2)网络边缘路由器

网络边缘路由器使网络边缘能够提供高性能、高安全性和可靠的服务,用于联合园区、数据中心及分支机构网络。客户期望获得与之前相比更高质量的媒体体验和更多类型的内容。客户想要互动性、个性化、移动性和对所有内容的控制。此外,他们还希望能够随时随地通过任意设备访问所需的内容,无论是在家里、在办公室还是在路上。网络边缘路由器必须提供更好的服务质量、无中断视频和移动功能。

(3)服务提供商路由器

服务提供商路由器可区分服务产品组合,并通过提供端到端的可扩展解决方案及用户感知服务来增加收入。运营商必须优化运营、降低费用并提高可扩展性和灵活性,以便于在所有的设备和位置上提供下一代互联网体验。这些系统旨在简化和提高服务交付网络的运营及部署。

2. 路由器硬件

如图 2-1-8 所示,路由器也有多种外形因素。企业环境的网络应该能够支持不同的路由器,从小型的台式路由器到机架安装式路由器或刀片式路由器。

路由器也可分为固定配置式或模块式。在固定配置式路由器中,所需的路由器接口都是内置的。模块式路由器带有多个插槽,可以允许网络管理员更改路由器接口。例如,Cisco 1841 路由器出厂时便内置有两个快速以太网 RJ-45 接口,以及两个适用于多种不同网络接口模块的插槽。路由器带有各种不同的接口,例如快速以太网接口、千兆以太网接口、串行接口以及光纤接口。

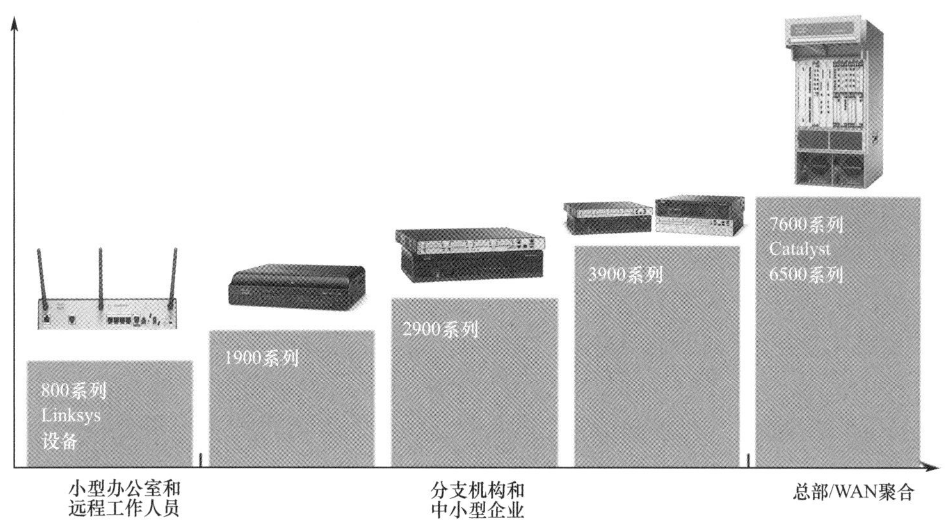

图 2-1-8 路由设备

总 结

分层网络设计模型将网络功能划分为接入层、分布层和核心层。Cisco 企业架构可进一步将网络划分为功能组件。

设计优良的网络可以控制流量并限制故障域的大小。路由器和多层交换机可以成对部署，这样单个设备的故障就不会造成服务中断。

网络设计应该包括 IP 编址策略、可扩展和快速融合的路由协议、合适的第 2 层协议，以及可以轻松升级以增加容量的模块或群集设备。

任务关键型服务器应该能够与两个不同的接入层交换机相连，它应该具有冗余模块（如果可能）以及备用电源。

安全监控系统和 IP 电话系统必须具备高可用性，并且通常具有特殊设计注意事项。

网络设计人员应该从相应类别中指定路由器：分支路由器、网络边缘路由器或服务提供商路由器。根据给定的要求、交换机功能和规格以及预期流量来部署合适类型的交换机也很重要。

项目 2-2 生成树协议

为避免产生第 2 层环路，需要管理多条路径。若最佳路径已经选择，主路径失败时便会立即使用替代路径。生成树协议可以用来管理第 2 层冗余。

如果主默认网关发生故障，冗余设备（例如多层交换机或路由器）能够让客户端使用替代默认网关，这样，一个客户端就可能有多条路径通往多个可能的默认网关。第一跳冗余协议用于管理如何为客户端分配默认网关,并在主默认网关发生故障时使用替代默认网关。

本项目着重介绍用于管理这些冗余形式的协议,还将介绍一些潜在的冗余问题及其症状。

学习目标

- 掌握生成树 STP 工作原理。
- 明确交换 LAN 环境中的 PVST+工作原理。
- 掌握快速 PVST+的配置。
- 掌握常见 STP 配置问题。

服贸会上看面向未来的智慧教育

在 2022 年中国国际服务贸易交易会(简称“服贸会”)上,教育服务专题展汇聚了国内外几十家知名教育机构及企业参展。

其中,既有智慧书法教室、下棋机器人、智慧课堂等科技赋能教育创新的展览展示;也有设计思维国际合作签约、新国潮设计大赛等一系列教育服务成果的发布。

这些“科技+教育”的新技术、新应用,让人们看到了面向未来的智慧教育。而在高等教育方面,北京市教委遴选了一系列优质教育成果,进行现场成果发布。其中,中国传媒大学设计思维学院现场发布了三项合作成果,并实现了一项签约。

(来源:学习强国)

2.1 生成树的概念

2.1.1 生成树的用途

1. OSI 第 1 层和第 2 层的冗余

三层式分层网络设计采用具有冗余的核心层、分布层和接入层,试图消除网络中的单点故障。交换机之间的多条布线路径在交换网络中提供物理冗余,这提高了网络的可靠性和可用性,为数据在网络中传输提供替代物理路径,能够让用户在路径中断时继续访问网络资源。

OSI 第 1 层冗余使用多个链路和设备加以说明,但是完成网络设置不仅仅需要物理规划。为了使冗余系统地工作,还需要使用 OSI 第 2 层协议,如 STP。

冗余是分层设计的一个重要部分,用于防止面向用户的网络服务中断。冗余网络要求添加物理路径,但逻辑冗余也必须是设计的一部分。但是,交换以太网中的冗余路径可能会导致物理和逻辑第 2 层环路。

逻辑第 2 层环路可能是由于交换机的自然操作而引起的,具体来说是指学习和转发过程。

当两个网络设备之间存在多条路径，并且交换机上没有实施生成树时，则会出现第 2 层环路。

2. 冗余问题 1：MAC 数据库不稳定

与 IP 数据包不同，以太网帧不含生存时间（TTL）属性，因此，如果没有启用任何机制来阻止这些帧在交换网络中持续传播，它们就会在交换机之间无限持续传播，或者直到中断链路并断开环路。在交换机之间持续传播可能会导致 MAC 数据库不稳定。这可能是由于广播帧转发而引起的。

广播帧会从除原始入口端口之外的所有交换机端口转发出去，这就确保了广播域中的所有设备都能收到该帧。如果可转发该帧的路径不止一条，可能会导致无限循环。当出现环路时，交换机的 MAC 地址表可能会使用广播帧的更新不断更改，从而导致 MAC 数据库不稳定。

3. 冗余问题 2：广播风暴

当卷入第 2 层环路的广播帧过多，导致所有可用带宽都被耗尽时，便形成了广播风暴。此时没有带宽可供正常流量使用，网络无法支持数据通信，这实际是拒绝服务。

环路网络中不可避免地会产生广播风暴。随着越来越多的设备通过网络发送广播，造成环路中的流量越来越多，消耗了很多资源，就会造成使网络中断的广播风暴。

广播风暴还会造成其他后果。因为广播流量是从交换机的每一个端口转发出去，因此所有相连设备都不得不处理环路网络中无休止泛洪的所有广播流量。由于网卡上不断收到大量需要处理的流量，导致处理要求过高，从而可能造成终端设备故障。

4. 冗余问题 3：重复的单播帧

广播帧并不是会受环路影响的唯一一种帧，发送到环路网络的单播帧也可能造成目的设备收到重复的帧。

大多数上层协议都无法识别或处理重复传输的问题。一般而言，采用序列号机制的协议会将这种情况视为头一次传输失败，该序列号会被另外一个通信会话重复使用。其他协议则会尝试将重复传输交由适当的上层协议处理（有可能会被丢弃）。

第 2 层 LAN 协议（例如以太网）缺少识别以及消除帧无限循环的机制。某些第 3 层协议采用 TTL 机制来限制第 3 层网络设备可以重新传输数据包的次数。由于没有这样的限定机制，第 2 层设备会无限地重新传输循环的流量。第 2 层采用环路避免机制 STP 来解决这些问题。

为了避免冗余网络出现这些问题，必须在交换机上启用某种生成树。默认情况下，思科交换机已启用生成树来防止第 2 层环路。

2.1.2 STP 运行

STP 的工作过程

1. 简介

冗余功能可防止网络因单个故障点（例如网络电缆或交换机故障）而无法运行，以此提升网络拓扑的可用性。当物理冗余功能被引入设计时，便会出现环路和重复帧，环路和重复帧对交换网络有着极为严重的影响。生成树协议（STP）便旨在解决这些问题。

STP 会特意阻塞可能导致环路的冗余路径，以确保网络中所有目的地之间只有一条逻辑路径。端口处于阻塞状态时，用户数据将无法进入或流出该端口。不过，STP 用来防止环路的 BPDU（网桥协议数据单元）帧仍可继续通行。阻塞冗余路径对于防止网络环路非常关键。为了提供冗余功能，这些物理路径实际依然存在，只是被禁用以免产生环路。一旦需要启用此类路径来抵消网络电缆或交换机故障的影响时，STP 就会重新计算路径，将必要的端口解除阻塞，使冗余路径进入活动状态。

STP 通过策略性设置"阻塞状态"的端口来配置无环网络路径，从而防止形成环路。运行 STP 的交换机能够动态地解除先前阻塞的端口，以允许流量通过替代路径传输，从而抵消故障对网络的影响。

2. 端口角色

IEEE 802.1D STP 使用生成树算法（STA）确定网络中的哪些交换机端口必须处于阻塞状态才能防止形成环路，如图 2-2-1 所示。STA 会将一台交换机指定为根网桥，然后将其用作所有路径计算的参考点。在图中，交换机 S1 在选举过程中被选为根网桥。所有参与 STP 的交换机互相交换 BPDU 帧，以确定网络中哪台交换机的网桥 ID（BID）最小，BID 最小的交换机将自动成为 STA 计算中的根网桥。

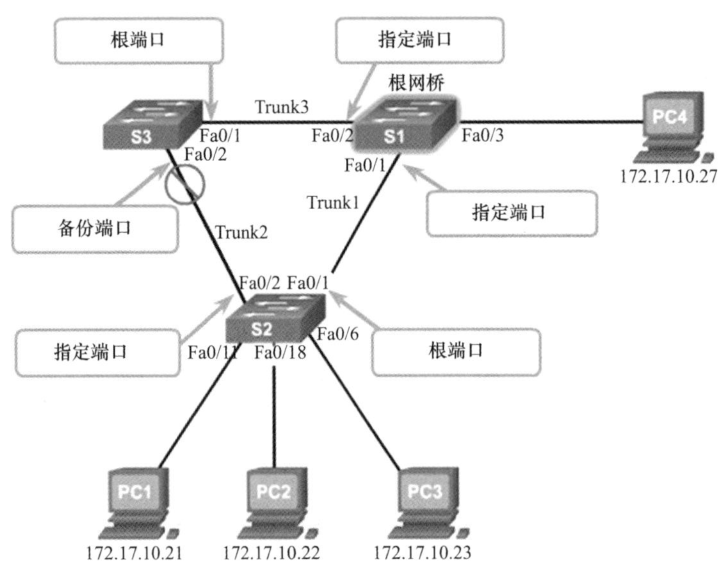

图 2-2-1 生成树算法

STA 确定到每台交换机的最佳路径之后，便会为相关交换机端口分配端口角色。端口角色描述了网络中端口与根网桥的关系，以及端口是否能转发流量。

(1)根端口

最靠近根网桥的交换机端口。在图中，S2 的根端口是 Fa0/1，该端口位于 S2 与 S1 之间的 TRUNK 链路上；S3 的根端口是 Fa0/1，该端口位于 S3 与 S1 之间的 TRUNK 链路上。根端口逐个交换机进行选择。

(2)指定端口

指定端口是网络中获准转发流量的、除根端口之外的所有端口。在图中，交换机 S1 上的端口 Fa0/1 和 Fa0/2 都是指定端口；S2 上的端口 Fa0/2 也是指定端口。指定端口逐个 TRUNK 进行选择。如果 TRUNK 的一端是根端口，则另一端是指定端口。根网桥上的所有端口都是指定端口。

(3)替代端口或备份端口

替代端口或备份端口被配置为阻塞状态,以防形成环路。在图 2-2-1 中,STA 将 S3 上的端口 Fa0/2 配置成了替代端口,处于阻塞状态。替代端口只能在两端都不是根端口的 TRUNK 链路上选择。请注意在图中,TRUNK 只有一端处于阻塞状态,这样可以在必要时更快地转换到转发状态(阻塞端口仅在同一交换机上的两个端口通过集线器或一根电缆互连时才起作用)。

(4)禁用端口

禁用端口是关闭的交换机端口。

3. 根网桥

如图 2-2-2 所示,每个生成树实例(交换 LAN 或广播域)都有一台交换机被指定为根网桥。根网桥是所有生成树计算的参考点,用于确定哪些冗余路径应被阻塞。根网桥通过选举来确定。

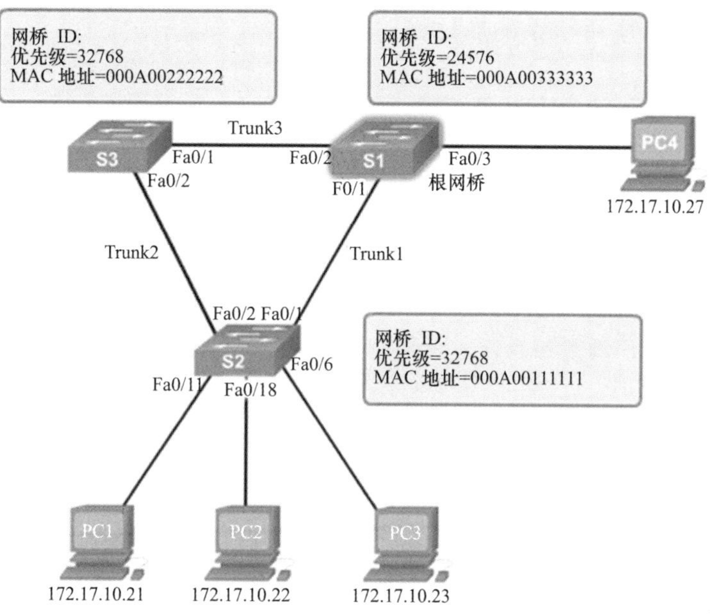

图 2-2-2 根网桥

交换机开始转发 BPDU 帧,广播域中的邻接交换机从 BPDU 帧中读取到根网桥 ID 信息。如果收到的 BPDU 中包含的根网桥 ID 比接收方交换机的根 ID 更小,接收方交换机会更新自己的根 ID,将邻接交换机作为根网桥。实际上,也可能不是邻接交换机,而是广播域中的任何其他交换机。然后交换机将含有较小根网桥 ID 的新 BPDU 帧发送给其他邻接交换机。最终,具有最小网桥 ID(BID)的交换机被确定为生成树实例的根网桥。

一般会为每个生成树实例选择一个根网桥,也可能有多个不同的根网桥。如果所有交换机的所有端口都是 VLAN 1 的成员,则只有一个生成树实例。扩展系统 ID 在确定生成树实例时也能起到一定作用。

4. 路径开销

为生成树实例选举根网桥后,STA 便开始确定从广播域内所有目的地到根网桥的最佳路径。将从目的地到根网桥的路径上沿途的每个端口开销加在一起便可得到路径信息,每个“目的地”实际上是一个交换机端口。

默认情况下,端口开销由端口的运行速度决定,例如,10 Gb/s 以太网端口的端口开销为 2,1 Gb/s 以太网端口的端口开销为 4,100 Mb/s 快速以太网端口的端口开销为 19,10 Mb/s 以太网端口的端口开销为 100。

注意：随着更新、更快的以太网技术面世，路径开销值也可能进行相应的改变，以满足各种可用速度的要求。为了满足 10 Gb/s 以太网标准，这些值已做更改。为了说明与高速网络相关的持续变化，Cisco Catalyst 4500 和 6500 交换机支持更长的路径开销方法。例如，10 Gb/s 的路径开销为 2 000，100 Gb/s 的路径开销为 200，1 Tb/s 的路径开销为 20。

尽管交换机端口关联有默认的端口开销，但端口开销是可以配置的。通过单独配置各个端口开销，管理员便能手动灵活控制到根网桥的生成树路径。路径开销是到根网桥的路径上所有端口开销的总和，首选开销最低的路径，并阻止所有其他冗余路径。

2.2 生成树协议的变体

2.2.1 生成树协议的变体概述

自原始 IEEE 802.1D 之后，生成树协议的若干变体应运而生。

生成树协议的变体包括：

(1)STP：这是原始 IEEE 802.1D 版本(802.1D－1998 及更早版本)，在具有冗余链路的网络中提供无环拓扑。公共生成树(CST)假定整个桥接网络只有一个生成树实例，而不论 VLAN 的数量如何。

(2)PVST＋：这是思科对 STP 所做的一项改进，它为网络中配置的每个 VLAN 提供单独 802.1D 生成树实例。单独实例支持 PortFast、UplinkFast、BackboneFast、BPDU 防护、BPDU 过滤、根防护和环路防护。

(3)802.1D－2004：这是 STP 标准的更新版本，合并了 IEEE 802.1w。

(4)快速生成树协议(RSTP)或 IEEE 802.1w：它从 STP 演变而来，融合速度快于 STP。

(5)快速 PVST＋：这是思科对使用 PVST＋的 RSTP 所做的一项改进。快速 PVST＋为每个 VLAN 提供一个单独的 802.1w 实例。单独实例支持 PortFast、BPDU 防护、BPDU 过滤、根防护和环路防护。

(6)多生成树协议(MSTP)：这是受早期思科专有多实例 STP(MISTP)实施方式启发而提出的 IEEE 标准。MSTP 将多个 VLAN 映射到同一个生成树实例。MST 是思科实施的 MSTP，提供多达 16 个 RSTP 实例并将许多具有相同物理和逻辑拓扑的 VLAN 合并到一个常用 RSTP 实例中。每个实例支持 PortFast、BPDU 防护、BPDU 过滤、根防护和环路防护。

2.2.2 PVST＋

原始 IEEE 802.1D 标准定义了公共生成树(CST)，假定整个交换网络只有一个生成树实例，而不论 VLAN 的数量如何。运行 CST 的网络具有以下特征：

(1)不可能进行负载共享。一条上行链路必须阻塞所有 VLAN。

(2)CPU 闲置。只需要计算一个生成树实例。

思科开发了 PVST＋，这样网络中的每个 VLAN 就可以运行思科 IEEE 802.1D 实施方式的单独实例。使用 PVST＋，交换机上的一个 TRUNK 端口可以阻塞某个 VLAN，而不阻塞其他 VLAN。PVST＋可用于实施第 2 层负载均衡。由于每个 VLAN 运行 STP 的单独实例，因此 PVST+环境中的交换机比 STP 的传统 CST 实施方式中的交换机需要更高的 CPU 进程和 BPDU 带宽消耗。

运行 PVST+的网络具有以下特征：

(1)可以实现最优的负载共享。

(2)为每个 VLAN 维护一个生成树实例，这意味着会大大浪费网络中所有交换机的 CPU 周期(除了每个实例发送自己的 BPDU 所使用的带宽)。只有配置大量的 VLAN 时这才会造成问题。

对于交换网络中的每个 VLAN，PVST+执行以下四个步骤来提供无环的逻辑网络拓扑：

(1)选举一个根网桥

只有一台交换机可以用作根网桥(用于给定 VLAN)。根网桥是具有最低网桥 ID 的交换机。在根网桥上，所有端口都是指定端口(无根端口)。

(2)在每个非根网桥上选择根端口

STP 在每个非根网桥建立一个根端口。根端口是从非根网桥到根网桥开销最低的路径，指示到根网桥的最佳路径的方向。根端口通常处于转发状态。

(3)在每个网段上选择指定端口

STP 在每条链路上建立一个指定端口，指定端口在到根网桥开销最低的交换机上选择。指定端口通常处于转发状态，为该网段转发流量。

(4)交换网络的其余端口是替代端口

替代端口通常处于阻塞状态，在逻辑上断开环路拓扑。当端口处于阻塞状态时，它不会转发流量，但是仍然可以处理收到的 BPDU 消息。

2.2.3 快速 PVST+

1. 快速 PVST+概述

RSTP(IEEE 802.1w)是从原始 802.1D 标准演变而来的，并融合到 IEEE 802.1D-2004 标准中。快速 PVST+实际上是思科在每个 VLAN 上实施的 RSTP。使用快速 PVST+，每个 VLAN 运行一个单独的 RSTP 实例。

RSTP 能够在第 2 层网络拓扑变更时加速重新计算生成树的过程。若网络配置恰当，RSTP 能够达到相当快的融合速度，有时甚至只需几百毫秒。RSTP 重新定义了端口的类型及端口状态。如果端口被配置为替代端口或备份端口，则该端口可以立即转换到转发状态，而无须等待网络融合。以下简要介绍 RSTP 的特征：

(1)要防止交换网络环境中形成第 2 层环路，最好选择 RSTP 协议。原始 802.1D 所增加的思科专有增强功能带来了许多变化，这些增强功能(例如承载和发送端口角色信息的 BPDU 仅发送给邻接交换机)不需要额外配置，而且通常执行效果比早期的思科专有版本更佳。此类功能现在是透明的，已集成到协议的运行当中。

(2)原始 802.1D 所增加的思科专有增强功能(例如 UplinkFast 和 BackboneFast)与

RSTP 不兼容。

(3)RSTP(802.1w)取代了原始 802.1D,但仍保留了向下兼容的能力。原始 802.1D 的许多术语予以保留,且大多数参数保持不变。此外,802.1w 能够返回到 802.1D 以基于端口与传统交换机互操作。例如,RSTP 生成树算法选举根网桥的方式与原始 802.1D 完全相同。

(4)RSTP 使用与原始 802.1D 相同的 BPDU 格式,不过其版本字段被设置为 2 以代表是 RSTP,并且标识字段用完所有的 8 位。

(5)RSTP 能够主动确认端口是否能安全转换到转发状态,而不需要依靠任何计时器来做出判断。

2. 边缘端口

RSTP 边缘端口是指永远不会连接到其他交换机设备的交换机端口。当启用时,此类端口会立即转换到转发状态。

RSTP 边缘端口概念对应 PVST+ PortFast 功能;边缘端口直接连接到终端,并且假定它没有连接任何交换机设备。RSTP 边缘端口应立即转换到转发状态,从而跳过原始 802.1D 中耗时的侦听和学习端口状态。

思科的 RSTP 实施方式(即快速 PVST+)保留了 PortFast 关键字,其使用 spanning-tree portfast 命令来执行边缘端口配置,这样便可以从 STP 顺利转换到 RSTP。

图 2-2-3 显示了可以配置为边缘端口的示例,图 2-2-4 显示了可以配置为非边缘端口的示例。

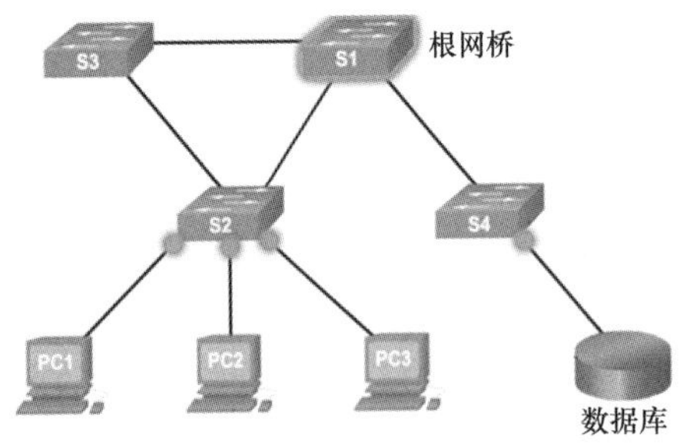

图 2-2-3 边缘端口

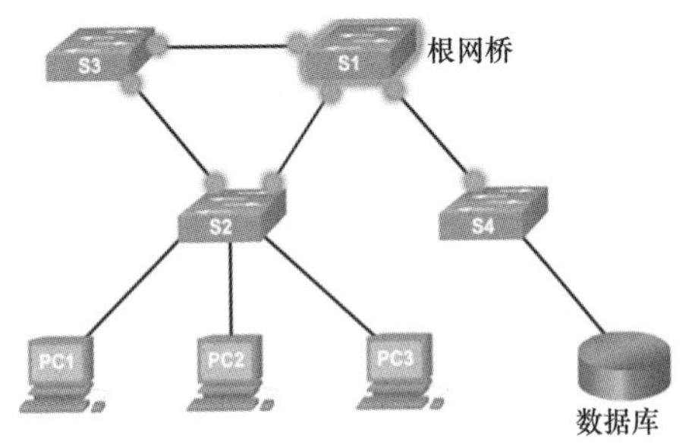

图 2-2-4 非边缘端口

注意:建议不要将边缘端口配置为连接其他交换机,这会对 RSTP 造成负面影响,因为可能发生临时环路,并可能会延迟 RSTP 的融合。

2.3 生成树的配置

2.3.1 PVST+配置

微课

STP 的配置

如果管理员要将特定交换机作为根网桥,必须对其网桥优先级值加以调整,以确保该值小于网络中所有其他交换机的网桥优先级值。在 Cisco Catalyst 交换机上配置网桥优先级值有两种不同的方法。

1. 方法 1

为确保交换机具有最小的网桥优先级值，在全局配置模式下使用 spanning-tree vlan vlan-id root primary 命令。交换机的优先级即被设置为预定义的值 24 576，或者是小于网络中检测到的最低网桥优先级的 4 096 的最大倍数。

如果需要设置一台替代根网桥，可使用全局配置模式命令 spanning-tree vlan vlan-id root secondary，此命令将交换机的优先级设置为预定义的值 28 672，这可确保主根网桥发生故障时替代交换机成为根网桥。这里假设网络中的其他交换机都将默认优先级值定义为 32 768。

在图 2-2-5 中，S1 已使用 spanning-tree vlan 1 root primary 命令指定为主根网桥，S2 已使用 spanning-tree vlan 1 root secondary 命令配置为次根网桥。

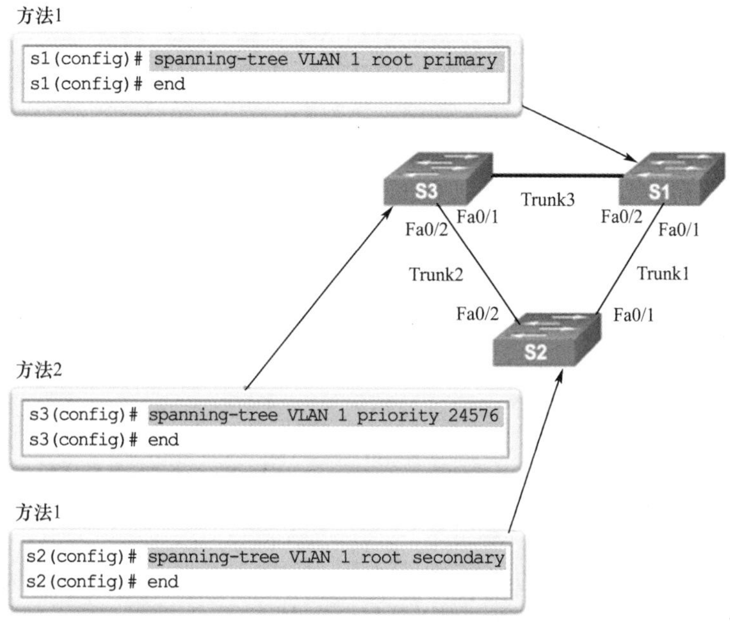

图 2-2-5 配置网桥优先级

2. 方法 2

另一种配置网桥优先级值的方法是使用全局配置模式命令 spanning-tree vlan vlan-id priority value，此命令可更为精确地控制网桥优先级值。优先级值在 0 和 61 440 之间，增量为 4 096。

在示例中，S3 通过 spanning-tree vlan 1 priority 24576 命令获得了网桥优先级值 24 576。

要检验交换机的网桥优先级，可使用 show spanning-tree 命令。在图 2-2-6 中，交换机的网桥优先级值设置为 24 576。另请注意，交换机已指定为生成树实例的根网桥。

PortFast 和 BPDU 防护：

PortFast 是用于 PVST+环境的思科功能。当交换机端口配置了 PortFast 时，该端口会立即从阻塞状态转换到转发状态，绕过通常的 802.1 D STP 转换状态（侦听和学习状态）。我们可以在接入端口上使用 PortFast，让这些设备立即连接到网络，而不是等待 IEEE 802.1 D STP 在每个 VLAN 上融合。接入端口是连接到单个工作站或服务器的端口。

PortFast 技术对 DHCP 很有用。如果没有配置 PortFast，PC 可能在端口进入转发状态

```
S3# show spanning-tree
VLAN0001
   Spanning tree enabled protocol ieee
   Root ID   priority  24577
             Address   00A.0033.3333
             This bridge  is the  root
             Hello Time 2sec Max Age 20  sec  Forward Delay  15  sec
Bridge  ID  Priority    24577  (priority  24576  sys-id-ext  1)
            Address     000A.0033.3333
            Hello Time 2sec Max Age 20  sec  Forward Delay  15  sec
            Aging Time  300

Interface      Role          Sts        Cost       Prio.Nbr         Type
-------------- ------------- ---------- ---------- ---------------- ------------
Fa0/1          Desg          FMD        4          128.1            p2p
Fa0/2          Desg          FMD        4          128.2            p2p
S3#
```

图 2-2-6　检验交换机网桥优先级

之前发送 DHCP 请求，导致主机无法获得可用的 IP 地址和其他信息。由于 PortFast 立即将状态更改为转发，PC 就始终能获得可用的 IP 地址。

注意：由于 PortFast 的目的是将接入端口等待生成树融合的时间降至最低，因此该技术只能用于接入端口上。如果在连接到其他交换机的端口上启用 PortFast，则会增加形成生成树环路的风险。

在一个有效的 PortFast 配置中，不应该接收 BPDU，因为这意味着另一个网桥或交换机已连接到该端口，从而可能导致生成树环路。思科交换机支持 BPDU 防护的功能，当将其启用时，BPDU 防护会在收到 BPDU 时将端口设置为 error-disabled 状态，这将有效关闭端口。

2.3.2 快速 PVST＋配置

快速 PVST＋是思科实施的 RSTP。Catalyst 2960 系列交换机的默认生成树配置是 PVST＋。Cisco 2960 交换机支持 PVST＋、快速 PVST＋和 MST，但所有 VLAN 只能同时使用一个版本。

快速 PVST＋命令控制着 VLAN 生成树实例的配置，将接口指定给一个 VLAN 时生成树实例即会创建，而将最后一个接口移到其他 VLAN 时生成树实例即被删除。同样，我们可以在创建生成树实例之前配置 STP 交换机和端口参数。当创建生成树实例时，会应用这些参数。

表 2-2-1 显示了在思科交换机上配置快速 PVST＋所需的 Cisco IOS 命令语法。spanning-tree mode rapid-pvst 全局配置模式命令是快速 PVST＋配置的一个必要命令。当指定要配置的接口时，有效的接口包括物理端口、VLAN 和端口通道，如安装了增强版的软件映象(EI)，则 VLAN ID 的范围从 1 到 4 094；如安装了标准软件映象，则范围从 1 到 1 005。端口通道的范围是 1 到 6。

表 2-2-1　快速 PVST＋命令语法

IOS 命令	语法
进入全局配置模式	configure terminal
配置快速 PVST＋生成树模式	spanning-tree mode rapid-pvst

（续表）

IOS 命令	语法
进入接口配置模式并指定要配置的接口（有效的接口包括物理端口、VLAN 和端口通道）	interface *interface-id*
将此端口的链路类型指定为点对点	spanning-tree link-type point-to-point
返回特权执行模式	end
清除所有检测到的 STP	clear spanning-tree detected-protocols

2.3.3 STP 配置问题

1. 分析 STP 拓扑

要分析 STP 拓扑，请执行以下步骤：

第 1 步　查找第 2 层拓扑。使用网络文档（如果存在），或使用 show cdp neighbors 命令查找第 2 层拓扑。

第 2 步　找到第 2 层拓扑后，使用 STP 知识确定预期的第 2 层路径。我们需要知道哪台交换机是根网桥。

第 3 步　使用 show spanning-tree vlan 命令确定哪台交换机是根网桥。

第 4 步　使用 show spanning-tree vlan 命令在所有交换机上查找处于阻塞或转发状态的端口，并确认预期的第 2 层路径。

2. 预期拓扑与物理拓扑

在许多网络中，最佳 STP 拓扑确定为网络设计的一部分，然后通过操纵 STP 优先级和成本值来实施。有时，网络设计和实施可能没有考虑 STP，或者是在网络发生了显著的增长和更改之前的考虑或实施。在这些情况下，知道如何在运营网络中分析实际 STP 拓扑非常重要。

大部分故障排除包括比较网络的实际状态与网络的期望状态，以及指出差异来收集有关我们要排除的问题的线索。网络管理员应当能够检查交换机和确定实际拓扑，还要能够了解基本的生成树拓扑。

使用 show spanning-tree 命令且不指定任何其他选项，可以快速查看交换机上定义的所有 VLAN 的 STP 状态。如果我们仅对特定 VLAN 感兴趣，可以通过指定该 VLAN 作为选项来限制此命令的范围。

使用 show spanning-tree vlan *vlan-id* 命令可以获取特定 VLAN 的 STP 信息。如图 2-2-7 所示交换机 S1 上的示例输出显示三个端口全部处于转发（FWD）状态，以及这三个端口（作为指定端口或根端口）的角色。被阻塞的端口的输出状态显示为“BLK”。

输出还提供了有关本地交换机的 BID 和根 ID（根网桥的 BID）的信息。

3. 生成树故障后果

STP 有两种类型的故障。第一类故障：STP 可能错误地阻塞本应变为转发状态的端口。

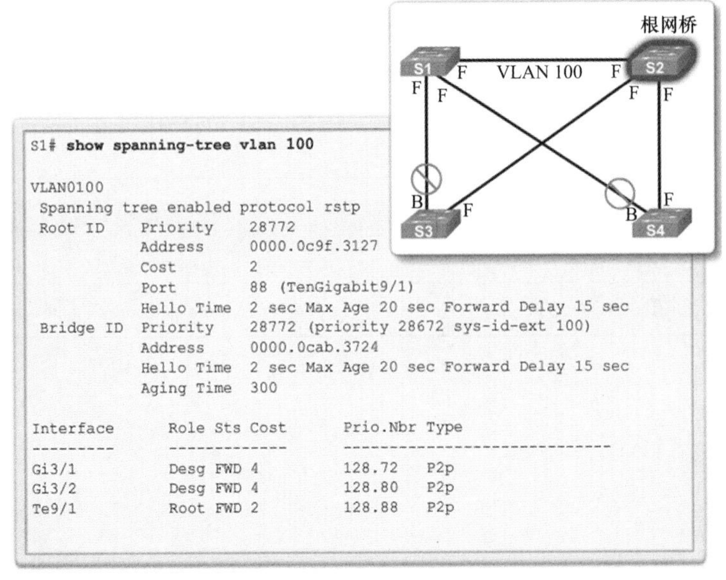


```
S1# show spanning-tree vlan 100

VLAN0100
 Spanning tree enabled protocol rstp
 Root ID     Priority    28772
             Address     0000.0c9f.3127
             Cost        2
             Port        88 (TenGigabit9/1)
             Hello Time  2 sec Max Age 20 sec Forward Delay 15 sec
 Bridge ID   Priority    28772 (priority 28672 sys-id-ext 100)
             Address     0000.0cab.3724
             Hello Time  2 sec Max Age 20 sec Forward Delay 15 sec
             Aging Time  300

Interface      Role Sts Cost        Prio.Nbr Type
---------      -------------        ------------------------------
Gi3/1          Desg FWD 4           128.72    P2p
Gi3/2          Desg FWD 4           128.80    P2p
Te9/1          Root FWD 2           128.88    P2p
```

图 2-2-7　STP 状态

通常通过此交换机传输的流量可能会丢失连接，但是网络的其余部分不会受到影响。第二类故障更具破坏性，当 STP 错误地将一个或多个端口变为转发状态时，会发生第二类故障。

STP 故障的后果和相应的症状有哪些？当越来越多的帧进入环路时，交换 LAN 中所有链路上的负载会开始快速增加，此问题不只限于形成环路的链路，而且还会影响交换域中的所有其他链路，因为这些帧会在所有链路上泛洪，如图 2-2-8 所示。当生成树故障限于单一 VLAN 时，只有该 VLAN 上的链路会受到影响，不携带该 VLAN 的交换机和 TRUNK 可以正常运行。如果生成树故障造成桥接环路，流量将呈指数级增长，交换机随后将在多个端口泛洪广播。交换机每次转发帧时都会产生副本。

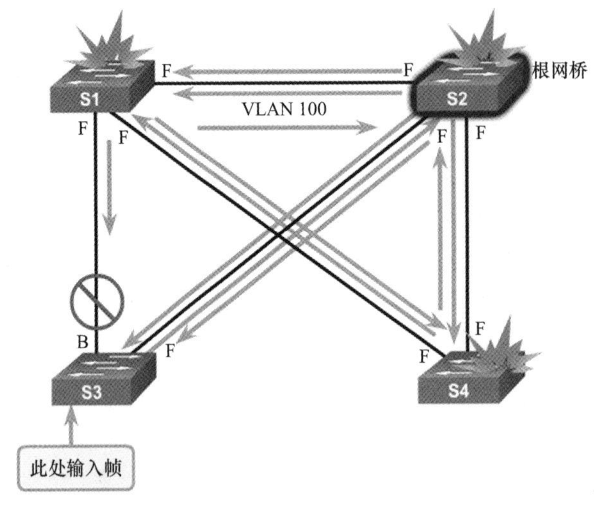

图 2-2-8　STP 故障的后果

4. 修复生成树问题

解决生成树故障的一种方法是通过物理方式或通过配置，手动删除交换网络中的冗余链路，直到从拓扑中删除所有环路。当中断环路时，流量和 CPU 负载应快速下降到正常水平，而且也应能重新连接到我们的设备。

虽然这种干预能够恢复网络连接，但这不是故障排除流程的结束。交换网络中的所有冗余已被删除，现在我们必须恢复冗余链路。

如果生成树故障的根本原因未解决，则恢复冗余链路将有可能触发新的广播风暴。在恢复冗余链路之前，要确定原因并排除生成树故障的产生条件。仔细监控网络，确保问题得到解决。

总　结

冗余第 2 层网络引起的问题包括广播风暴、MAC 数据库不稳定和重复的单播帧。STP 是第 2 层协议，它通过有意阻塞可能引起环路的冗余路径，确保所有目的地之间只有一个逻辑路径。

STP 发送 BPDU 帧来在交换机之间通信。每个生成树实例选举一台交换机作为根网桥，管理员可以通过更改网桥优先级控制此选举。根网桥可以配置为按每个 VLAN 或每组 VLAN 启用生成树负载均衡，具体取决于所使用的生成树协议。STP 随后使用路径开销为每个参与的端口分配端口角色。路径开销是到根网桥的路径上所有端口开销的总和，端口开销自动分配给每个端口，但也可以手动配置。首选开销最低的路径，并阻止所有其他冗余路径。

PVST＋是 IEEE 802.1D 在思科交换机上的默认配置，它为每个 VLAN 运行一个 STP 实例。较新的快速融合生成树协议(RSTP)可以以快速 PVST＋的形式，在思科交换机上对每个 VLAN 实施。多生成树(MST)是思科实施的多生成树协议(MSTP)，该协议对一组特定的 VLAN 运行一个生成树实例。诸如 PortFast 和 BPDU 防护等功能可确保交换环境中的主机能够即时访问网络，而不涉及生成树操作。

综合实验——配置快速 PVST＋

1. 实验背景

在本练习中，我们将配置 VLAN 和 TRUNK、快速生成树 PVST＋、主根网桥和次根网桥，并检查配置结果。我们还可以通过配置 PortFast 和边缘端口上的 BPDU 防护优化网络。

2. 实验拓扑(图 2-2-9)

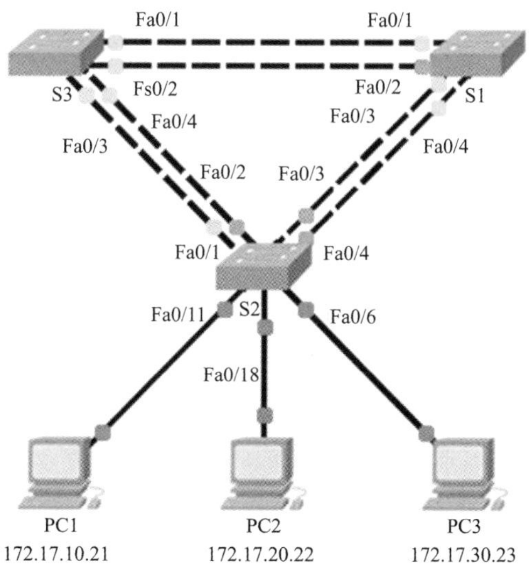

图 2-2-9　配置快速 PVST＋拓扑

3. 地址分配表(表 2-2-2)

表 2-2-2 配置快速 PVST+地址分配

设备	接口	IP 地址	子网掩码	默认网关
S1	VLAN 99	172.17.99.11	255.255.255.0	N/A
S2	VLAN 99	172.17.99.12	255.255.255.0	N/A
S3	VLAN 99	172.17.99.13	255.255.255.0	N/A
PC1	NIC	172.17.10.21	255.255.255.0	172.17.10.254
PC2	NIC	172.17.20.22	255.255.255.0	172.17.20.254
PC3	NIC	172.17.30.23	255.255.255.0	172.17.30.254

4. 交换机端口分配规格(表 2-2-3)

表 2-2-3 配置快速 PVST+端口分配

端口	作业	网络层
S2 Fa0/6	VLAN 30	172.17.30.0/24
S2 Fa0/18	VLAN 20	172.17.20.0/24
S2 Fa0/11	VLAN 10	172.17.10.0/24

5. 实验内容

第一部分:配置 VLAN。

第 1 步 以接入模式启用 S2 的用户端口。

第 2 步 创建 VLAN。

第 3 步 为交换机端口分配 VLAN。

第 4 步 检验 VLAN。

第 5 步 为本征 VLAN 99 分配 TRUNK。

第 6 步 为全部三台交换机上的管理接口配置地址。

第二部分:配置快速生成树 PVST+负载均衡。

第 1 步 配置 STP 模式。

第 2 步 配置快速生成树 PVST+负载均衡。

第三部分:配置 PortFast 和 BPDU 防护。

第 1 步 在 S2 上配置 PortFast。

第 2 步 在 S2 上配置 BPDU 防护。

第 3 步 检验配置。

项目 2-3 链路聚合

本项目将介绍 EtherChannel 和用于创建 EtherChannel 的方法,可以手动配置 EtherChannel,也可以通过使用思科专有协议端口聚合协议(PAgP)或由 IEEE 802.3ad 定义的协议链路聚合控制协议(LACP)来协商 EtherChannel。

学习目标

- 掌握链路聚合的概念。
- 掌握 EtherChannel 技术。
- 能使用 EtherChannel 配置链路聚合。

中国铁路从“追赶”到“领跑世界”

党的十八大以来，在科技创新的强力驱动下，中国高铁事业飞速发展，从引进、消化、吸收再创新到自主创新，高铁技术现在已经领跑世界，高铁成为我国自主创新的一个成功范例。

2012 年，中国标准动车组研发工作启动。

2017 年 6 月 26 日，两列复兴号动车组率先从京沪高铁两端的北京南站和上海虹桥站双向首发，宣告我国铁路技术装备水平进入一个崭新时代。

2022 年 4 月 21 日，我国自主研发的世界领先新型复兴号高速综合检测列车创造了明线相对交会时速 870 千米的世界纪录。

（来源：学习强国）

3.1　链路聚合的概念

3.1.1　链路聚合

链路聚合简介

来自多个链路的流量（通常是 100 Mb/s 或 1 000 Mb/s）在接入交换机上聚合，而且必须发送到分布层交换机。由于流量聚合，接入和分布交换机之间必须有具有更高带宽的链路。

接入层和分布层交换机之间的聚合链路上可以使用更快的链路，例如 10 Gb/s，但是增加更快链路的费用昂贵。此外，随着接入链路上速度的提高，即使聚合链路上速度最快的端口也不能快到足以聚合来自所有接入链路的流量。

也可以增加交换机之间的物理链路数，以便提高交换机到交换机通信的总体速度。但是，默认情况下，交换机设备上会启用 STP，STP 将阻塞冗余链路以防止路由环路。

因此，最佳解决方案是实施 EtherChannel 配置。EtherChannel 技术最初是由思科开发的，是一种将多个快速以太网或千兆以太网端口集合到一个逻辑通道中的 LAN 交换机到交换机技术。当配置了 EtherChannel 时，所产生的虚拟接口称为端口通道，物理接口捆绑在一起成为一个端口通道接口，如图 2-3-1 所示。

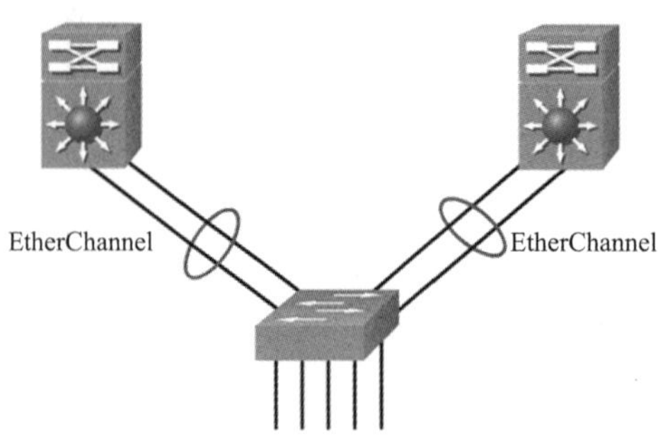

图 2-3-1 配置 EtherChannel

3.1.2 EtherChannel 运行

EtherChannel 运行

1. 端口聚合协议 PAgP

EtherChannel 可通过使用 PAgP 或 LACP 进行协商来形成，这些协议允许具有相似特征的端口通过与相邻交换机进行动态协商以形成通道。

PAgP 是思科专有协议，有助于自动创建 EtherChannel 链路。使用 PAgP 配置 EtherChannel 链路时，将在 EtherChannel 可用的端口之间发送 PAgP 数据包以协商信道的形成。当 PAgP 识别到匹配的以太网链路时，就将其分组到同一 EtherChannel，然后，EtherChannel 将作为单个端口添加到生成树。

注意：在 EtherChannel 中，所有端口都必须具有相同的速度、双工设置和 VLAN 信息。通道创建后，任何端口修改也将改变其他所有通道端口。

2. 链路聚合控制协议 LACP

LACP 属于 IEEE 802.3ad，允许将多个物理端口捆绑形成单个逻辑通道。LACP 允许交换机通过向对等体发送 LACP 数据包以协商自动捆绑，它与 Cisco EtherChannel 一起使用，执行的功能与 PAgP 类似。因为 LACP 是 IEEE 标准，所以可以在多供应商环境中使用它来为 EtherChannel 提供便利。

思科设备都支持这两个协议。

注意：LACP 最初定义为 IEEE 802.3ad，但是，现在 LACP 在针对局域网和城域网的较新的 IEEE 802.1AX 标准中进行定义。

3.2 链路聚合的配置

3.2.1 配置 EtherChannel

锐捷静态动态 2 个交换机链路聚合实训

1. 配置原则

（1）EtherChannel 支持：所有模块上的所有以太网接口都必须支持 EtherChannel，而不要求接口在物理上连续或位于同一模块。

（2）速度和双工：将 EtherChannel 中的所有接口配置为以相同速度并在相同双工模式下

运行。

(3) VLAN 匹配：必须将 EtherChannel 中的所有接口分配到相同 VLAN 或配置为 TRUNK。

(4) VLAN 范围：在中继 EtherChannel 中的所有接口上，EtherChannel 都支持相同的 VLAN 允许范围。如果 VLAN 的允许范围不同，那么即使设置为自动或期望模式，接口也不会形成 EtherChannel。

2. 配置接口

使用 LACP 配置 EtherChannel 包括两个步骤：

第 1 步 使用 interface range interface 全局配置模式命令指定构成 EtherChannel 组的接口。range 关键字允许我们选择多个接口并对它们一起进行配置，最好是先关闭这些接口，这样未完成配置就不会引起链路上的活动。

第 2 步 在接口范围配置模式下使用 channel-group identifier mode active 命令创建端口通道接口。标识符指定了信道组编号。mode active 关键字会将此确定为 LACP EtherChannel 配置。

注意：默认情况下禁用 EtherChannel。

例如，我们要把 FastEthernet0/1 和 FastEthernet0/2 捆绑在一起形成 EtherChannel 接口端口通道 1；要更改端口通道接口上的第 2 层设置，使用 interface port-channel 命令，后跟接口标识符进入端口通道接口配置模式。在下面的示例中，将 EtherChannel 配置为已指定允许 VLAN 的 TRUNK 接口，并且接口端口通道 1 已配置为具有允许 VLAN 1、2 和 20 的中继。

```
S1# configure terminal
S1(config)# interface range fastethernet0/1-2
S1(config-if-range)# channel-group 1 mode active
Creating a port-channel interface Port-channel 1
S1(config-if)# interface port-channel 1
S1(config-if)# switchport mode trunk
S1(config-if)# switchport trunk allowed vlan 1,2,20
```

3.2.2 检验 EtherChannel

有许多命令可用于检验 EtherChannel 配置。首先，show interface port-channel 1 命令可用于显示端口通道接口的一般状态，如图 2-3-2 所示。

```
S1#show interface port-channel1
Port-channel1 is up,line protocol is up(connected)
   Hardware is EtherChannel ,address is 0cd9.96e8.8a02(bia 0cd9.96e8.8a02)
   MTU 1500 bytes,BW 200000 Kbit/sec,DLY 100 usec,
        reliability 255/255,txload 1/255,rxload  1/255
Encapsulation ARPA,loopback not set
<省略部分输出>
```

图 2-3-2 检验 EtherChannel 配置

当同一设备上配置了多个端口通道接口时，可以使用 show etherchannel summary 命令使每个端口通道仅显示一行信息。图 2-3-3 中，交换机配置了一个 EtherChannel；组 1 使用

LACP。接口包由接口 FastEthernet0/1 和 FastEthernet0/2 组成。由端口通道编号旁边的字母 SU 可知，该组为第 2 层 EtherChannel 且正在使用。

```
S1#show etherchannel summary
Flags:D- down          P-bundled in port-channel
      I-stand-alone    S-suspended
      H-Hot-standby(LACP only)
      R- Layer3        S- Layer2
      U- in use        f- failed to allocate aggregator

      M-not in use, minimum links not met
      u-unsuitable  for bundling
      w-waiting to be aggregated
      d-default port

Number of channel-groups in use:1
Number of aggregators:          1

Group  Port-channer  Protocol   Ports
1        Po1(SU)     LACP       Fa0/1(P)   Fa0/2(P)
```

图 2-3-3　查看多端口通道

总　结

EtherChannel 会将多个交换链路聚合到一起，以实现两台设备之间冗余路径上的负载均衡。一个 EtherChannel 中的所有端口在两端设备的所有接口上都必须具有相同的速度、双工设置和 VLAN 信息。端口通道接口配置模式下的设置也将应用于此 EtherChannel 中的各个接口。在单个接口上的设置将不会应用于 EtherChannel 或 EtherChannel 中的其他接口。

PAgP 是思科专有协议，有助于自动创建 EtherChannel 链路。PAgP 模式有三种，分别是打开、期望和自动。LACP 属于 IEEE 规范，也允许将多个物理端口捆绑到一个逻辑通道中。LACP 模式是打开、LACP 主动和 LACP 被动。PAgP 和 LACP 不能互操作。在 PAgP 和 LACP 中都再次提及“打开”模式，因为它会无条件创建 EtherChannel，无须使用 PAgP 或 LACP。EtherChannel 的默认设置是不配置任何模式。

综合实验——配置 EtherChannel

微课

配置 EtherChannel

1. 实验背景

三台交换机已完成安装，在交换机之间存在冗余上行链路，通常只能使用这些链路中的一条，否则，可能会产生桥接环路。但是，只使用一条链路只能利用一半可用带宽。EtherChannel 允许将多达八条的冗余链路捆绑在一起成为一条逻辑链路。在本实验中，我们将配置端口聚合协议（PAgP）（Cisco EtherChannel 协议）和链路聚合控制协议（LACP）（EtherChannel 的 IEEE 802.3ad 开放标准版本）。

2. 实验拓扑(图 2-3-4)

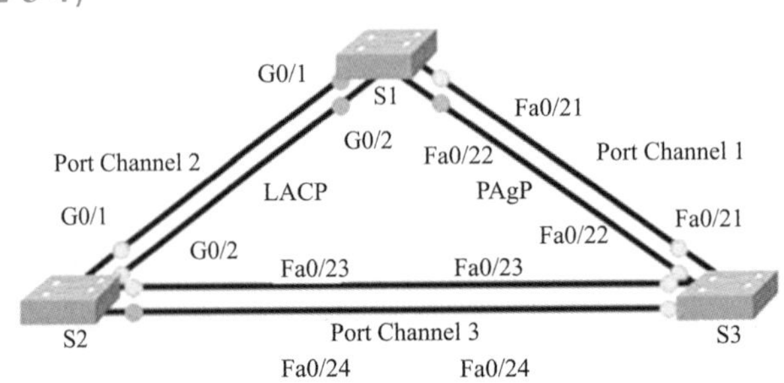

图 2-3-4　配置 EtherChannel 拓扑

3. 实验内容

第一部分：配置基本交换机设置。

第二部分：通过思科 PAgP 配置 EtherChannel。

第 1 步　配置端口通道 1。

第 2 步　检验端口通道 1 状态。

第三部分：配置 802.3ad LACP EtherChannel。

第 1 步　配置端口通道 2。

第 2 步　检验端口通道 2 状态。

第四部分：配置冗余 EtherChannel 链路。

第 1 步　配置端口通道 3。

第 2 步　检验端口通道 3 状态。

注意：在配置 EtherChannel 时，建议在将两个设备上分组的物理端口配置为通道组之前先关闭这些物理端口。否则，EtherChannel Misconfig 防护可能会让这些端口处于 err-disabled 状态。在 EtherChannel 配置完成后，可重新启用端口和端口通道。

项目 2-4　调整单区域 OSPF 并对其进行故障排除

OSPF 是一种可通过多种方法调整的常用链路状态路由协议。一些最常用的调整方法包括：操控指定路由器/备用指定路由器（DR/BDR）的选举过程、传播默认路由、调整 OSPFv2 以及启用身份验证。

OSPF 调整

学习目标

- 能修改 OSPF 接口优先级。
- 了解影响 DR/BDR 选举的因素。
- 能配置路由器以便在 OSPF 网络中传播默认路由。
- 能修改 OSPF 接口设置以提高网络性能。

唐立梅：两度驭“龙”寻宝的女科学家

2021 年年初，自然资源部第二海洋研究所副研究员唐立梅陷入纠结：活着的意义到底是什么？

经过漫长的思考，她终于总结出来了。她兴奋地对科技日报记者说：“你知道吗？就是为了中华民族的伟大复兴！”声调都高了几度。

作为一名生于普通乡村家庭的“80 后”，唐立梅小时候生活条件十分艰苦，但这没有影响她的单纯和对世界的好奇。她像个快乐的邻家女孩，把一身孩子气一直带到今天。

长大后，她的努力付出让自己与众不同。如今她已是我国首位“破冰入海”——兼具大洋深潜和极地科考经历的女科学家，还是深受青少年喜爱的科普创作者。前不久，她还被授予“全国三八红旗手”荣誉称号。

唐立梅告诉学生们，科学家其实是很正常的群体，年轻人占了很大比例；搞科研也是一份普通工作，只要真正喜欢，就可以做得很好。

（来源：学习强国）

4.1 高级单区域 OSPF 的配置

4.1.1 多路访问网络中的 OSPF

OSPF 网络类型和 DR 选举

1. OSPF 网络类型

要配置 OSPF 调整，请从 OSPF 路由协议的基本实施开始。

OSPF 定义了五种网络类型，如图 2-4-1～图 2-4-5 所示。

（1）点对点：两台路由器通过通用链路相互连接，链路上没有其他路由器，这通常是 WAN 链路的配置。

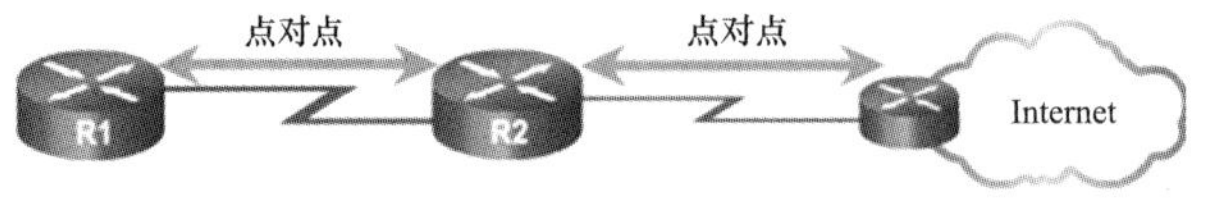

图 2-4-1 点对点

（2）广播多路访问：多个路由器通过以太网相互连接。

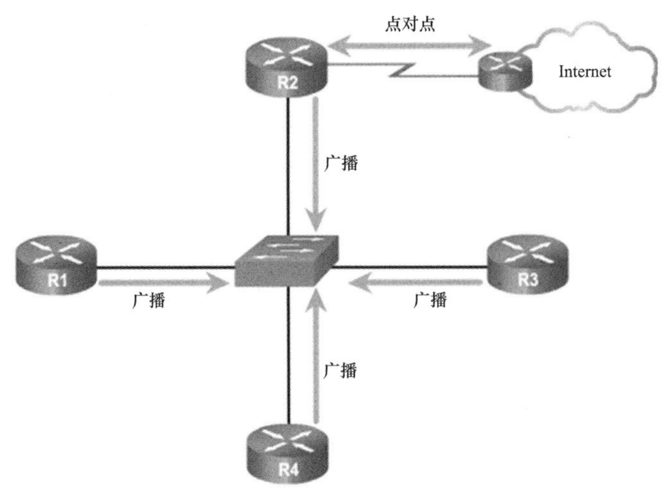

图 2-4-2 广播多路访问

（3）非广播多路访问（NBMA）：多台路由器在不允许广播的网络中相互连接，例如帧中继。

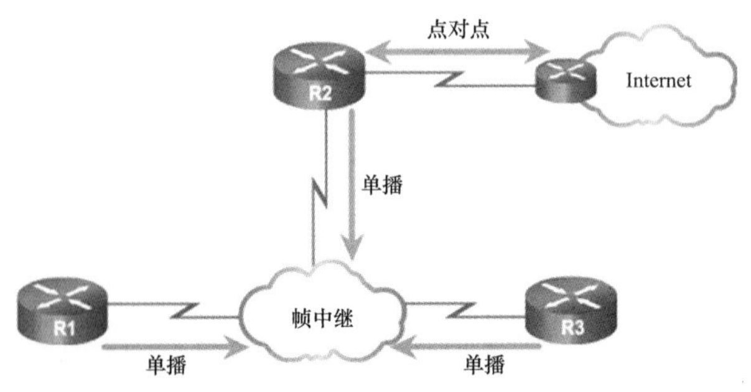

图 2-4-3 NBMA

(4)点对多点:多台路由器通过 NBMA 网络在集中星型的拓扑中相互连接。常用于将分支站点(分支)连接到中心站点(集线器)。

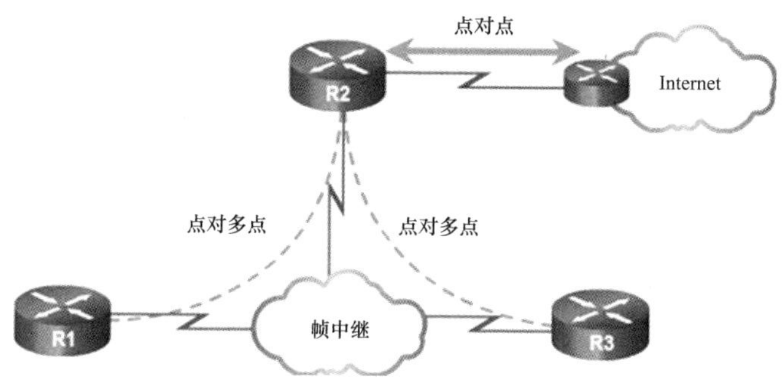

图 2-4-4　点对多点

(5)虚拟链路:特定的 OSPF 网络,用于远程 OSPF 区域与主干区域的相互连接。

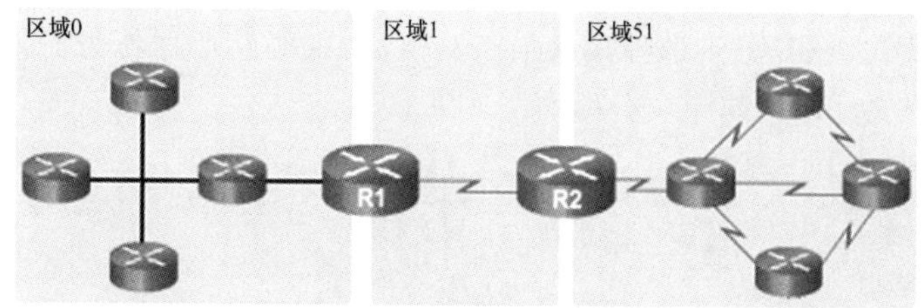

图 2-4-5　虚拟链路

多路访问网络是在同一共享介质中存在多个设备的网络,该介质共享通信。以太网 LAN 是广播多路访问网络最常见的示例。在广播网络中,网络中的所有设备都可以看到所有的广播帧和组播帧,因为该网络可能包括许多主机、打印机、路由器和其他设备,所以属于多路访问网络。

2. OSPF 指定路由器

用于在多路访问网络中管理邻接关系数量和 LSA 泛洪的解决方案是 DR。在多路访问网络中,OSPF 会选举出一个 DR 负责收集和分发 LSA。如果 DR 发生故障,则会选择 BDR,BDR 被动地侦听此交换并保持与所有路由器的关系。如果 DR 停止生成 hello 数据包,那么 BDR 将提升自己担任 DR 的角色。所有的其他非 DR 或 BDR 路由器会成为 DROTHER(既不是 DR 也不是 BDR)。

在图 2-4-6 中,R1 被选举为与 R2、R3、R4 互连的以太网 LAN 的指定路由器。注意如何将邻接关系的数量减少到 3。

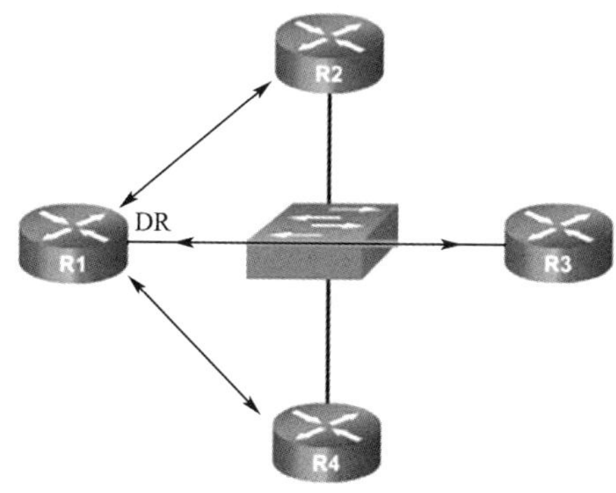

图 2-4-6　建立邻接关系

多路访问网络中的路由器会选举出 DR 和 BDR，DROTHER 仅与网络中的 DR 和 BDR 建立完全邻接关系，这意味着 DROTHER 无须向网络中的所有路由器泛洪 LSA，只需使用组播地址 224.0.0.6（所有的 DR 路由器）将其 LSA 发送给 DR 和 BDR 即可。

注意：DR/BDR 选举仅在多路访问网络中发生，并不在点对点网络中发生。

3. 默认 DR/BDR 选举过程

DR 和 BDR 是如何被选出的呢？OSPF 中 DR 和 BDR 的选举结果是根据以下标准决定的，按顺序排列为：

（1）在网络中，选择具有最高接口优先级的路由器作为 DR，具有第二高接口优先级的路由器被选为 BDR。优先级可配置为 0～255 的任意数字。优先级越高，路由器就越可能被选为 DR。如果将优先级设置为 0，那么路由器将无法成为 DR，多路访问广播接口的默认优先级是 1。因此，除非另有配置，否则所有路由器具有相同优先级值，因此在 DR/BDR 选举中必须依靠其他方法。

（2）如果接口优先级相等，则选择具有最高路由器 ID 的路由器作为 DR，具有第二高路由器 ID 的路由器被选为 BDR，如图 2-4-7 所示。

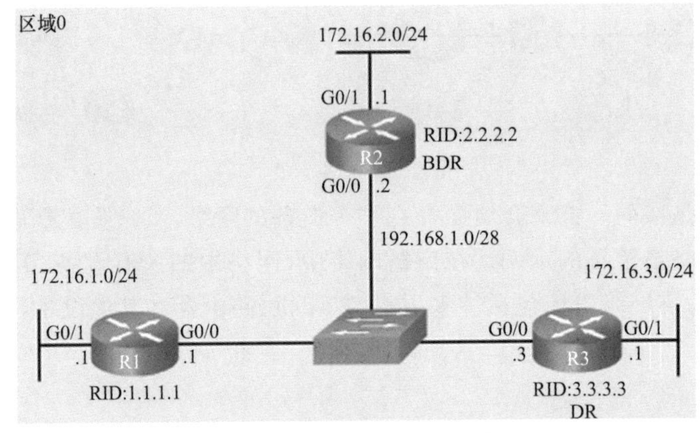

图 2-4-7 默认 DR/BDR 选举

回顾一下，路由器 ID 可通过三种方法中的任意一种来确定：

①可以手动配置路由器 ID。

②如果路由器 ID 尚未配置，那么它可由最高的环回 IP 地址确定。

③如果环回接口尚未配置，那么路由器 ID 可由最高的活动 IPv4 地址确定。

注意：在 IPv6 网络中，如果路由器中尚未配置地址，那么路由器 ID 必须通过 router-id rid 命令手动配置，否则，OSPFv3 无法启动。

在图 2-4-7 中，所有以太网路由器接口的默认优先级都为 1，因此，根据以上所列出的选择条件，OSPF 路由器 ID 可用于选举 DR 和 BDR。具有最高路由器 ID 的 R3 成为 DR，具有第二高路由器 ID 的 R2 成为 BDR。

注意：串行接口的优先级默认设置为 0，因此，它们无须选举 DR 和 BDR。

当多路访问网络中第一台启用了 OSPF 接口的路由器开始工作时，DR 和 BDR 选举过程随即开始，这可能发生在路由器开机时或在接口配置 OSPF network 命令时，选举过程仅需几秒钟。如果多路访问网络中所有的路由器尚未完成启动，那么具有较低路由器 ID 的路由器可能成为 DR（这可能是低端路由器，它的启动时间更短）。

4. 默认过程

OSPF 中 DR 和 BDR 选举并不会主动发生。如果在 DR 和 BDR 选举完成后，将具有更高优先级或更高路由器 ID 的新路由器添加到网络，那么新添加的路由器并不会成为 DR 或 BDR 角色，这是因为角色分配已经完成，新增路由器不会开始新的选举过程。

一旦选出 DR，它就会保持 DR 的角色，直到下列任一事件发生：

(1)DR 发生故障。

(2)DR 的 OSPF 进程发生故障或停止。

(3)DR 的多路访问接口出现故障或关闭。

如果 DR 发生故障，那么 BDR 将自动提升为 DR，即使在最初的 DR/BDR 选举之后将具有更高优先级或更高路由器 ID 的其他 DROTHER 添加到网络。但是，当 BDR 提升为 DR 后，新的 BDR 选举就会发生，那么具有更高优先级或更高路由器 ID 的 DROTHER 就会被选为新的 BDR。

5. OSPF 优先级

DR 成为收集和分发 LSA 的关键，因此，此路由器必须拥有足够的 CPU 和内存容量来处理工作负载，可以通过配置来影响 DR/BDR 选举过程。

如果所有路由器的接口优先级相等，则选择具有最高路由器 ID 的路由器为 DR。通过配置路由器 ID 来控制 DR/BDR 选举是可能的。但是，只有在设置所有路由器的路由器 ID 过程中有着很严密的计划，此过程才有效果。在大型网络中，这会非常烦琐。

最好能够通过设置接口优先级来控制选举，而不是依赖于路由器 ID。优先级是特定于接口的值，这意味着它能够在多路访问网络中提供更好的控制。这还可以允许路由器在一个网络中充当 DR 的同时，在另一个网络中充当 DROTHER。

要设置接口的优先级，请使用以下命令：

(1)ip ospf priority 值(OSPFv2 接口命令)

(2)ipv6 ospf priority 值(OSPFv3 接口命令)

注意:接口优先级值可为：0，不会成为 DR 或 BDR；1～255，优先级值越高，路由器越有可能在接口上成为 DR 或 BDR。

所有路由器接口的优先级默认为 1，所以所有的路由器都具有相同的 OSPF 优先级。我们可以将接口的优先级值从 1 更改为更高的值，以便于下次选举时路由器能够成为 DR 或 BDR。

如果在启用 OSPF 之后配置接口优先级，管理员必须关闭所有路由器的 OSPF 进程，然后重新启用 OSPF 进程，强制进行新的 DR/BDR 选举。

4.1.2 默认路由传播

在 OSPF 中，连接到 Internet 的路由器用于向 OSPF 路由域内的其他路由器传播默认路由，此路由器有时称为边缘路由器、入口路由器或网关路由器。然而，在 OSPF 术语中，位于 OSPF 路由域和非 OSPF 网络之间的路由器也称为自治系统边界路由器(ASBR)。

在图 2-4-8 中，R2 是服务提供商的单宿主，因此，R2 连接到 Internet 需要的所有工作只是到服务提供商的默认静态路由。

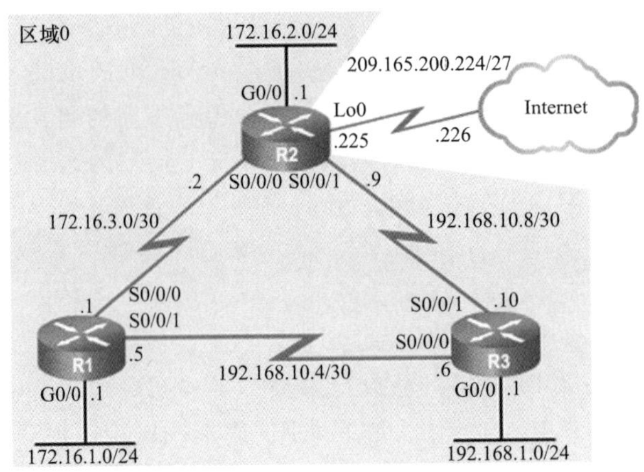

图 2-4-8 默认路由传播

注意:在本示例中,IP 地址为 209.165.200.225 的环回接口可用于模拟与服务提供商之间的连接。

要传播默认路由,边缘路由器(R2)必须配置有:

(1)使用 ip route 0.0.0.0 0.0.0.0 {ip-address | exit-intf} 命令的默认静态路由。

(2)default-information originate 路由器配置模式命令,这指示 R2 为默认路由信息来源并且在 OSPF 更新中传播默认静态路由。

下面命令显示如何配置通向服务提供商的、完全指定的默认静态路由。

```
R2(config)#ip route 0.0.0.0 0.0.0.0 209.165.200.226
R2(config)#
R2(config)#router ospf 10
R2(config-router)#default-information originate
R2(config-router)#end
```

4.1.3 调整 OSPF 接口

1. OSPF Hello 间隔和 Dead 间隔

可以根据每个接口的情况配置 OSPF Hello 间隔和 Dead 间隔。OSPF 间隔必须匹配,否则邻接关系不会发生。

要检验当前配置的接口间隔,可以使用 show ip ospf interface 命令。

2. 修改 OSPFv2 间隔

我们可以更改 OSPF 计时器以便路由器更快地检测到网络故障,这样做会增加流量,但是有时候,与它所产生的额外流量相比,快速地融合更为重要。

注意:默认 Hello 间隔和 Dead 间隔是根据最佳实践设置的,只能在极少数情况下进行更改。

使用下列接口配置模式命令可以手动修改 OSPF Hello 间隔和 Dead 间隔:

(1)ip ospf hello-interval seconds

(2)ip ospf dead-interval seconds

使用 no ip ospf hello-interval 和 no ip ospf dead-interval 命令将间隔重置为默认值。

下面的示例将 Hello 间隔修改为 5 秒。在更改 Hello 间隔之后，思科 IOS 立即自动地将 Dead 间隔修改为 Hello 间隔的四倍。然而，最好是明确修改该计时器，而不要依赖 IOS 的自动功能，因为手动修改可使修改情况记录在配置中。因此，在路由器 Serial 0/0/0 接口上将 Dead 间隔也手动设置为 20 秒，具体如下：

```
R1 (config)#interface serial 0/0/0
R1(config-if)#ip ospf hello-interval 5
R1 (config-router)#ip ospf dead-interval 20
R1 (config-router)# end
```

当路由器 R1 上的 Dead 计时器到期后，和它的邻居 R2 就失去了邻接关系，原因是这些值只能在 R1 和 R2 之间的串行链路的某一端进行修改。前面已讲过，OSPF Hello 间隔和 Dead 间隔在邻居之间必须匹配。

使用 show ip ospf interface 命令来检验接口间隔。注意 Hello 间隔是 5 秒且 Dead 间隔自动设置为 20 秒(而不是默认的 40 秒)，OSPF 自动将 Dead 间隔设置为 Hello 间隔的四倍。

4.1.4 OSPF 的安全

路由器在网络中的角色很关键，因此它们通常是网络攻击的目标。一般来说，中断路由对等设备或篡改路由协议内所传输的信息，都是攻击路由协议的方法。要缓解路由协议攻击，可以采用配置 OSPF 身份验证的方法。

当在路由器上配置邻居身份验证后，路由器将验证它所收到的每个路由更新数据包的来源，这可以通过交换身份验证密钥(有时称为密码)来完成(发送路由器和接收路由器都知道该密码)。

要通过安全的方式来交换路由更新信息，需要启用 OSPF 身份验证。

OSPF 支持三种类型的身份验证：

(1)空：这是默认方法，意味着不对 OSPF 使用身份验证。

(2)简单密码身份验证：这也称为明文身份验证，因为更新中的密码在网络中以明文方式发送。这是 OSPF 身份验证的传统方法。

(3)MD5 身份验证：这是最安全且推荐的身份验证方法。MD5 身份验证可以提供更高的安全性，因为密码从不在对等体之间交换。相反，它使用 MD5 算法进行计算。匹配结果会验证发件人。

下面的步骤说明了如何使用 MD5 身份验证来验证两个相邻的 OSPF 路由器。

第 1 步　R1 将路由信息与预共享密钥结合，并使用 MD5 算法来计算签名，签名也称为哈希值。

第 2 步　R1 将签名添加到路由信息中并将其发送到 R2。MD5 并不加密消息，因此，内容很方便阅读。

第 3 步　R2 打开数据包，将路由信息与预共享密钥结合，并使用 MD5 算法来计算签名。如果签名匹配，则 R2 接收路由更新。

如果签名不匹配，则 R2 丢弃更新。

OSPF 支持使用 MD5 的路由协议身份验证。MD5 身份验证可以在所有接口上全局启用，也可基于每个接口状况启用。

要全局启用 OSPF MD5 身份验证，请配置：

```
ip ospf message-digest-key key md5 password                //接口配置模式命令
area area-id authentication message-digest                 //路由器配置模式命令
```

此方法在所有启用了 OSPF 的接口上强制进行身份验证。如果一个接口没有配置 ip ospf message-digest-key 命令，那么它不能与其他 OSPF 邻居形成邻接关系。

为实现更高的灵活性，当前可支持基于每个接口状况的身份验证。要启用基于每个接口状况的 OSPF MD5 身份验证，请配置：

```
ip ospf message-digest-key key md5 password //接口配置模式命令
ip ospf authentication message-digest //接口配置模式命令
```

在同一路由器上可以使用全局和基于每个接口状况的 OSPF MD5 身份验证，但是，接口设置会覆盖全局设置。MD5 身份验证密码在整个区域中不必相同，但它们在邻居之间必须相同。

4.2 单区域 OSPF 故障的排除

4.2.1 单区域 OSPF 故障排除组件

1. OSPF 故障排除流程

如图 2-4-9 所示，OSPF 问题通常与邻居邻接关系、缺失路由、路径选择相关。

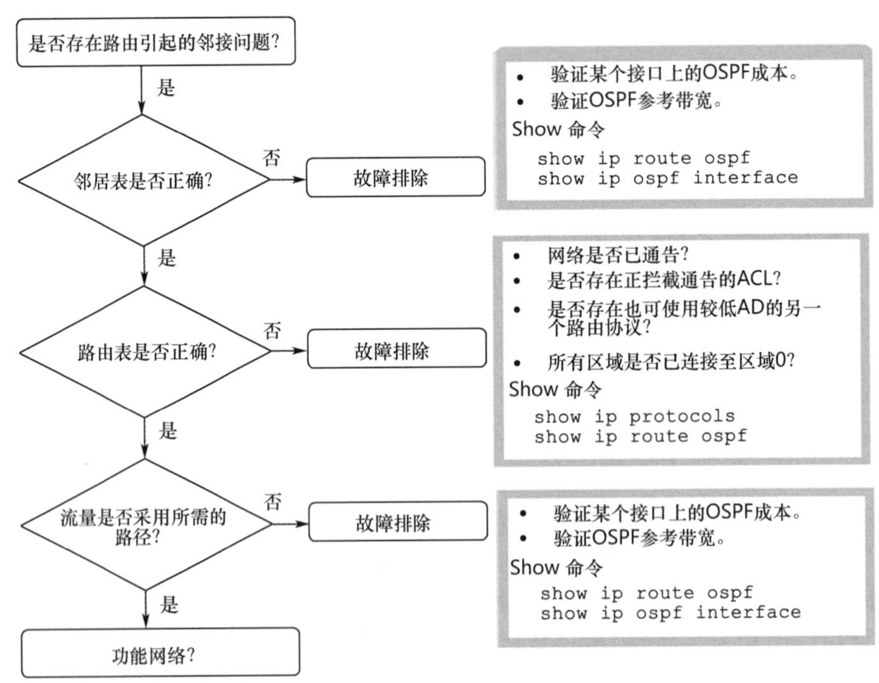

图 2-4-9 OSPF 问题

当排除邻居问题故障时，请使用 show ip ospf neighbors 命令来检验路由器是否已与相邻路由器建立邻接关系。如果没有邻接关系，那么路由器不能交换路由。使用 show ip interface brief 和 show ip ospf interface 命令检验接口是否正常运行以及是否启用 OSPF。如果接口运行正常并且已启用 OSPF，那么请确保两台路由器的接口在相同的 OSPF 区域进行配置，并且未将接口配置为被动接口。

如果两个路由器之间已建立邻接关系，请使用 show ip route ospf 命令检验路由表中是否存在 OSPF 路由。如果没有 OSPF 路由，请检验是否存在其他具有更短管理距离的路由协议在网络中运行；请检验是否已将所有需要的网络通告给 OSPF；另请检验在过滤传入或传出路由更新的路由器中是否配置了访问列表。

如果所有需要的路由都在路由表中，但流量所采用的路径不正确，那么请检验该路径上接口的 OSPF 开销，并且请注意接口速率超过 100 Mb/s 的情况，因为默认情况下此带宽上的所有接口都具有相同的 OSPF 开销。

2. OSPF 故障排除命令

有多种不同的 OSPF 命令可用于帮助排除故障，以下总结了最常用的几种命令：

(1)show ip protocols：用于检验重要的 OSPF 配置信息，包括 OSPF 进程 ID、路由器 ID、路由器正在通告的网络、正在向路由器发送更新的邻居以及默认管理距离(OSPF 为 110)。

(2)show ip ospf neighbor：用于检验路由器是否已与其相邻的路由器形成邻接关系。显示邻居路由器 ID、邻居优先级、OSPF 状态、Dead 计时器、邻居接口的 IP 地址和访问邻居需通过的接口。如果未显示相邻路由器的路由器 ID，或未显示 FULL 或 2WAY 状态，则表明两台路由器尚未形成 OSPF 邻接关系。如果两台路由器未建立邻接关系，则不会交换链路状态信息。链路状态数据库不完整会导致 SPF 树和路由表不准确。通向目的网络的路由可能不存在或不是最佳路径。

(3)show ip ospf interface：用于显示接口上所配置的 OSPF 参数，例如接口所分配的 OSPF 进程 ID、接口所在的区域、接口的开销以及 Hello 间隔和 Dead 间隔。将接口名称和编号添加到命令中为特定接口显示输出。

(4)show ip ospf：用于检查 OSPF 进程 ID 和路由器 ID。另外，此命令可显示 OSPF 区域信息，以及上次所计算的 SPF 算法。

(5)show ip route ospf：用于显示路由表中仅 OSPF 获取的路由。输出显示 R1 已通过 OSPF 获取四个远程网络。

(6)clear ip ospf [process-id] process：用于重置 OSPFv2 邻居邻接关系。

4.2.2 排除单区域 OSPFv2 路由故障

下面我们以排除单区域 OSPFv2 路由故障为例，介绍 OSPF 故障的排除。在图 2-4-10 的拓扑中，所有路由器都配置为支持 OSPF 路由。

在图 2-4-11 中，快速查看 R1 的路由表，会发现它接收了默认路由信息、R2 LAN(172.16.2.0/24)以及位于 R2 和 R3(192.168.10.8/30)之间的链路。但是，它并不接收 R3 LAN 的 OSPF 路由。

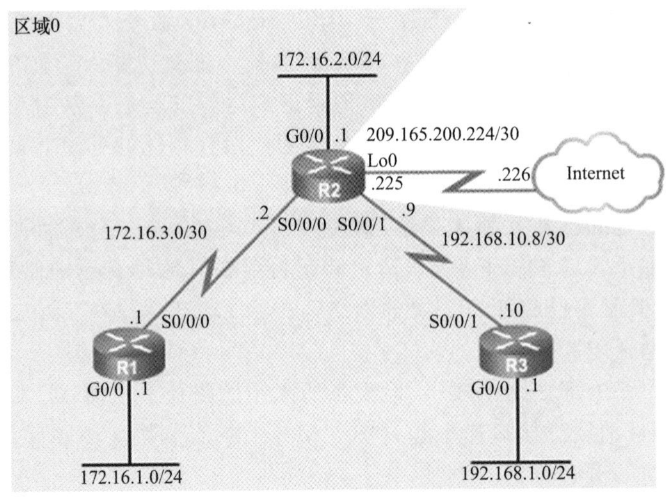

图 2-4-10 排除单区域 OSPFv2 路由故障示例图

```
R1# show ip route
Codes:L-local,C-connected,S - static,R - RIP,M - mobile,B - BGP
Gateway of last resort is 172.16.3.2 to network 0.0.0.0

O*E2  0.0.0.0/0[110/1] via 172.16.3.2,00:05:26.
      Serial0/0/0
      172.16.0.0/16 is variably subnetted, 5 subnets,3 masks
C     172.16.1.0/24 is directly connected,
      GigabitEthernet0/0
L     172.16.1.1/32 is directly connected,
      GigabitEthernet0/0
O     172.16.2.0/24[110/65] via 172.16.3.2,00:05:26,
      Serial0/0/0
C     172.16.3.0/30 is directly connected, Serial0/0/0
L     172.16.3.1/32 is directly connected, Serial0/0/0
      192.168.10.0/30 is subnetted,1 subnets
O     192.168.10.8[110/128] via 172.16.3.2,00:05:26,
      Serial0/0/0
R1#
```

图 2-4-11 查看 R1 的路由表

图 2-4-12 的输出可以检验 R3 的 OSPF 设置。注意 R3 只通告 R3 和 R2 之间的链路，它并不通告 R3 LAN（192.168.1.0/24）。

```
R3# show ip protocols
*** IP Routing is NSF aware ***
Routing Protocol is "ospf 10"
Outgoing update filter list for all interfaces is not set
Incoming update filter list for all interfaces is not set
Router ID 3.3.3.3
Number of areas in this router is 1. 1 normal 0 stub 0
  nssa
Maximum path:4
Routing for Networks:
  192.168.10.8 0.0.0.3 area 0
Passive Interface(s):
Embedded-Service-Engine0/0
```

图 2-4-12 检验 R3 的 OSPF 设置

针对为 OSPF 启用的接口，一个匹配 network 的命令必须在 OSPF 路由过程下配置。图 2-4-13 的代码输出确认 OSPF 中并没有通告 R3 LAN。

```
R3# show running-config | section router ospf
router ospf 10
router-id 3.3.3.3
passive-interface default
No passive-interface Serial0/0/1
Network 192.168.10.8 0.0.0.3 area 0
R3#
```

图 2-4-13 输出确认 OSPF

图 2-4-14 的示例为 R3 的 LAN 添加了 network 命令。现在 R3 应该将 R3 的 LAN 通告到它的 OSPF 邻居。

```
R3#config t
Enter configurationcommands,one per line.End with CNTL/Z.
R3(config)#router ospf 10
R3(config-router)#network 192.168.1.00.0.0.255 area 0
R3(config-router)#end
R3#
*Apr 10 11:03:11.115: %SYS-5-CONFIG_I:Configured from
Console by console
R3#
```

图 2-4-14 为 R3 LAN 添加了 network 命令

图 2-4-15 中的输出检验 R3 LAN 现在是否在 R1 的路由表中。

```
R1# show ip route ospf
Codes:L-local,C-connected,S - static,R - RIP,M - mobile,B - BGP
Gateway of last resort is 172.16.3.2 to network 0.0.0.0

O*E2  0.0.0.0/0[110/1] via 172.16.3.2,00:08:38.
       Serial0/0/0
      172.16.0.0/16 is variably subnetted, 5 subnets,3 masks
O     172.16.2.0/24[110/65] via 172.16.3.2,00:08:38,
      Serial0/0/0
O     192.168.1.0/24[110/129] via 172.16.3.2,00:00:37,
      Serial0/0/0
      192.168.10.0/30 is subnetted, 1 subnets
O     192.168.10.8[110/128] via 172.16.3.2,00:08:38,
      Serial0/0/0
R1#
```

图 2-4-15 检验 R3 LAN 现在是否在 R1 的路由表中

总 结

OSPF 定义了五种网络类型:点对点、广播多路访问、非广播多路访问、点对多点以及虚拟链路。

多路访问网络对 OSPF 的 LSA 泛洪过程提出了两项挑战:创建多边邻接关系和 LSA 的大量泛洪。用于解决多路访问网络中管理邻接关系数量和 LSA 泛洪问题的方案是 DR 和 BDR。如果 DR 停止生成 Hello 数据包,那么 BDR 将提升自己承担 DR 的角色。

在网络中,路由器选择具有最高接口优先级的路由器作为 DR。具有第二高接口优先级的路由器被选为 BDR。优先级越高,路由器就越可能被选为 DR。如果将优先级设置为 0,那么路由器将无法成为 DR。多路访问广播接口的默认优先级是 1。因此,除非另有配置,否则所有路由器具有相同优先级值,因此在 DR/BDR 选举中必须依靠其他方法。如果接口优先级相等,则选择具有最高路由器 ID 的路由器为 DR,具有第二高路由器 ID 的路由器为 BDR。新增路由器不会开始新的选举过程。

要在 OSPF 中传播默认路由,必须在路由器中配置默认静态路由,并且必须将 default-information originate 命令添加到配置中。使用 show ip route 或 show ipv6 route 命令检验路由。

OSPF 的 Hello 间隔和 Dead 间隔必须匹配,否则无法发生邻接关系。要修改这些间隔,请使用下列接口命令:

(1)ip ospf hello-interval seconds

(2)ip ospf dead-interval seconds

(3)ipv6 ospf hello-interval seconds

(4)ipv6 ospf dead-interval seconds

OSPF 支持三种类型的身份验证:空、简单密码身份验证和 MD5 身份验证。OSPF MD5 身份验证可以全局配置,也可以基于各个接口状况配置。要检验 OSPF MD5 实施是否已启用,请使用 show ip ospf interface 特权 EXEC 模式命令。

当排除 OSPF 邻居故障时,请注意 FULL 或 2WAY 状态是正常的。以下为 IPv4 OSPF 故障排除命令的汇总:

(1)show ip protocols

(2)show ip ospf neighbor

(3)show ip ospf interface

(4)show ip ospf

(5)show ip route ospf

(6)clear ip ospf [process-id] process

综合实验——OSPFv2 的高级配置

1. 实验背景

在此综合练习中,重点是 OSPFv2 高级配置。所有设备已配置 IP 寻址,我们将用被动接口和默认路由传播来配置 OSPFv2 路由。可以通过调整计时器和建立 MD5 身份验证来修改 OSPFv2 配置。最后,需要检验的配置和测试终端设备之间的连接。

2. 实验拓扑(图 2-4-16)

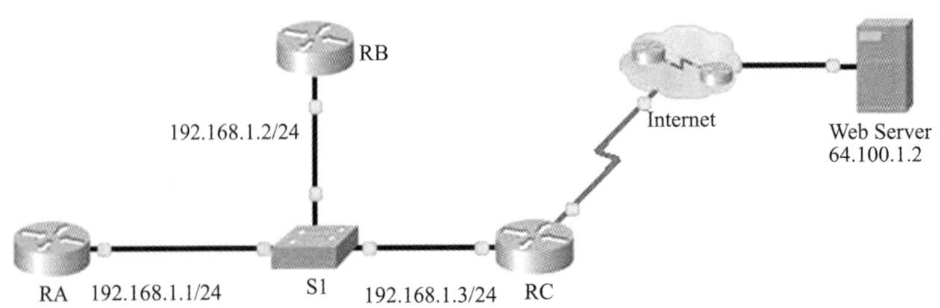

图 2-4-16 OSPFv2 高级配置拓扑

3. 地址分配表(表 2-4-1)

表 2-4-1　　OSPFv2 高级配置地址分配

设备	接口	IP 地址	子网掩码
RA	G0/0	192.168.1.1	255.255.255.0
RB	G0/0	192.168.1.2	255.255.255.0
RC	G0/0	192.168.1.3	255.255.255.0
	S0/0/0	209.165.200.225	255.255.255.252

4. 实验内容

第一部分：OSPFv2 路由要求 RA 和 RB 进程 ID 为 1。

按照下列要求在 RA 和 RB 上配置 OSPFv2：

- 每个接口的网络地址启用区域 0 的身份验证。
- 在 RA 的 LAN 接口上将 OSPF 优先级设置为 150。
- 在 RB 的 LAN 接口上将 OSPF 优先级设置为 100。
- 在 RA 和 RB 的 LAN 接口中，OSPF MD5 身份验证密钥 ID 为 1，MD5 密钥是 cisco。
- 将 Hello 间隔设置为 5。
- 将 Dead 间隔设置为 20。

第二部分：OSPFv2 路由要求 RC 进程 ID 为 1。

按照下列要求配置 RC OSPFv2 路由：

- LAN 接口的网络地址启用区域 0 的身份验证。
- 默认情况下将所有接口设置为被动，允许在活动状态的 LAN 上更新 OSPF。
- 设置路由器来分配默认路由。
- 配置指向 Internet 的直连默认路由。
- 在 LAN 接口上将 OSPF 优先级设置为 50。
- 在 RC 的 LAN 接口中，OSPF MD5 身份验证密钥 ID 为 1，MD5 密钥是 cisco。
- 将 Hello 间隔设置为 5。
- 将 Dead 间隔设置为 20。

注意：如果默认路由没有传播，请在 RC 上发出 clear ip ospf process 命令。

第三部分：检验测试连接。

- OSPF 邻居应该已建立而且路由表应该是完整的。
- RA 应该是 DR，RB 应该是 BDR。
- 全部三个路由器应该都能 ping 通 Web Server。

项目 2-5　多区域 OSPF

多区域 OSPF 用于划分大型 OSPF 网络，一个区域中有过多路由器会增加 CPU 的负载并产生庞大的链路状态数据库。本项目中提供有关将大型单个区域有效分割成多个区域的说明。多区域 OSPF 中使用的区域 0 称为主干区域。

学习目标

- 了解为什么使用多区域 OSPF。
- 掌握多区域 OSPF 如何使用链路状态通告来维护路由表。
- 掌握 OSPF 在多区域实施中如何建立邻居邻接关系。
- 能配置路由网络中的多区域 OSPF。

叶笃正:“让外国人来同我们接轨”

在中国的气象科学发展史上,深深地镌刻着一个名字——叶笃正。1949 年,远在美国的叶笃正结束了学业,在“祖国需要我”的信念支持下,年轻有为的叶笃正拒绝了美国气象局的高薪挽留,毅然回国。

七十载学术生涯中,他在大气动力学、青藏高原气象学、东亚大气环流以及全球变化科学等领域成就卓著,成为中国现代气象学主要奠基人之一、中国大气物理学创始人和全球气候变化研究的开拓者。他重视面向世界科学前沿开展研究,并不只是跟在外国人后面“同国际接轨”,而是“要让外国人来同我们接轨”。

(来源:学习强国)

5.1 多区域 OSPF 的工作原理

单区域 OSPF 在路由器链路网络中不太复杂,在通往各个目的地的路径容易推断的小型网络中很有用。但是,如果区域太大,就会出现大型路由表、大型链路状态数据库、频繁计算 SPF 算法等问题。

多区域 OSPF

将大型 OSPF 区域分成较小的区域即称为多区域 OSPF,多区域 OSPF 在大型网络部署时很有用,能减少处理和内存开销。

多区域 OSPF 需要使用分层网络设计。主要区域称为主干区域(区域 0)而且所有其他区域都必须连接到主干区域。采用分层路由后,各个区域之间仍然能够进行路由(区域间路由),但许多烦琐的路由操作(例如重新计算数据库)在区域内进行。

多区域 OSPF 的分层拓扑具有以下优势:

- 路由表条目减少:因为区域之间的网络地址可以汇总,例如,R1 会汇总从区域 1 到区域 0 的路由,而 R2 会汇总从区域 51 到区域 0 的路由。R1 和 R2 还会将默认静态路由传播到区域 1 和区域 51。
- 链路状态更新开销减少:由于交换 LSA 的路由器减少,最大限度地降低了处理和内存要求。
- SPF 计算频率降低:使拓扑变化仅影响区域内部。例如,由于 LSA 泛洪在区域边界终止,它使路由更新的影响降到最小。

5.1.1 OSPF 两级区域层次结构

多区域 OSPF 在两级区域层次结构中实施，如图 2-5-1 所示。

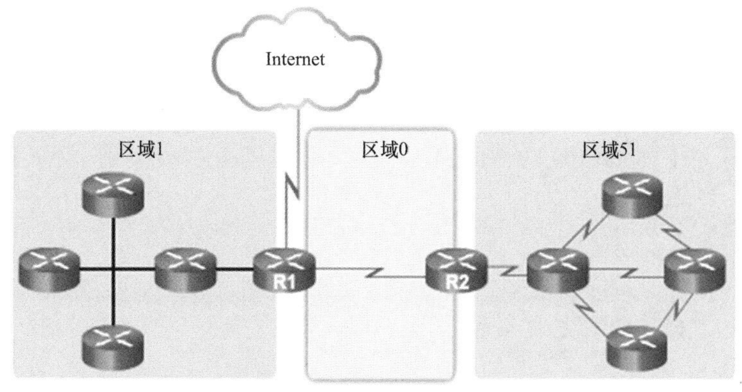

图 2-5-1　OSPF 两级区域层次结构

(1)主干(中转)区域

主干区域是快速高效地传输 IP 数据包的 OSPF 区域。主干区域与其他 OSPF 区域类型互连。通常，主干区域中找不到终端用户。分层网络中将区域 0 定义为核心，所有其他区域与其直接连接。

(2)非主干(常规)区域

非主干区域连接用户和资源，通常按功能或地理区域分组进行设置。默认情况下，非主干区域不允许来自另一区域的流量使用它的链路到达其他区域，来自其他区域的所有流量必须经过主干区域。

OSPF 将实施这种严格的两层区域层次结构。网络的底层物理连接必须映射到两层区域结构，所有非主干区域直接连接到区域 0。

5.1.2 OSPF 路由器的类型

OSPF 路由器用于控制进出区域的流量。根据 OSPF 路由器在路由域中执行的功能，将 OSPF 路由器分为四种类型：

(1)内部路由器：所有接口位于同一区域的路由器。区域中的所有内部路由器具有相同的 LSDB。

(2)主干路由器：主干区域中的路由器。

(3)区域边界路由器(ABR)：接口连接多个区域的路由器。它必须为相连的每个区域维护单独的 LSDB，并能在区域之间路由。ABR 是区域的送出点，也就是说，指向另一区域的路由信息只能通过本地区域的 ABR 到达另一区域。ABR 可配置为汇总来自相连区域的 LSDB

的路由信息。ABR 将路由信息分发到主干区域，然后主干路由器将消息转发到其他 ABR。在多区域网络中，一个区域可以有一个或多个 ABR。

(4)自治系统边界路由器(ASBR)：至少有一个接口连接到外部网际网络(另一个自治系统)的路由器，例如非 OSPF 网络。ASBR 可以使用一个称为“路由重分布”的流程将非 OSPF 网络信息导入 OSPF 网络，反之亦然。

在多区域 OSPF 重分布时，ASBR 连接不同的路由域(例如 EIGRP 和 OSPF)并配置它们在这些路由域之间交换和通告路由信息。

路由器可归为一种或一种以上的路由器类型。例如，如果某个路由器连接区域 0 和区域 1，此外还维护另一个非 OSPF 网络的路由信息，则它属于三种类别：主干路由器、ABR 和 ASBR。

5.1.3 OSPF 路由表条目

IPv4 路由表中的 OSPF 路由使用以下描述符进行识别：

(1)O：路由器(第 1 类)和网络(第 2 类)LSA 描述区域内的详细信息。路由表用 O 来表示这种链路状态信息，表示该路由是区域内路由。

(2)O IA：当 ABR 收到总结 LSA 时，它会将其添加到 LSDB 并在本地区域重新生成。当 ABR 收到外部 LSA 时，它会将其添加到 LSDB 并泛洪到区域中。然后，内部路由器将信息同化到其数据库中。汇总 LSA 在路由表中显示为 IA(区域间路由)。

(3)O E1 或 O E2：外部 LSA 在路由表中标记为外部第 1 类(E1)或外部第 2 类(E2)路由。

5.2 多区域 OSPF 的配置

5.2.1 多区域 OSPF 的配置方法

OSPF 可以作为单区域或多区域实施，选择的 OSPF 实施类型取决于具体需求和现有拓扑。实施多区域 OSPF 有四个步骤：收集网络需求和参数；定义 OSPF 参数；根据参数配置多区域 OSPF 实施；根据参数检验多区域 OSPF 实施。

图 2-5-2 显示了多区域 OSPF 拓扑，在本例中：

(1)R1 是 ABR，因为它有多个接口位于区域 1、一个接口位于区域 0。

(2)R2 是内部主干路由器，因为它的所有接口都位于区域 0。

(3)R3 是 ABR，因为它有多个接口位于区域 2、一个接口位于区域 0。

实施此多区域 OSPF 网络无须特殊命令。当路由器具有位于不同区域的两个 network 语句时，路由器就会成为 ABR。

此示例在区域 1 中的两个 LAN 接口上启用了 OSPF，串行接口配置为 OSPF 区域 0 的一部分。由于 R2 的接口连接到两个不同区域，因此它是一个 ABR。配置如下：

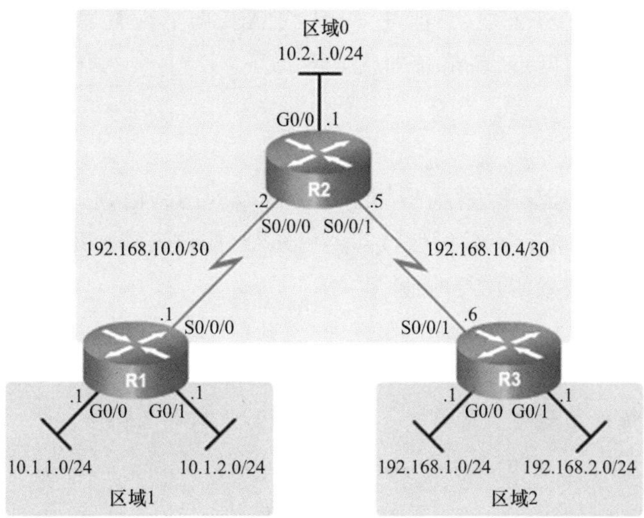

图 2-5-2　多区域 OSPF 拓扑示例

```
R2(config)#router ospf 10
R1(config-router)#router-id 1.1.1.1
R1(config-router)#network 10.1.1.1 0.0.0.0 area 1
R1(config-router)#network 10.1.2.1 0.0.0.0 area 1
R1(config-router)#network 192.168.10.1 0.0.0.0 area 0
R1(config-router)# end
R2(config)#router ospf 10
R2(config-router)#router-id 2.2.2.2
R2(config-router)#network 192.168.10.1 0.0.0.3 area 0
R2(config-router)#network 192.168.10.4 0.0.0.3 area 0
R2(config-router)#network 10.2.1.0 0.0.0.255 area 0
R2(config-router)#end
R3(config)#router ospf 10
R3(config-router)#router-id 3.3.3.3
R3(config-router)#network 192.168.10.6 0.0.0.0 area 0
R3(config-router)#network 192.168.1.1 0.0.0.0 area 2
R3(config-router)#network 192.168.2.1 0.0.0.0 area 2
R3(config-router)#end
```

注意:用于配置 R2 和 R3 的通配符掩码是有意颠倒的,以便展示 network 语句输入的两种可选方案。为 R3 使用的方法比较简单,因为通配符掩码始终是 0.0.0.0,而且不需要进行计算。

5.2.2 OSPF 路由总结

路由汇总

总结有助于使路由表保持较小的规模,它将多个路由整合到单个通告,然后传播到主干区域。在 OSPF 中，只能在 ABR 或 ASBR 上配置总结，ABR 路由器和 ASBR 路由器不是通告许多特定网络，而是通告总结路由。

路由总结可进行如下配置：

（1）区域间路由总结

区域间路由总结在 ABR 上发生，应用于每个区域内的路由，它不适用于通过重分布放入 OSPF 的外部路由。为了执行有效的区域间路由总结，应该连续分配区域内的网络地址，以使这些地址可总结为最小数量的总结地址。

（2）外部路由总结

外部路由总结特定于通过路由重分布放入 OSPF 的外部路由。同样，确保要进行总结的外部地址范围的连续性很重要。通常，只有 ASBR 会总结外部路由。

注意：在 ASBR 上使用 summary-address *address mask* 命令配置外部路由总结。

OSPF 不执行自动总结，必须在 ABR 上手动配置区域间总结，内部路由总结只能通过 ABR 完成。如果区域内至少有一个子网处于总结地址范围内，就会生成总结路由。总结路由的度量等于总结地址范围内所有子网的最低开销。图 2-5-3 显示了多区域 OSPF 拓扑。

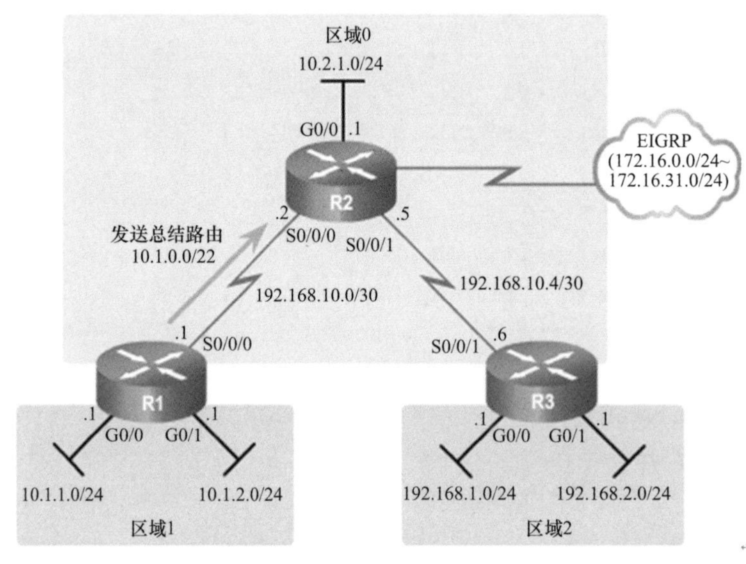

图 2-5-3　在 ABR 上总结区域间路由

注意：ABR 只能总结处于连接 ABR 区域内的路由。

在配置之前，我们先看一下 R1 和 R3 的路由表，如图 2-5-4 所示。

```
R1# show ip route ospf | begin Gateway
Gateway of last resort is not set

   10.0.0.0/8 is variably subnetted,5 subnets,2 masks
O  10.2.1.0/24[110/648 ]via 192.168.10.2,00:00:49, Serial0/0/0
O  IA    192.168.1.0/24[110/1295] via 192.168.10.2,00:00:49, Serial0/0/0
O  IA    192.168.2.0/24[110/1295] via 192.168.10.2,00:00:49,Serial0/0/0
         192.168.10.0/24 is variably subnetted, 3 subnets,2 masks
O        192.168.10.4/30 [110/1294] via 192.168.10.2,00:00:49,Serial0/0/0
R1#
```

```
R3# show ip route ospf | begin Gateway
Gateway of lastresort is not set

   10.0.0.0/24 is subnetted,3 subnets
O IA    10.1.1.0[110/1295]via 192.168.10.5,00:27:14, Serial0/0/1
O IA    10.1.2.0[110/1295] via 192.168.10.5,00:27:14, Serial0/0/1
O       10.2.1.0[110/648] via 192.168.10.5,00:27:57, Serial0/0/1
        192.168.10.0/24 is variably subnetted, 3 subnets,2 masks
O   192.168.10.0/30 [110/1294] via 192.168.10.5,00:27:57, Serial0/0/1
R3#
```

图 2-5-4　总结前 R1 和 R3 的路由表

将两个内部区域 1 路由总结为 R1 上的一个 OSPF 区域间总结路由。总结路由 10.1.0.0/22 实际上总结了四个网络地址，10.1.0.0/24 到 10.1.3.0/24，如图 2-5-5 所示。

```
R1(config)# router ospf 10
R1(config-router)# area 1 range 10.1.0.0 255.255.252.0
R1(config-router)#
```

图 2-5-5　总结路由

在总结后检验 R1、R3 的路由表，如图 2-5-6 所示。

```
R1# show ip route ospf|begin Gateway
Gateway of last resort is not set

    10.0.0.0/8 is variably subnetted,6 subnets,3 masks

O   10.1.0.0/22 is summary,00:00:09,Null0
O   10.2.1.0/24[110/648 ]via 192.168.10.2,00:00:09,Serial0/0/0
O  IA    192.168.1.0/24[110/1295] via  192.168.10.2,00:00:09,
         Serial0/0/0
O  IA    192.168.2.0/24[110/1295] via  192.168.10.2,00:00:09,
         Serial0/0/0
     192.168.10.0/24 is variably  subnetted, 3 subnets,2 masks
O     192.168.10.4/30 [110/1294] via  192.168.10.2,00:00:09,
      Serial0/0/0
R1#
```

```
R3#show ip route ospf |begin Gateway
Gateway of last resort is not set
10.0.0.0/8 is variably subnetted,2 subnets,2 masks
O IA   10.1.0.0/22 [110/1295] via 192.168.10.5,00:00:06,Serial0/0/1
O    10.2.1.0/24  [110/648]  via 192.168.10.5, 00:29:23,Serial0/0/1
192.168,10.0/24 is variably subnetted,3 subnets,2 masks
O 192.168,10.0/30 [110/1294] via 192.168,10.5, 00:29:23,Serial0/0/1
R3#
```

图 2-5-6　总结后 R1 和 R3 的路由表

5.2.3 检验多区域 OSPF

1. 多区域 OSPF 的检验方法

用于检验单区域 OSPF 的验证命令也可用于检验图 2-5-2 中的多区域 OSPF：

- show ip ospf neighbor
- show ip ospf
- show ip ospf interface

用于检验特定多区域信息的命令包括：

- show ip protocols
- show ip ospf interface brief
- show ip route ospf
- show ip ospf database

使用 show ip protocols 命令检验 OSPF 状态。命令的输出显示了在路由器上配置的路由协议，它还包含路由协议的特定信息，例如路由器 ID、路由器中的区域编号以及路由协议配置中包含的网络。

图 2-5-7 显示了 R1 的 OSPF 设置，注意命令显示了两个区域。Routing for Networks 部分标识网络及其各自区域。

使用 show ip ospf interface brief 命令显示启用了 OSPF 接口的相关简要信息，此命令可显示有用信息，如分配给接口的 OSPF 进程 ID、接口所在的区域以及接口开销。图 2-5-8 显示了检验启用 OSPF 的接口及其所属区域。

2. 检验多区域 OSPF 路由

检验多区域 OSPF 路由配置的最常用命令是 show ip route 命令。添加 ospf 参数可以仅显示 OSPF 相关信息。

图 2-5-9 显示了 R1 的路由表。注意路由表中的 O IA 条目如何标识从其他区域获知的网络。具体而言，O 表示 OSPF 路由，IA 表示区域间，也就是说，路由来自另一个区域。

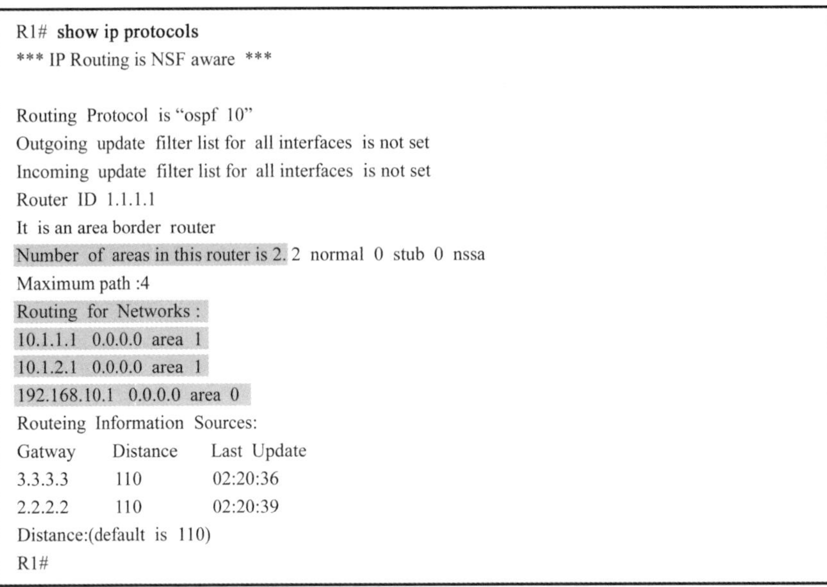

```
R1# show ip protocols
*** IP Routing is NSF aware ***

Routing Protocol is "ospf 10"
Outgoing update filter list for all interfaces is not set
Incoming update filter list for all interfaces is not set
Router ID 1.1.1.1
It is an area border router
Number of areas in this router is 2. 2 normal 0 stub 0 nssa
Maximum path :4
Routing for Networks :
10.1.1.1 0.0.0.0 area 1
10.1.2.1 0.0.0.0 area 1
192.168.10.1 0.0.0.0 area 0
Routeing Information Sources:
Gatway      Distance    Last Update
3.3.3.3     110         02:20:36
2.2.2.2     110         02:20:39
Distance:(default is 110)
R1#
```

图 2-5-7 检验 R1 上的多区域 OSPF 状态

```
R1# show ip ospf interface brief
Interface  PID  Area  IP Address/Mask   Cost  State  Nbrs F/C
Se0/0/0    10   0     192.168.10.1/30   64    P2P    1/1
Gi0/1      10   1     10.1.2.1/24       1     DR     0/0
Gi0/0      10   1     10.1.1.1/24       1     DR     0/0
R1#
```

图 2-5-8 检验 R1 上启动 OSPF 的接口及其所属区域

```
R1# show ip route ospf | begin Gateway
Gateway of last resort is not set

    10.0.0.0/8 is variably subnetted,5 subnets,2 masks
O   10.2.1.0/24[110/648]via 192.168.10.2,00:26:03,
                                Serial0/0/0
O IA    192.168.1.0/24[110/1295] via 192.168.10.2,00:26:03,
                                Serial0/0/0
O IA    192.168.2.0/24[110/1295] via 192.168.10.2,00:26:03,
                                Serial0/0/0
      192.168.10.0/24 is variably subnetted, 3 subnets,2 masks
O     192.168.10.4/30 [110/1294] via 192.168.10.2,00:26:03,
    Serial0/0/0
R1#
```

图 2-5-9 显示 R1 的路由表

总 结

单区域 OSPF 在小型网络中很有用，但在较大型网络中多区域 OSPF 是更好的选择。多区域 OSPF 解决了路由表庞大、链路状态更新开销大和 SPF 算法计算频繁的问题。

多区域 OSPF 中使用的区域 0 称为主干区域，而且所有其他区域都必须连接到主干区域。当区域内存在许多路由操作(例如重新计算数据库)时，区域之间仍会出现路由。

有四种类型的 OSPF 路由器：内部路由器、主干路由器、区域边界路由器(ABR)和自治系统边界路由器(ASBR)。路由器可归为其中一种或一种以上的路由器类型。

IPv4 路由表中的 OSPF 路由使用以下描述符标识：O、O IA、O E1 或 O E2。每台路由器对 LSDB 执行 SPF 算法来构建 SPF 树，SPF 树用于确定最佳路径。

实施多区域 OSPF 网络无须特殊命令。当路由器具有位于不同区域的两个 network 语句时，路由器就会成为 ABR。

OSPF 不执行自动总结，在 OSPF 中，只能在 ABR 或 ASBR 上配置总结。必须手动配置区域间路由总结，而且区域间路由总结在 ABR 上发生，应用于来自每个区域内的路由。为了在 ABR 上手动配置区域间路由汇总，请使用 area area-id range address mask 路由器配置模式命令。

外部路由总结特定于通过路由重分布放入 OSPF 的外部路由。通常，只有 ASBR 会总结外部路由。在 ASBR 上使用 summary-address address mask 路由器配置模式命令配置外部路由总结。

综合实验——配置多区域 OSPFv2

文本

锐捷路由器多区域 OSPF 配置实训

1. 实验背景

在本实验中，将配置多区域 OSPFv2。网络已经连接而且接口上配置了 IPv4 编址。我们的任务是启用多区域 OSPFv2，检验连接并检查多区域 OSPFv2 的操作。

2. 实验拓扑(图 2-5-10)

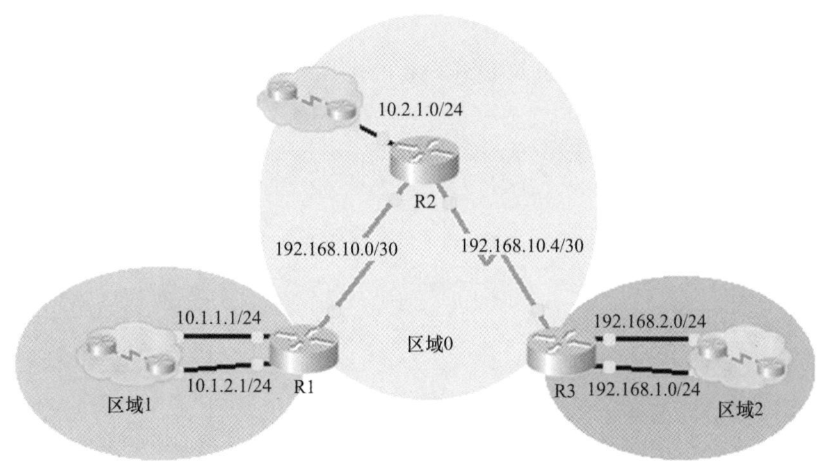

图 2-5-10　配置多区域 OSPFv2 拓扑

3. 地址分配表(表 2-5-1)

表 2-5-1　配置多区域 OSPFv2 地址分配

设备	接口	IP 地址	子网掩码	OSPFv2 区域
R1	G0/0	10.1.1.1	255.255.255.0	1
	G0/1	10.1.2.1	255.255.255.0	1
	S0/0/0	192.168.10.2	255.255.255.252	0
R2	G0/0	10.2.1.1	255.255.255.0	0
	S0/0/0	192.168.10.1	255.255.255.252	0
	S0/0/1	192.168.10.5	255.255.255.252	0
R3	G0/0	192.168.2.1	255.255.255.0	2
	G0/1	192.168.1.1	255.255.255.0	2
	S0/0/1	192.168.10.6	255.255.255.252	0

4. 实验内容

第一部分：配置 OSPFv2。

第 1 步 在 R1 上配置 OSPFv2。

使用进程 ID1 和路由器 ID 1.1.1.1 配置 R1 上的 OSPFv2。

第 2 步 通告 R1 上 OSPFv2 中的每个直连网络。

根据地址分配表配置 OSPFv2 指定区域中的每个网络。

```
R1(config-router)#network 10.1.1.0 0.0.0.255 area 1
R1(config-router)#network 10.1.2.0 0.0.0.255 area 1
R1(config-router)#network 192.168.10.0 0.0.0.3 area 0
```

第 3 步 在 R2 和 R3 上配置 OSPFv2。

分别使用路由器 ID 2.2.2.2 和 ID 3.3.3.3 对 R2 和 R3 重复上述步骤。

第二部分：验证并检查多区域 OSPFv2。

第 1 步 检验与每个 OSPFv2 区域的连接。

从 R1 上，对区域 0 和区域 2 中的每个远程设备执行 ping 操作：192.168.1.2、192.168.2.2 和 10.2.1.2。

第 2 步 使用 show 命令检查当前 OSPFv2 的操作。

使用以下命令收集有关 OSPFv2 多区域实施的信息。

- show ip protocols
- show ip route
- show ip ospf database
- show ip ospf interface
- show ip ospf neighbor

思考：

(1)哪些路由器是内部路由器？

(2)哪些路由器是主干路由器？

(3)哪些路由器是区域边界路由器？

项目 2-6 连接到广域网

企业必须将 LAN 连接到一起才能在它们之间提供通信，即使这些 LAN 相隔很远时也是如此，广域网(WAN)就是用于将远程 LAN 连接到一起。WAN 可能会覆盖一个城市、国家/地区或者全球区域。WAN 归服务提供商所有，企业需要支付一定费用来使用提供商的 WAN 网络服务。

本项目主要介绍 WAN 的标准、技术和用途，以及选择合适的 WAN 技术、服务和设备来满足发展中企业不断变化的业务需求。

学习目标

- 了解 WAN 的用途。
- 掌握 WAN 的操作。
- 了解可用 WAN 服务。
- 掌握各种私有广域网技术。
- 掌握各种公有广域网技术。

叶铭汉：学以致用，努力创新，将生命融入中国高能物理事业

1937 年，叶铭汉从上海萨赛坡小学毕业。小学时，叶铭汉的成绩并不好，经常处于班级中下游的位置，用他自己的话说："能升级就是好事。"1944 年，叶铭汉考入西南联大土木系。

叶铭汉作为北京谱仪工程的组织者和技术领导，对多种探测器都有过研制或者使用的经历，精心为北京谱仪选定了合适的技术参数，做出了先进的设计。

叶铭汉一生热爱学习，努力创新，从来没有停止读书思考的脚步。他曾在采访中说过的一句话或许可以道出他勤勉好学的原因："人一生都要学习。技术发展很快，问题摆在面前，新东西、新发现会不断出现。"

（来源：学习强国）

6.1　WAN 技术的概述

6.1.1　WAN 目的

1. 为什么选择 WAN?

WAN 运行的地理范围比 LAN 大。如图 2-6-1 所示，WAN 用于互连企业 LAN 与分支机构站点和远程工作人员站点中的远程 LAN。

WAN 归服务提供商所有。企业必须支付费用才能使用提供商的网络服务来连接远程站点。WAN 服务提供商主要是运营商，例如电话网络、有线电视公司或卫星服务。服务提供商提供链接来互连远程站点，以用于传输数据、语音和视频。

相反，LAN 通常归组织所有，用于连接一座大厦内或其他较小地理区域内的本地计算机、外围设备和其他设备。

2. WAN 是否必要?

如果没有 WAN，LAN 将会是一系列孤立的网络。LAN 能在保证速度的同时节省成本，可以为相对较小的地理区域提供数据传输服务。但是，随着机构的扩展，企业需要在地理位置分散的站点之间通信。下面是一些示例：

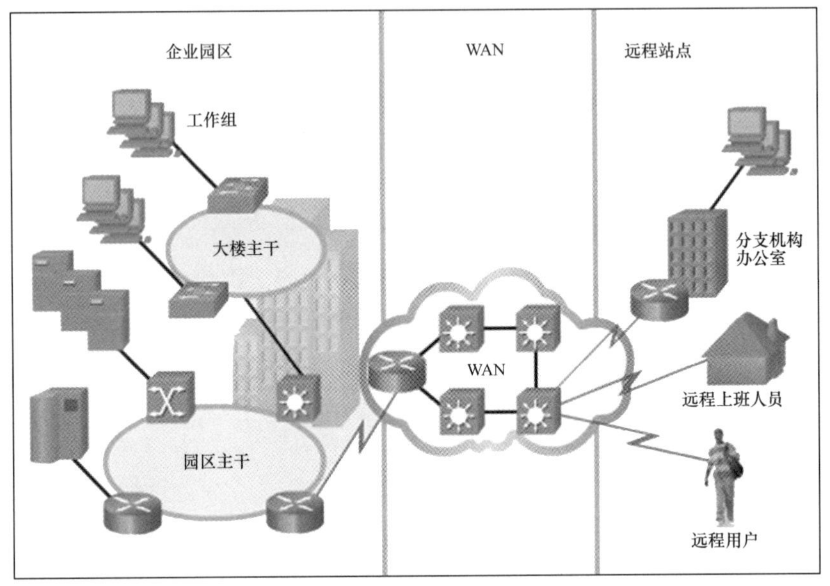

图 2-6-1 WAN 互连用户和 LAN

(1)企业的分区或分支机构办公室需要与中心站点通信并共享数据。

(2)企业需要与其他企业共享信息,例如,软件生产商通常要与将其产品销售给最终用户的经销商交流产品和促销信息。

(3)经常出差的员工需要访问公司网络信息。

(4)家庭用户收发数据的地理区域在日趋扩大。下面举几个远距离通信的例子:

①现在消费者通常通过 Internet 与银行、商店和各种提供商交流商品和服务。

②学生通过访问各国图书馆的索引和出版物来开展课题研究。

使用物理电缆跨国家连接计算机是不可行的,因此,已演变出不同技术来支持这一通信需求。人们越来越多地使用 Internet 作为企业 WAN 的价格低廉的替代方案,新技术为 Internet 通信和事务提供安全和隐私保护。广域网的使用(无论是单独使用,还是与 Internet 结合使用)无疑满足了组织和个人的广域通信需求。

6.1.2 WAN 运营

1. OSI 模型中的 WAN

WAN 运营主要集中在物理层(OSI 第 1 层)和数据链路层(OSI 第 2 层)。WAN 访问标准通常描述物理层传输方法和数据链路层要求,包括物理编址、流量控制和封装。大多数 WAN 链路属于点对点类型,因此,一般不使用第 2 层帧中的地址字段。

2. 常见 WAN 术语

WAN 和 LAN 的主要区别之一是公司或组织必须向外部 WAN 服务提供商订购服务才能使用 WAN 电信网络服务。WAN 使用运营商服务提供的数据链路访问 Internet 并将某个组织的不同场所连接在一起,或者将某个组织的场所连接到其他组织的场所、连接到外部服务以及远程用户，如图 2-6-2 所示。

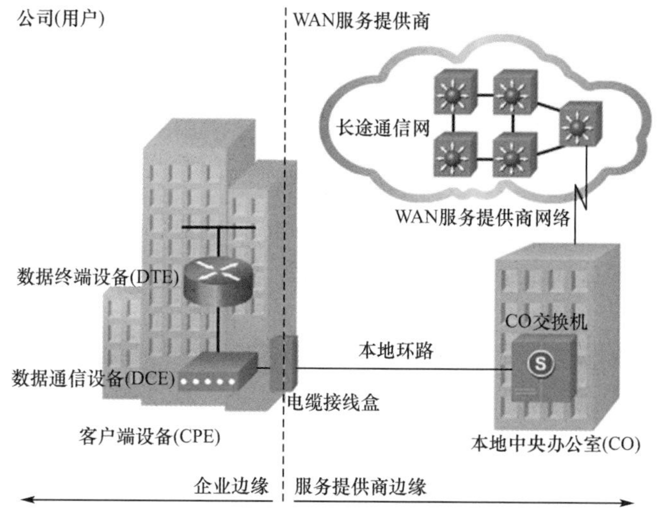

图 2-6-2　WAN 术语

WAN 的物理层描述公司网络和服务提供商网络之间的物理连接，图 2-6-2 中说明了常用于描述 WAN 连接的术语，包括：

(1)客户端设备(CPE)

CPE 是企业边缘处的设备和内部接线，连接到运营商链接，用户可以从服务提供商处购买 CPE 或租用 CPE。这里的用户是指从服务提供商订购 WAN 服务的公司。

(2)数据通信设备(DCE)

数据通信设备也称为数据电路终端设备，DCE 由将数据放入本地环路的设备组成。DCE 主要提供一个接口，用于将用户连接到 WAN 网云上的通信链路。

(3)数据终端设备(DTE)

传送来自客户网络或主机计算机的数据以便在 WAN 上传输的客户设备。DTE 通过 DCE 连接到本地环路。

(4)分界点

分界点是在大厦或综合设施中设定的某个点，用于分隔客户设备和服务提供商设备。在物理上，分界点是位于客户驻地的电缆接线盒，用于将 CPE 电缆连接到本地环路。分界点通常位于技工容易操作的位置，是连接责任由用户转向服务提供商的临界位置。当出现问题时，需要确定究竟是由用户还是服务提供商负责排除故障或修复故障。

(5)本地环路

将 CPE 连接到服务提供商的 CO 的实际铜缆或光缆。本地环路有时也称为“最后一公里”。

(6)本地中央办公室(CO)

CO 是将 CPE 连接到服务提供商网络的本地服务提供商设施或大厦。

(7)长途通信网

长途通信网包括长途、全数字、光纤通信线路、交换机、路由器和 WAN 提供商网络内的其他设备。

3. WAN 设备

广域网环境中有很多专属的设备类型。但端到端的数据路径通常是从源 DTE 到 DCE，然后到广域网云，然后到目的 DCE，最后到目的 DTE，如图 2-7-3 所示。

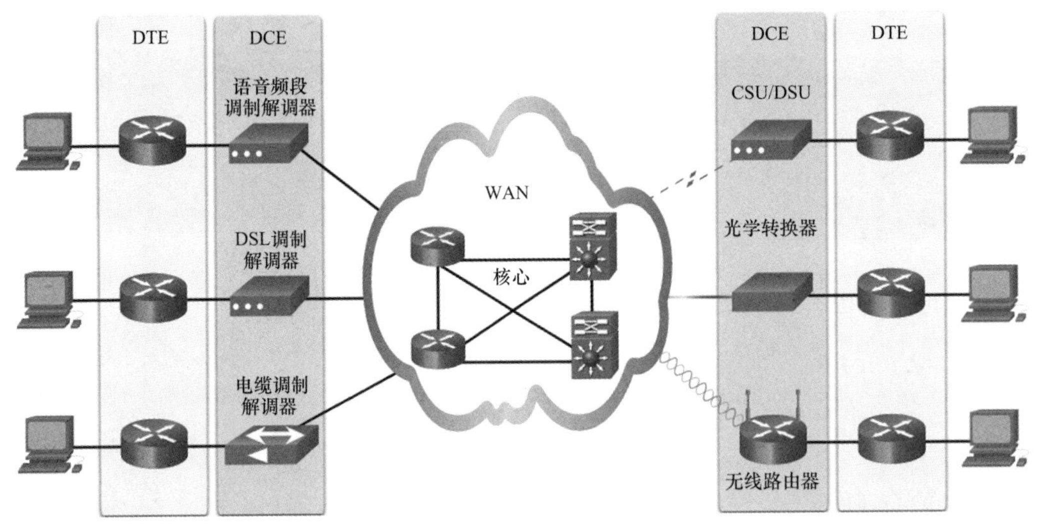

图 2-7-3 广域网设备

(1)语音频段调制解调器

语音频段调制解调器也称为拨号调制解调器，它是一款老设备，用来把计算机生成的数字信号转换(调制)为模拟的音频。它使用电话线来传输数据。

(2)DSL 调制解调器和电缆调制解调器

DSL 调制解调器和电缆调制解调器统称为宽带调制解调器，这些高速数字调制解调器使用以太网连接到 DTE 路由器。DSL 调制解调器使用电话线连接到广域网，电缆调制解调器使用同轴电缆连接到广域网。工作原理类似于语音频段调制解调器，但它们使用了更高的宽带频率和传输速率。

(3)CSU/DSU

数字专线需要使用 CSU(通道服务单元)和 DSU(数据业务单元)。它会把数字设备连接到数字线路上。CSU/DSU 可以是独立的设备(比如调制解调器)，也可以是路由器上的接口。

(4)光学转换器

光学转换器也称为光纤转换器。这些设备用来连接光纤介质和铜介质，并负责把光学信号转换为电子脉冲。

(5)无线路由器或无线接入点

这类设备会以无线的方式连接 WAN 提供商。路由器还可以使用蜂窝无线连接。

(6)广域网核心设备

广域网骨干网由多个高速路由器和三层交换机构成。路由器或多层交换机必须能够支持多种在广域网核心中使用的多种最高速度的电信接口。它必须能够在所有这些接口上以全速率转发 IP 数据包。路由器或多层交换机还必须支持广域网核心中使用的路由协议。

**注意：**上述设备并不详尽，根据所选 WAN 访问技术，可能需要其他设备。WAN 技术属于电路交换或数据包交换，使用的设备类型取决于所实施的 WAN 技术。

6.2 WAN 技术的选择

6.2.1 广域网服务

ISP 可以使用多个 WAN 接入连接方案将本地环路连接到企业边缘，如图 2-6-4 所示。这些 WAN 接入选项的技术、速度和开销是不同的，每种选项都有独特的优缺点。熟悉这些技术是网络设计的一个重要部分。

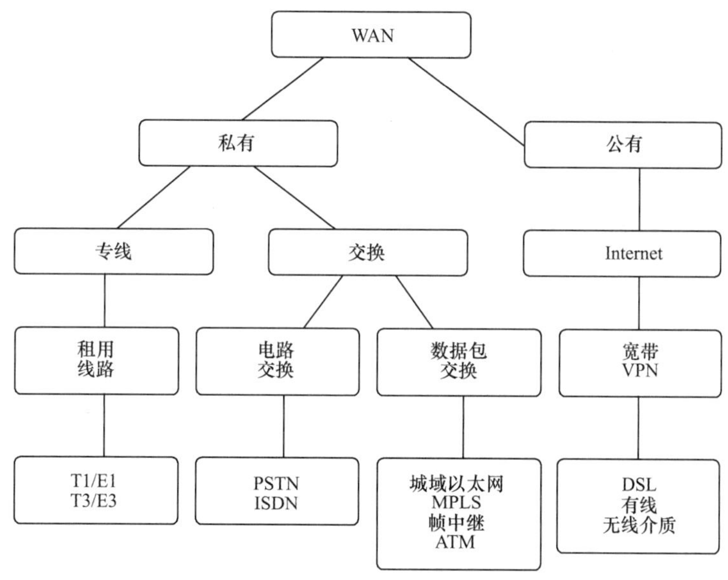

图 2-6-4　WAN 接入方案

如图 2-6-4 所示，企业可通过以下方式获取 WAN 访问：

1. 私有 WAN 基础架构

服务提供商可以提供专用点对点租用线路、电路交换链路（如 PSTN 或 ISDN）以及数据包交换链路（如以太网 WAN、ATM 或帧中继）。

2. 公有 WAN 基础架构

服务提供商可以使用数字用户线路（DSL）、电缆和卫星访问提供宽带 Internet 访问。宽带连接方案通常用于通过 Internet 将远程工作人员连接到公司站点。应使用 VPN 保护通过公有 WAN 基础架构在企业站点之间传输的数据。

6.2.2 私有广域网基础设施

1.租用线路

在需要永久专用连接时,可利用点对点通信链路提供从客户驻地到服务提供商网络预先建立的 WAN 通信路径。点对点通信链路通常向服务提供商租用,因此叫作租用线路。

租用线路从 20 世纪 50 年代早期开始已经存在,因此,有许多不同名称,例如租用电路、串行链路、串行线路、点对点链路和 T1/E1 或 T3/E3 线路。“租用线路”是指企业向服务提供商每月支付一定租赁费用以使用线路这一事实。租用线路有不同的容量,其定价通常取决于所需带宽及两个连接点之间的距离。

在北美洲,服务提供商使用 T 载波系统来定义串行铜介质链路的数字传输功能,而欧洲使用 E 载波系统,如图 2-6-5 所示。例如,T1 链路支持 1.544 Mb/s,E1 支持 2.048 Mb/s,T3 支持 43.7 Mb/s,而 E3 连接支持 34.368 Mb/s。光载波(OC)传输速率用于定义光纤网络的数据传输能力。

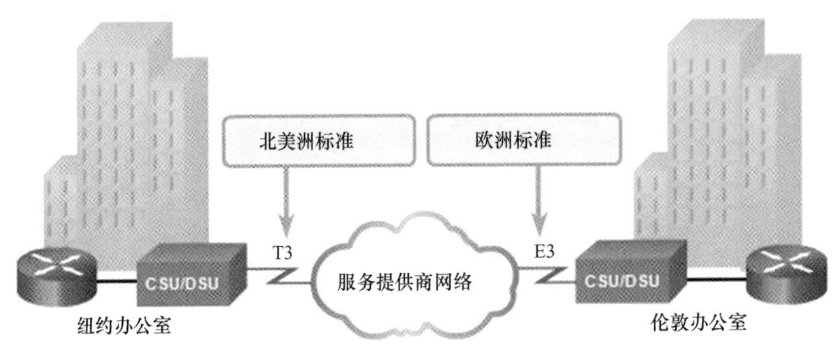

图 2-6-5 租用线路

租用线路的优点包括:

(1)简单:点对点通信链路的安装和维护需要极少的专业知识。

(2)高质量:如果点对点通信链路有足够的带宽,它们通常就会提供高质量的服务。专享带宽消除了端点之间的延时或抖动。

(3)可用性:不间断的可用性对于某些应用程序而言非常重要,例如电子商务。点对点通信链路可以提供 VoIP 或 IP 视频所需的永久专用带宽。

租用线路的缺点包括:

(1)成本高:点对点链路通常是最昂贵的 WAN 访问类型。如果使用租用线路解决方案连接多个站点,而站点之间的距离不断增大时,其成本将会非常高昂。此外,每个终端都需要使用路由器上的一个接口,这将增加设备成本。

(2)灵活性有限:WAN 流量经常变化,而租用线路有固定带宽,因此线路的带宽很少能够满足实际需求。对租用线路的任何改动通常都需要 ISP 人员到现场进行功能的调整。

2.拨号

当其他 WAN 技术不可用时,可能需要使用拨号 WAN 访问,如图 2-6-6 所示。例如,远程位置可以使用调制解调器和模拟拨打的电话线路来提供较低带宽和专用交换连接。在需要间断地传输少量数据时，拨号访问是适用的。

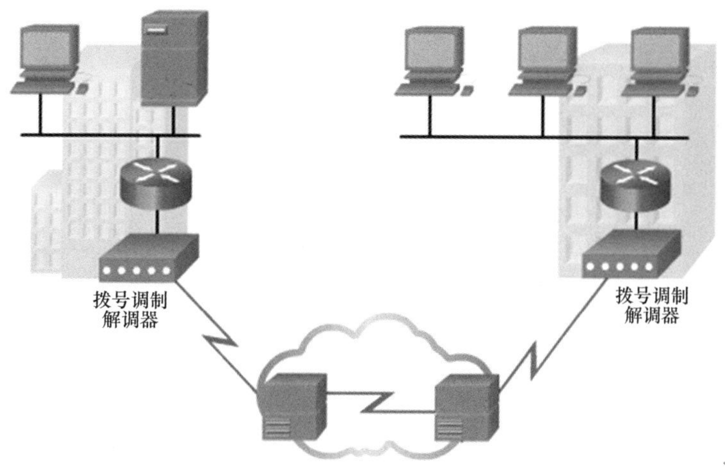

图 2-6-6　拨号连接

在小型企业中，这些相对低速的拨号连接对交换销售数字、价格、日常报表和电子邮件来说已经足够。在夜间或周末使用自动拨号传输大文件和备份数据可以充分利用非高峰时段收费（通行费）较低的特点。拨号连接的价格取决于端点之间的距离、每日的拨号时段和呼叫的持续时间。

调制解调器和模拟线路的优势是简单、可用性高，以及实施成本低。缺点是数据传输速度慢，需要较长的连接时间。对于点对点流量来说，这种专用电路具有延时短、抖动小的优点，但对于语音或视频流量，此电路较低的比特率则不够用。

注意：虽然极少有企业支持拨号接入，但它对于 WAN 接入选项有限的偏远地区而言仍是一个可行的解决方案。

3. ISDN

综合业务数字网络（ISDN）是一种电路交换技术，能够让 PSTN 本地环路传输数字信号，从而实现更高容量的交换连接。

ISDN 将 PSTN 的内部连接从传输模拟信号改为传输时分复用（TDM）数字信号。TDM 允许在一个通信通道中以子通道的形式传输两个或多个信号或比特流，这些信号看起来是同时传输，但实际上是依次在通道上传输。

ISDN 将本地环路转换为 TDM 数字连接，这种转换让本地环路能够传输数字信号，从而实现更高容量的交换连接。此连接使用 64 kb/s 承载信道 B 来传输语音或数据和信令，D 信道则用于建立呼叫和其他用途。

有两种 ISDN 接口：

(1)基本速率接口（BRI）：ISDN BRI 用于家庭和小企业，提供两个 64 kb/s 的 B 信道和一个 16 kb/s 的 D 信道。BRI D 信道用于控制呼叫，但经常得不到充分利用，因为它只有两个 B 信道需要控制。

(2)主速率接口（PRI）：ISDN 也可用于更大规模的安装环境。在北美洲，PRI 提供 23 个 64 kb/s 的 B 信道和 1 个 64 kb/s 的 D 信道，总比特率可达 1.544 Mb/s，这包括一些用于同步的额外开销。在欧洲、澳大利亚和世界其他地区，ISDN PRI 提供 30 个 B 信道和 1 个 D 信道，总比特率可达 2.048 Mb/s，其中包括同步开销。

BRI 的呼叫建立时间不到 1 秒，64 kb/s 的 B 信道提供的带宽也大于模拟调制解调器链路。如果需要更高带宽，可以激活第 2 个 B 通道，总共提供 128 kb/s，如图 2-6-7 所示。虽然对于视频来说并不够用，但是除数据流量之外，它可允许多个并发语音会话。

图 2-6-7 ISDN BRI 示意图

ISDN 的另一个常见应用是在租用线路连接的基础上提供所需的额外带宽。租用线路的带宽用于传输平均流量负载，而在带宽需求高峰期间可以添加 ISDN。在租用线路出现故障时，ISDN 还可用作备用连接。ISDN 的定价以 B 信道数为基准，这与前面提到的模拟语音连接相似。

借助于 ISDN PRI，两个端点之间可以连接多个 B 信道，这样可以实现视频会议和无延时、无抖动的高带宽连接。但是，多个长途连接的成本非常高昂。

注意：尽管对电话服务提供商网络而言，ISDN 仍是一项重要的技术，但随着高速 DSL 和其他宽带服务的诞生，作为 Internet 连接方案之一的 ISDN 已经日渐式微了。

4. 帧中继

帧中继是一个简单的第 2 层非广播多路访问（NBMA）WAN 技术，用于互连企业 LAN。使用 PVC 时，单个路由器接口可用于连接多个站点，PVC 用于传送源和目的地之间的语音和数据流量，支持的数据速率最高可达 4 Mb/s，有些服务提供商甚至会提供更高速率。帧中继示意图如图 2-6-8 所示。

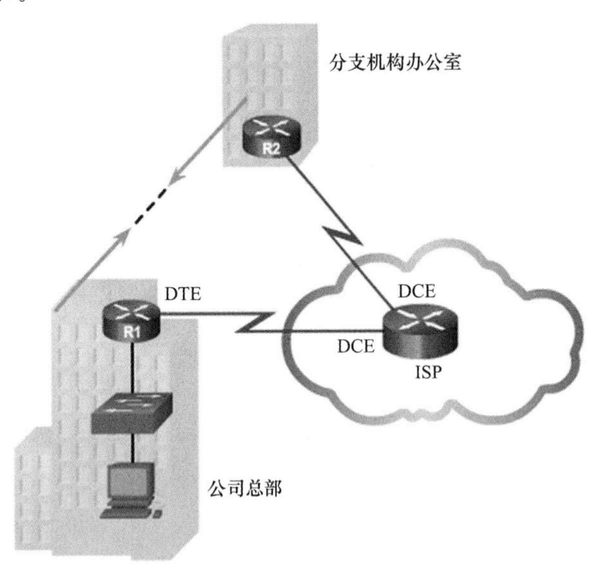

图 2-6-8 帧中继示意图

即使使用多个虚电路（VC），边缘路由器也只需要一个接口。由于租用线路到帧中继网络边缘的距离很短，在高度分散的 LAN 之间使用帧中继可以实现经济有效的连接。

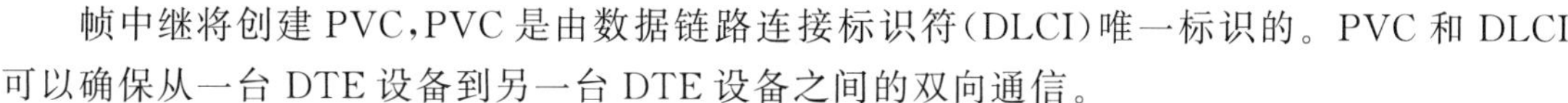

帧中继将创建 PVC，PVC 是由数据链路连接标识符(DLCI)唯一标识的。PVC 和 DLCI 可以确保从一台 DTE 设备到另一台 DTE 设备之间的双向通信。

5. ATM

异步传输模式(ATM)技术能够通过私有和公共网络传输语音、视频和数据。ATM 是基于信元的体系结构，而不是基于帧的体系结构。ATM 信元的长度总是固定的，即 53 字节，包含一个 5 字节的 ATM 头，后面是 48 字节的 ATM 负载。小尺寸的定长信元非常适合传输语音和视频流量，因为这种流量不允许出现延迟，视频和语音流量无须等待即传输较大的数据包。

53 字节 ATM 信元的效率低于比它大的帧中继帧和数据包。更严重的是，ATM 信元会为每 48 字节的负载至少多出 5 个字节的开销。当信元传输分段网络层数据包时，这种开销会更大，因为 ATM 交换机必须能够在目的地重组数据包。如果传输相同数量的网络层数据，典型的 ATM 线路至少需要比帧中继多 20%的带宽。

ATM 的设计具有极佳的可扩展性，能够支持 T1/E1 到 OC-12(622 Mb/s)乃至更高的链路速度。

ATM 提供 PVC 和 SVC，而 PVC 在 WAN 中更常用。与其他共享技术一样，ATM 允许同一条租用线路上有多个 VC 连接到网络边缘。ATM 示意图如图 2-6-9 所示。

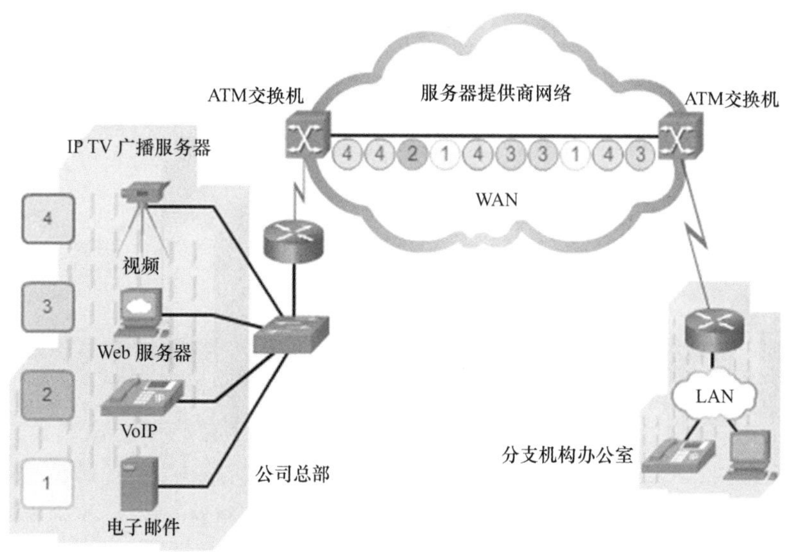

图 2-6-9 ATM 示意图

6. 以太网 WAN

现在，较新的以太网标准使用光缆，这使得以太网成为一个合理的 WAN 接入选项。例如，IEEE 1000 BASE-LX 标准支持的光缆长度为 5 km，而 IEEE 1000 BASE-ZX 标准支持的光缆长度可达 70 km。以太网 WAN 拓扑结构示意图如图 2-6-10 所示。

服务提供商现在使用光纤布线提供以太网 WAN 服务。以太网 WAN 服务曾有过许多名称，包括城域以太网(MetroE)、MPLS 以太网(EoMPLS)和虚拟专用 LAN 服务(VPLS)。

以太网 WAN 的优势包括：

(1)降低费用和管理开销

以太网 WAN 提供高带宽的第 2 层交换网络，能够在同一基础架构上同时管理数据、语音

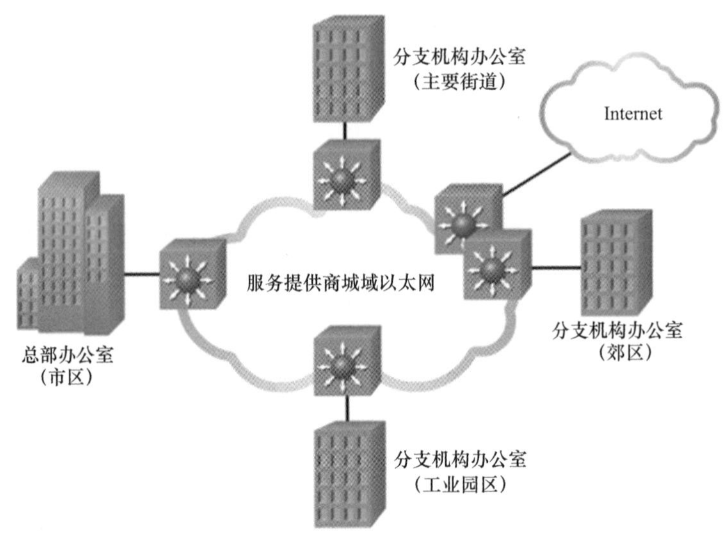

图 2-6-10 以太网 WAN 拓扑结构示意图

和视频，这一特征增加了带宽并避免了向其他 WAN 技术转换的昂贵开销。利用这种技术，企业可以以低廉的开销将城区中的大量站点互连在一起并连接到 Internet。

(2)与现有网络集成简单

以太网 WAN 可以方便地连接到现有以太网 LAN，减少了安装成本和时间。

(3)提高企业生产效率

以太网 WAN 让企业能够提升生产效率，使用在 TDM 或帧中继网络上难以实现的 IP 应用，例如托管 IP 通信、VoIP、流媒体和广播视频。

注意：以太网 WAN 已经得到普及，现在一般用于替代传统的帧中继和 ATM WAN 链路。

7. MPLS

多协议标签交换(MPLS)是一种多协议高性能 WAN 技术，可根据最短路径标签而不是 IP 网络地址将数据从一台路由器发送到下一台。

MPLS 具有多项典型特征。它是多协议的，这意味着它能够传送任何负载，包括 IPv4、IPv6、以太网、ATM、DSL 和帧中继流量。它使用标签来告知路由器如何处理数据包，标签标识远程路由器之间而非终端之间的路径，而 MPLS 实际上会路由 IPv4 和 IPv6 数据包，其他一切负载都会进行交换。

MPLS 是一种服务提供商的技术。租用线路在站点之间传输位，帧中继和以太网 WAN 在站点之间传输帧，但是，MPLS 可在站点之间传输任何类型的数据包，而且可封装各种网络协议的数据包。它支持许多不同的 WAN 技术，包括 T 载波/E 载波链路、运营商以太网、ATM、帧中继和 DSL。MPLS 拓扑示意图如图 2-6-11 所示。

图 2-6-11 中的示例拓扑说明了如何使用 MPLS。注意，不同站点可使用不同访问技术连接到 MPLS 云。在图中，CE 是指客户边缘，PE 是用于添加和删除标签的提供商边缘路由器，而 P 是用于交换带有 MPLS 标签的数据包的内部提供商路由器。

注意：MPLS 主要是一种服务提供商的 WAN 技术。

8. VSAT

到目前为止，讨论过的所有私有 WAN 技术都使用铜缆或光纤介质。如果企业需要在一

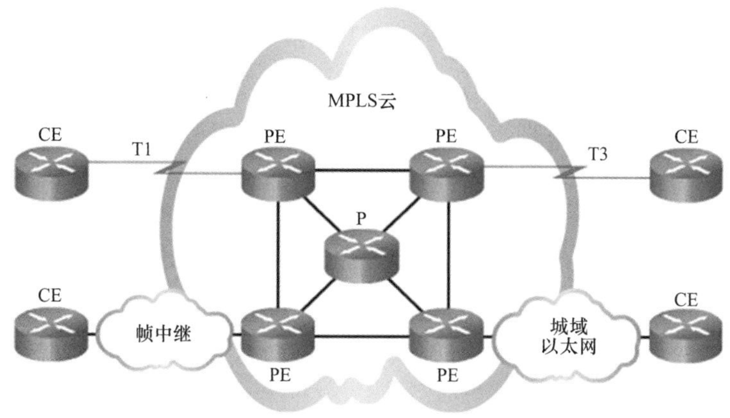

图 2-6-11　MPLS 拓扑示意图

个远程位置中实现连接,但那里没有服务提供商可以提供 WAN 服务时,应该怎么办?

甚小口径终端(VSAT)是一个可以使用卫星通信创建私有 WAN 的解决方案。VSAT 是一个很小的卫星天线,类似于家庭中 Internet 和 TV 所使用的天线。VSAT 创建私有 WAN,同时提供到远程位置的连接。

具体而言,是指路由器连接到一个卫星天线,卫星天线会指向太空中地球同步轨道上服务提供商的卫星。信号必须传输大约 35 786 km 到达卫星然后返回。VSAT 拓扑示意图如图 2-6-12 所示。

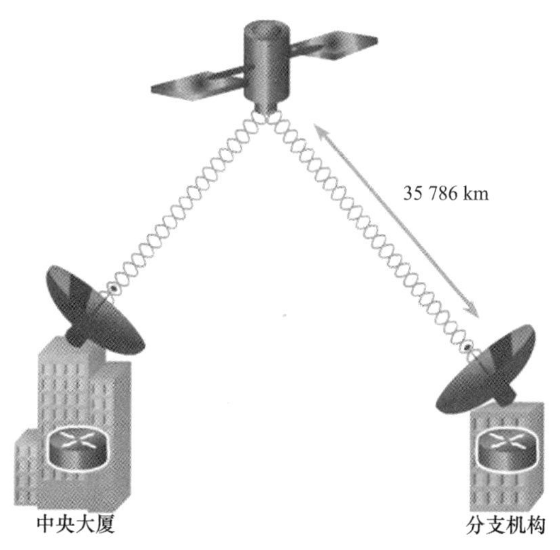

图 2-6-12　VSAT 拓扑示意图

图中示例显示了中央大厦屋顶上的一个 VSAT 天线与太空中数千千米之外的卫星天线通信的情况。

6.2.3　公共广域网基础设施

1. DSL

DSL 技术是永久在线的连接技术,它使用现有双绞电话线传输高带宽的数据并为用户提供 IP 服务。DSL 调制解调器将用户设备发送的以太网信号转换为 DSL 信号，然后再传输到中心局。

在服务提供商处，多个 DSL 用户线路通过 DSL 接入复用器(DSLAM)，多路复用为一个高容量的链路。DSLAM 利用 TDM 技术将多个用户线路聚合到一个介质(medium)中，通常是 T3(DS3)连接。目前 DSL 技术使用复杂的编码和调制技术来获得较快的数据速率。

DSL 有许多种，各种标准也层出不穷。DSL 现在已成为企业 IT 部门支持家庭办公人员的潮流之选。通常，用户不能选择直接连接到企业，而必须首先连接到 ISP，然后通过 Internet 连接到企业。此过程中存在安全风险，但可以通过安全措施进行控制。

图 2-6-13 拓扑显示了 DSL WAN 连接示例。

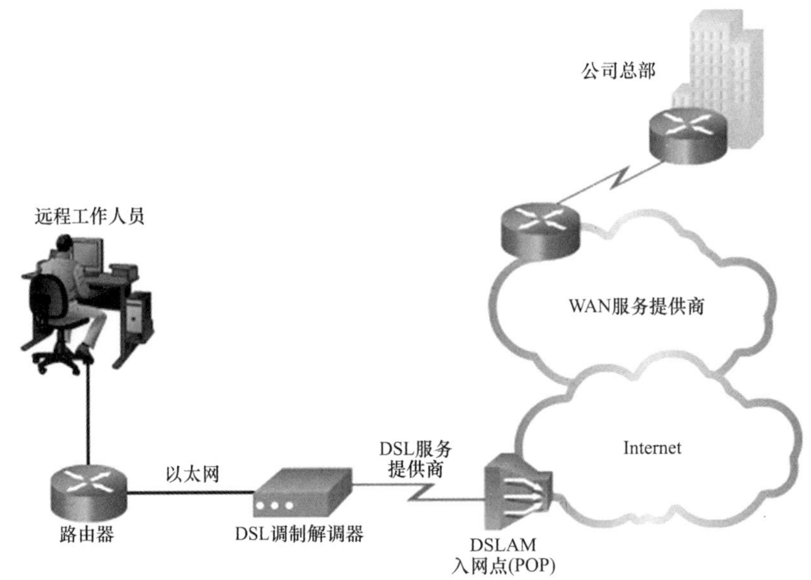

图 2-6-13 DSL WAN 连接示例

2. 有线介质

同轴电缆在城市中应用非常广泛，用于发布电视信号。许多有线电视提供商提供网络访问功能。与传统的电话本地环路相比，同轴电缆可以实现更高的带宽。

电缆调制解调器提供永久在线连接，而且安装非常简单。用户将计算机或 LAN 路由器连接到电缆调制解调器，后者将数字信号转换为用于在有线电视网络上传输的宽带频率。本地有线电视机盒(叫作有线前端设备)包含提供 Internet 接入所需的计算机系统和数据库。前端设备最重要的组件是电缆调制解调器终端系统(CMTS)，它负责发送和接收有线网络上的电缆调制解调器数字信号，CMTS 是为有线用户提供 Internet 服务的必备组件。

电缆调制解调器用户必须使用服务提供商提供的 ISP。所有本地用户共享同一根电缆的带宽。随着越来越多的用户加入该服务，可用的带宽可能会低于预期的速率。

图 2-6-14 拓扑显示了有线 WAN 连接示例。

3. 无线介质

无线技术使用免授权的无线频谱收发数据，任何拥有无线路由器并且所用设备支持无线技术的用户都可访问免授权频谱。

直到目前，无线接入都有一个限制，就是必须位于无线路由器或通过有线连接到 Internet

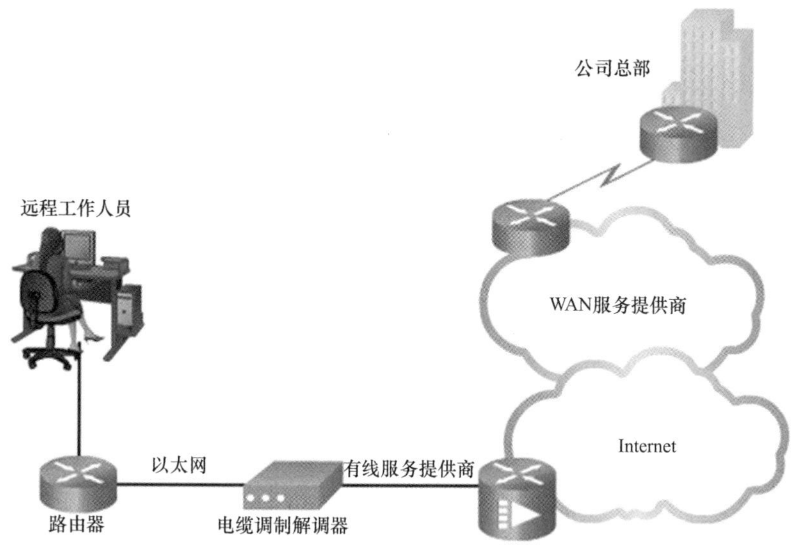

图 2-6-14 有线 WAN 连接示例

的无线调制解调器的本地发射覆盖范围(通常不到 30 m)之内。然而,随着无线宽带技术中下列新发展的不断涌现,这种情况已有改观:

(1)市政 Wi-Fi

许多城市已经开始铺设市政无线网络。其中有些网络免费或者是以远低于其他宽带服务的价格提供高速 Internet 接入。市政网络仅用于城市,可让公安、消防部门和其他城市公务员远程处理某些工作。要连接到市政 Wi-Fi,用户通常需要一个无线调制解调器,它提供比传统无线适配器更强的无线电和定向天线。大多数服务提供商免费或有偿提供必要的设备,就像他们提供 DSL 或电缆调制解调器一样。

(2)WiMAX

微波接入全球互通(WiMAX)是一项刚刚开始投入使用的新技术。IEEE 标准 802.16 中描述了该技术。WiMAX 利用无线接入提供高速宽带服务,还像手机网络那样提供广阔的覆盖区域,而不是像 Wi-Fi 热点那样仅仅覆盖小范围。WiMAX 的工作方式与 Wi-Fi 相似,但速度更高,距离更远,支持的用户更多。它使用类似于手机塔的 WiMAX 塔网络。要访问 WiMAX 网络,用户必须向 ISP 订购,并且 WiMAX 塔要在其所在位置的 48 km 之内,还需要使用某种 WiMAX 接收器和特殊的加密密码才能访问基站。图 2-6-15 中显示 WiMAX 网络的示例。

(3)卫星 Internet

通常是没有电缆和 DSL 的农村用户使用。VSAT 提供双向(上传和下载)数据通信。上传速度大约是下载速度(500 kb/s)的十分之一。电缆和 DSL 的下载速度更快,但卫星系统的下载速度大约是模拟调制解调器的 10 倍。要访问卫星 Internet 服务,用户需要一根卫星天线、两台调制解调器(上行链路和下行链路),连接卫星天线和调制解调器的同轴电缆。

4. 3G/4G 蜂窝网

蜂窝服务逐渐成为另一种用于连接用户和没有其他 WAN 访问技术的远程位置的无线 WAN 技术。许多使用智能手机和平板电脑的用户都可以使用蜂窝网数据来发送电子邮件、网上冲浪、下载应用程序和观看视频。

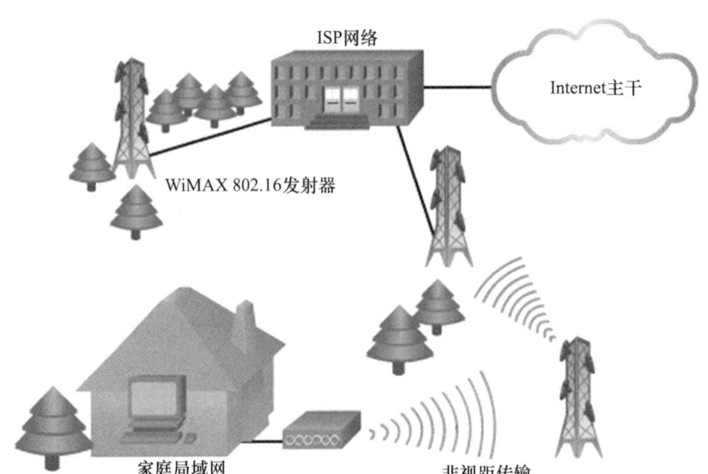

图 2-6-15 WiMAX 网络示意图

电话、平板电脑、笔记本电脑甚至有些路由器都可以使用蜂窝技术通过 Internet 通信。这些设备利用无线电波通过附近的移动电话信号塔通信。设备有一个很小的无线电天线，而提供商有一个大得多的天线，设在电话周围数公里内某处信号塔的顶端。3G/4G 蜂窝网示意图如图 2-6-16 所示。

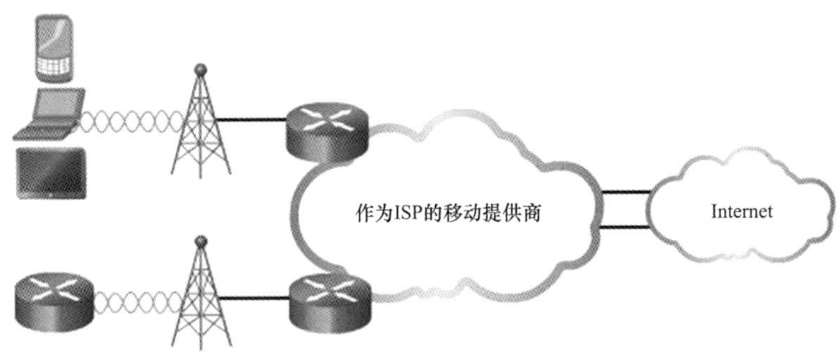

图 2-6-16 3G/4G 蜂窝网示意图

常见蜂窝网行业术语包括：

(1)3G/4G 是无线第 3 代和第 4 代蜂窝网访问的缩写，这些技术支持无线 Internet 访问。

(2)长期演进技术(LTE)是指一种更新更快的技术，并被视为第四代(4G)技术的一部分。

5. VPN 技术

当远程工作人员或远程办公室员工使用宽带服务通过 Internet 访问公司 WAN 时，会带来一定的安全风险。为解决安全隐患，宽带服务提供使用 VPN 连接 VPN 服务器的功能，VPN 服务器通常位于公司站点。

VPN 是公共网络(例如 Internet)之上多个私有网络之间的加密连接技术。VPN 并不使用专用的第 2 层连接(例如租用线路)，而是使用称为 VPN 隧道的虚拟连接，VPN 隧道通过 Internet 从公司的私有网络路由到远程站点或员工主机上。

VPN 的优势有：

(1)节省成本：利用 VPN，组织能够使用全球 Internet 让远程办公室和远程用户连接到总公司站点，从而节省了为架设专用 WAN 链路和购买大批调制解调器而带来的昂贵开销。

(2)安全性：通过使用先进的加密和身份验证协议，防止数据受到未经授权的访问，从而提供最高级别的安全性。

(3)可扩展性：由于 VPN 使用 ISP 和设备自带的 Internet 基础架构，因此可以非常方便地添加新用户。公司无须添加大批的基础设施即可大幅增加容量。

(4)与宽带技术的兼容性：VPN 技术受到 DSL 和电缆等宽带服务提供商的支持，因此移动办公人员和远程工作人员可以利用家中的高速 Internet 服务访问公司网络。企业级、高速宽带连接还可为连接远程办公室提供经济有效的解决方案。

有两种类型的 VPN 接入：

(1)站点到站点 VPN：站点到站点 VPN 将整个网络互连在一起，例如，它们可以将一个分支机构办公室网络连接到公司总部网络，如图 2-6-17 所示。每个站点都配备一个 VPN 网关，例如路由器、防火墙、VPN 集中器或安全设备。图中，远程分支机构使用站点到站点 VPN 连接到公司总部。

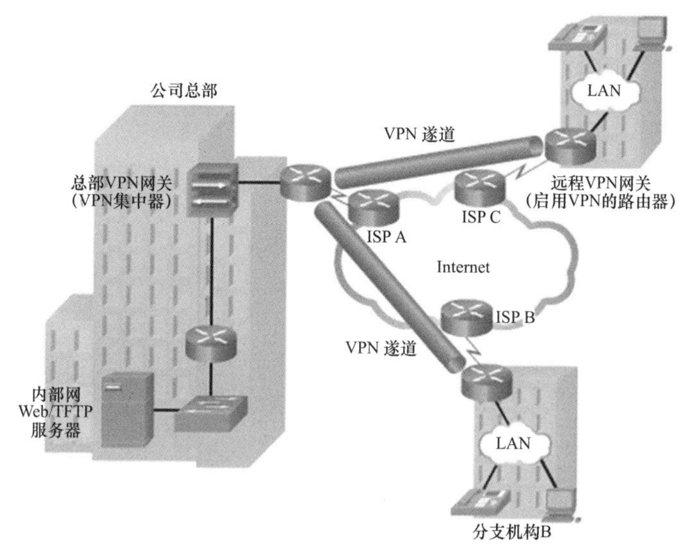

图 2-6-17　站点到站点 VPN 拓扑示意图

(2)远程访问 VPN：利用远程访问 VPN，各台主机(例如远程工作人员、移动用户和外联网用户的计算机)可以通过 Internet 安全地访问公司网络。每台主机(远程工作人员 1 和远程工作人员 2)通常会加载 VPN 客户端软件或使用基于 Web 的客户端，如图 2-6-18 所示。

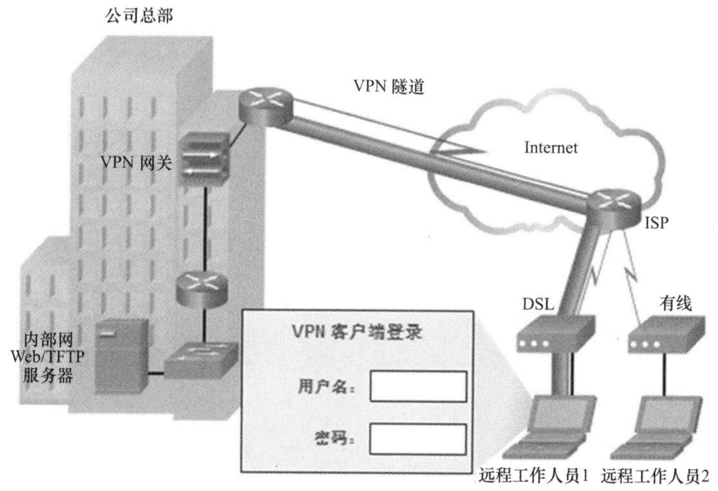

图 2-6-18　远程访问 VPN 拓扑示意图

总 结

企业可以使用专用线路或公共网络基础架构进行 WAN 连接。只要同时做好安全规划，公共基础架构连接就会成为 LAN 之间专用连接的一个经济高效的替代方案。

WAN 访问标准在 OSI 模型的第 1 层和第 2 层上运行，而且是由 TIA/EIA、ISO 和 IEEE 定义和管理的。WAN 可以是电路交换，也可以是数据包交换。

服务提供商网络比较复杂，而且服务提供商的主干网络主要由高带宽光纤介质组成。用于互连客户的设备特定于所实施的 WAN 技术。

通过使用租用线路来提供永久专用点对点连接。拨号访问虽然速度较慢，但对于 WAN 方案有限的偏远地区仍是可行的。其他专用连接方案包括 ISDN、帧中继、ATM、以太网 WAN、MPLS 和 VSAT。

公共基础架构连接包括 DSL、有线介质、无线介质和 3G/4G 蜂窝网。可通过使用远程访问或站点到站点虚拟专用网络（VPN）提高公共基础架构连接的安全性。

项目 2-7　点对点连接

WAN 连接最常见的一种类型（尤其在长距离通信中）是点对点连接，也称为串行连接或租用线路连接。由于这些连接通常由运营商（例如电话公司）提供，因此必须在运营商需管理的范围和客户需管理的范围之间明确地界定一个边界。

本项目包含在串行连接中使用的术语、技术和协议、HDLC 和点对点协议（PPP）。

学习目标

- 了解 WAN 中点对点串行通信的基本原理。
- 能配置点对点串行链路的 HDLC 封装。
- 掌握在 WAN 中使用 PPP 相比 HDLC 的优势。
- 了解 PPP 会话如何建立。
- 能配置点对点串行链路的 PPP 封装。
- 能配置 PPP 身份验证协议。

袁亚湘：愿为数学做更多

相对于纯粹数学，应用数学偏重研究和解决工业企业界中涉及的复杂数学问题。近几十年来，我国经济社会、工程技术以及自然和社会科学学科等的高速发展，催生了对应用数学的巨大需求，特别是大数据的收集和应用越来越广泛。交通、人工智能、医疗、金融等领域的技术性变革，其背后都离不开数据科学的支撑。而这些，让应用数学有了更为广阔的用武之地。

这也促成了一大批中青年应用数学家在国际上崭露头角，袁亚湘正是其中的佼佼者。越来越多的中国学者受邀在国际工业与应用数学大会等高水平国际会议上作大会报告，国际高水平应用数学杂志编委名单上也出现了越来越多的中国人的名字。

"我国基础数学虽有一批优秀的青年数学家,但总体研究现状依然非常严峻"。当前,我国科技实现了"上天、入地、下海",进步之快为世界瞩目。但在袁亚湘看来,进步大多集中在技术上而非科学上。"我们常说的'卡脖子'技术,表面是技术问题,但归根结底都是科学问题,过去我们的'科学'太少了,尤其对基础科学研究不够重视。"

这也是他近年来在多个场合反复呼吁的:"基础研究实力的强弱,往往决定了一个国家创新能力的高低。在数学、物理等纯基础研究学科上,不能用搞工程的思维来看待,有时一个大的突破之前很难有明确的研究计划和技术路线。因此,在项目管理、科技政策、评价考核上要有特殊性,要沉住气、有耐心。"

(来源:学习强国)

7.1 串行点对点的概述

7.1.1 串行通信

串行通信

在需要永久专用连接时,可使用点对点链路通过提供商网络预先建立从客户驻地到远程目的地的单个 WAN 通信路径,如图 2-7-1 所示。

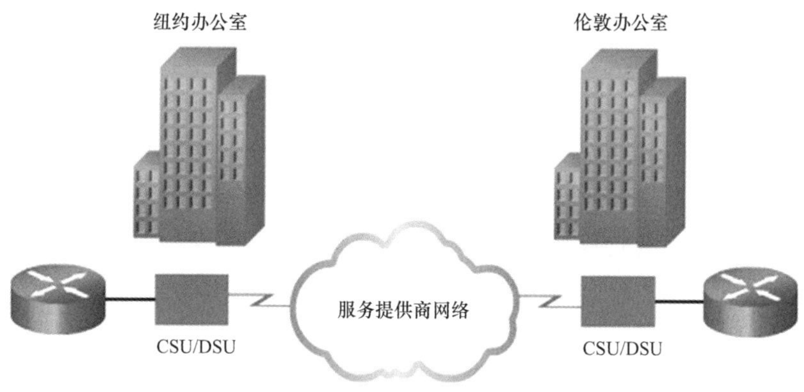

图 2-7-1 点对点通信

点对点链路可将两个相隔遥远的站点(例如纽约的企业办公室和伦敦的区域办公室)连接起来。对于点对点线路,运营商会为客户所租用的线路(租用线路)指定特定的资源。

注意:点对点连接并不仅限于陆地上的连接,在海面下有数万千米的光缆可连接全球各国家/地区和各大陆。在 Internet 上搜索"海底的 Internet 电缆映射"可以找到这些海底电缆连接的多个电缆映射。

点对点链路通常比共享服务更昂贵,当使用租用线路解决方案连接距离不断增加的多个站点时,成本将会非常高。但是,有时租用线路还是利大于弊。专享带宽消除了端点之间的延时或抖动。对 VoIP 或 IP 视频之类的应用来说,不间断的可用性非常关键。

从 WAN 连接的角度来看,串行连接的一端连接的是 DTE 设备,另一端连接的是 DCE 设备。如图 2-7-2 所示,两个 DCE 设备之间的连接是 WAN 服务提供商传输网络。

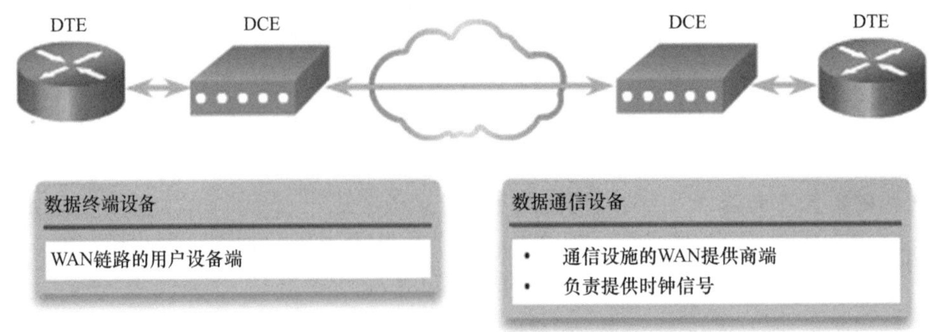

图 2-7-2 串行 DTE 和 DCE 的 WAN 连接

在本例中:

(1)CPE 通常是路由器,也就是 DTE。如果 DTE 直接连接到服务提供商网络,那么 DTE 也可以是终端、计算机、打印机或传真机。

(2)DCE 通常是调制解调器或 CSU/DSU,DCE 设备用于将来自 DTE 的用户数据转换为 WAN 服务提供商传输链路所能接受的格式。此信号由远程 DCE 接收,远程 DCE 将信号解码为位序列。然后,远程 DCE 将该序列传送到远程 DTE。

7.1.2 HDLC 封装

PPP 的封装

HDLC 是由国际标准化组织(ISO)开发的、面向比特的同步数据链路层协议。当前的 HDLC 标准是 ISO 13239。HDLC 同时提供面向连接的服务和无连接服务。

HDLC 采用同步串行传输,可以在两点之间提供无错通信。HDLC 定义的第 2 层帧结构采用确认机制进行流量控制和错误控制。每个帧都具有相同的格式,无论其是数据帧还是控制帧。

Cisco HDLC 是 Cisco 设备在同步串行线路上使用的默认封装方法。

在连接两个 Cisco 设备的租用线路上,使用 Cisco HDLC 作为其点对点协议。如果连接非 Cisco 设备,请使用同步 PPP。

如果默认封装方法已更改,则可以在特权 EXEC 模式下使用 encapsulation hdlc 命令来重新启用 HDLC。

重新启用 HDLC 封装包括两步:

第 1 步 进入串行接口的接口配置模式。

第 2 步 输入 encapsulation hdlc 命令指定接口的封装协议。

我们可以使用 show interface serial 命令所产生的输出显示特定于串行接口的信息。在配置 HDLC 之后,输出中将会显示“Encapsulation HDLC”,如图 2-7-3 中突出显示部分所示。

在排除串行线路故障时,show controllers 命令是另一个重要的诊断工具,如图 2-7-4 所示。其输出指示接口通道的状态,以及接口是否连接了电缆。图 2-7-4 中,串行接口 0/0/0 连

```
R1# show interfaces serial0/0/0
Seria10/0/0  is up,  line protocol is up
Hardware  is GT96K Serial
Internet  address   is  172.16.0.1/30
   MTU  1500bytes,BW  1544  Kbit/sec,DLY 20000 usec,
reliability  255/255,txload  1/255,rxload 1/255
Encapsulation HDLC,loopback not set
   Keepalive  set (10 sec)
   CRC  checking  enabled
```

图 2-7-3　输出显示

接了一根 V.35 DCE 电缆。

```
R1# show  controllers  serial0/0/0
Interface  Serial0/0/0
Hardware  is  GT96K
DEC  V.35,clock rate  64000
Idb  at. 0x66855120,driver  data  structure at  0x6685c93c
Wic_info  0x6685CF68
```

图 2-7-4　输出指示接口通道的状态

注意:如果电口的输出显示为 UNKNOWN 而不是 V.35、EIA/TIA-449 或其他某个电口类型,那么问题很可能是电缆连接不当,也有可能是卡内部的布线存在问题。如果电口未知,那么 show interface serial 命令所产生的输出会显示该接口和线路协议的状态为关闭。

7.2　PPP 的运行

7.2.1　PPP 的优势

前面讲过,HDLC 是连接两台 Cisco 路由器的默认串行封装方法。Cisco 版本的 HDLC 是专有版本,因此,Cisco HDLC 只能用于连接其他 Cisco 设备。但是,当需要连接到非 Cisco 路由器时,应该使用 PPP 封装。

PPP 包含三个主要组件:

(1)用于通过点对点链路传输多协议数据包、类似于 HDLC 的成帧。

(2)用于建立、配置和测试数据链路连接的可扩展链路控制协议(LCP)。

(3)用于建立和配置各种网络层协议的一系列网络控制协议(NCP)。PPP 允许同时使用多个网络层协议,常见的 NCP 协议包括 Internet 控制协议(IPv4)、IPv6 控制协议、AppleTalk 控制协议、NovellIPX 控制协议、Cisco 系统控制协议、SNA 控制协议和压缩控制协议。

LCP 在数据链路层中发挥作用,其职责是建立、配置和测试数据链路连接。LCP 建立点对点链路。LCP 还负责协商和设置 WAN 数据链路上的控制选项,这些选项由 NCP 处理。

建立链路之后,PPP 还使用 LCP 就封装格式(例如身份验证、压缩和错误检测)自动达成一致。LCP 与 NCP 示意图如图 2-7-5 所示。

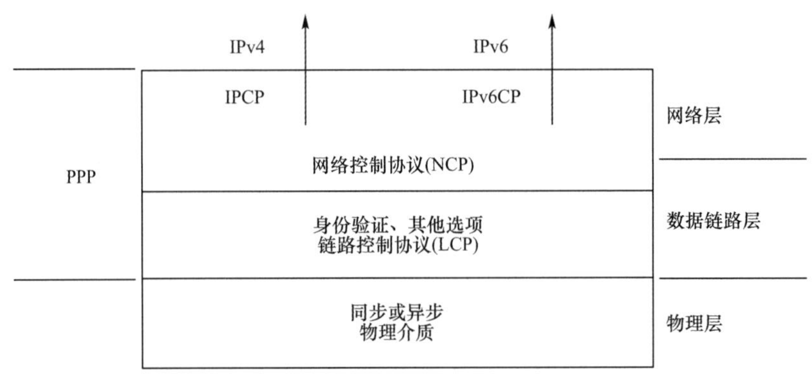

图 2-7-5　LCP 与 NCP 示意图

7.2.2 LCP 和 NCP

PPP 的大部分工作都在数据链路层和网络层由 LCP 和 NCP 执行。LCP 设置 PPP 连接及其参数，NCP 处理更高层的协议配置，LCP 切断 PPP 连接。

1. 链路控制协议(LCP)

LCP 在数据链路层中发挥作用，其职责是建立、配置和测试数据链路连接。LCP 建立点对点链路，还负责协商和设置 WAN 数据链路上的控制选项，这些选项由 NCP 处理。

LCP 自动配置链路两端的接口，包括：

- 处理对数据包大小的不同限制
- 检测常见的配置错误
- 切断链路
- 确定链路何时运行正常或者何时发生故障

在建立链路之后，PPP 还使用 LCP 就封装格式(例如身份验证、压缩和错误检测)自动达成一致。

2. 网络控制协议(NCP)

当前网络协议存在的许多问题在点对点链路中会更加突出。举个例子，IP 地址的分配与管理即使在 LAN 中都不容易，在电路交换点对点链路(例如拨号调制解调器服务器)上则更为困难。PPP 使用 NCP 解决这些问题。

PPP 允许多个网络层协议在同一通信链路上运行。对于所使用的每个网络层协议，PPP 都分别使用独立的 NCP。如图 2-7-6 所示，针对使用的每个网络层协议，PPP 都使用不同的 NCP。

3. PPP 会话

建立 PPP 会话包括三个阶段，如图 2-7-7 所示：

第 1 阶段：链路建立和配置协商。在 PPP 交换任何网络层数据报(例如 IP)之前，LCP 必须首先打开连接并协商配置选项。当接收路由器向启动连接的路由器发送配置确认帧时，此阶段结束。

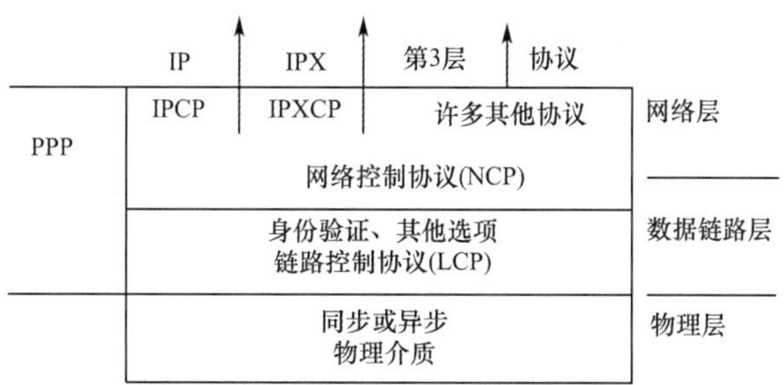

图 2-7-6 网络控制协议——NCP

第 2 阶段:链路质量确定(可选)。LCP 对链路进行测试以确定链路质量是否足以启动网络层协议。LCP 可将网络层协议信息的传输延迟到此阶段结束之前。

第 3 阶段:网络层协议配置协商。在 LCP 完成链路质量确定阶段之后,相应的 NCP 就可以独立地配置网络层协议,还可以随时启动或关闭这些协议。如果 LCP 关闭链路,它会通知网络层协议以便协议采取相应的措施。

此链路会保持通信配置,直到显示 LCP 或 NCP 帧关闭该链路,或者直到某些外部事件发生(例如非活动计时器超时或管理员介入)。

第1阶段-链路建立: "我们能否进行协商? "

第2阶段-确定链路质量: "也许我们应该讨论与质量相关的详细信息。或者,也许不用讨论。"

第3阶段-网络协议协商: "是的,我将问题交给NCP来讨论较高层的详细信息。"

图 2-7-7 创建 PPP 会话

7.3 PPP 的配置

7.3.1 PPP 的配置方法

PPP 的配置

PPP 配置包含以下内容:

(1)身份验证:对等路由器交换身份验证消息。验证方法有两种:口令验证协议(PAP)和挑战握手验证协议(CHAP)。

(2)压缩:通过减少必须通过链路传输的帧所含的数据量来有效提高 PPP 连接中的吞吐

量。该协议将在帧到达目的地后将帧解压缩。Cisco 路由器提供两种压缩协议：Stacker 和 Predictor。

(3)错误检测：识别错误条件。质量和幻数选项有助于确保可靠的无环数据链路，幻数字段有助于检测处在环路状态的链路。幻数是连接的两端随机生成的数字。在成功协商幻数配置选项之前，必须将幻数当作 0 进行传输。

PPP 基本配置命令如下：

(1)在接口上启用 PPP

要将 PPP 设置为串行接口所使用的封装方法，可使用 encapsulation ppp 接口配置命令。

以下示例在接口 serial 0/0/0 上启用 PPP 封装：

```
R3#configure terminal
R3(config)#interface serial 0/0/0
R3(config-if)#encapsulation ppp
```

encapsulation ppp 接口命令没有任何参数。记住，如果 PPP 没有在 Cisco 路由器上配置，那么串行接口的默认封装为 HDLC。

(2)PPP 压缩命令

在启用 PPP 封装之后，可在串行接口上配置点对点软件压缩。由于该选项会调用软件压缩进程，因此会影响系统性能。如果流量本身已由压缩的文件(例如.zip、.tar 或.mpeg)组成，那么不需要使用该选项。

要在 PPP 上配置压缩功能，可输入以下命令：

```
R3(config)#interface serial 0/0/0
R3(config-if)#encapsulation ppp
R3(config-if)#compress [ predictor | stac ]
```

(3)PPP 链路质量监控命令

ppp quality percentage 命令用于确保链路满足我们设定的质量要求，否则链路将关闭。

百分比是针对入站和出站两个方向分别计算的。出站链路质量的计算方法是将已发送的数据包及字节总数与目的节点收到的数据包及字节总数进行比较。入站链路质量的计算方法是将已收到的数据包及字节总数与目的节点发送的数据包及字节总数进行比较。

如果未能控制链路质量百分比，链路的质量注定不高，链路将陷入瘫痪。链路质量监控(LQM)执行时滞功能，这样，链路不会时而正常运行，时而瘫痪。

我们可以按下面的配置示例监控在链路上丢失的数据并避免帧循环：

```
R3(config)#interface serial 0/0/0
R3(config-if)#encapsulation ppp
R3(config-if)#ppp quality 80
```

使用 no ppp quality 命令禁用 LQM。

(4)检验 PPP 配置

我们可以使用 show interfaces serial 命令来检验 HDLC 或 PPP 封装的配置是否正确。图 2-7-8 中的命令输出显示了 PPP 配置。

```
R2# show interfaces  serial0/0/0
Seria10/0/0  is up,  line protocol is up
Hardware  is GT96K Serial
Internet  address   is  10.0.1.2/30
  MTU  1500bytes,BW  1544  Kbit/sec,DLY 20000 usec,
reliability  255/255,txload  1/255,rxload 1/255
 Encapsulation PPP,LCP Open
   Open:IPCP,IPV6CP,CCP,CDPCP,loopback  not  set
   Keepalive  set (10 sec)
   CRC  checking  enabled
```

图 2-7-8 检验 PPP 配置

表 2-7-1 总结了检验 PPP 时使用的命令。

表 2-7-1　　检验 PPP 时使用的命令

命令	说明
show interfaces	显示路由器上所有已配置的接口的统计信息
show interfaces serial	显示串行接口的信息
show ppp multilink	显示有关 PPP 多链路接口的信息

7.3.2 PPP 身份验证

PAP 和 CHAP 身份验证

1. PPP 身份验证协议

PPP 定义可扩展的 LCP，允许协商身份验证协议以便在允许网络层协议通过该链路传输之前验证对等点的身份。RFC1334 定义了两种身份验证协议，即 PAP 和 CHAP，如图 2-7-9 所示。

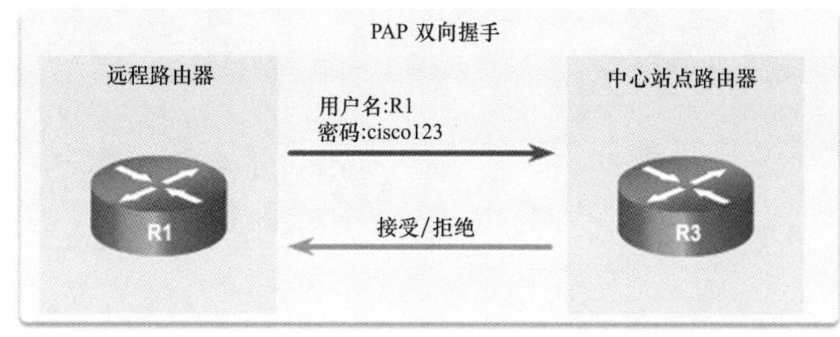

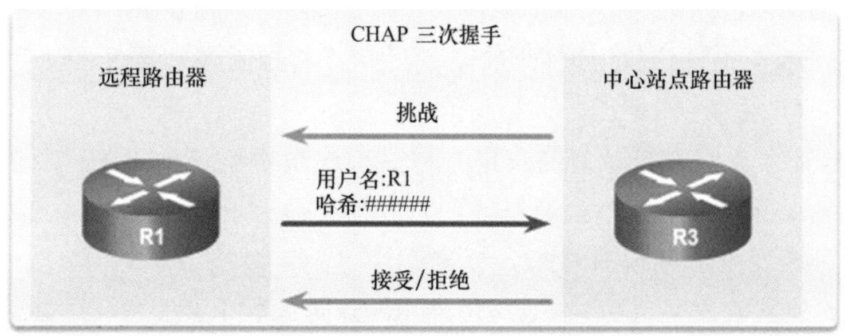

图 2-7-9 PPP 身份验证协议

PAP 是非常基本的双向过程，不使用加密，用户名和密码以明文形式发送。如果通过此验证,则允许连接。CHAP 比 PAP 更安全,它通过三次握手交换共享密钥。

2. 口令验证协议(PAP)

PAP 使用双向握手为远程节点提供了一种简单的身份验证方法。PAP 不支持交互。在使用 ppp authentication pap 命令时,系统将以一个 LCP 数据包的形式发送用户名和密码,而不是由服务器发送登录提示并等待响应,如图 2-7-10 所示。在 PPP 完成链路建立阶段之后,远程节点 R1 会在链路上重复发送用户名和密码对给 R3,直到接收节点确认接收或连接终止。

图 2-7-10 启动 PAP

在接收节点,身份验证服务器将检查用户名和口令,以决定允许或拒绝连接。如图 2-7-11 所示,R3 将 R1 的用户名和密码与本地数据库中的信息进行比较,如果结果一致则接受,如果结果不一致则拒绝消息返回到请求者。

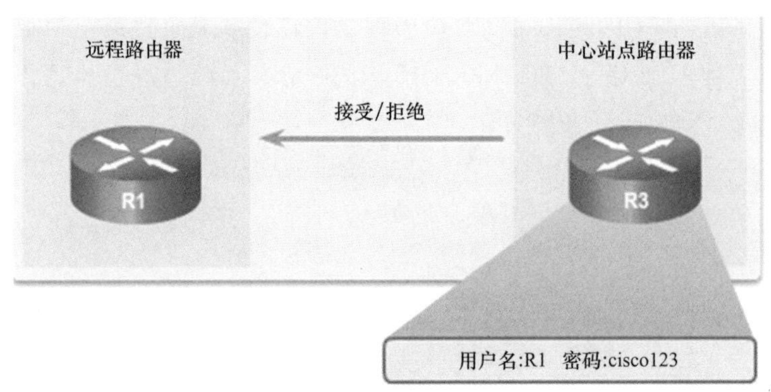

图 2-7-11 完成 PAP

PAP 并非可靠的身份验证协议。如果使用 PAP,密码将通过链路以明文形式发送,也就无法针对回送攻击或反复的试错攻击进行防护。远程节点将控制登录尝试的频率和时间。

3. 挑战握手验证协议(CHAP)

PAP 身份验证会让网络容易遭到攻击。与一次性身份验证的 PAP 不同,CHAP 定期执行消息询问,以确保远程节点仍然拥有有效的口令值。口令值是个变量,在链路存在时该值不断改变,并且这种改变是不可预知的。

在 PPP 链路建立阶段完成后,本地路由器 R3 会向远程节点路由器 R1 发送一条询问消息,如图 2-7-12 所示。

远程节点路由器 R1 将以使用单向哈希函数计算出的值做出响应,该函数通常是基于密码和询问消息的消息摘要 5(MD5),如图 2-7-13 所示。

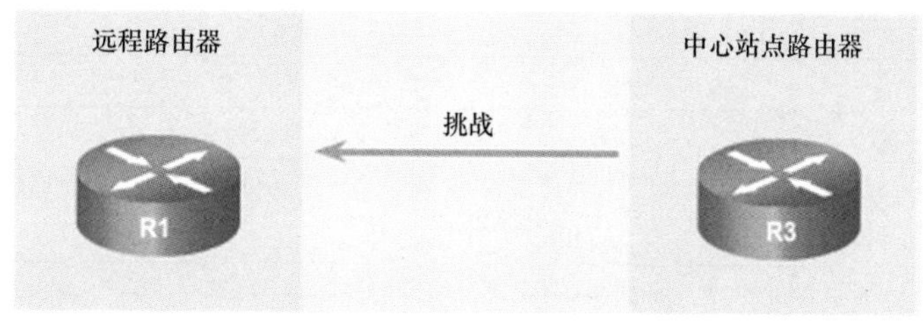

图 2-7-12　发送 CHAP

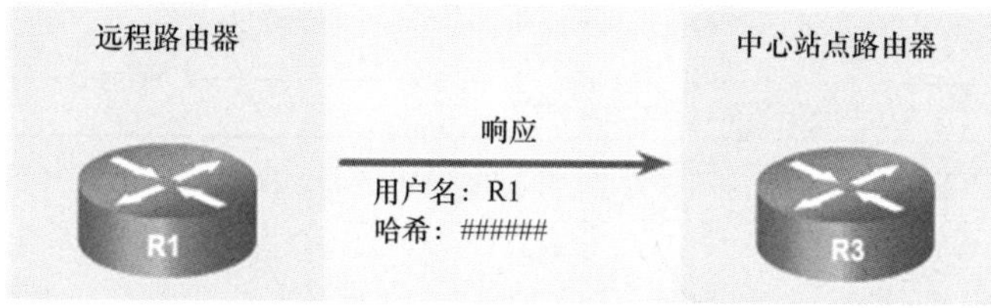

图 2-7-13　响应 CHAP

本地路由器 R3 根据自己计算的预期哈希值来检查响应。如果两个值匹配，那么发起方节点 R3 确认身份验证，如图 2-7-14 所示。如果两者的值不匹配，那么发起方节点将立即终止连接。

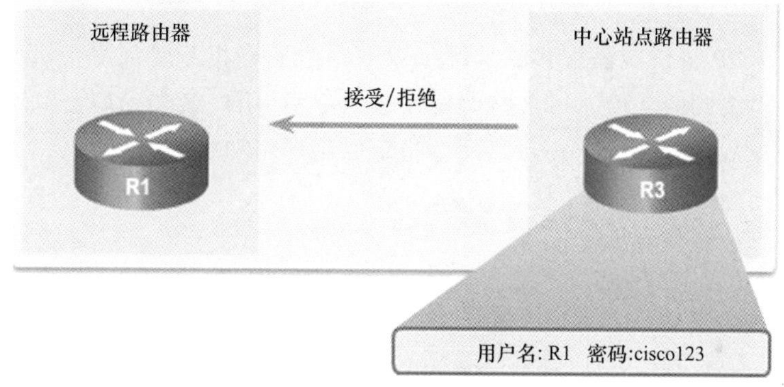

图 2-7-14　完成 CHAP

CHAP 通过使用唯一且不可预测的可变询问消息值提供回送攻击防护功能。因为询问消息唯一而且随机变化，所以得到的哈希值也是随机的唯一值。反复发送询问信息限制了暴露在任何单次攻击下的时间。本地路由器或第三方身份验证服务器控制着发送询问信息的频率和时机。

4. 配置 PPP 身份验证

要指定在接口上请求 CHAP 或 PAP 协议的顺序，可使用 ppp authentication 接口配置命令，见表 2-7-2。使用该命令的 no 形式将禁用此身份验证。

```
ppp authentication {chap | chap pap | pap chap | pap}[if-needed][list-name | default]
[callin]
```

表 2-7-2　PPP authentication 命令

命令	说明
chap	在串行接口上启用 CHAP
pap	在串行接口上启用 PAP
chap pap	同时启用 CHAP 和 PAP，并在 PAP 之前执行 CHAP 身份验证

（续表）

命令	说明
pap chap	同时启用 CHAP 和 PAP，并在 CHAP 之前执行 PAP 身份验证
if-needed（可选）	与 TACACS 和 XTACACS 一起使用，如果用户已提供身份验证，则不执行 CHAP 或 PAP 身份验证。此选项仅在异步接口上可用
list-name（可选）	与 AAA/TACASC＋一起使用，指定使用的 TACACS＋身份验证方法列表的名称。如果没有指定列表名称，那么系统使用默认设置，使用 aaa authentication ppp 命令创建该列表
default（可选）	与 AAA/TACASC＋一起使用 aaa authentication ppp 命令来创建
callin	仅在拨入（接收的）呼叫上指定身份验证

我们以如图 2-7-15 所示的拓扑图为例来配置 PPP 身份验证：

图 2-7-15　PPP 身份验证拓扑图

（1）配置 PAP 身份验证

下面是双向 PAP 身份验证配置的示例。双方路由器将相互验证身份，因此 PAP 身份验证命令可以反映出彼此的身份。每台路由器发送的 PAP 用户名和密码必须与另一台路由器的 username *name* password *password* 命令指定的用户名和密码一致。

```
R1#configure terminal
R1(config)#interface serial 0/0/1
R1(config-if)#ip address 10.0.1.5 255.255.255.252
R1(config-if)#encapsulation ppp
R1(config-if)#ppp authentication pap
R1(config-if)#ppp pap sent-username R1 password dlvtc
R1(config-if)#username R3 password dlvtc
```

PAP 使用双向握手为远程节点提供了一种简单的身份验证方法，此验证过程仅在初次建立链路时执行。一台路由器上的主机名必须与已配置 PPP 的另一台路由器的用户名一致，两者的口令也必须一致。指定用户名和密码参数，请使用以下命令：pppp ap sent-username *name* password *password*。

（2）配置 CHAP 身份验证

CHAP 使用三次握手定期校验远程节点的身份。一台路由器上的主机名必须与已配置的另一台路由器的用户名一致，两者的口令也必须一致，此校验仅在初次建立链路时执行，在链路建立之后可随时重复执行。下面是 CHAP 配置示例。

```
R1#configure terminal
R1(config)#interface serial0/0/1
R1(config-if)#ip address 10.0.1.5 255.255.255.252
R1(config-if)#encapsulation ppp
R1(config-if)#ppp authentication chap
R1(config-if)#username R3 password dlvtc
```

总　结

串行传输在单个通道上按顺序一次发送一个位，串行端口是双向的。同步串行通信需要时钟信号。

点对点链路通常比共享服务更昂贵，但是，它的好处可能比成本更重要。对某些协议来说不间断的可用性非常重要，例如 VoIP。

北美（T 载波）和欧洲（E 载波）的运营商使用的带宽架构不同。在北美，基本的线路速率为 64 kbps 或 DS0。多个 DS0 捆绑在一起可以提供更高的线路速率。

Cisco HDLC 是 HDLC 面向比特的同步数据链路层协议扩展，许多供应商都在使用它以提供多协议支持。这是 Cisco 同步串行线路所使用的默认封装方法。

同步 PPP 用于连接非 Cisco 设备，监控链路质量、提供身份验证或捆绑共用的链路。PPP 使用 HDLC 来封装数据报。LCP 是一种 PPP 协议，用于构建、配置、测试和终止数据链路连接。LCP 可以使用 PAP 或 CHAP 选择性地验证对等设备的身份。PPP 协议可使用一系列 NCP 来同时支持多种网络层协议。多链路 PPP 可在捆绑的链路上通过对数据包进行分段并同时将这些分段通过多条链路发送到相同的远程地址（分段会在此处进行重组）来传播流量。

综合实验——配置 PAP 和 CHAP 身份验证

1. 实验背景

在本实验中，我们将练习在串行链路上配置 PPP 封装，还会配置 PPP PAP 身份验证和 PPP CHAP 身份验证。

2. 实验拓扑（图 2-7-16）

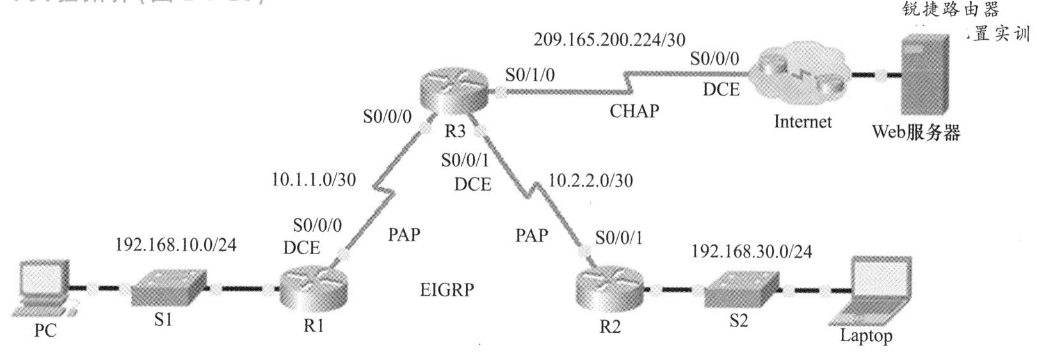

图 2-7-16　PAP 和 CHAP 身份验证

3. 地址分配表（表 2-7-3）

表 2-7-3　**PAP 和 CHAP 身份验证地址分配**

设备	接口	IP 地址	子网掩码	默认网关
R1	G0/0	192.168.10.1	255.255.255.0	N/A
	S0/0/0	10.1.1.1	255.255.255.252	N/A
R2	G0/0	192.168.30.1	255.255.255.0	N/A
	S0/0/1	10.2.2.2	255.255.255.252	N/A

（续表）

设备	接口	IP 地址	子网掩码	默认网关
R3	S0/0/0	10.1.1.2	255.255.255.252	N/A
	S0/0/1	10.2.2.1	255.255.255.252	N/A
	S0/1/0	209.165.200.225	255.255.255.252	N/A
ISP	S0/0/0	209.165.200.226	255.255.255.252	N/A
	G0/0	209.165.200.1	255.255.255.252	N/A
Web 服务器	NIC	209.165.200.2	255.255.255.252	209.165.200.1
PC	NIC	192.168.10.10	255.255.255.0	192.168.10.1
Laptop	NIC	192.168.30.10	255.255.255.0	192.168.30.1

4. 实验内容

第一部分：检查路由配置。

第 1 步　查看所有路由器的运行配置。

在查看路由器配置时，注意在拓扑中使用静态路由和动态路由。

第 2 步　测试计算机和 Web 服务器之间的连接。

从 PC 到 Laptop，对地址为 209.165.200.2 的 Web 服务器执行 ping 操作。两条 ping 命令都应该成功。

第二部分：将 PPP 配置为封装方法。

第 1 步　将 R1 配置为与 R3 之间使用 PPP 封装。

在 R1 上输入以下命令：

```
R1(config)#interface s0/0/0
R1(config-if)#encapsulation ppp
```

第 2 步　将 R2 配置为与 R3 之间使用 PPP 封装。

在 R2 上输入适当命令。

第 3 步　将 R3 配置为与 R1、R2 和 ISP 之间使用 PPP 封装。

在 R3 上输入适当命令。

第 4 步　将 ISP 配置为与 R3 之间使用 PPP 封装。

①单击 Internet 云，然后单击 ISP，输入以下命令：

```
Router(config)#interface s0/0/0
Router(config-if)#encapsulation ppp
```

②单击左上角的“返回”或按 Alt＋左箭头退出 Internet 云。

第 5 步　测试与 Web 服务器之间的连接。

PC 和 Laptop 应能成功 ping 通 Web 服务器(209.165.200.2)。

第三部分：配置 PPP 身份验证。

第 1 步　在 R1 和 R3 之间配置 PPP PAP 身份验证。

注意：此时没有使用课程中介绍的关键字 password，而是使用了关键字 secret 来对密码进行更好的加密。

①在 R1 中输入以下命令：

```
R1(config)#username R3 secret class
R1(config)#interface s0/0/0
R1(config-if)#ppp authentication pap
R1(config-if)#ppp pap sent-username R1 password cisco
```

②在 R3 中输入以下命令：

```
R3(config)#username R1 secret cisco
R3(config)#interface s0/0/0
R3(config-if)#ppp authentication pap
R3(config-if)#ppp pap sent-username R3 password class
```

第 2 步 在 R2 和 R3 之间配置 PPP PAP 身份验证。

重复第 1 步配置 R2 和 R3 之间的身份验证(根据需要更改用户名)。

注意：每个串行端口上发送的每个密码都会与对方路由器的预期密码进行匹配。

第 3 步 在 R3 和 ISP 之间配置 PPP CHAP 身份验证。

①在 ISP 中输入以下命令，主机名将作为用户名发送：

```
Router(config)#hostname ISP
ISP(config)#username R3 secret cisco
ISP(config)#interface s0/0/0
ISP(config-if)#ppp authentication chap
```

②在 R3 中输入以下命令，密码必须与 CHAP 身份验证匹配：

```
R3(config)#username ISP secret cisco
R3(config)#interface s0/1/0
R3(config-if)#ppp authentication chap
```

第 4 步 测试计算机和 Web 服务器之间的连接。

从 PC 到 Laptop，对地址为 209.165.200.2 的 Web 服务器执行 ping 操作。

项目 2-8 帧中继

昂贵的专用租用 WAN 线路的一个替代方案是帧中继，帧中继是一种在 OSI 参考模型的物理层和数据链路层工作的高性能 WAN 协议。虽然较新的服务(如宽带和城域以太网)已经减少了许多地区对帧中继的需求，但帧中继在全球很多地方仍是一个可行方案。帧中继通过使用从每个站点到提供商的单条接入电路，为多个远程站点之间的通信提供经济有效的解决方案。

本项目将介绍帧中继的基本概念，还将包括帧中继配置、验证和故障排除任务。

学习目标

- 了解帧中继的优点。
- 掌握帧中继的工作原理。
- 能在路由器的串行接口上配置基本帧中继 PVC。
- 能配置点对点子接口。
- 能使用 show 和 debug 命令排除帧中继故障。

武向平:追寻宇宙中的第一缕光

他是全国政协委员、中国科学院国家天文台研究员、中国科学院院士武向平。

2003 年,他提出建设一套探索宇宙最早发光天体的方案:用一定数量规律排列的天线阵,探测红移在 10 以上的中性氢辐射信号——那是人类要抓捕的来自遥远宇宙深处的神秘信号。

经过三年建设,南北 4 千米、东西 3 千米,两条基线组成的大型低频射电干涉望远镜阵列(21CMA)诞生,共计 10 287 只天线。基于 21CMA 积累的重要经验,武向平后来成为国际大科学工程平方千米阵列射电望远镜(SKA)中国首席科学家。

2021 年 4 月,"中国天眼"向世界开放。中国射电天文的国际地位正在迅速上升,未来 10 年中国将迎来射电天文发展的黄金时期。

"科技实力,特别是创新能力,决定着未来中国的命运和世界的格局。"他说,把科学的种子撒遍祖国的每一个角落,待他日长成,就是国家创新、创造能力的未来。

(来源:学习强国)

8.1 帧中继简介

8.1.1 帧中继优势

租用线路提供永久专用带宽,广泛用于楼宇 WAN,这已成为传统的连接选择,但这种方式有许多缺点。其中一个缺点就是客户付费使用具有固定带宽的租用线路。然而,WAN 流量通常是变化的,某些功能未加以使用。此外,每个端点都需要单独占用路由器上的一个物理接口,而这会增加设备成本。对租用线路的任何改动通常都需要运营商人员现场实施。

帧中继是一种在 OSI 参考模型的物理层和数据链路层工作的高性能 WAN 协议。与租用线路不同,帧中继只需要一条到帧中继提供商的接入电路就可以与连接到相同提供商的其他站点通信。任意两个站点之间的带宽都可以是不同的。

帧中继是由 Sprint International 的工程师 EricScace 发明的,是 X.25 协议的简化版,起初用于综合业务数字网络(ISDN)接口。如今,在其他各种网络接口上也得到了广泛应用。当 Sprint 首次在其公共网络中采用帧中继时,他们使用的是 StrataCom 交换机。1996 年思科对

StrataCom 的收购标志着思科进入运营市场。

网络提供商实施帧中继以支持 WAN 中 LAN 之间的语音和数据流量。每个最终用户都享有一条到帧中继节点的专用线路(或租用线路)。帧中继网络处理对所有最终用户透明而又频繁变化的路径上的传输。如图 2-8-1 所示,帧中继使用到提供商的一条接入电路提供一个解决方案,以支持多个站点之间的通信。

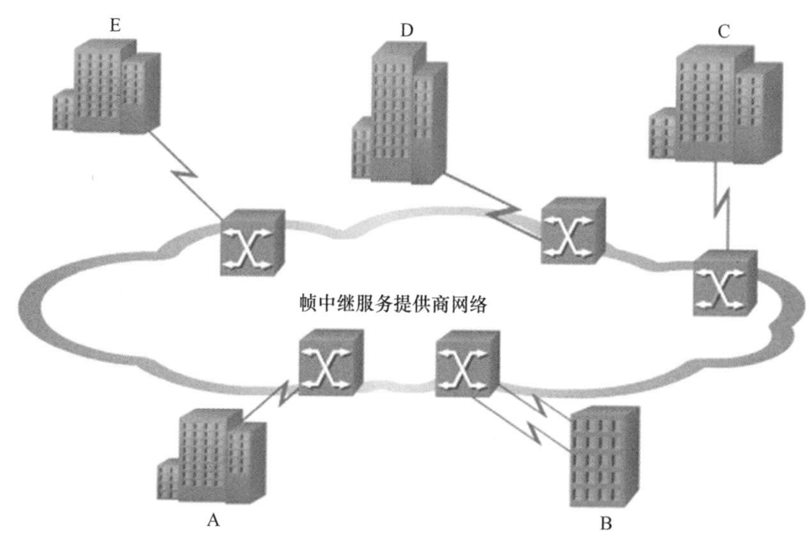

图 2-8-1 帧中继服务示意图

随着如 DSL 和电缆调制解调器、以太网 WAN(光缆点对点以太网服务)、VPN 和多协议标签交换(MPLS)等宽带服务的出现,帧中继已经成为访问 WAN 的一种不太理想的方案。但是,世界上仍有一些地区依靠帧中继来连接到 WAN。

与私有或租用线路相比,帧中继提供更高的带宽、可靠性和弹性。

8.1.2 帧中继的运作

1. 虚电路

两个 DTE 之间通过帧中继网络实现的连接叫作虚电路(VC),之所以叫作虚电路是因为端到端之间并没有直接的电路连接。这种连接是逻辑连接,数据不通过任何直接连接的电路可从一端移动到另一端。利用虚电路,帧中继允许多个用户共享带宽,而无须使用多条专用物理线路,便可在任意站点间实现通信。

建立虚电路的方法有两种:

(1)交换虚电路(SVC)

通过向网络发送信令消息(CALLSETUP、DATATRANSFER、IDLE、CALLTERMINATION)动态建立。

(2)永久虚电路(PVC)

PVC 是由运营商预配置的,设置后仅可在 DATATRANSFER 和 IDLE 模式下运行。注意:某些出版物中的 PVC 表示私有虚电路。

注意:PVC 的实施比 SVC 的实施更常见。

在图 2-8-2 中,我们可以看到 VC 沿路径 A、B、C 和 D 传输。帧中继通过在每台交换机的内存中存储输入端口到输出端口的映射来创建 VC,从而将一台交换机连接到另一台,直到确定出从电路一端到另一端的连续路径。虚电路可以经过帧中继网络范围内任意数量的中间设备(交换机)。

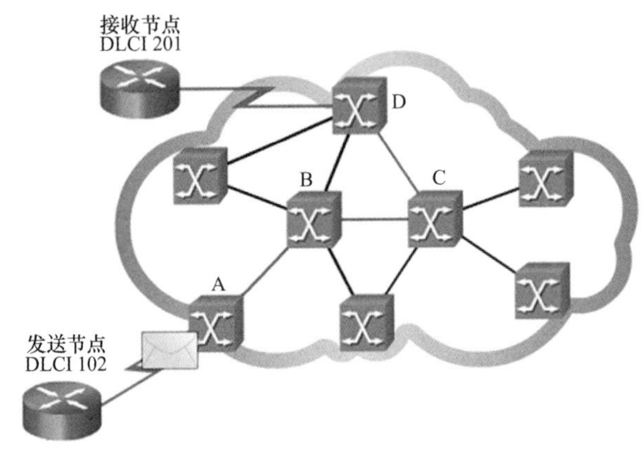

图 2-8-2 VC 沿路径 A、B、C 和 D 传输

虚电路提供一台设备到另一台设备之间的双向通信路径。如图 2-8-3 所示,VC 由 DLCI 标识。DLCI 值通常由帧中继服务提供商分配。帧中继 DLCI 仅具有本地意义,也就是说这些值本身在帧中继 WAN 中并不是唯一的。DLCI 标识的是通往端点处设备的虚电路。DLCI 在单链路之外没有意义。虚电路连接的两台设备可以使用不同的 DLCI 值来引用同一个连接。

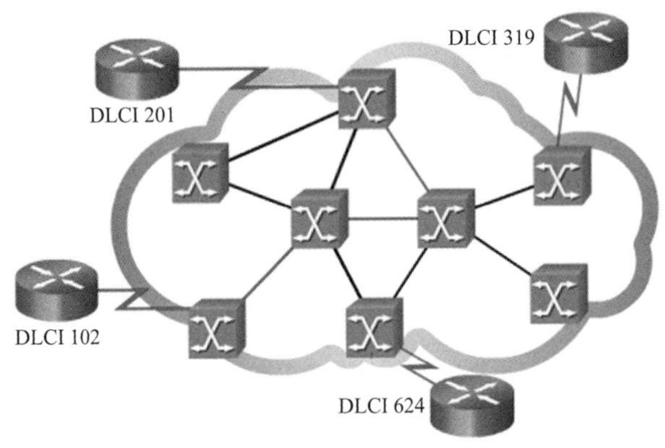

图 2-8-3 VC 由 DLCI 标识

DLCI 的本地意义:

具有本地意义的 DLCI 已成为主要的编址方法,因为同一地址可用于若干不同的位置并引用不同的连接。本地编址方案可防止因网络的不断发展导致用户用尽 DLCI。

通常,DLCI 0 到 15 和 1008 到 1023 是保留的,因此,服务提供商分配的 DLCI 范围通常为 16 到 1007。

2. 多条虚电路

帧中继是统计复用电路,这意味着它每次只传输一个数据帧,但在同一物理线路上允许同时存在多个逻辑连接。连接到帧中继网络的帧中继接入设备(FRAD)或路由器可能通过多条

VC 连接到各个端点。同一物理线路上的多条虚电路可以相互区分，因为每条虚电路都有自己的 DLCI。请记住，DLCI 仅具有本地意义，并且在 VC 的两端可能不同。

此方案减少了连接多台设备所需的设备数量并降低了网络架设的难度，因此是代替网状拓扑接入线路的经济方案。使用此配置方案，每个端点只需一条接入线路和一个接口。由于接入线路的容量取决于虚电路的平均带宽需求，而非最大带宽需求，因而可以进一步节省成本。

3. 帧中继的拓扑

(1)星型拓扑(集中星型)

最简单的 WAN 拓扑是星型拓扑，在使用帧中继实现星型拓扑时，每个远程站点都通过一条虚电路接入链路连接到帧中继网云。

图 2-8-4 显示帧中继网云中的星型拓扑。位于 A 的网络枢纽有一个多条虚电路的接入链路(一个链路有 5 个 VC)，每条虚电路连接一个远程站点。从网云中出来的线路表示连接从帧中继服务提供商开始，到用户驻地结束。通常这些线路的传输速度差距很大，从 56 bps 到 1.544 Mbps(T1)乃至更快。每条线路的端点都分配有一个或多个 DLCI 编号。由于帧中继的成本与距离无关，因此并不要求网络枢纽是网络的地理中心。

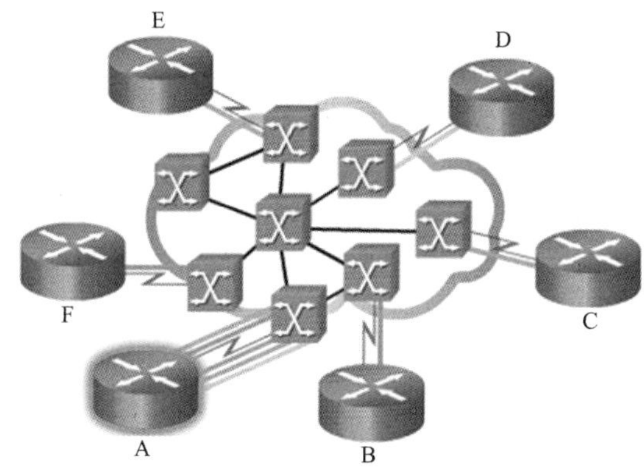

图 2-8-4 帧中继星型拓扑

(2)全网状拓扑

全网状拓扑适用的情况是：要访问的服务位置在地理上分散，并且对这些服务的访问必须确保很高的可靠性。在全网状拓扑中，每个站点都连接到其他所有站点。如果使用租用线路实现这种互连，则需要更多的串行接口和线路，从而导致成本的增加。本例中，在全网状拓扑中，要让所有站点两两互连需要 10 条专用线路。

帧中继使用网状拓扑时，网络设计人员只需在每条现有链路上配置另外的 VC，即可建立多个连接。从星型拓扑转变为全网状拓扑只需升级软件，而不需要增加硬件或专用线路，从而节省了开支。由于 VC 使用统计复用技术，因此，与单条 VC 相比，在每条接入链路上建立多条 VC 通常可以更充分地利用帧中继。图 2-8-5 显示了 SPAN 如何在每条链路上使用四条 VC 达到不增加新硬件便实现扩展网络的目的。服务提供商会对增加的带宽收费，但这种解决方案通常比使用专用线路更省钱。

(3)部分网状拓扑

对于大型网络，由于所需链路数量急剧增加，导致全网状拓扑的使用成本几乎无法负担。这并非硬件成本问题，而是因为每条链路所支持的虚电路数量的理论上限为 1 000，实际上限

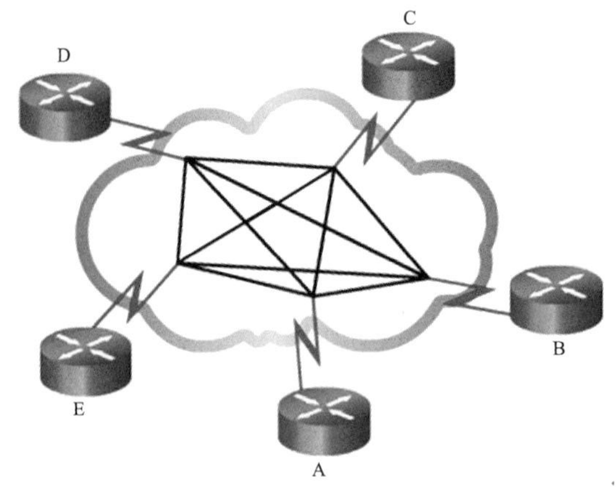

图 2-8-5 帧中继全网状拓扑

甚至比理论上限更小。

为此，大型网络通常采用部分网状拓扑的配置。使用部分网状拓扑时，所需的互连连接比星型拓扑多，但比全网状拓扑少。实际模式取决于数据流量的需求。

4. 帧中继的地址映射

Cisco 路由器要在帧中继上传输数据，需要先知道哪个本地 DLCI 映射到远程目的地的第 3 层地址。思科路由器支持帧中继上的所有网络层协议，例如 IPv4、IPv6、IPX 和 AppleTalk，这种地址到 DLCI 的映射可通过静态映射或动态映射完成。图 2-8-6 显示了具有 DLCI 映射的示例拓扑。

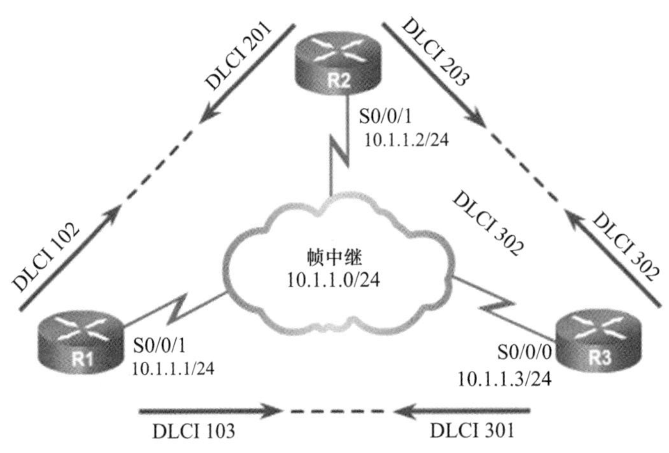

图 2-8-6 静态帧中继映射

(1)逆向 ARP

帧中继的一个主要工具就是逆向地址解析协议(ARP)。ARP 将第 3 层 IPv4 地址转换为第 2 层 MAC 地址，逆向 ARP 则反其道而行之。必须有对应的第 3 层 IPv4 地址，VC 才能使用。

(2)动态地址映射

动态地址映射依靠逆向 ARP 将下一跳网络层 IPv4 地址解析为本地 DLCI 值。帧中继路由器在其永久虚电路上发送逆向 ARP 请求，以向帧中继网络告知远程设备的协议地址。路由器将请求的响应结果填充到帧中继路由器或接入服务器上的地址到 DLCI 的映射表中。路由器建立并维护该映射表，映射表中包含所有已解析的逆向 ARP 请求，包括动态和静态映射条目。

在思科路由器上，对于物理接口上启用的所有协议，默认启用逆向 ARP。对于接口上未启用的协议，则不会发送逆向 ARP 数据包。

(3)静态帧中继映射

用户可以选择手动补充下一跳协议地址到本地 DLCI 的静态映射来代替动态逆向 ARP 映射。静态映射的工作方式与动态逆向 ARP 相似，它将指定的下一跳协议地址关联到某个本地帧中继 DLCI。不能对同一个 DLCI 和协议同时使用逆向 ARP 和 map 语句。

例如，如果帧中继网络另一端的路由器不支持指定网络协议的逆向 ARP，此时应使用静态地址映射。为提供连接，需要使用静态映射来完成远程网络层地址到本地 DLCI 的解析。

静态映射的另一个应用是在集中星型帧中继网络上。在星型路由器上使用静态映射可以提供星型到星型的连通性。由于各个星型路由器之间并没有直接相连，因此动态逆向 ARP 在这里不起作用。动态逆向 ARP 要求两个端点之间必须存在直接的点对点连接。这种情况下，动态逆向 ARP 仅在网络枢纽和星型之间工作，星型之间需要静态映射提供相互之间的连通性。

(4)配置静态映射

静态映射的建立应根据网络需求而定。要在下一跳协议地址和 DLCI 目的地址之间进行映射，请使用命令：frame-relay map protocol protocol-address dlci [broadcast] [ietf] [cisco]。

在连接到非思科路由器时，请使用关键字 ietf。

图 2-8-7 提供有关思科路由器上静态映射的示例。在本示例中，静态地址映射在接口 serial0/0/1 上执行。在 DLCI 102 上使用的帧中继封装为 Cisco。正如配置步骤所示，使用 frame-relay map 命令对地址执行静态映射允许用户选择每条 VC 上使用的帧中继封装类型。

```
R1(config)# interface serial0/0/1
R1(config-if)# ip address 10.1.1.1 255.255.255.0
R1(config-if)# encapsulation frame-relay
R1(config-if)# no frame-relay inverse-arp
R1(config-if)# frame-relay map ip 10.1.1.2 102 broadcast
cisco
R1(config-if)# no shutdown
R1(config-if)#
```

图 2-8-7　帧中继静态映射配置示例

我们可以使用 show frame-relay map 命令来显示帧中继映射的情况。

5. 本地管理接口(LMI)

LMI 是一种 keepalive(保持连接)的机制，提供路由器(DTE)和帧中继交换机(DCE)之间的帧中继连接的状态信息。终端设备每 10 秒(或大概如此)轮询一次网络，请求哑序列响应或通道状态信息。如果网络没有响应请求的信息，用户设备可能会认为连接已关闭。网络做出 FULL STATUS 响应时，响应中包含为该线路分配的 DLCI 的状态信息。终端设备可以使用此信息判断逻辑连接是否能够传递数据。

图 2-8-8 显示了 show frame-relay lmi 命令的输出。输出显示了帧中继接口使用的 LMI 类型和用于统计 LMI 状态交换序列(包括 LMI 超时之类的错误)的计数器。

```
R1# show frame-relay lmi

LMI Statistics for interface serial0/0/1 (Frame Relay DTE)
LMI TYPE = CISCO
  Invalid Unnumbered info 0Invalid Prot Disc 0
  Invalid dummy Call Ref 0Invalid Msg Type 0
  Invalid Status Message 0Invalid Lock Shift 0
  Invalid Information ID 0Invalid Report IE Len 0
  Invalid Report Request 0Invalid Keep IE Len 0
  Num Status Enq. Sent 368Num Status msgs Rcvd 369
  Num Update Status Rcvd 0Num Status Timeouts 0
  Last Full Status Req 00:00:29Last Full Status Rcvd 00:00:29
R1#
```

图 2-8-8 show frame-relay lmi 命令的输出

6. LMI 显示

LMI 和封装这两个术语很容易弄混淆。LMI 的定义是 DTE(R1)和 DCE(服务提供商拥有的帧中继交换机)之间使用的消息,而封装的定义是 DTE 用来将信息传送到虚电路另一端的 DTE 所用的报头。交换机及其连接的路由器都需要使用相同的 LMI。封装对交换机来说并不重要,但对终端路由器(DTE)来说很重要。

8.2 帧中继的配置

8.2.1 配置基本帧中继

1. 基本帧中继配置命令

图 2-8-9 显示这部分将要使用的三个路由器拓扑,不过起初的重点是 R1 和 R2 之间的帧中继链路,网络 10.1.1.0/24。注意,所有路由器都已配置 IPv4 和 IPv6 地址。

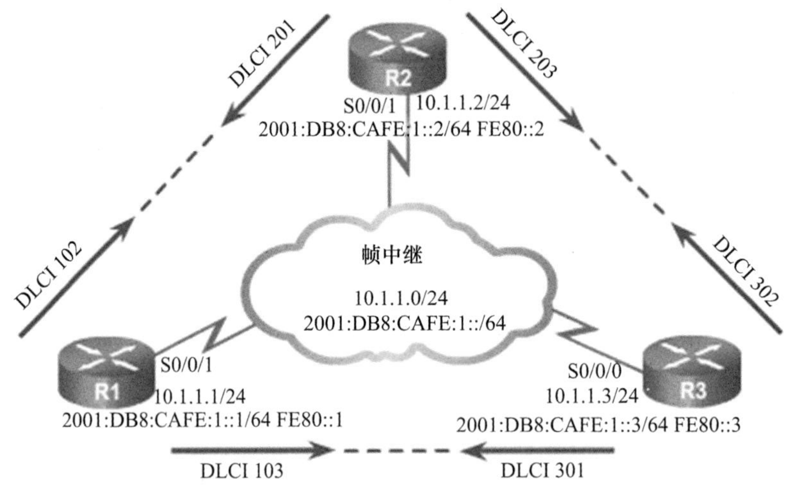

图 2-8-9 帧中继拓扑

第 1 步 设置接口上的 IP 地址。

在思科路由器上,帧中继在同步串行接口上通常都受到支持。使用 ip address 命令设置接口的 IPv4 地址。

在 R1 和 R2 之间的链路上,为 R1 S0/0/1 分配了 IPv4 地址 10.1.1.1/24,为 R2 S0/0/1 分配了 IPv4 地址 10.1.1.2/24。

第 2 步　配置封装。

encapsulation frame-relay [cisco | ietf]接口配置命令用于启用帧中继封装并允许在受支持的接口上处理帧中继。有两个封装选项可供选择：cisco 和 ietf。

cisco 封装类型是受支持的接口上启用的默认帧中继封装。如果连接到另一台 Cisco 路由器，则请使用该选项。许多非 Cisco 设备也支持这种类型的封装。它使用 4 字节的报头，其中 2 个字节用于标识 DLCI，2 个字节用于标识数据包类型。

ietf 封装类型遵照 RFC 1490 和 RFC 2427。如果要连接到非 Cisco 路由器，则请使用该选项。

第 3 步　设置带宽。

使用 bandwidth 命令设置串行接口的带宽，指定带宽以 kb/s 为单位。此命令将告知路由协议链路上已静态配置了带宽。EIGRP 和 OSPF 路由协议使用带宽值计算并确定链路的度量。

第 4 步　设置 LMI 类型(可选)。

可以选择手动设置 LMI 类型，因为 Cisco 路由器会默认自动感应 LMI 类型。Cisco 路由器的默认 LMI 类型是 cisco。

Show interfaces serial 命令用于检验配置，包括帧中继的第 2 层封装和默认的 LMI 类型 cisco。

注意：no encapsulation frame-relay 命令会删除接口上的帧中继封装并将接口恢复为默认的 HDLC 封装。

2. 配置静态帧中继映射

静态地址映射需要在路由器上手动进行配置，静态地址映射的建立应根据网络需求而定。要在下一跳协议地址和 DLCI 目的地址之间进行映射，可使用 frame-relay map protocol protocol-address dlci [broadcast] 命令。注意命令末尾的 broadcast 关键字。

使用 broadcast 关键字是转发路由更新的一种简化方法。broadcast 关键字允许将 IPv4 广播和组播传播到所有节点。当启用了关键字时，路由器会将广播或组播流量转换为单播流量，以便其他节点接收路由更新。

要检验帧中继映射，可以使用 show frame-relay map 命令。

8.2.2 配置子接口

1. 连通性问题

默认情况下，大多数帧中继网络使用集中星型拓扑，在远程站点之间提供 NBMA 连接。在 NBMA 帧中继拓扑中，在必须使用一个多点接口互连多个站点时，就可能导致路由更新的连通性问题。对于距离矢量路由协议，连通性问题可能因水平分割和组播或广播复制引起。对于链路状态路由协议，有关 DR/BDR 选举的问题可能导致连通性问题。

2. 解决连通性问题

有几种方法可用于解决路由连通性问题：

(1)禁用水平分割

要解决因水平分割而造成的连通性问题,有一种方法是关闭水平分割。然而,禁用水平分割会使得网络中产生路由环路的风险增加。另外,只有IP允许禁用水平分割,IPX和AppleTalk不支持该功能。

(2)全网状拓扑

另一种方法是使用全网状拓扑,但是,此拓扑会增加成本。

(3)子接口

在集中星型帧中继拓扑中,可为中心路由器配置按逻辑分配的虚拟接口,称为子接口。

3. 帧中继子接口

帧中继可以将物理接口分为多个逻辑的虚拟接口。子接口只是与物理接口直接关联的逻辑接口。因此,传入物理串行接口的每条永久虚电路配置帧中继都可配置一个子接口。

帧中继子接口可以在点对点或多点模式下配置:

(1)点对点(图2-8-10)

一个点对点子接口可建立一个到远程路由器上其他物理接口或子接口的PVC连接。在这种情况下,每对点对点路由器位于自己的子网(subnet)上,每个点对点子接口都有一个DLCI。在点对点环境中,每个子接口的工作与点对点接口类似。对于每条点对点VC,将有一个独立的子网。因此,路由更新流量并不遵循水平分割规则。

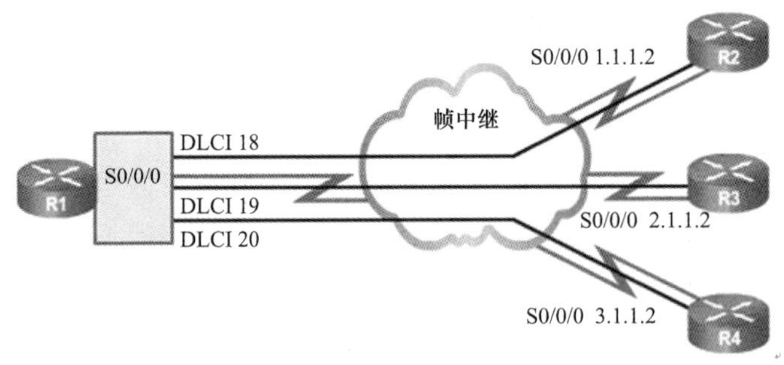

图2-8-10 点对点子接口

(2)多点(图2-8-11)

一个多点子接口可建立多个到远程路由器上多个物理接口或多个子接口的PVC连接。所有参与连接的接口都位于同一子网中。该子接口的工作与NBMA帧中继接口类似,因此,路由更新流量遵循水平分割规则。所有多点VC都属于同一子网。

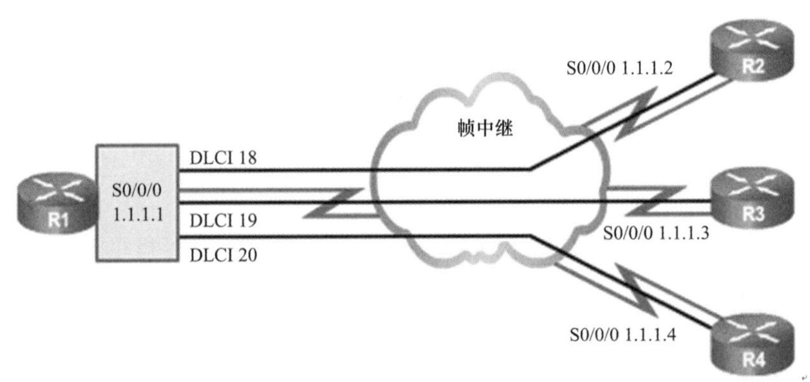

图2-8-11 多点子接口

当配置子接口时，encapsulation frame-relay 命令将应用于物理接口，所有其他配置项（例如网络层地址和 DLCI）则应用于子接口。

4. 配置点对点子接口

图 2-8-12 是点对点子接口示例使用的拓扑，每个 PVC 是一个独立的子网，路由器的物理接口将分为多个子接口，每个子接口位于不同子网上。

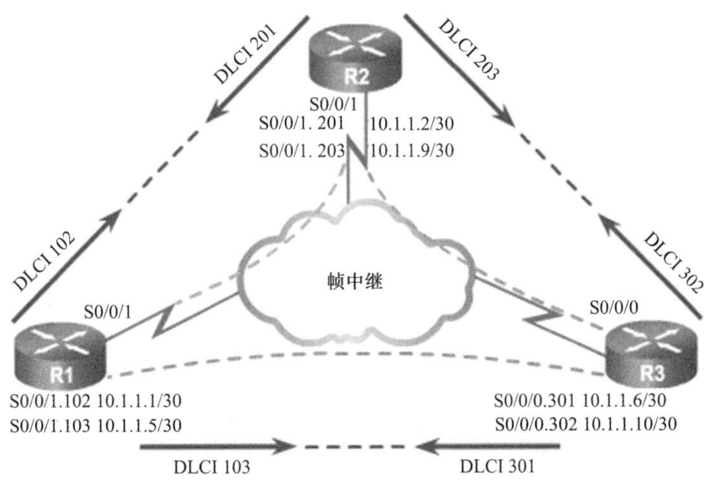

图 2-8-12　包含子接口的帧中继拓扑

R1 上有两个点对点子接口，S0/0/1. 102 子接口连接到 R2，S0/0/1. 103 子接口连接到 R3。每个子接口位于不同的子网上，如图 2-8-13 所示。

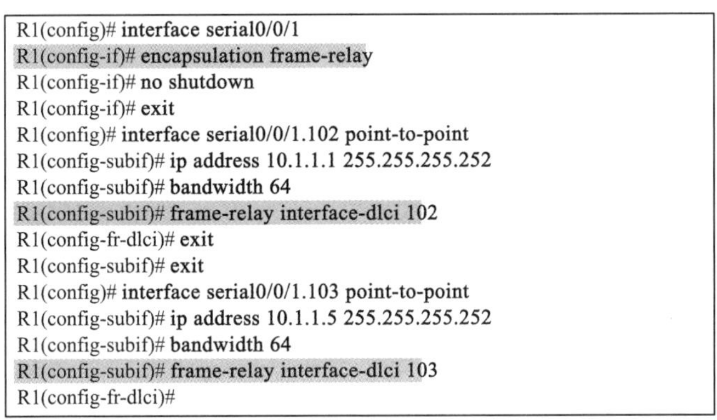

```
R1(config)# interface serial0/0/1
R1(config-if)# encapsulation frame-relay
R1(config-if)# no shutdown
R1(config-if)# exit
R1(config)# interface serial0/0/1.102 point-to-point
R1(config-subif)# ip address 10.1.1.1 255.255.255.252
R1(config-subif)# bandwidth 64
R1(config-subif)# frame-relay interface-dlci 102
R1(config-fr-dlci)# exit
R1(config-subif)# exit
R1(config)# interface serial0/0/1.103 point-to-point
R1(config-subif)# ip address 10.1.1.5 255.255.255.252
R1(config-subif)# bandwidth 64
R1(config-subif)# frame-relay interface-dlci 103
R1(config-fr-dlci)#
```

图 2-8-13　子接口连接示意图

要在物理接口上配置子接口，需要执行以下步骤：

第 1 步　删除为物理接口指定的任何网络层地址。如果该物理接口带有地址，本地子接口将无法接收数据帧。

第 2 步　使用 encapsulation frame-relay 命令在该物理接口上配置帧中继封装。

第 3 步　为已定义的每条 PVC 创建一个逻辑子接口，指定端口号，后面加上点号（.）和子接口号。为方便排除故障，建议将子接口号与 DLCI 号设定一致。

第 4 步　配置接口的 IP 地址并设置带宽。

第 5 步　使用 frame-relay interface-dlci 命令在子接口上配置本地 DLCI。前面已讲过，帧中继服务提供商负责分配 DLCI 编号。

总 结

帧中继是一种可靠的、采用数据包交换且面向连接的技术，广泛用于互连远程站点，这比租用线路更加经济有效，因为服务提供商网络中的带宽是共享的，终端只需要一条到电路提供商的物理电路即可支持多条 VC。每条 VC 由 DLCI 标识。

第 3 层数据将封装到同时包含帧中继报头和报尾的帧中继帧中，随后会将它传递到物理层，物理层通常为 EIA/TIA-232、449 或 530、V.35 或 X.21。

典型的帧中继拓扑包括星型拓扑(集中星型)、全网状拓扑和部分网状拓扑。

第 2 层 DLCI 地址和第 3 层地址之间的映射可通过使用逆向 ARP 动态获得，也可手动配置静态映射。

LMI 是一种针对在 DCE 和 DTE 设备之间发送以便维护这些设备之间帧中继状态信息的消息的协议。路由器上配置的 LMI 类型必须与服务提供商的 LMI 类型匹配。

帧中继电路成本包括接入速率、PVC 的数量和 CIR。CIR 之上的有些突发传输通常是允许的，而且不会增加成本。

帧中继配置中子接口的使用有助于缓解路由协议水平分割问题。

综合实验 1——配置静态帧中继映射

1. 实验背景

在本练习中，我们将配置两个静态帧中继映射。尽管路由器可以自动感知 LMI 类型，但仍将手动配置 LMI 来静态指定 LMI 类型。

2. 实验拓扑(图 2-8-14)

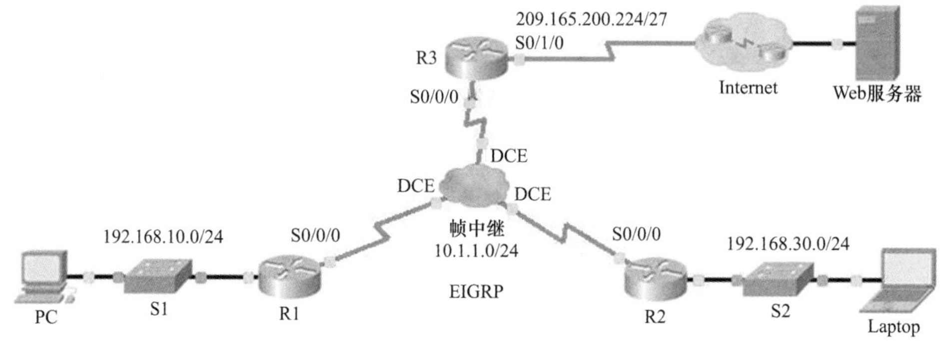

图 2-8-14 配置静态帧中继映射拓扑

3. 地址分配表(表 2-8-1)

表 2-8-1 配置静态帧中继映射地址分配

设备	接口	IP 地址	子网掩码	默认网关
R1	G0/0	192.168.10.1	255.255.255.0	N/A
	S0/0/0	10.1.1.1	255.255.255.0	N/A
R2	G0/0	192.168.30.1	255.255.255.0	N/A
	S0/0/0	10.1.1.2	255.255.255.0	N/A

（续表）

设备	接口	IP 地址	子网掩码	默认网关
R3	S0/0/0	10.1.1.3	255.255.255.0	N/A
	S0/1/0	209.165.200.225	255.255.255.224	N/A
ISP	S0/0/0	209.165.200.226	255.255.255.224	N/A
Web	NIC	209.165.200.2	255.255.255.252	209.165.200.1
PC	NIC	192.168.10.10	255.255.255.0	192.168.10.1
Laptop	NIC	192.168.30.10	255.255.255.0	192.168.30.1

4. 实验内容

第一部分：配置帧中继。

第 1 步　在 R1 的 S0/0/0 接口上配置帧中继封装。

```
R1(config)# interface s0/0/0
R1(config-if)# ? encapsulation frame-relay
```

第 2 步　在 R2 和 R3 的 S0/0/0 接口上配置帧中继封装。

第 3 步　测试连通性。

从 PC 上的命令提示符中，使用 ping 命令检验与 Laptop（地址为 192.168.30.10）的连通性。

因为 R1 上没有访问 192.168.30.0 网络的路由，所以从 PC 到 Laptop 的 ping 操作应失败。R1 必须配置有帧中继映射才能找到连接该网络的下一跳目的地址。

第二部分：配置静态帧中继映射和 LMI 类型。

每台路由器需要两个静态映射来访问另两台路由器。用于访问这些路由器的 DLCI 如下所示：

第 1 步　在 R1、R2 和 R3 上配置静态映射。

a. 将 R1 配置为使用静态帧中继映射。使用 DLCI 102 实现从 R1 到 R2 的通信。使用 DLCI103 实现从 R1 到 R3 的通信。路由器还必须在 224.0.0.10 上支持 EIGRP 组播，因此，需要使用关键字 broadcast。

```
R1(config)#interface s0/0/0
R1(config-if)#frame-relay map ip 10.1.1.2 102 broadcast
R1(config-if)#frame-relay map ip 10.1.1.3 103 broadcast
```

b. 将 R2 配置为使用静态帧中继映射。使用 DLCI 201 实现从 R2 到 R1 的通信。使用 DLCI 203 实现从 R2 到 R3 的通信。为每个映射使用正确的 IP 地址。

c. 将 R3 配置为使用静态帧中继映射。使用 DLCI 301 实现从 R3 到 R1 的通信。使用 DLCI 302 实现从 R3 到 R2 的通信。为每个映射使用正确的 IP 地址。

第 2 步　将 ANSI 配置为 R1、R2 和 R3 上的 LMI 类型。

在每台路由器的串行接口上输入下列命令：

```
R1(config-if)#frame-relay lmi-type ansi
```

第 3 步　检验连接。

PC 和 Laptop 现在应能成功 ping 通彼此，也能 ping 通 Web 服务器。

综合实验2——配置点对点子接口

锐捷路由器帧中继协议配置实训

1. 实验背景

在本练习中，我们将在每台路由器上配置两个子接口的帧中继以访问其他两台路由器，还将配置EIGRP并检验端到端连接。

2. 实验拓扑(图2-8-15)

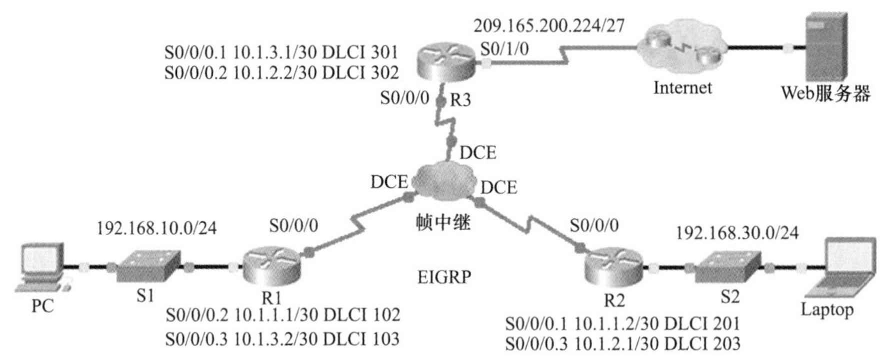

图2-8-15 点对点子接口拓扑

3. 地址分配表(表2-8-2)

表2-8-2 **点对点子接口地址分配**

设备	接口	IP地址	子网掩码	默认网关
R1	G0/0	192.168.10.1	255.255.255.0	N/A
	S0/0/0.2	10.1.1.1	255.255.255.252	N/A
	S0/0/0.3	10.1.3.2	255.255.255.252	N/A
R2	G0/0	192.168.30.1	255.255.255.0	N/A
	S0/0/0.1	10.1.1.2	255.255.255.252	N/A
	S0/0/0.3	10.1.2.1	255.255.255.252	N/A
R3	S0/0/0.1	10.1.3.1	255.255.255.252	N/A
	S0/0/0.2	10.1.2.2	255.255.255.252	N/A
	S0/1/0	209.165.200.225	255.255.255.224	N/A
ISP	S0/0/0	209.165.200.226	255.255.255.224	N/A
Web服务器	NIC	209.165.200.2	255.255.255.252	209.165.200.1
PC	NIC	192.168.10.10	255.255.255.0	192.168.10.1
Laptop	NIC	192.168.30.10	255.255.255.0	192.168.30.1

4. 实验内容

第一部分：配置帧中继。

第1步 在R1的S0/0/0接口上配置帧中继封装。

```
R1(config)#interface s0/0/0
R1(config-if)#encapsulation frame-relay
R1(config-if)#no shutdown
```

第2步 在R2和R3的S0/0/0接口上配置帧中继封装。

第3步 测试连通性。

从 PC 上的命令提示符中，使用 ping 命令检验与 Laptop(地址为 192.168.30.10)的连通性。

因为 R1 路由器没有访问 192.168.30.0 网络的路由，所以从 PC 到 Laptop 的 ping 操作失败。R1 必须在子接口上配置帧中继才能找到访问该网络的下一跳目的地。

第二部分：配置帧中继点对点子接口。

每台路由器需要两个子接口来访问其他两台路由器。用于访问这些路由器的 DLCI 如下所示：

(1)将 R1 配置为使用子接口。DLCI 102 用于实现从 R1 到 R2 的通信，而 DLCI 103 用于实现从 R1 到 R3 的通信。

```
R1(config)#interface s0/0/0.2 point-to-point
R1(config-subif)#ip address 10.1.1.1 255.255.255.252
R1(config-subif)#frame-relay interface-dlci 102
R1(config-subif)#interface s0/0/0.3 point-to-point
R1(config-subif)#ip address 10.1.3.2 255.255.255.252
R1(config-subif)#frame-relay interface-dlci 103
```

(2)将网络条目添加到 EIGRP 自治系统 1 以反映上述 IP 地址。

```
R1(config)#router eigrp 1
R1(config-router)#network 10.1.1.0 0.0.0.3
R1(config-router)#network 10.1.3.0 0.0.0.3
```

(3)将 R2 配置为使用子接口。DLCI 201 用于实现从 R2 到 R1 的通信，而 DLCI 203 用于实现从 R2 到 R3 的通信。在地址表中为每个子接口使用正确的 IP 地址。

(4)为自治系统 1 向 R2 添加适当的 EIGRP 条目。

(5)将 R3 配置为使用子接口。DLCI 301 用于实现从 R3 到 R1 的通信，而 DLCI 302 用于实现从 R3 到 R2 的通信。为每个子接口使用正确的 IP 地址。

(6)为自治系统 1 向 R3 添加适当的 EIGRP 条目。

第三部分：检验配置和连接。

第 1 步 检验帧中继配置。

显示有关帧中继和已建立连接的信息。

```
R1#show frame-relay map
R1#show frame-relay pvc
R1#show frame-relay lmi
```

第 2 步 检验端到端连接。

PC 和 Laptop 现在应能成功 ping 通彼此，也能 ping 通 Web 服务器。

项目 2-9 VPN

当使用公共 Internet 开展业务时，安全是大家关注的问题。虚拟专用网络(VPN)用于确保互联网上数据的安全性，VPN 用于在公共网络中创建专用隧道，在通过 Internet 的这个隧道中使用加密并使用身份验证保护数据免受未授权访问，从而保护数据。本项目解释了与 VPN 相关的概念和过程，以及实施 VPN 的优点和配置 VPN 所需的底层协议。

学习目标

- 明确 VPN 含义及优点。
- 明确 VPN 类型。
- 明确 GRE 隧道的用途和优点。
- 能配置站点到站点 GRE 隧道。
- 明确 IPSec 的特点及 IPSec 协议框架。
- 掌握 SSL 的两种远程访问 VPN 如何部署。
- 清楚 IPSec 和 SSL 远程访问 VPN 的异同。

陈定昌：弃文从理，研制出中国首部激光雷达

2020 年 9 月 7 日，我国武器系统总体、防空反导及制导雷达技术专家，曾研制了中国首部激光雷达的导弹专家陈定昌院士逝世。

总是站在时代前沿具有超前思维的陈定昌，用一生推动着我国空天防御体系能力建设，为信息化条件下新质杀手锏装备研制，形成制衡强敌的战略威慑能力，作出了历史性贡献，掀开了我国空天防御力量建设的新篇章。

回顾几十年的航天生涯，他说自己并不是思维超前，而是在考虑问题时喜欢从全局出发，从国家整体利益考虑。“我一生的最大追求，就是在实现中国梦上多做一些工作。”

1999 年中国航天科工集团有限公司成立后，担任公司科技委副主任的陈定昌和科技委专家们，带领相关人员完成了发展战略规划、制定等多项重大任务，为我国精确制导技术的发展出谋献策，推动和促进我国精确制导技术的大跨度发展。

近年来，以陈定昌任组长的第一届原总装备部精确制导专业组，一共走出 6 名院士。陈定昌与该组其他专家，成为我国精确制导技术领域当之无愧的开拓者。

（来源：学习强国）

9.1 VPN 简介

9.1.1 VPN 基本原理

VPN（Virtual Private Network，虚拟专用网）是指在公用网络（通常是因特网）上所建立的企业专用网络，拥有与专用网络相同的安全、管理及功能等特点，常用于将单个远程工作者或者远程办公室连接到企业总部。

如图 2-9-1 所示，VPN 使用的是虚拟连接，通过 Internet 从组织的专用网络路由到远程站点或员工主机。来自专用网络的信息在公共网络中安全传输，从而形成虚拟网络。

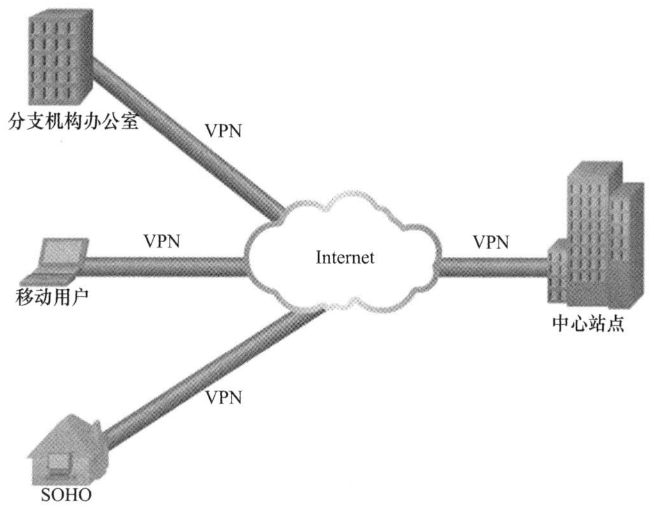

图 2-9-1 VPN Internet 连接

VPN 的优点包括：

(1)节省投资——VPN 使组织能够使用经济有效的第三方 Internet 传输将远程办公室和远程用户连接到主站点，因而，无须使用昂贵的专用 WAN 链路和大量调制解调器。

(2)高可扩展性——企业可以使用互联网架构下的 ISP 和设备服务，很容易地添加新的用户。

(3)兼容宽带技术——VPN 允许移动工作者或者远程办公者利用高速的宽带连接的优势，例如 DSL 和有线电视电缆。

(4)安全——VPN 通过使用高级加密和身份验证协议来保护数据免遭未授权访问，具有提供最高级别安全性的安全机制。

9.1.2 VPN 的类型

VPN 网络有两种类型：站点到站点(Site-to-Site)和远程访问(Remote access)。

1. 站点到站点 VPN

站点到站点 VPN 用于连接整个网络。当位于 VPN 连接两端的设备已事先获悉 VPN 配置时，将会创建站点到站点 VPN，如图 2-9-2 所示。

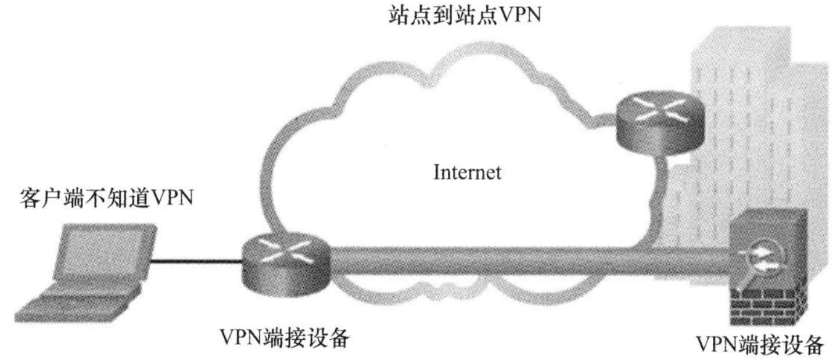

图 2-9-2 站点到站点 VPN

在站点到站点 VPN 中，终端主机通过 VPN“网关”发送和接收正常的 TCP/IP 流量。VPN 网关负责封装和加密来自特定站点的所有流量的出站流量，然后，VPN 网关通过 Internet 中的 VPN 隧道将其发送到目标站点上的对等 VPN 网关。接收后，对等 VPN 网关会剥离报头，解密内容，然后将数据包中继到其专有网络内的目标主机上。

2. 远程访问 VPN

远程访问 VPN 可以支持远程工作人员、移动用户、外联网以及消费者到企业的连接。在没有静态设置 VPN 信息而是允许动态更改信息时，可以创建远程访问 VPN。远程访问 VPN 支持客户端/服务器架构，其中 VPN 客户端（远程主机）通过网络边缘的 VPN 服务器设备获得对企业网络的安全访问，如图 2-9-3 所示。

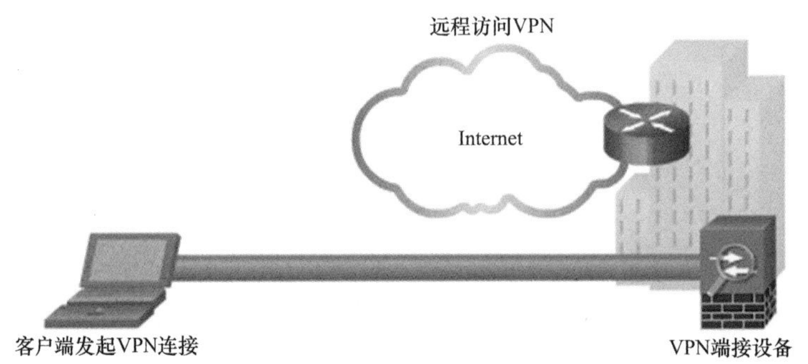

图 2-9-3 远程访问 VPN

远程访问 VPN 需要将 VPN 客户端软件安装到移动用户的终端设备上，当主机尝试发送任何流量时，VPN 客户端软件会对流量进行封装和加密；然后将经过加密的数据通过 Internet 发送到目标网络边缘上的 VPN 网关；收到数据包后，VPN 网关的运作就与站点到站点 VPN 一样了。

9.2 Site-to-Site GRE 隧道

9.2.1 通用路由封装的基本原理

通用路由封装（GRE）是由思科开发的基础的、无安全机制的站点到站点 VPN 隧道协议。GRE 可以在 IP 隧道内封装各种协议数据包类型，并在 IP 网络中创建通往远程路由节点的虚拟点对点链路。

如图 2-9-4 所示，隧道接口支持以下各项报头：

（1）经过封装的协议（或乘客协议），例如 IPv4、IPv6、AppleTalk、DECnet 或 IPX。

（2）封装协议（或载波），例如 GRE。

（3）传输交付协议（例如 IP），该协议用于传输经过封装的协议。

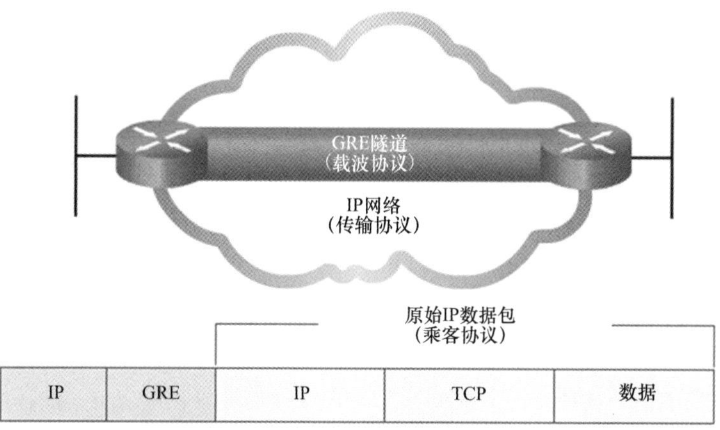

图 2-9-4　通用路由封装 GRE

9.2.2 配置 GRE 隧道

GRE 用于在两个站点之间创建 VPN 隧道。要实施 GRE 隧道，网络管理员必须首先知道端点的 IP 地址，如图 2-9-5 所示。

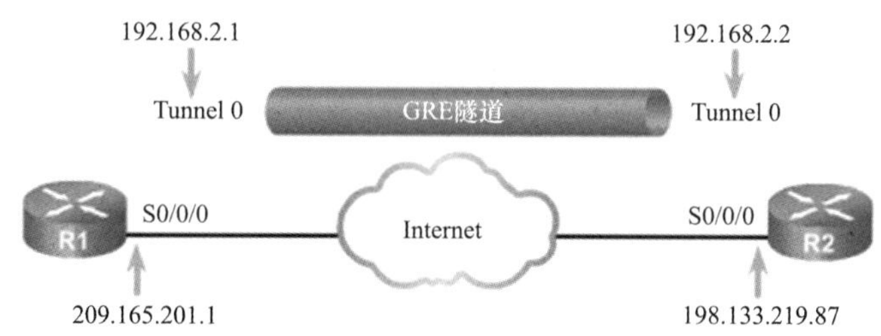

图 2-9-5　GRE 隧道配置

配置 GRE 隧道的五个步骤：

第 1 步　使用 interface tunnel number 命令创建隧道接口。

第 2 步　指定隧道源 IP 地址。

第 3 步　指定隧道目的 IP 地址。

第 4 步　配置隧道接口的 IP 地址。

第 5 步　（可选）将 GRE 隧道模式指定为隧道接口模式。GRE 隧道模式是 Cisco IOS 软件的默认隧道接口模式。

用于 GRE 隧道配置的常用命令见表 2-9-1。

表 2-9-1　　GRE 隧道配置的常用命令

命令	说明
tunnel mode gre ip	指定隧道接口的模式是通过 IP 的 GRE
tunnel source *ip_address*	指定隧道源地址
tunnel destination *ip_address*	指定隧道目的地址
ip address *ip_address mask*	指定隧道接口的 IP 地址

路由器 R1 的基本 GRE 隧道配置如下：

```
R1(config-if)#tunnel mode gre ip
R1(config-if)#ip address 192.168.2.1 255.255.255.0
R1(config-if)#tunnel source 209.165.201.1
```

路由器 R2 的基本 GRE 隧道配置如下：

```
R2(config-if)#tunnel mode gre ip
R2(config-if)#ip address 192.168.2.2 255.255.255.0
R2(config-if)#tunnel source 198.133.219.87
```

要检验 GRE 隧道的状态，可以使用 show interfaces tunnel 命令，输出如下：

```
R1#show interfaces tunnel 0
Tunnel0 is up, line protocol is up
    Hardware is Tunnel
    Internet address is 192.168.2.1/24
    MTU 17916 bytes, BW 100 kbit/sec, DLY 50000 usec,
```

综合实验 1——配置 GRE

文本

锐捷路由器 VPN 协议——GRE 隧道配置实训

1. 实验背景

假设你是一家公司的网络管理员，想要设置连向远程办公室的 GRE 隧道。两个网络都在本地配置，并且只需要配置隧道。

2. 实验拓扑(图 2-9-6)

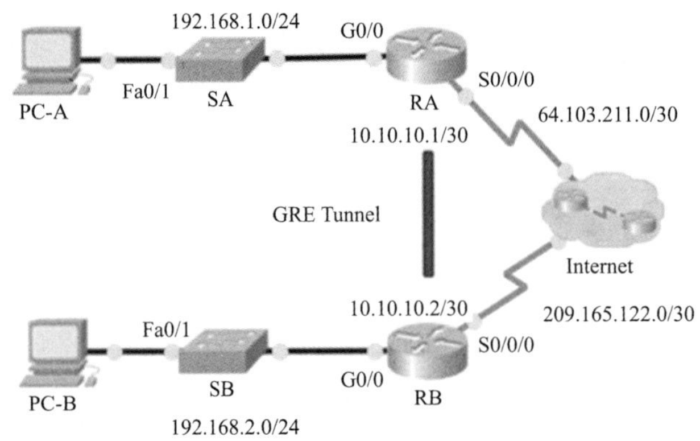

图 2-9-6 配置 GRE 拓扑

3. 地址分配表(表 2-9-2)

表 2-9-2 配置 GRE 地址分配

设备	接口	IP 地址	子网掩码	默认网关
RA	G0/0	192.168.1.1	255.255.255.0	未提供
	S0/0/0	64.103.211.2	255.255.255.252	未提供
	隧道 0	10.10.10.1	255.255.255.252	未提供
RB	G0/0	192.168.2.1	255.255.255.0	未提供
	S0/0/0	209.165.122.2	255.255.255.252	未提供
	隧道 0	10.10.10.2	255.255.255.252	未提供

（续表）

设备	接口	IP 地址	子网掩码	默认网关
PC-A	网卡	192.168.1.2	255.255.255.0	192.168.1.1
PC-B	网卡	192.168.2.2	255.255.255.0	192.168.2.1

4. 实验内容

(1)检验路由器的连通性

尝试从 PC-B 对 PC-A 的 IP 地址执行 ping 操作。在配置了 GRE 隧道后重复此测试，ping 操作的结果是什么？为什么？

(2)配置 GRE 隧道

①配置 RA、RB 的隧道 0 接口，设置 IP 地址并为隧道 0 的端点设置源和目的地址；配置隧道 0，使其通过 GRE 传递 IP 流量。

②配置私有 IP 流量的路由，使用 10.10.10.0/30 网络作为目的地建立 192.168.X.X 网络之间的路由。

(3)检验路由器的连接

①尝试从 PC-B 对 PC-A 的 IP 地址执行 ping 操作。该 ping 操作应该能够成功。

②尝试跟踪从 PC-A 到 PC-B 的路径。注意输出中缺少公有 IP 地址。

9.3 IPSec 简介

9.3.1 Internet 协议安全性

与 GRE 缺少安全机制不同，IPSec(Internet Protocol Security，Internet 协议安全性)使用先进的加密技术和隧道技术，以安全、快速并且可靠的方式建立远程连接。IPSec 作用在网络层，保护和验证 IP 数据包，其基础是数据机密性、数据完整性和身份验证。

1. 数据机密性

一个常见的安全性考虑是防止窃听者截取数据。数据机密性旨在防止消息的内容被未经身份验证或未经授权的来源拦截。VPN 利用封装和加密机制来实现机密性，常用的算法有 DES、3DES 和 AES。

2. 数据完整性

数据完整性确保数据在源主机和目的主机之间传送时不被篡改。VPN 通常使用哈希来确保数据完整性。哈希类似于校验和封印，但更可靠，它可以确保没有人更改过数据的内容。常用的算法有 MD5 和 SHA。

3. 身份验证

身份验证确保消息来源真实，并传送到真实目的地。用户通过用户标识确信与其建立通信的一方正是其所认为的那一方。常用的方法有预共享密码和数字证书等。

9.3.2 IPSec 框架

IPSec 是针对 IP 通信保护的协议簇，作用在网络层，提供了数据的机密性、完整性以及源点的验证。有以下两种主要的 IPSec 协议框架。

1. 验证报头(AH)

当不需要或不允许加密时使用 AH 协议比较合适，它为两个系统之间传递的 IP 数据包提供数据验证和完整性。但是，AH 并不提供数据包的数据机密性(加密)，所有文本都以明文形式传输。AH 协议单独使用时提供的保护较脆弱。

2. 封装安全负载(ESP)

通过加密 IP 数据包提供机密性和身份验证的安全协议。IP 数据包加密隐藏了数据及源主机和目的主机的身份，ESP 可验证内部 IP 数据包和 ESP 报头的身份，从而提供数据来源验证和数据完整性检查。尽管加密和身份验证在 ESP 中都是可选功能，但必须至少选择其中一个。图 2-9-7 显示了 IPSec 配置的组件。

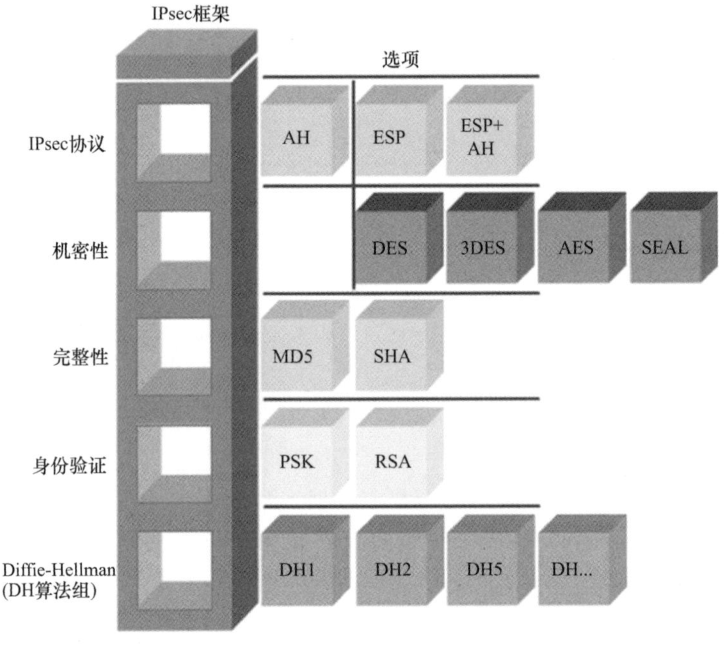

图 2-9-7 IPSec 配置的组件

有四个 IPSec 框架的基本构建基块是必须选择的。

(1)IPSec 协议：当配置 IPSec 网关以提供安全服务时，必须选择 IPSec 协议。这种选择是 ESP 和 AH 的某种组合。实际上，由于 AH 本身并不提供加密功能，因此总是选择 ESP 或 ESP+AH 选项。

(2)机密性(如果 IPSec 与 ESP 一起实施)：所选加密算法应最适合所需的安全级别，包括 DES、3DES 或 AES。强烈建议使用 AES，因为 AES-GCM 可提供最高的安全性。

(3)完整性：确保内容在传输中未被篡改。通过使用哈希算法来实施，包括 MD5 和 SHA。

(4)身份验证：表示如何对 VPN 隧道任一端的设备进行身份验证，如 PSK 或 RSA。

(5)DH 算法组：表示如何在对等设备之间建立共享密钥。有多个选项，但 DH24 可以提供最高的安全性。

这些构建基块的组合可以为 IPSec VPN 提供机密性、完整性和身份验证选项。

9.4 远程访问 VPN

由于多种原因，VPN 成为适用于远程访问连接的合理解决方案。使用 VPN 技术时，员工可以随时办公，包括访问电子邮件和网络应用程序；VPN 还能够允许承包商和合作伙伴对所需的特定服务器、网页或文件进行有限访问，这种网络访问使他们提高了企业的工作效率，并且不会影响网络安全。

部署远程访问 VPN 有两种主要方法：安全套接字层（SSL）和 IP 安全性（IPSec）。

9.4.1 SSL 远程访问 VPN

SSL VPN 即指采用 SSL（Security Socket Layer）协议来实现远程接入的一种 VPN 技术，是解决远程用户访问公司敏感数据最简单最安全的解决方案。与复杂的 IPSec VPN 相比，SSL 通过简单易用的方法实现信息远程连通。任何安装浏览器的机器都可以使用 SSL VPN，这是因为 SSL 内嵌在浏览器中，它不需要像传统 IPSec VPN 一样必须为每一台客户机安装客户端软件。

Cisco IOS SSL VPN 是业内首个基于路由器的 SSL VPN 解决方案，它提供"随时随地"的连接，通过使用 Web 浏览器或者 Cisco AnyConnect 安全移动客户端软件两种方式提供远程访问，如图 2-9-8 所示。

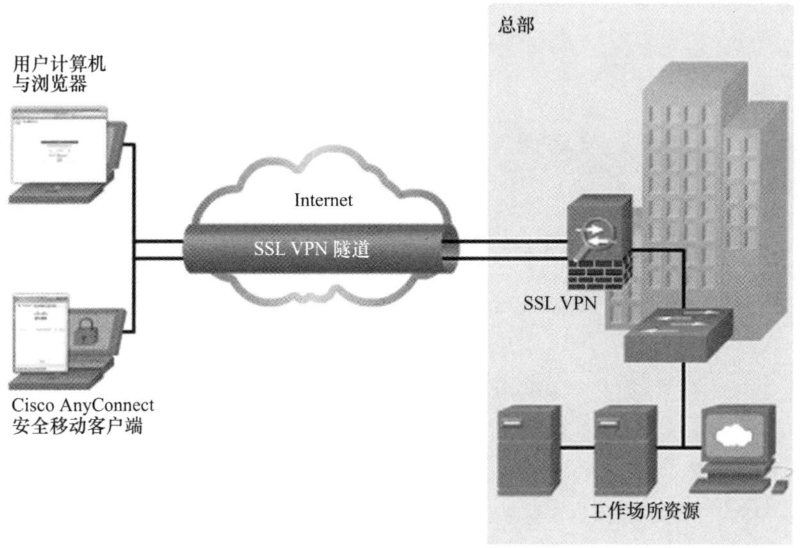

图 2-9-8　SSL VPN

1. Cisco AnyConnect 安全移动客户端（SSL）

基于客户端的 SSL VPN 为通过身份验证的用户提供与 LAN 类似的对企业资源的完全网络访问。但是，远程设备需要在最终用户设备上安装客户端应用程序，例如 Cisco VPN 客户端或较新的 AnyConnect 客户端。

在配置了完全隧道和远程访问 SSL VPN 解决方案的基本 Cisco ASA 中，远程用户使用

Cisco AnyConnect 安全移动客户端(如图 2-9-9 所示)与 Cisco ASA 建立 SSL 隧道。在 Cisco ASA 与远程用户建立 VPN 之后,在遵循访问规则的前提下,客户端可以在 Cisco ASA VPN 网关后面使用任何应用程序访问任何资源。

2. Cisco 安全移动无客户端 SSL VPN

在这种部署模型中,Cisco ASA 用作网络资源的代理设备,它使用端口转发功能为远程设备提供浏览网络的网络门户接口。如图 2-9-10 所示,在基本的 Cisco ASA 无客户端 SSL VPN 解决方案中,远程用户采用标准 Web 浏览器与 Cisco ASA 建立 SSL 会话。Cisco ASA 向用户展示一个 Web 门户,用户可通过此门户访问内部资源。在基本的无客户端解决方案中,用户只能访问某些服务,例如内部 Web 应用程序与基于浏览器的文件共享资源。

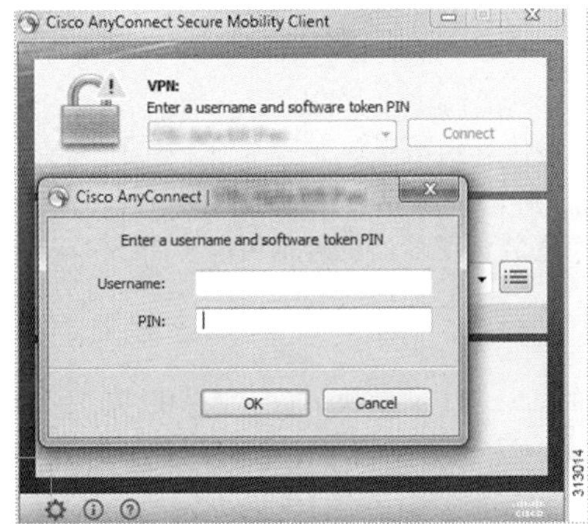

图 2-9-9 安全移动客户端

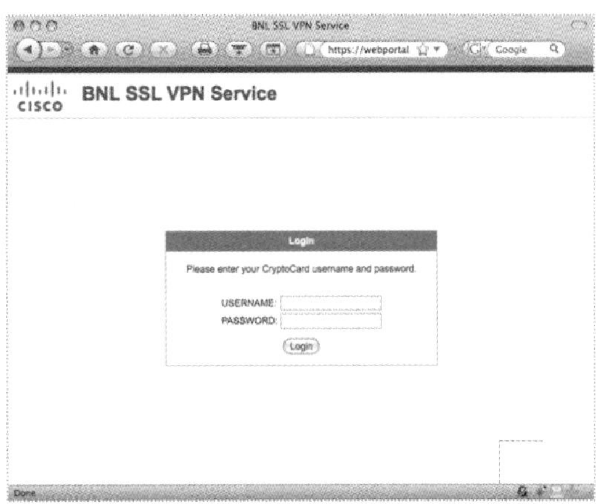

图 2-9-10 安全移动无客户端

9.4.2 IPSec 远程访问 VPN

使用 Cisco Easy VPN Server 能够使移动员工和远程员工通过使用其 PC 上的 VPN 客户端(或使用边缘路由器上的 Cisco Easy VPN Remote)创建安全的 IPSec 隧道以便访问其总部的内部网,如图 2-9-11 所示。

Cisco Easy VPN 解决方案由三个组件组成:

(1)Cisco Easy VPN Server:充当站点到站点或远程访问 VPN 中的 VPN 前端设备的 Cisco IOS 路由器或 Cisco ASA 防火墙。

(2)Cisco Easy VPN Remote:充当远程 VPN 客户端的 Cisco IOS 路由器或 Cisco ASA 防火墙。

(3)Cisco VPN 客户端:PC 上支持的应用程序,用于访问 Cisco VPN 服务器。

Cisco Easy VPN 解决方案针对站点到站点和远程访问 IPSec VPN 均可提供灵活性、可扩展性和易用性的网络访问。

9.4.3 比较 IPSec 和 SSL

从远程访问 VPN 的角度来看,IPSec VPN 和 SSL VPN 技术几乎都提供对任何网络应用程序或资源的访问。

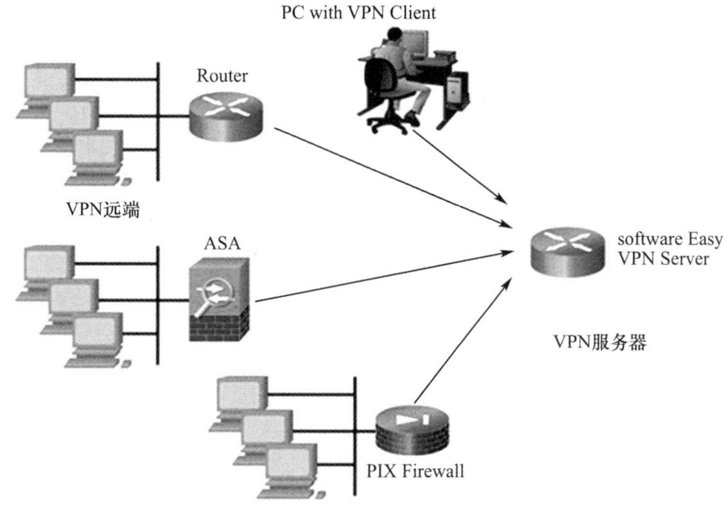

图 2-9-11 VPN 组成

SSL VPN 提供从非公司管理的桌面轻松连接,极少或不必进行桌面软件维护和登录后显示用户自定义 Web 门户等功能。IPSec 在许多重要方面优于 SSL:支持的应用程序的数量、加密的强度、身份验证的强度、整体安全性等。

当需要考虑安全性时,IPSec 是更好的选择;如果是否支持和易于部署是主要问题,则考虑使用 SSL。两者的具体比较见表 2-9-3。

表 2-9-3 SSL VPN 与 IPSec VPN 特性比较

应用程序	SSL	IPSec
	启用 Web 的应用程序、文件共享、电子邮件	所有基于 IP 的应用程序
加密	中到强 密钥长度为 40～256 位	强 密钥长度为 56～256 位
身份验证	中 单向或双向身份验证	强 使用共享密钥或数字证书的双向身份验证
连接的复杂性	低 只要求 Web 浏览器	中 对于非技术用户会比较困难
连接选项	所有设备均可连接	只有具有特定配置的特定设备可以连接

IPSec VPN 和 SSL VPN 是互补的,因为它们解决的是不同的问题。根据需要,企业可以实施任意一种或同时实施两种。

总 结

VPN 用于通过第三方网络(例如 Internet)创建安全的端到端专用网络连接。站点到站点 VPN 在两个站点的边缘上使用 VPN 网关设备,终端主机并不知道 VPN 而且没有其他支持的软件;远程访问 VPN 需要将软件安装到从远程位置访问网络的各台主机设备上,远程访问 VPN 的两种类型是 SSL 和 IPSec。SSL 技术可以使用客户端的 Web 浏览器和浏览器的本征 SSL 加密提供远程访问。

GRE 是基本的、不安全的站点到站点 VPN 隧道协议,能够在 IP 隧道内封装各种协议数据包类型，从而允许企业通过基于 IP 的 WAN 传输其他协议。如今，它主要用于在仅支持 IPv4 单播的连接上传输 IP 组播流量或 IPv6 流量。

IPSec 作为 IETF 标准，是一个在 OSI 模型的第 3 层上运行的安全隧道，可以保护和验证 IPSec 对等设备之间的 IP 数据包，它通过使用加密、数据完整性检查、身份验证和反重播保护来提供机密性。

综合实验 2——配置 VPN

文本

锐捷路由器 VPN 协议——IPSEC 隧道配置实训

1. 实验背景

本实验可以使我们练习多种技能，包括配置帧中继、采用 CHAP 的 PPP、NAT 过载(PAT)和 GRE 隧道。假设已完成了路由器的部分配置。

2. 实验拓扑(图 2-9-12)

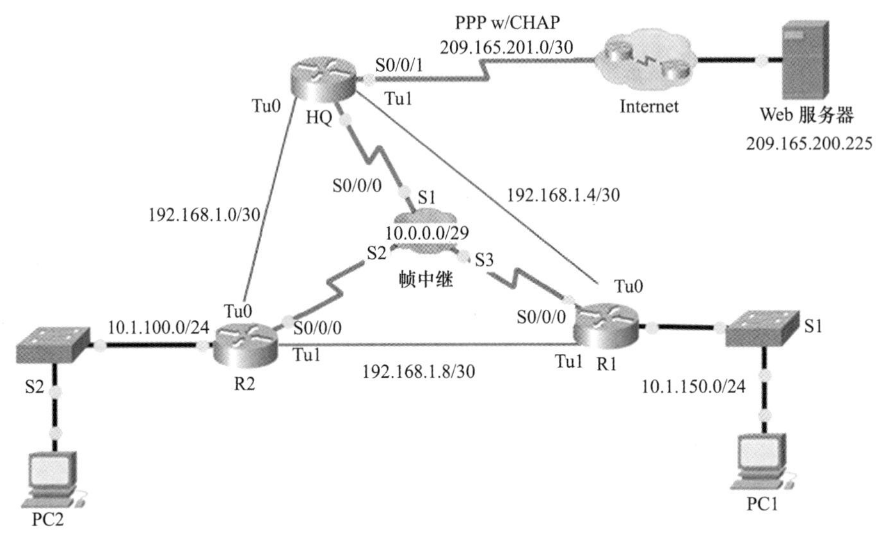

图 2-9-12　配置 VPN 拓扑

3. 地址分配表(表 2-9-4)

表 2-9-4　　配置 VPN 拓扑地址分配

设备	接口	IPv4 地址	子网掩码	默认网关
HQ	S0/0/0	10.0.0.1	255.255.255.248	未提供
	S0/0/1	209.165.201.2	255.255.255.252	未提供
	Tu0	192.168.1.1	255.255.255.252	未提供
	Tu1	192.168.1.5	255.255.255.252	未提供
R1	G0/0	10.1.150.1	255.255.255.0	未提供
	S0/0/0	10.0.0.3	255.255.255.252	未提供
	Tu0	192.168.1.6	255.255.255.252	未提供
	Tu1	192.168.1.9	255.255.255.252	未提供

（续表）

设备	接口	IPv4 地址	子网掩码	默认网关
R2	G0/0	10.1.100.1	255.255.255.0	未提供
	S0/0/0	10.0.0.2	255.255.255.248	未提供
	Tu0	192.168.1.2	255.255.255.252	未提供
	Tu1	162.168.1.10	255.255.255.252	未提供
Web 服务器	网卡	209.165.200.226	255.255.255.252	209.165.200.225
PC1	网卡	10.1.150.10	255.255.255.0	10.1.150.1
PC2	网卡	10.1.100.10	255.255.255.0	10.1.100.1

4. DLCI 映射表(表 2-9-5)

表 2-9-5　　　　DLCI 映射表

源/目的	HQ	R1	R2
HQ	—	103	102
R1	301	—	302
R2	201	203	—

5. 实验内容

(1)配置 R1

①配置全网状帧中继。

- 配置帧中继封装。
- 为其他每一台路由器配置映射。
- LMI 类型是 ANSI。

②配置连向其他路由器的 GRE 隧道。

- 配置源端口和目的地址。
- 根据地址分配表配置隧道接口的 IP 地址。

(2)配置 HQ

①配置 HQ 以便在通向 Internet 的链路上使用带有 CHAP 的 PPP。ISP 是路由器主机名。CHAP 的密码为 cisco。

②配置连向其他路由器的 GRE 隧道。

- 配置源端口和目的地址。
- 根据地址分配表配置隧道接口的 IP 地址。

③配置 NAT 以便与整个 A 类私有地址范围共享公有 IP 地址。

- 配置访问列表 1 以用于 NAT。
- 确定内部和外部接口。

(3)检验端到端的连通性

①所有终端设备现在应能 ping 通彼此,并能 ping 通 Web 服务器。

②如果并非如此,请单击“查看结果”,查看可能尚未完成的配置。实施必要的修复并重新测试端到端直至完全连通。

项目 2-10　故障排除

如果网络或部分网络中断，可能会对企业造成严重的负面影响。当出现网络故障时，网络管理员必须采用系统化的方法进行故障排除，尽快将网络恢复至完全运行状态。

在 IT 行业中，网络管理员快速且高效地解决网络问题的能力是人们最渴求的技能之一。企业需要员工具备扎实的网络故障排除技能，掌握这些技能的方法就是动手实践和使用系统化的故障排除方法。

本项目主要介绍需要维护的网络文档和常规故障排除步骤、方法及工具，还将讨论 OSI 模型的多个层上会出现的典型故障症状和原因。

学习目标

- 掌握如何使用网络文档排除网络故障。
- 掌握常规网络故障排除过程。
- 了解系统化、分层方法的故障排除方法。
- 了解收集和分析网络问题症状的故障排除工具。
- 掌握使用分层模型确定网络问题的症状和原因。
- 掌握使用分层模型排除网络故障。

吴文俊："人民科学家"创中国方法，拓数学之道

吴文俊秉持一颗求真探索之心，"钻"进了数学诸多领域，不仅探索了数学的深度，也揭示了数学的广度，在拓扑学、数学机械化、中国数学史等领域取得了卓著的成就。

在吴文俊看来，搞数学，应该有自己的东西，走自己的路，不能外国人搞什么就跟着搞什么，应该让外国人跟着我们跑，这是可以做到的。

正是这种勇于创新的精神，推动着他在"一片争议声"中创立了独具中国特色的、享誉国际的数学机械化方法。

2009 年，已经 90 岁高龄的吴文俊开始研究世界级难题"大整数分解"——这是当今使用最为广泛的密码安全性的数学基础。

吴文俊开创的事业正如那颗"吴文俊星"一样闪耀在天际，照亮着今天的数学前行之路。2017 年，中国工业与应用数学学会宣布设立"吴文俊应用数学奖"，以此推动数学与其他学科交叉领域的发展。

（来源：学习强国）

10.1 使用系统化的方法进行故障排除

10.1.1 网络文档

1. 记录网络

网络管理员为了能够对网络进行监控和故障排除，必须拥有一套完整且准确的当前网络文档，此类文档包括：配置文件，包括网络配置文件和终端系统配置文件；物理和逻辑拓扑图；基线性能等级。

网络文档使网络管理员能够根据网络设计和正常运行情况下网络的预期性能来有效诊断并纠正网络问题。所有网络文档信息都应保存到一个位置，可保存为硬拷贝形式，或保存到受保护服务器的网络上。备份文档应当在不同位置进行维护和保存。

(1)网络配置文件

网络配置文件包含网络中使用的硬件和软件的最新准确记录。在网络配置文件中，应该为网络中使用的每台网络设备创建一个表格，包含有关此设备的所有相关信息，包括：

①设备类型、型号

②IOS 映象名称

③设备主机名

④设备位置(楼宇、楼层、房间、机架、面板)

⑤如果是模块化设备，要记录所有模块类型以及各模块类型所在的模块插槽

⑥数据链路层地址

⑦网络层地址

⑧设备物理方面的任何其他重要信息

(2)终端系统配置文件

终端系统配置文件重点关注终端系统设备中使用的硬件和软件，例如服务器、网络管理控制台和用户工作站。配置不正确的终端系统会对网络的整体性能产生负面影响。因此，在进行故障排除时，在设备上使用硬件和软件的示例基线记录并将其记录到终端系统文档中会非常有用。

为了排除故障，可将以下信息记录到终端系统配置表中：

①设备名称(用途)

②操作系统及版本

③IPv4 和 IPv6 地址

④子网掩码和前缀长度

⑤默认网关地址、DNS 服务器地址及 Windows 服务器地址

⑥终端系统运行的任何高带宽网络应用程序

2. 网络拓扑图

网络拓扑图可跟踪网络中设备的位置、功能和状态。网络拓扑图有两种类型：物理拓扑和逻辑拓扑。

（1）物理拓扑

物理拓扑显示连接到网络的设备的物理布局。我们只有了解设备的物理连接方式才能排除物理层故障。物理拓扑图中记录的信息包括：

①设备类型

②型号和制造商

③操作系统版本

④电缆类型及标识符

⑤电缆规格

⑥连接器类型

⑦电缆连接端点

图 2-10-1 显示了物理拓扑图示例。

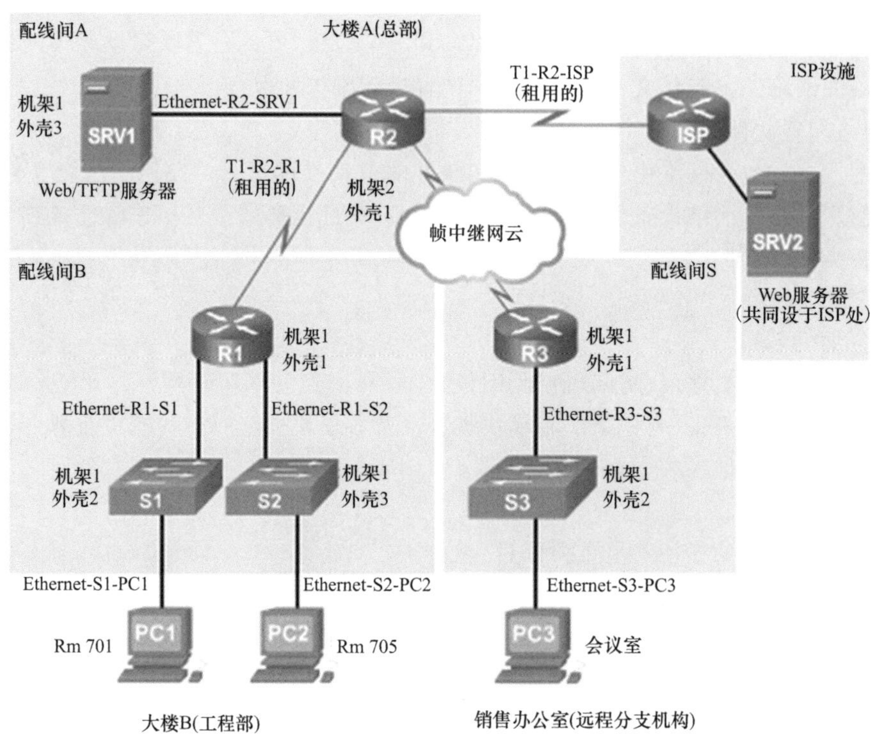

图 2-10-1 物理拓扑图

（2）逻辑拓扑

逻辑拓扑说明了设备如何与网络进行逻辑连接，即设备在与其他设备通信时如何通过网络实际传输数据。符号用于表示各种网络元素，如路由器、服务器、主机、VPN 集中器及安全设备。此外，可能会显示多个站点之间的连接，但并不代表实际的物理位置。逻辑拓扑图中记录的信息可以包括：

①设备标识符

②IP 地址和前缀长度

③接口标识符

④连接类型

⑤虚电路的 DLCI

⑥站点到站点 VPN

⑦路由协议

⑧静态路由

⑨数据链路协议

⑩所采用的 WAN 技术

图 2-10-2 显示了逻辑 IPv4 网络拓扑示例。虽然 IPv6 地址也可以在同一拓扑中显示，但创建另外的逻辑 IPv6 网络拓扑图会比较清晰。

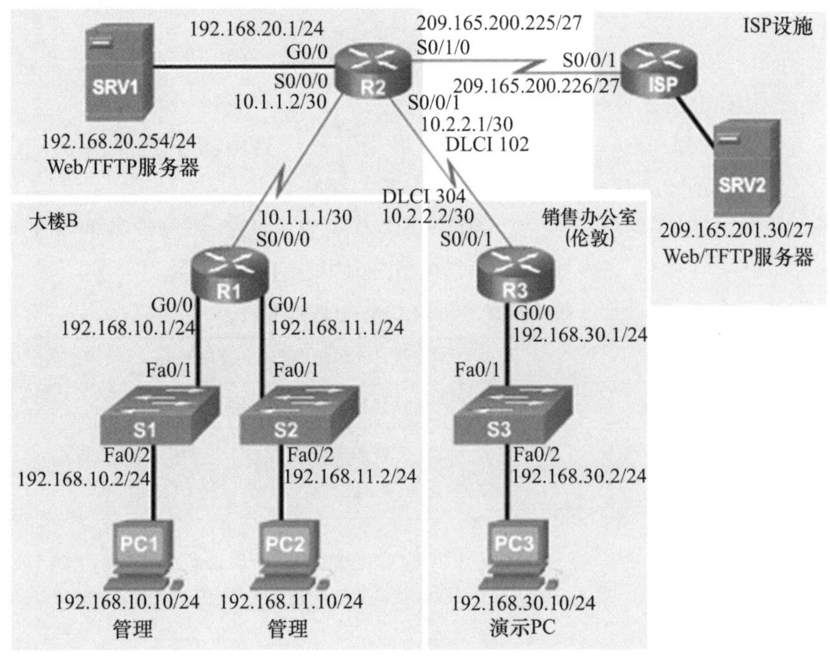

图 2-10-2　逻辑 IPv4 网络拓扑图

3. 建立网络基线

监控网络的目的是观察网络性能，将其与预先确定的基线进行比较。基线用于建立正常的网络或系统性能。要建立网络性能基线，需要从对于网络运行不可或缺的端口和设备上收集性能数据。图 2-10-3 中显示了可用基线来回答的几个问题。

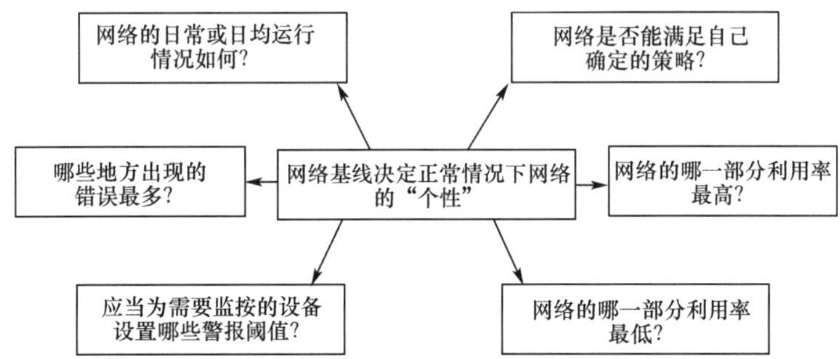

图 2-10-3　网络基线可回答的问题

网络管理员可以通过度量关键网络设备和链路的初始性能及可用性，在网络扩展时或流量模式变化时辨别网络的异常运行情况和正常运行情况。基线还会提供关于当前网络设计能否满足企业需求的信息。如果没有基线，在度量网络流量最佳状况特征以及拥塞程度时便没有了依据。

初始基线建立后进行的分析往往也能揭示一些隐藏的问题。收集的数据会显示网络中拥塞或潜在拥塞的真实情况，还可能会显示网络中利用率不足的区域，而且往往会促使设计人员根据质量和容量观察结果重新设计网络。

4. 测量数据

在记录网络时，通常需要直接从路由器和交换机收集信息。明显有用的网络文档命令包括 ping、traceroute、telnet 以及以下 show 命令：

（1）show ip interface brief 和 show ipv6 interface brief 命令可用于显示设备上所有接口是处于打开还是关闭状态以及所有接口的 IP 地址。

（2）show ip route 和 show ipv6 route 命令可用于显示路由器中的路由表，以便获知直连邻居、其他远程设备（通过已获知路由）以及已配置的路由协议。

（3）show cdp neighbor detail 命令可用于获取有关直连思科邻居设备的详细信息。

表 2-10-1 列出了一些用于数据收集的最常用的 Cisco IOS 命令。

表 2-10-1　　收集数据常用的 Cisco IOS 命令

命令	说明
show version	显示设备硬件和软件的运行时间及版本信息
show ip interface[*brief*] show ipv6 interface[*brief*]	显式接口上设置的所有配置选项，使用 brief 关键字可以只显示 IP 接口的 up/down 状态及每个接口的 IP 地址
show interfaces [*interface_type* *interface_num*]	显示每个接口的详细输出，若要仅显示单个接口的详细输出，请在命令中包含接口类型和接口编号（例如 gigabitethernet0/0）
show ip route show ipv6 route	显示路由表的内容
show arp show ipv6 neighbors	显示 ARP 表（IPv4）和邻居表（IPv6）的内容
show running-config	显示当前配置
show port	显示交换机上的端口状态
show vlan	显示交换机上的 VLAN 状态
show tech-support	执行多个 show 命令，在报告问题时可以将这些命令提供给工程师
show ip cache flow	显示 NetFlow 记账统计信息的汇总

在各个网络设备上使用 show 命令手动收集数据非常耗时而且是不可扩展的解决方案。手动收集数据应当留作小型网络使用，或限于任务关键型网络设备使用。对于比较简单的网络设计，基线任务通常会结合使用手动数据收集和简单网络协议检查器。

通常使用先进的网络管理软件来对大型的复杂网络做基线度量。例如，Fluke Network Super Agent 模块使用其智能基线功能，可使管理员自动创建并查看报告。该功能将当前性能水平与历史观察结果做比较，能够自动查明性能故障以及未能提供预期水平服务的应用程序。

可能需要花费许多小时或许多天来建立初始网络基线或执行性能监控分析，才能准确地反映网络性能。网络管理软件或协议检查器和嗅探器通常在数据收集过程中不间断地运行。

10.1.2 故障排除过程

1. 一般故障排除

一般故障排除过程包括三个主要阶段：

(1)收集故障症状：进行故障排除时，首先需要从网络、终端系统和用户处收集并记录故障症状。故障症状可能以许多不同的形式出现，其中包括网络管理系统警报、控制台消息以及用户投诉。

(2)隔离问题：隔离是不断消除变量直到将某个问题或一组相关问题确定为故障原因的过程。要隔离故障，网络管理员需在网络的逻辑层研究故障的特征，以便找到最有可能的原因。

(3)实施纠正措施：在确定问题的原因后，网络管理员将通过实施、测试并记录可能的解决方案来纠正问题。

2. 收集故障症状

在收集故障症状时，重要的是网络管理员要收集事实和证据以逐渐排除可能的原因，并最终确定故障的根本原因。通过分析信息，网络管理员将推出一个假设以提出可能的原因及解决方案，同时排除其他原因及解决方案。

收集故障症状需要五个步骤：

第 1 步 收集信息。通过受故障影响的故障通知单、用户或终端系统收集信息以形成问题的定义。

第 2 步 确定所有权。如果故障出在组织的控制范围之内，则进行下一阶段。如果故障出在组织的控制范围之外(例如，自治系统以外的 Internet 连接中断)，则需要先联系外部系统的管理员，然后再收集其他网络故障症状。

第 3 步 缩小范围。确定问题出在网络的核心层、分布层还是接入层。在所确定的层中，分析现有故障症状，并利用我们对网络拓扑的掌握来确定哪台设备最有可能是故障原因。

第 4 步 从可疑设备中收集故障症状。采用分层的故障排除法从可疑设备中收集硬件和软件故障症状。从最有可能的设备开始，利用知识和经验来判断故障更可能是硬件配置问题还是软件配置问题。

第 5 步 记录故障症状。有时可以利用已记录的故障症状来解决问题。如果无法解决，则开始常规故障排除过程的隔离阶段。

使用 Cisco IOS 命令和其他工具收集有关网络的故障症状，例如：

- ping、traceroute 和 telnet 命令
- show 和 debug 命令
- 数据包捕获
- 设备日志

注意：尽管 debug 命令是收集故障症状的重要工具，但它会产生大量的控制台消息流量，且网络设备的性能会受到显著影响。如果必须在正常工作时段内执行 debug，则请提醒网

络用户故障排除工作正在进行且网络性能可能会受到影响。并记得在完成工作后禁用调试。

3. 询问最终用户

许多情况下问题是由最终用户报告的。信息经常会是模糊的或具有误导性的，例如，"网络中断"或"我无法访问我的电子邮件"，在这些情况中，必须对问题进行更好的定义，这可能需要向最终用户提问。

当向最终用户询问他们可能遇到的网络问题时，请使用有效的提问技巧，这将帮助我们获得记录问题症状所需的信息。表 2-10-2 提供了一些提问指南及向最终用户提问的示例。

表 2-10-2　提问指南及询问最终用户示例

指南	向最终用户提问示例
询问与故障有关的问题	什么无法正常进行？
将每个问题用作解决或发现潜在问题的方法	正常运行的部分与无法正常运行的部分是否有关联？
以用户能够理解的技术层面与用户交谈	无法正常运行的部分在之前是否能够正常运行？
询问用户最终注意到问题是什么时候	最初注意到问题是什么时候？
最后一次正常运行之后是否发生了任何异常情况	最后一次正常运行之后进行了哪些更改？
如有可能，要求用户重现问题	您能否重现问题？
确定问题发生之前事件的顺序	问题具体是什么时候发生的？

10.1.3 采用分层模型来隔离问题

1. 使用分层故障排除模型

在收集完所有的故障症状后，如果尚未确定解决方案，则网络管理员需要比较问题的特征与网络的逻辑层以便隔离并解决问题。

逻辑网络模型(例如 OSI 模型和 TCP/IP 模型)将网络功能分为若干个模块化的层。排除故障时，这些分层模型可应用于物理网络以隔离网络问题。例如，如果故障症状表明存在物理连接故障，网络技术人员可以专注于检查在物理层运行的线路是否有故障，如果电路运行正常，则技术人员可查看另一层中可能导致问题的区域。

2. 故障排除方法

使用分层模型时，主要有三种方法可用于排除网络故障：自下而上故障排除法、自上而下故障排除法、分治故障排除法。

每种方法各有利弊，在处理故障的时候要针对具体故障情况选择最佳的方法。

(1)自下而上故障排除法

采用自下而上故障排除法时，首先要检查网络的物理组件，然后沿着 OSI 模型的各个层向上进行排查，直到确定故障的原因。怀疑网络故障是物理故障时，采用自下而上故障排除法较为合适。大部分网络故障出在较低层，因此实施自下而上法通常是有效的。

自下而上故障排除法的缺点是，必须逐一检查网络中的各台设备和各个接口，直至查明故障的可能原因。要知道，每个结论和可能性都必须做记录，因此采用此方法时连带地要做大量书面工作。另一个难题是需要确定先检查哪些设备。

(2)自上而下故障排除法

采用自上而下故障排除法时,首先要检查最终用户应用程序,然后沿着 OSI 模型的各个层向下进行排查,直到确定故障原因。当故障较为简单或我们认为故障是由某个软件所导致时,请采用这种方法。

自上而下故障排除法的缺点是,必须逐一检查各网络应用程序,直至查明故障的可能原因,必须记录每种结论和可能性。具有挑战性的是要确定首先开始检查哪个应用程序。

(3)分治故障排除法

采用分治故障排除法,网络管理员将选择一个层并从该层的两个方向进行测试。

在采用分治法进行故障排除时,首先需要收集用户的故障经历,记录故障症状,然后根据这些信息做出合理的推测,即从 OSI 哪一层开始进行调查。当确定某一层运行正常时,可假定其下面的层都能够正常运行,管理员可以沿着 OSI 层向上操作。如果某个 OSI 层不能正常运行,则管理员可以沿着 OSI 层模型向下操作。

例如,如果用户无法访问 Web 服务器,但可以对服务器执行 ping 操作,那么问题出在第 3 层之上。如果对服务器执行 ping 操作不成功,则问题可能出在较低的 OSI 层。

除了采用系统化、分层的方法进行故障排除,还可以使用结构化不强的故障排除方法。

有一种故障排除方法是基于网络管理员根据问题症状进行的理性猜测。这种方法由经验丰富的网络管理员实施更易成功,因为经验丰富的网络管理员可凭借其丰富的知识和经验以明确查找并解决网络问题。对于经验不足的网络管理员来说,这种故障排除方法可能更像是随机故障排除法。

10.2 网络故障的排除

10.2.1 网络故障排除工具

1. 软件故障排除工具

可以利用种类繁多的软件工具和硬件工具来简化故障排除工作,这些工具可用于收集和分析网络故障症状,它们通常会提供可用于建立网络基线的监控和报告功能。

常见的软件故障排除工具包括:

(1)网络管理系统工具

网络管理系统(NMS)工具包括设备级的监控、配置及故障管理工具,这些工具可以用于调查和解决网络故障。常用网络管理工具的示例包括 Cisco View、HPBTO 软件(以前为 OpenView)和 Solar Winds。

(2)知识库

在线网络设备厂商知识库已成为不可或缺的信息来源。如果网络管理员将厂商知识库与 Internet 搜索引擎结合使用,便可获得大量从经验中积累下来的信息。

(3)基线建立工具

可以使用许多工具来使网络数据记录及基线建立过程自动化,这些工具可在 Windows、Linux 以及 AUX 操作系统中使用,如 Solar Winds LANsurveyor 和 CyberGauge 等软件。

(4)基于主机的协议分析器

协议分析器将一个有记录的帧中的各种协议层解码,并以一种相对易用的格式呈现这些信息。协议分析器显示的信息包括物理信息、数据链路信息、协议信息以及每个帧的描述。

(5)Cisco IOS 嵌入式数据包捕获

Cisco IOS 嵌入式数据包捕获(EPC)提供强大的故障排除和跟踪工具,其功能允许网络管理员捕获流经、通往和从思科路由器发出的 IPv4 和 IPv6 数据包。Cisco IOS EPC 功能主要用于查看通过网络设备、从网络设备发出或发往网络设备的实际数据非常有用的故障排除场景中。

每当网络协议分析器可能对调试问题有所帮助,但安装此类设备不太现实时,Cisco IOS EPC 非常有用。

2. 硬件故障排除工具

常见硬件故障排除工具包括:

(1)网络分析模块

网络分析模块(NAM)在 Cisco Catalyst 6500 系列交换机和 Cisco 7600 系列路由器上安装。NAM 可提供从本地和远程交换机及路由器发出的流量图形。

(2)数字万用表

数字万用表(DMM),例如图 2-10-4 左图所示的 Fluke 179,是用于直接测量电压值、电流值和电阻值的测试仪器。排除网络故障时,大部分多媒体测试都涉及检查供电电压电平以及检验网络设备是否已通电。

(3)电缆测试仪

电缆测试仪是特殊的手持设备,用于测试各种类型的数据通信布线,图 2-10-4 右图是 Fluke 电缆测试仪。可以使用电缆测试仪来检测断线、跨接线、短路连接以及配对不当的连接。

(4)电缆分析仪

电缆分析仪,例如图 2-10-5 左图中的 Fluke DTX 电缆分析仪,是用于测试和验证不同服务和标准的铜缆和光缆的多功能手持设备。

(5)便携式网络分析仪

类似于图 2-10-5 右图中 Fluke Opti View 的便携式设备可用于排除交换网络和 VLAN 故障。网络工程师只要将网络分析仪插入网络的任何位置,就能看到该设备连接的交换机端口以及网络利用率的平均值和峰值。

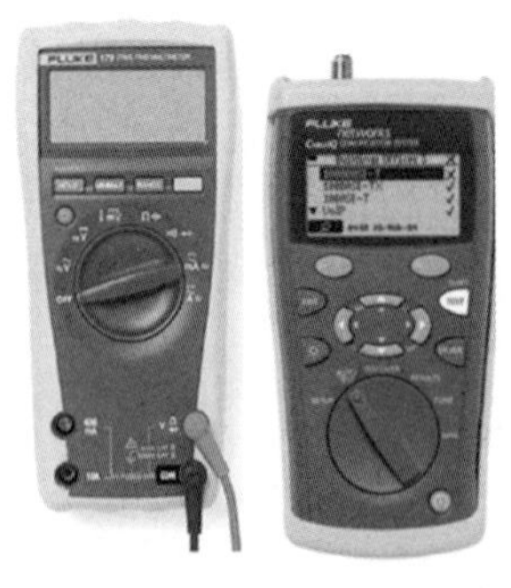

图 2-10-4 数字万用表与电缆测试仪

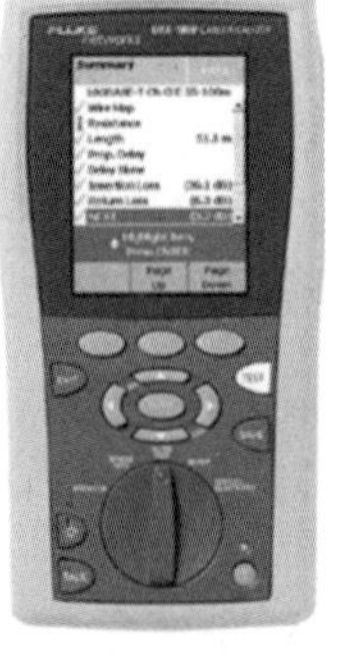

图 2-10-5 电缆分析仪与网络分析仪

3. 使用系统日志服务器进行故障排除

系统日志是由称为"系统日志客户端"的 IP 设备用于将基于文本的日志消息发送到另一 IP 设备(即系统日志服务器)的简单协议。

实施日志记录是网络安全的重要部分,并可用于排除网络故障。思科设备可对有关配置更改、ACL 违规、接口状态和许多其他类型事件的信息进行日志记录。思科设备可将日志消息发送给多个不同设施。

Cisco IOS 日志消息可分为八个级别,级别数越低,严重程度越高。默认情况下,从级别 0 到 7 的所有消息都会记录到控制台。

使用 logging trap level 命令可以根据消息的严重性限制记录到系统日志服务器中的消息。级别是严重级别的名称或编号,只有级别等于或低于指定级别的消息才会记录下来。

在图 2-10-6 所示示例中,级别从 0(紧急)到 5(通知)的系统消息会发送到位于 209.165.200.225 的系统日志服务器。

```
R1(config)# logging host 209.165.200.225
R1(config)# logging trap notifications
R1(config)# logging on
```

图 2-10-6 限制消息发送到日志服务器

10.2.2 网络故障的症状和原因

1. 物理层故障排除

物理层将比特从一台计算机传输到另一台计算机,并控制比特流在物理介质上的传输。物理层是唯一包含有形属性(如电缆、插卡和天线)的层。

常见的物理层网络故障症状包括:

(1)性能低于基线

服务器过载或动力不足、交换机或路由器配置不当、低容量链路上出现流量拥塞以及长期帧丢失。

(2)连接中断

如果电缆或设备发生故障,最明显的症状是通过该链路通信的设备之间或是与故障设备或接口的连接中断。这可由简单的 ping 测试来表明。间歇性连接中断表明连接松动或连接已氧化。

(3)网络瓶颈或拥塞

如果路由器、接口或电缆出现故障,路由协议可能会将流量重定向到其他并非用于承载额外容量的路由,而这会导致那些网络段出现拥塞或瓶颈。

(4)高 CPU 利用率

高 CPU 利用率是指一台设备(如路由器、交换机或服务器)以其设计极限或超过其设计极限负载运行的症状。如果不迅速解决,CPU 过载会导致设备停机或出现故障。

(5)控制台错误消息

设备控制台上报告的错误消息表明存在物理层故障。

导致物理层网络故障的常见原因包括:

(1)电源问题

电源问题是导致网络故障最主要的原因。另外,检查风扇的运行状况,确保机箱的进气口和排气口通畅。如果附近的其他设备也断电,则主电源可能存在故障。

(2)硬件故障

网络接口卡(NIC)故障因延迟冲突、短帧及 jabber 可能成为导致网络传输错误的原因。jabber 通常定义为一种错误状况,在这种错误状况下网络设备会不断向网络传输随机的无意义数据。可能导致 jabber 的其他原因包括 NIC 驱动程序文件错误或损坏、电缆故障或接地问题。

(3)电缆连接故障

许多故障是因部分电缆断开所致,因此只需重装一遍电缆便可解决此类故障。执行实地检查时,注意电缆是否有损坏、电缆类型是否不适当以及 RJ-45 是否压接不良。应对可疑电缆进行测试,或者将其更换为已知能够正常工作的电缆。

(4)衰减

如果电缆长度超过介质的设计极限,或者因电缆松脱或接触面脏污或氧化而出现连接不良时,会出现衰减。如果衰减严重,接收设备便无法始终成功地区分组成比特流的各个比特。

(5)噪声

本地电磁干扰(EMI)通常称为噪声。噪声可以有许多来源,例如 FM 广播电台、警察广播、建筑安全、自动着陆的航空电子设备、串扰(由相同路径中的其他电缆或相邻电缆引发的噪声)、附近的电缆、具有大型电动机的设备,或包含比手机更强大的发射器的任何事物。

(6)接口配置错误

接口上的许多错误配置都会导致接口关闭,例如不正确的时钟频率、不正确的时钟源和未打开的接口,这会导致与相连网段的连接中断。

(7)超过设计极限

某个组件在物理层上可能会因该组件的平均使用率高于为其配置的正常运行的平均使用率而运行不佳。排除此类故障时,很容易发现设备资源是在以极限或接近极限能力运行,并且接口错误数增加。

(8)CPU 过载

故障症状包括具备这些情况的过程:高 CPU 利用率百分比、输入队列丢弃、性能下降、Telnet 和 ping 等路由器服务响应缓慢或无法响应、无路由更新。路由器 CPU 过载的其中一个原因是高流量。如果某些接口经常出现流量过载,请考虑重新设计网络的流量或升级硬件。

2. 数据链路层故障排除

第 2 层的故障排除过程比较困难。所创建的网络能否正常运行并且得到充分优化,该层协议的配置及运行情况至关重要。第 2 层故障会产生特定故障症状,在识别出此故障症状时,将有助于快速确定问题。

常见的数据链路层网络故障症状包括:

(1)网络层或其上层未正常运行或无连接。某些第 2 层故障会阻止链路中帧的交换,而其他故障仅导致网络性能下降。

(2)网络运行的性能低于基线性能水平。网络中可能发生两种不同类型的第 2 层运行不佳的情况。首先,帧采用通往目的地的不理想的路径,但确实可到达。在这种情况下,网络一些链路上的带宽利用率可能很高，而这些链路不应该出现这样大的流量。其次，一些帧被丢弃。可以通过交换机或路由器上显示的错误计数器统计信息和控制台错误消息识别这些故障。在以太网环境中，使用扩展 ping 命令或发出连续的 ping 命令也能够反映是否丢弃了帧。

(3)广播量过大。操作系统频繁使用广播和组播来查找网络服务及其他主机。广播量过大通常由下列某种情况导致：应用程序的设置或配置不当，第 2 层广播域过大，或底层网络故障（例如 STP 环路或路由摆动）。

(4)控制台消息。在某些情况下，路由器会识别到出现第 2 层故障，并向控制台发送警报消息。路由器一般会在以下两种情况下执行此操作：路由器检测到传入帧解读故障（封装故障或成帧故障）；所期望的 keepalive 未到达。最常见的指示第 2 层故障的控制台消息是线路协议关闭消息。

常见的导致网络连接故障或性能故障的数据链路层原因包括：

(1)封装错误。发送方置于特定字段中的比特不是接收方期望看到的比特时，便会出现封装错误。如果 WAN 链路一端封装的配置方式不同于另一端所使用的封装，就会出现这种情况。

(2)地址映射错误。在动态环境中，第 2 层和第 3 层信息的映射可能失败，因为设备可能已特别配置为不回应 ARP 或逆向 ARP 请求、缓存的第 2 层或第 3 层信息可能已发生了物理更改或由于配置错误或安全攻击而收到无效的 ARP 应答。

(3)成帧错误。通常帧以 8 位字节为一组运行。如果帧不在 8 位字节边界上结束，就会发生成帧错误。出现这种情况时，接收方可能难以确定某个帧的结尾及另一个帧的开头。串行线路有噪声、电缆设计不当（过长或未妥当屏蔽）、通道服务单元（CSU）线路时钟配置不正确会导致成帧错误。

(4)STP 故障或环路。大多数 STP 故障与转发产生的环路有关，当冗余拓扑中未阻塞任何端口且因 STP 拓扑更改频繁而使流量无限期循环转发、过度泛洪时将出现环路。

3. 网络层故障排除

网络层故障是指与第 3 层协议相关的任何问题，包括可路由协议（例如 IPv4 或 IPv6）和路由协议（如 EIGRP、OSPF 等）。

网络层上网络故障的常见症状包括：

(1)网络故障。网络故障是指网络几乎或完全无法运行，影响网络中所有用户和应用程序的情况。用户和网络管理员通常很快就会注意到这些故障，显而易见，这些故障严重影响公司的运营效率。

(2)性能欠佳。优化问题很难检测，在查找和诊断时甚至更加困难，这是因为这些问题通常涉及多个层，甚至是主机本身。确定故障是否属于网络层故障需要花费一定的时间。

大部分网络中将静态路由协议与动态路由协议结合使用，静态路由配置不当可能会导致路由不太理想。在某些情况下，静态路由配置不当可能产生路由环路，环路将导致部分网络无法到达。

排除动态路由协议故障需要透彻理解特定路由协议的工作方式。有一些故障涉及所有路由协议，而其他一些故障则是个别路由协议所特有的。

解决第 3 层故障没有一定之规，要遵循系统化的流程，利用一系列命令来隔离和诊断故障。

诊断可能涉及路由协议的故障时，可在以下方面做调查：

(1)一般网络问题

通常情况下，拓扑中的变化可能会对网络的其他区域产生影响，但是这种影响在当时可能不是那么明显。这种变化可能包括安装新的路由(静态或动态)或删除其他路由。确定网络中最近是否发生任何更改，以及当前是否有任何人正在运行网络基础设施。

(2)连接问题

检查所有的设备和连接问题，包括电源问题，例如中断和环境问题(如过热)。还要检查有无第1层故障，如电缆连接故障、端口故障以及ISP故障。

(3)邻居问题

如果路由协议与邻居建立了邻接关系，请检查形成邻居邻接关系的路由器是否存在任何问题。

(4)拓扑数据库

如果路由协议使用拓扑表或拓扑数据库，请检查拓扑表中是否存在意外情况，如缺少条目或存在意外条目。

(5)路由表

检查路由表是否存在意外情况，如缺少路由或存在意外的路由。使用debug命令来查看路由更新和路由表维护。

4. 传输层故障排除—ACL

网络故障可能因路由器上的传输层故障引起，尤其在进行流量检查和修改的网络边缘。两种最常实施的传输层技术是访问控制列表(ACL)和网络地址转换(NAT)。ACL中最常见的问题是因配置不正确而引起的。ACL中出现的问题可能会导致其他运行正常的系统发生故障。有几个区域经常出现配置错误：

(1)流量的选择：最常见的路由器配置错误是将ACL应用到不正确的流量中。

(2)访问控制条目的顺序：ACL中的条目必须是从具体到一般。尽管ACL可能包含特别允许特定流量的条目，但如果访问控制列表中该条目之前的另一条目拒绝了该数据包，那么该数据包将永远无法与该条目匹配。

(3)隐式deny all：当ACL中不要求高安全性时，该隐式访问控制元素可导致ACL配置错误。

(4)地址和IPv4通配符掩码：复杂的IPv4通配符掩码可显著提高效率，但也更易出现配置错误。

(5)传输层协议的选择：在配置ACL时，指定正确的传输层协议很重要。许多网络管理员在无法确定特定流量是使用TCP端口还是UDP端口时，会同时配置两者。这样做会在防火墙上打开一个缺口，可能会给入侵者提供侵入网络的通道，还会将额外元素引入ACL，使ACL处理时间变长，从而导致网络通信延时增加。

(6)源和目的端口：对两台主机之间流量的正确控制需要使用针对入站和出站ACL的对称访问控制元素。回应方主机所生成流量的地址信息和端口信息是发起方主机所生成流量的地址信息和端口信息的镜像。

(7)使用策略established关键字：established关键字会增加ACL可提供的安全性。但是，如果没有正确应用关键字，则可能出现意外结果。

(8)不常用的协议:配置错误的 ACL 往往会给除 TCP 和 UDP 之外的协议造成问题。在不常用的协议中,VPN 协议和加密协议的应用范围在不断扩展。

log 关键字是用于查看 ACL 条目中 ACL 运行状况的有用命令,此关键字指示路由器每当满足输入条件时,便在系统日志中加入一条日志信息,所记录的事件包括符合 ACL 元素的数据包的详细信息。log 关键字对于故障排除特别有用,还会提供有关 ACL 拦截的入侵尝试的信息。

5. 传输层故障排除—IPv4 的 NAT

NAT 会产生许多问题,例如不会与如 DHCP 和隧道等服务交互,这些可包括配置错误的 NAT 内部、NAT 外部或 ACL。其他问题包括与其他网络技术的互操作性,尤其是那些包含或可从数据包中的主机网络编址中获取信息的网络技术,如 BOOTP 和 DHCP、DNS 和 WINS、SNMP、隧道协议和加密协议等。

6. 应用层故障排除

大部分应用层协议提供用户服务。应用层协议通常用于网络管理、文件传输、分布式文件服务、终端仿真以及电子邮件。应用层故障症状和原因的类型取决于实际应用本身。

应用层故障会导致服务无法提供给应用程序,即使物理层、数据链路层、网络层和传输层都正常工作,应用层故障也会导致无法到达或无法使用资源。可能出现所有网络连接都正常,但应用程序就是无法提供数据的情况。

还有这样一种应用层故障,即虽然物理层、数据链路层、网络层和传输层都正常工作,但来自某台网络设备或某个应用程序的数据传输和网络设备请求没有达到用户的正常预期。

出现应用层故障时,用户会抱怨其使用的网络或特定应用程序的数据传输或网络服务请求速度缓慢或比平时慢。

10.2.3 排除 IP 连接故障

诊断并解决问题是网络管理员的一项重要技能。不存在针对故障排除的唯一方案,某个具体问题可通过许多不同的方法进行诊断,但是,通过在故障排除过程中使用结构化的方法,网络管理员可以减少用于诊断和解决问题的时间。

我们使用图 2-10-7 中的场景给大家介绍如何排除 IP 连接故障。客户端主机 PC1 无法访问服务器 SRV1 或服务器 SRV2 上的应用程序。

当没有端到端连接且管理员选择自下而上故障排除法时,以下是管理员可以采用的一些通用步骤:

第 1 步 检查网络通信终止的点上的物理连接,包括电缆和硬件。问题可能是电缆或接口出现故障,或者涉及配置错误或硬件故障。

所有网络设备都是特殊的计算机系统,这些设备至少包括 CPU、RAM 和存储空间,允许设备启动并运行操作系统和接口,这将支持网络流量的接收和传输。当网络管理员确定问题出在给定设备上且问题可能与硬件相关时,检验这些通用组件的运行情况很有必要。为了这一目的,最常用的 Cisco IOS 命令是 show processes cpu、show memory 和 show interfaces。

第 2 步 检查是否存在双工不匹配。接口错误的另一个常见原因就是以太网链路两端之

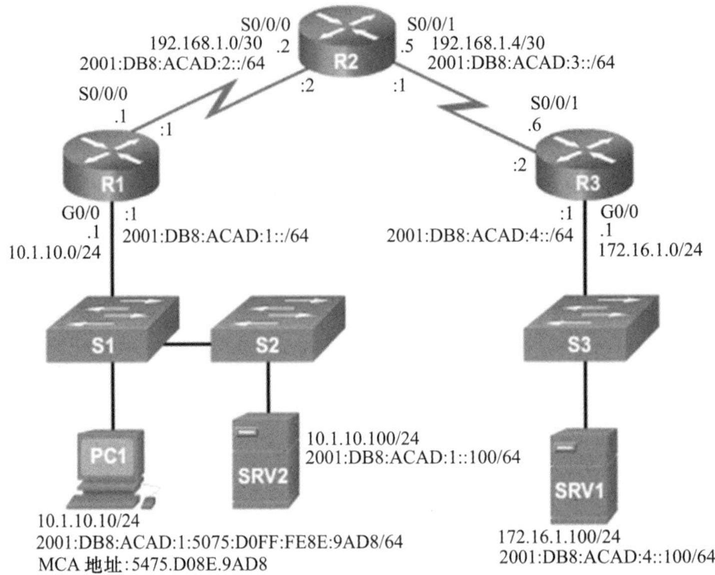

图 2-10-7 端到端故障排除示例图

间的双工模式不匹配。如果网络管理员注意到交换机上的控制台消息：

*Mar100:45:08.756:%CDP-4-DUPLEX_MISMATCH，说明出现了双工不匹配的问题。网络管理员可以使用 show interface 命令检查交换机上的接口。如图 2-10-8 所示，S1 在全双工模式下工作，S2 在半双工模式下工作。

```
S1#show interface fa0/20
FastEthernet0/20 is up, line protocol is up(connected)
Hardware is Fast Ethernet,address is 0cd9.96e8.8a01(bia 0cd9.96e8.8a01)
MTU 1500bytes,BW 10000 Kbit/sec,DLY 1000 usec,
reliability 255/255,txload 1/255,rxload 1/255
 Encapsulation ARPA,loopback not set
Keepalive set (10 sec)
Full-duplex,Auto-speed,media type is 10/100BaseTX
<省略部分输出>
```

```
S2#show interface fa0/20
FastEthernet0/20 is up, line protocol is up(connected)
Hardware is Fast Ethernet,address is 0cd9.96d2.4001(bia 0cd9.96d2.4001)
MTU 1500bytes,BW 100000 Kbit/sec,DLY 100 usec,
reliability 255/255,txload 1/255,rxload 1/255
 Encapsulation ARPA,loopback not set
Keepalive set (10 sec)
Half-duplex,Auto-speed,media type is 10/100BaseTX
<省略部分输出>
```

图 2-10-8 S1 与 S2 的双工模式

这时，网络管理员将该 S2 的配置纠正为 duplex auto，以便自动协商双工。由于 S1 的端口设置为全双工，因此 S2 也使用全双工。

第 3 步 检查本地网络上的数据链路和网络层编址，这包括 IPv4 ARP 表、IPv6 邻居表、MAC 地址表和 VLAN 分配。

排除端到端连接故障时，验证目的 IP 地址和各个网段上第 2 层以太网地址之间的映射非常有用。

(1)IPv4 ARP 表

arp Windows 命令显示并修改了 ARP 缓存中的条目，这些条目用于存储 IPv4 地址及其解析的以太网物理(MAC)地址。如图 2-10-9 所示，arp -a 命令列出了目前 ARP 缓存中的所有设备。针对每台设备显示的信息包括 IPv4 地址、物理(MAC)地址及编址类型(静态或动态)。

```
Pc1>arp -a
Interface:10.1.10.100---0xd
Internet          Address physical      Assress Type
10.1.10.1         d4-8c-b5-ce-a0-c0     dynamic
224.0.0.22        01-00-5e-00-00-16     static
224.0.0.252       01-00-5e-00-00-fc     static
255.255.255.255   ff-ff-ff-ff-ff-ff     static
```

图 2-10-9　IPv4 ARP 表

如果网络管理员想要使用更新后的信息重新填充缓存，可以使用 arp -d 命令清空缓存。

注意：arp 命令在 Linux 和 MACOSX 中具有类似语法。

(2)交换机 MAC 地址表

交换机将帧仅转发到目的所连的端口，为此，交换机将查询其 MAC 地址表。MAC 地址表列出了与各个端口连接的 MAC 地址。使用 show mac address-table 命令显示交换机的 MAC 地址表。PC1 的本地交换机示例如图 2-10-10 所示。请记住，交换机的 MAC 地址表只包含第 2 层信息，包括以太网 MAC 地址和端口号，不包括 IP 地址信息。

```
S1#show mac address-table
        Mac Address Table
-------------------------------------------------------------
VlanMac  Address          Type       Ports
All      0100.0ccc.cccc   STATIC     CPU
All      0100.0ccc.cccc   STATIC     CPU
10       d48c.b5ce.a0c0   DYNAMIC    Fa0/4
10       000f.34f9.9201   DYNAMIC    Fa0/5
10       5475.d08e.9ad8   DYNAMIC    Fa0/13
Total Mac Addresses for this criterion:5
```

图 2-10-10　PC1 的本地交换机上的 MAC 地址表

(3)VLAN 分配

在排除端到端连接故障时需要考虑的另一个问题是 VLAN 分配，我们可以使用 show vlan 等命令可用于验证交换机上的 VLAN 分配。

第 4 步　验证默认网关是否正确。

如果路由器上没有详细路由，或者主机配置了错误的默认网关，那么不同网络中两个端点之间的通信将无法进行。如果主机需要访问本地网络以外的资源，则必须配置默认网关。默认网关是通向本地网络之外目的地的路径上的第一个路由器。

故障排除示例：

图 2-10-11 显示了可检验是否存在 IPv4 默认网关的 show ip route Cisco IOS 命令和 route print Windows 命令。

第 5 步　确保设备从源到目的地的正确路径，必要时调整路由信息。

排除故障时，通常需要检验通向目的网络的路径，我们可以使用 show ip route 命令检查 IPv4 路由表。

```
R1# show ip route
<省略部分输出>
Gateway of last resort is 192.168.1.2 to network 0.0.0.0
S*      0.0.0.0/0 [1/0] via 192.168.1.2
```

```
C:\Windows\system32> route print
<省略部分输出>
Nework  Destination  Netmask   Gateway    Interface    Metric
        0.0.0.0      0.0.0.0   10.1.10.2  10.1.10.100  11
```

图 2-10-11 检验 IPv4 默认网关

故障排除示例：

设备无法连接到位于 172.16.1.100 的服务器 SRV1。使用 show ip route 命令时，管理员应该查看是否存在通向网络 172.16.1.0/24 的路由条目，如图 2-10-12 所示。如果路由表中没有指向 SRV1 网络的特定路由，那么网络管理员必须检查是否存在 172.16.1.0/24 网络方向上的默认或总结路由条目。如果都不存在，则问题可能出在路由上，管理员必须检验该网络是否包含在动态路由协议配置中，或添加静态路由。

```
R1#show ip route
Codes: L-local,C-connected,S - static,R - RIP,M - mobile
       B – BGP,D-EIGRP,EX-EIGRP external,O-OSPF
       IA-OSPFinterarea,N1-OSPFNSSAexternal type 1
       N2-OSPF NSSA external type 2,E1-OSPF external type 1
       E2-OSPFexternal type 2,i-IS-IS,su-IS-IS summary
       L1-IS-IS leval-1,L2-IS-IS leval-2
       ia-IS-ISinterarea,*-candidatedefault
       U-per-userstaticroute,o-ODR
       p-periodic downloadedstaticroute.H-NHRP,l-LISP
       +-replicated route,%-next hop override

Gateway of last resort is 192.168.1.2 to network 0.0.0.0

S*  0.0.0.0/0[1/0] via 192.168.1.2
    10.0.0.0/8 is variablysubnetted, 2 subnets,2 masks
C     10.1.10.0/24 is directly connected,GigabitEthernet0/0
L     10.1.10.1/32 is directly connected,GigabitEthernet0/0
    172.16.0.0/24 is subnetted, 1 subnets
D     172.16.1.0[90/41024256] via 192.168.1.2,05:32:46,
      Serial0/0/0
    192.168.10.0/24is variably subnetted,3 subnets,2 masks
C     192.168.1.0/30 is directly connected, Serial0/0/0
L     192.168.1.1/32 is directly connected,Serial0/0/0
D     192.168.1.4/30[90/41024000] via 192.168.1.2,05:32:46,
      Serial0/0/0
R1#
```

图 2-10-12 检查 R1 上的路由表

第 6 步 检验传输层是否运行正常。Telnet 可用于从命令行测试传输层连接。

如果网络层如预期一样运行，但用户仍无法访问资源，那么网络管理员必须开始对较上层进行故障排除。影响传输层连接的两个最常见的问题包括 ACL 配置和 NAT 配置。用于测试传输层功能的常见工具是 Telnet 实用程序。

注意：虽然 Telnet 可用于测试传输层，但出于安全考虑，应使用 SSH 来远程管理并配置设备。

第 7 步　验证是否存在 ACL 拦截流量。

在路由器上，可能配置了 ACL，禁止协议通过入站或出站方向上的接口。

使用 show ip access-lists 命令显示所有 IPv4 ACL 的内容。通过输入 ACL 名称或编号作为此命令的选项可以显示特定的 ACL。show ip interfaces 命令可显示接口信息，这些接口信息将指示接口上是否已设置任何 IP ACL。

故障排除示例：

为防止欺骗攻击，网络管理员决定实施 ACL 来阻止源网络地址为 172.16.1.0/24 的设备进入 R3 上的入站 S0/0/1 接口，如图 2-10-13 所示。允许所有其他 IP 流量。

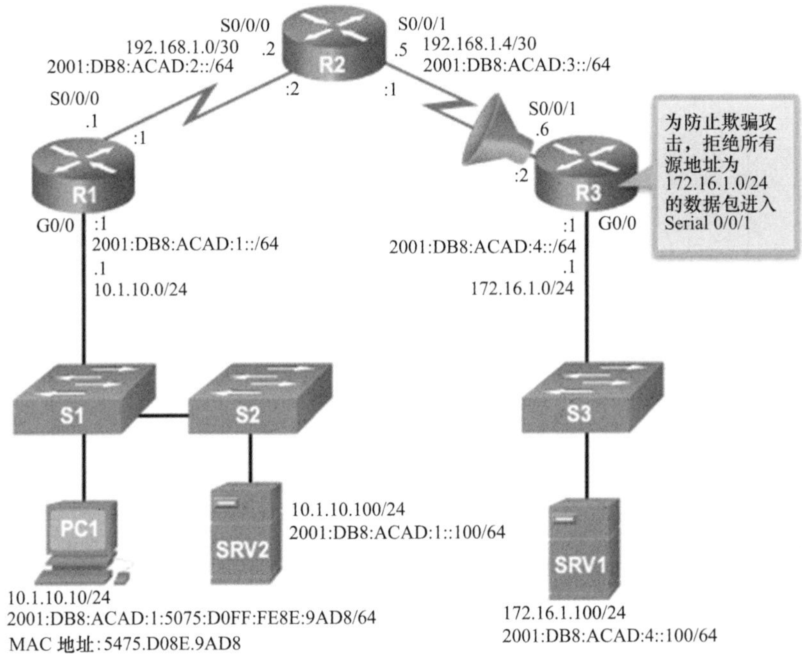

图 2-10-13　ACL 故障排除示例

但是，在实施 ACL 之后不久，10.1.10.0/24 网络上的用户无法连接到 172.16.1.0/24 网络上的设备，包括 SRV1。

我们使用 show ip access-lists 命令显示 ACL 配置正确，如图 2-10-14 所示。

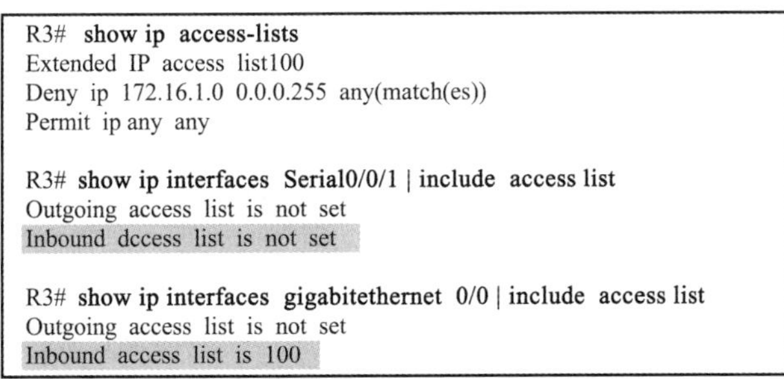

```
R3# show ip access-lists
Extended IP access list100
Deny ip 172.16.1.0 0.0.0.255 any(match(es))
Permit ip any any

R3# show ip interfaces Serial0/0/1 | include access list
Outgoing access list is not set
Inbound dccess list is not set

R3# show ip interfaces gigabitethernet 0/0 | include access list
Outgoing access list is not set
Inbound access list is 100
```

图 2-10-14　显示 ACL 的位置

但是，show ip interfaces Serial 0/0/1 命令显示 ACL 从未应用于 S0/0/1 的入站接口。进一步调查后发现无意中将 ACL 应用到 G0/0 接口，阻止了来自 172.16.1.0/24 网络的所有出站流量。在 S0/0/1 入站接口上正确放置了 IPv4 ACL 之后，如图 2-10-15 所示，设备可成功连接到服务器。

```
R3(config)# interface Gigabitethernet0/0
R3(config-if)# no ip access-group 100 in
R3(config-if)# interface serial0/0/1
R3(config-if)# ip access-group 100 in
```

图 2-10-15 更改 ACL 的位置

第 8 步 确保 DNS 设置正确。应该存在可以访问的 DNS 服务器。

若要显示交换机或路由器的 DNS 配置信息，可以使用 show running-config 命令。如果没有安装 DNS 服务器，可以将名称到 IP 的映射直接输入交换机或路由器配置中。使用 ip host 命令将名称到 IP 地址的映射输入到交换机或路由器中，如图 2-10-16 所示。

```
R1(config)# ip host ipv4-server 172.16.1.100
R1(config)# exit
R1# ping ipv4-server
Type escape sequence to abort.
Sending 5,100-byte ICMPEchos to 172.16.1.100,
Timeout is 2 seconds:
!!!!!
Success rate is 100 percent(5/5),
Round-trip min/avg/max = 52/56/64 ms
R1#
```

图 2-10-16 创建名称到 IP 地址的映射

要在基于 Windows 的 PC 上显示名称到 IP 地址的映射信息，可以使用 nslookup 命令。图 2-10-17 的输出表明，客户端无法到达 DNS 服务器，或者 10.1.1.1 上的 DNS 服务没有运行。此时，故障排除需要重点关注与 DNS 服务器的通信。

```
PC1>nslookup Server
***Request to 10.1.1.1 timed-out
```

图 2-10-17 无法到达 DNS 服务器

以上过程的结果就是实现可操作的端到端连接。如果所有步骤都已执行但未得出任何解决方案，那么网络管理员可以重复上述步骤或将问题上报给高级管理员。

总 结

网络管理员为了能够对网络进行监控和故障排除，他们必须拥有一套完整且准确的当前网络文档，包括配置文件、物理和逻辑拓扑图以及基线性能等级。

故障排除的三个主要阶段是收集故障症状、查找问题，然后纠正问题。有时需要暂时实施针对此问题的变通方案。如果预期的纠正措施未能解决问题，则应删除更改。应当为每个阶段建立故障排除策略，包括更改控制流程。在问题得到解决之后，与用户、参与故障排除过程的所有人员以及其他 IT 团队成员交流这一问题非常重要。

OSI 模型或 TCP/IP 模型可应用于网络故障。网络管理员可使用自下而上法、自上而下法或分治法故障排除法。结构化不强的方法包括直觉法、定位差异法和移动故障法。

有助于故障排除的常见软件工具包括网络管理系统工具、知识库、基线建立工具、基于主机的协议分析器和 Cisco IOS EPC。硬件故障排除工具包括 NAM、数字万用表、电缆测试仪、电缆分析仪和便携式网络分析器。Cisco IOS 日志信息也可用于确定潜在问题。

有一些典型的物理层、数据链路层、网络层、传输层和应用层的故障症状和问题,网络管理员应当注意。管理员可能需要特别注意物理连接、默认网关、MAC 地址表、NAT和路由信息。

综合实验——排除企业网络故障

1. 实验背景

本实验将使用我们在学习期间所见过的多种技术,包括 VLAN、STP、路由、VLAN 间路由、DHCP、NAT、PPP 和帧中继。我们的任务就是查看要求,查找并解决所有问题,然后记录在检验需求时所采取的步骤。

本实验需要提前布置好实验环境,建议使用思科 PKA 实验来进行练习。

2. 实验拓扑图(图 2-10-18)

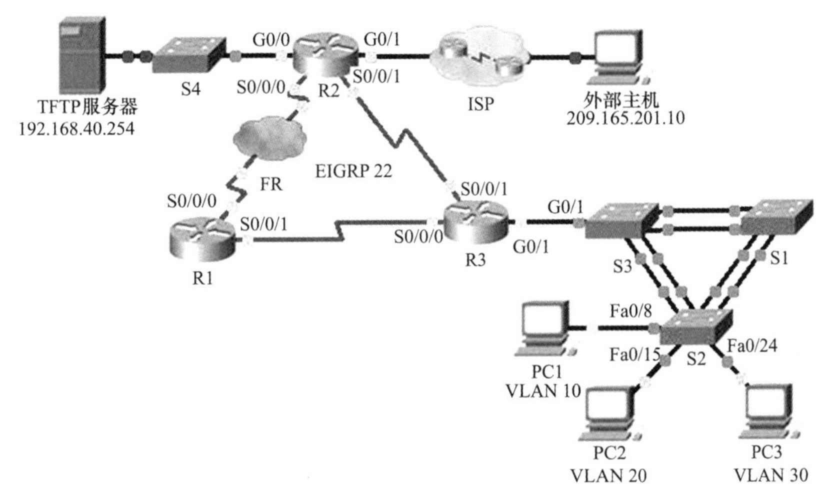

图 2-10-18　企业故障排除拓扑

3. 地址分配表(表 2-10-3)

表 2-10-3　企业故障排除地址分配

设备	接口	IP 地址	子网掩码	默认网关
R1	S0/0/0	10.1.1.1	255.255.255.252	N/A
	S0/0/1	10.3.3.1	255.255.255.252	N/A
R2	G0/0	192.168.40.1	255.255.255.0	N/A
	G0/1	DHCP assigned	DHCP assigned	N/A
	S0/0/0	10.1.1.2	255.255.255.252	N/A
	S0/0/1	10.2.2.1	255.255.255.252	N/A

（续表）

设备	接口	IP 地址	子网掩码	默认网关
R3	G0/0.10	192.168.10.1	255.255.255.0	N/A
	G0/0.20	192.168.20.1	255.255.255.0	N/A
	G0/0.30	192.168.30.1	255.255.255.0	N/A
	G0/0.88	192.168.88.1	255.255.255.0	N/A
	S0/0/0	10.3.3.2	255.255.255.252	N/A
	S0/0/1	10.2.2.2	255.255.255.252	N/A
S1	VLAN 88	192.168.88.2	255.255.255.0	192.168.88.1
S2	VLAN 88	192.168.88.3	255.255.255.0	192.168.88.1
S3	VLAN 88	192.168.88.4	255.255.255.0	192.168.88.1
PC1	NIC	DHCP assigned	DHCP assigned	DHCP assigned
PC2	NIC	DHCP assigned	DHCP assigned	DHCP assigned
PC3	NIC	DHCP assigned	DHCP assigned	DHCP assigned
TFTP 服务器	NIC	192.168.40.254	255.255.255.0	192.168.40.1

4. 实验要求

(1)VLAN 和访问

- S2 是 VLAN 1、10 和 20 的生成树的根，S3 是 VLAN 30 和 88 的生成树的根。
- 连接交换机的 TRUNK 链路在本征 VLAN 88 中。
- R3 负责 VLAN 间路由并可用作 VLAN 10、20 和 30 的 DHCP 服务器。

(2)路由

- 每台路由器都会使用 EIGRP 配置并使用 AS 22。
- R2 配置了指向 ISP 的默认路由并且重新分配了默认路由。
- NAT 在 R2 上配置，并且不允许任何未转换的地址通过 Internet。

(3)WAN 技术

- R1 和 R2 之间的串行链路使用帧中继。
- R2 和 R3 之间的串行链路使用 HDLC 封装。
- R1 和 R3 之间的串行链路使用带有 CHAP 的 PPP。

(4)连接

- 应该根据地址分配表配置设备。
- 每个设备都应该能对所有其他设备执行 ping 操作。

电子活页　华三、锐捷配置案例

案例序号	案例内容	二维码
1	项目 1-2 案例　设备交换机基本配置(锐捷)	
2	项目 1-2 案例　配置以太网交换机(华三)	
3	项目 1-3 案例　VLAN trunk 配置(锐捷)	
4	项目 1-3 案例　VLAN 划分方法(华三)	
5	项目 1-3 案例　VLAN 配置(华三)	
6	项目 1-5 案例　VLAN 间路由配置(锐捷)	
7	项目 1-6 案例　静态路由配置(锐捷)	
8	项目 1-6 案例　路由器基本配置(华三)	
9	项目 1-6 案例　静态路由配置(华三)	
10	项目 1-7 案例　RIP 路由协议配置(锐捷)	
11	项目 1-7 案例　RIP 路由协议配置(华三)	
12	项目 1-8 案例　OSPF 路由协议配置(锐捷)	
13	项目 1-9 案例　DHCP 配置(锐捷)	
14	项目 1-10 案例　ACL 配置－1(锐捷)	
15	项目 1-10 案例　ACL 配置(华三)	

案例序号	案例内容	二维码
16	项目 1-10 案例　ACL 配置—2(锐捷)	
17	项目 1-11 案例　NAT 配置—1	
18	项目 1-11 案例　NAT 配置—1(华三)	
19	项目 1-11 案例　NAT 配置—2 (华三)	
20	项目 1-11 案例　NAT 配置—3(华三)	
21	项目 2-3 案例　链路聚合配置—1(锐捷)	
22	项目 2-3 案例　链路聚合配置—2(锐捷)	
23	项目 2-3 案例　链路聚合配置(华三)	
24	项目 2-5 案例　多区域 OSPF 配置(锐捷)	
25	项目 2-8 案例　PPP 协议配置(锐捷)	
26	项目 2-8 案例　PPP 协议配置 PAP(华三)	
27	项目 2-8 案例　PPP 协议配置 CHAP(华三)	
28	项目 2-9 案例帧中继配置(锐捷)	
29	项目 2-10 案例　VPN 协议配置—1(锐捷)	
30	项目 2-10 案例　VPN 协议配置—2(锐捷)